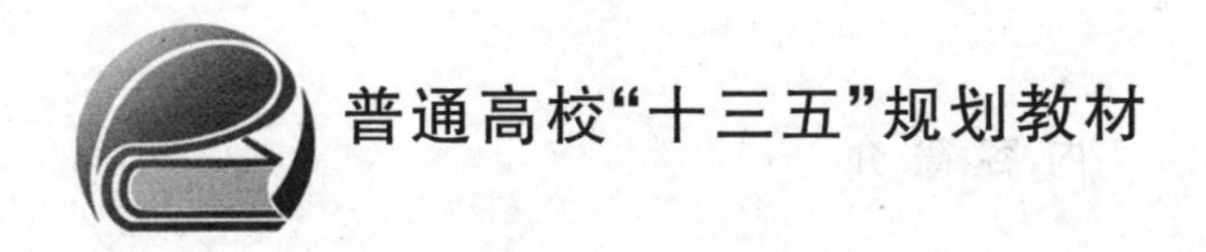

CPLD/FPGA 设计与应用基础教程

——从 Verilog HDL 到 SystemVerilog

郭利文 邓月明 编著

北京航空航天大学出版社

内 容 简 介

本书涵盖了 Verilog HDL 和 SystemVerilog 设计、仿真及验证所需的理论知识点，同时涵盖了时序约束等与 CPLD/FPGA 设计相关的重要知识点。从 Verilog HDL 基础语法出发，逐渐过渡到 SystemVerilog。本书包含了 Verilog HDL 和 SystemVerilog 基础语法及最新进展，所涉及的实例均在实际中应用过，所涉及的各类 CPLD/FPGA 平台均为目前全球主流的 CPLD/FPGA 开发平台。

本书既可作为高年级本科生或研究生的 CPLD/FPGA 教材，又可作为从事 CPLD/FPGA 项目开发实践的工程技术人员的参考书。

图书在版编目(CIP)数据

CPLD / FPGA 设计与应用基础教程：从 Verilog HDL 到 SystemVerilog / 郭利文，邓月明编著. -- 北京 ：北京航空航天大学出版社，2019.4

ISBN 978-7-5124-2991-8

Ⅰ. ①C… Ⅱ. ①郭… ②邓… Ⅲ. ①可编程序逻辑器件－系统设计－教材 Ⅳ. ①TP332.1

中国版本图书馆 CIP 数据核字(2019)第 070598 号

版权所有，侵权必究。

CPLD/FPGA 设计与应用基础教程

——从 Verilog HDL 到 SystemVerilog

郭利文　邓月明　编著

责任编辑　张军香

*

北京航空航天大学出版社出版发行

北京市海淀区学院路 37 号(邮编 100191)　http://www.buaapress.com.cn

发行部电话：(010)82317024　传真：(010)82328026

读者信箱：emsbook@buaacm.com.cn　邮购电话：(010)82316936

涿州市新华印刷有限公司印装　各地书店经销

*

开本：710×1 000　1/16　印张：26.25　字数：559 千字

2019 年 8 月第 1 版　2019 年 8 月第 1 次印刷　印数：3 000 册

ISBN 978-7-5124-2991-8　定价：79.00 元

若本书有倒页、脱页、缺页等印装质量问题，请与本社发行部联系调换。联系电话：(010)82317024

前言

2006年,自Google首席执行官埃里克·施密特在搜索引擎大会上首次提出"云计算"的概念以来,过去十来年围绕云计算、大数据等方面的科技与研究迅速发展,日新月异。特别是2016年Alphago第一次战胜了人类顶尖围棋棋手后,基于云计算、大数据而衍生出来的人工智能又达到了一个新的起点。过去三年,全球的科技界以云计算、大数据、人工智能以及互联网科技为核心,重新对过去进行总结,对未来进行布局,尤其是半导体行业,更是发生了翻天覆地的变化——2015年,ADI收购Linear;西部数据收购Sandisk;收购了LSI和PLX公司的安华高收购Broadcom后,华丽变身为新Broadcom公司。2016年,高通收购NXP,软银收购ARM,Intel收购Altera;2017年,Intel收购Mobileye,东芝芯片业务出售,Broadcom收购Brocade,Marvell收购Carvium。2018年收购了Actel公司和PMC公司后的Microsemi被Microchip收购,而高通并购NXP失败……。各种大型跨国、跨行业、跨领域的半导体并购案层出不穷,不仅涉及数字器件领域,也涉及模拟器件领域;不仅涉及科技公司本身,还涉及各类大型金融财团;不仅有大鱼吃小鱼的并购,还有蛇吞象的重组;不仅有对本行业的兼并,还有跨领域的转型……。随着人工智能、大数据和云计算的迅速发展,需要大量的计算能力和资源,因此,具有超强计算天赋的CPLD/FPGA迅猛发展,它们出现在各类数据中心和HPC的基础架构中,并承担着核心的计算任务。

本书基于此时代背景,结合当前主流的CPLD/FPGA设计理念,根据作者多年的实践经验,系统比较了目前最为流行的Verilog HDL和SystemVerilog的语法特点,从基础的语法结构入门到简单程序设计,从有限状态机到接口,从设计到仿真,从断言到功能覆盖,从功能到时序,一一涵盖,系统地对Verilog HDL和SystemVerilog语法应用进行了详细探讨。全书实例丰富,图文并茂,由浅入深,详细地介绍了CPLD/FPGA的设计与应用。

全书分为四大部分,共11章。第一部分是第1章,重点介绍CPLD/FPGA的基本概念,包括发展历程、硬件架构及基本原理,并简单介绍CPLD/FPGA的设计理念、设计语言及验证流程等。第二部分涵盖第2~5章,主要介绍传统的Verilog

HDL 的语法逻辑，其中第 2 章重点介绍 Verilog HDL 语言的语法基础及相关应用，包括模块与端口的定义、注释、时延以及三种抽象层级不同的描述：数据流描述、行为级描述和结构化描述等。第 3 章主要介绍 Verilog HDL 语法的基本要素，包括标识符、数据类型、数值集合、关键词、参数、表达式及编译程序指令等。第 4 章主要介绍 Verilog HDL 语法中的语句块、高级程序设计语句、模块的参数描述、任务及函数等高阶描述。第 5 章重点介绍 Verilog HDL 语言中的任务及函数。第三部分包括第 6、7、9、10 章和第 11 章，重点介绍 SystemVerilog 的基础语法，以及如何进行设计、仿真、断言及功能覆盖等。其中，第 6 章重点介绍 SystemVerilog 之有别于 Verilog HDL 语言的各种语法概念。第 7 章重点讨论如何进行有限状态机的设计，包括有限状态机的基本概念、算法描述、基本语法要素、状态初始化与编码、Full Case 与 Parallel Case 及有限状态机的描述等。第 9 章主要讲述在基于时钟的硬件设计世界里，如何通过硬件线程以及线程与线程之间的接口进行 SystemVeirilog 设计，同时重点介绍 SystemVerilog 的新类型 interface 及新结构体 modport。第 10 章主要就 SystemVerilog 特有的仿真特性进行具体详细的介绍，并重点介绍 SystemVerilog 的类、随机化及并行线程的使用。第 11 章主要讲述 SystemVerilog 语言最为重要的两个验证性能：断言与功能覆盖，并分别详细介绍断言和功能覆盖，包括断言的种类、断言的构成、序列与属性的特点等，同时全面讲述功能覆盖的组合、特点以及如何进行覆盖率分析等。第四部分是第 8 章，主要就同步数字电路时序分析与优化方面进行重点讨论，包括同步数字电路的基本概念、D 触发器的工作原理、亚稳态的产生原理，以及同步寄存器、同步数字系统的时序约束、时钟的概念、IO 时序分析、时序例外、PLL 及如何进行时序优化。

与其他教材相比，本书的主要特点体现在如下几方面：

①内容新颖。本书融会贯通了 Verilog HDL 和 SystemVerilog 基础语法及其最新进展，所涉及的实例及各类 CPLD/FPGA 平台均为目前全球的主流 CPLD/FPGA 开发平台。

②技术实用。全书以夯实基础为出发点，以实例讲解为突破口，加强学习和教学，其中的实例都是从工程实践中提炼出来的。

③知识点丰富。全书涵盖了 Verilog HDL 和 SystemVerilog 设计、仿真及验证所需的理论知识点，同时涵盖了时序约束等与 CPLD/FPGA 设计相关的重要知识点。从 Verilog HDL 基础语法出发，逐渐过渡到 SystemVerilog，这也是本书的重点和特色之一。

④适应面广。本书所涉及的大部分实例不依赖于具体平台和厂商支持，因此可以直接移植到各家的 CPLD/FPGA 开发系统中。本书既涵盖了 Verilog HDL 的基础语法，也重点讲述了 SystemVerilog 的设计验证与仿真，对于想要学习硬件可编程逻辑语言的工程师或者学生来说，均可以找到适合各自入门的章节，并迅速提高。因此，本书不仅适合于工程技术人员阅读，也适用于高校师生作为学习 CPLD/FPGA

的教学用书。

⑤适合教学。本书从 Verilog HDL 和 SystemVerilog 基础语法入门，由浅入深，大量的短小实例使读者可及时理解消化所讲的理论知识点，保证知识点教与学的完整性；同时在每章通过一个综合实例来覆盖本章所涉及的各种主要知识点，使读者可系统地掌握知识点。

本书另附配套光盘 1 张，提供了本书的多媒体课件及书中所有实例的设计源代码，供师生教学参考。

全书由郭利文、邓月明编著。高芳莉、何睦等工程师和湖南师范大学 2016 级通信工程专业蒴璋、2017 级物联网工程专业黄正宇等同学为本书的编写付出了诸多努力，提供了许多详细的建议和意见，从而促成了本书的迅速问世，在此一并表示感谢。感谢我的导师王玲教授对我的学术悉心指导。同时还要感谢教育部产学合作协同育人项目(编号 201701060014、2018002216005)对本书编写工作的资助。

在本书的编写过程中，作者参考了大量的国内外著作和资料，吸取了最近数年 CPLD/FPGA 最新的发展成果；听取了多方面的宝贵意见和建议，同时也根据具体的建议对某些章节进行了调整。在此对这些文献的作者及给予本书作者帮助的同仁致以衷心的感谢。

在本书的编写过程中，家人的宽容和帮助一直是作者前行的动力，感谢家人在作者挑灯夜战时默默的奉献，感谢女儿每晚默默的陪伴。

由于作者水平有限，书中错误和不足之处在所难免，敬请各位读者批评指正。

郭利文

2019 年 3 月 9 日

目　录

第1章 概　述

本章重点介绍 CPLD/FPGA 的一些基本概念，包括其发展历程、硬件架构及基本原理，并简单介绍 CPLD/FPGA 的设计理念、设计语言及验证流程等。

本章的主要内容如下：

- CPLD/FPGA 发展演变及介绍；
- 乘积项结构的基本原理；
- 查找表结构的基本原理；
- Virtex UltraScale＋系列 FPGA 简介；
- CPLD/FPGA 设计与验证流程；
- CPLD/FPGA 开发平台简介；
- 硬件描述语言的介绍；
- 硬件语言与软件语言的区别。

1.1 CPLD/FPGA 发展演变

20 世纪 70 年代，世界第一颗可编程逻辑器件(PLD，Programmable Logic Device)诞生。其输出结构是可编程的逻辑宏单元(MC，Macro Cell)，与传统硬件数字电路设计不同，它采用软件设计来完成芯片的硬件结构设计，因而比传统的数字电路具有更强的灵活性。但是，由于其结构过于简单，只能用于实现规模较小的电路。随着芯片制造工艺和技术的发展，到了 20 世纪 80 年代中期，综合了 PAL(可编程阵列逻辑，Programmable Array Logic)和 GAL(通用阵列逻辑，General Array Logic)器件的优点而推出了复杂可编程逻辑器件(CPLD，Complex Programmable Logic Device)。相较于 PAL 和 GAL，CPLD 主要由可编程逻辑宏单元围绕中心的可编程互连矩阵单元组成。其中可编程逻辑宏单元结构复杂，并且具有复杂的 I/O 单元互连结构，规模大，属于大规模集成电路范畴。CPLD 目前被广泛应用于网络、仪器仪表、汽车电子、数控机床及航天测控设备等领域，成为电子产品中不可或缺的组成部分。

1985 年，Xilinx 公司推出了全球第一款现场可编程门阵列(FPGA，Field Programmable Gate Array)产品 XC2064，采用 2 μm 制造工艺，包含 64 个逻辑模块和 85 000 个晶体管，不超过 1 000 个逻辑门。它是作为专用集成电路(ASIC，Application Specific Integrated Circuit)领域中的一种半定制电路而出现的，既弥补了定制电路的不足，又克服了原有可编程器件门电路数量有限的缺点。相较于 PAL、GAL 和 CPLD，FPGA 采用了逻辑单元数组(LCA，Logic Cell Array)这样一个概念，利用小型查找表结构实现组合逻辑，同时，每个查找表连接到一个 D 触发器，由此构成一个既可以实现组合逻辑功能又能实现时序逻辑功能的基本逻辑单元模块。这些模块之间利用金属联机互连或者直接连接到 IO 模块上。因此一个 LCA 内部包括可配置逻辑模块(CLB，Configurable Logic Block)、输入输出模块(IOB，Input Output Block)及内部联机(Interconnect)三部分。由于 ASIC SoC 设计周期平均值是 14 个月到 24 个月，用 FPGA 进行开发，开发周期平均可降低 55%，因此 FPGA 被广泛应用于芯片的原型设计。

随着制造工艺的进步，以及 CPLD/FPGA 可编程设计及可定制的优点，CPLD/FPGA 等设计公司在 20 世纪 90 年代如雨后春笋般出现，最后又通过市场兼并整合，形成了 Xilinx、Altera、Lattice 三大阵营公司。随着云计算和大数据时代的到来，特别是深度学习及人工智能的出现，相较于 CPU/GPU 等 ASIC，FPGA 的硬件架构具有决定性的优势，各云计算和大数据公司纷纷开始部署基于 FPGA 的异构系统。特别是 2015 年 Intel 以 167 亿美元收购了全球第二大 CPLD/FPGA 公司 Altera，并迅速整合进入其最新一代服务器 Purley 平台，意图打造 CPU+FPGA 的强势组合。FPGA 又迎来了新的发展机遇。

Xilinx 公司作为 FPGA 的发明者，也是世界上最大的可编程逻辑器件领导厂商，一直引领 CPLD/FPGA 领域的技术变革和市场方向。推出了全面的多节点产品组合，以满足广泛的应用需求。不仅拥有 XC9500XL、CoolrunnerII 等低功耗高性能的 CPLD 产品，而且同时拥有各种不同制程的 Spartan、Virtex、Artix、Zynq、Kintex 等系列的 FPGA 产品，不同系列的产品面向的市场也各不相同，如 Spartan 系列主要面向以 IO 性能优先的应用，Zynq 系列面向以系统性能优先的应用等。最近五年，Xilinx 公司着力于云计算、大数据、人工智能、深度学习及自动驾驶等市场，集中力量发展高端 FPGA 产品，针对各系列 FPGA，推出了最新的 28 nm 的 7 系列产品，同时针对 Virtex、Kintex 和 Zynq 系列，特别推出了 16 nm 工艺的 UltraSCALE+系列产品。

2015 年 Intel 收购 Altera 公司后，一跃而成为引领全球的可编程逻辑器件厂商之一。在收购之前，Altera 公司已经在 CPLD 和 FPGA 领域深度布局，拥有完善的 CPLD/FPGA 产品线以应对各种不同的市场应用，包括 Max 系列的 CPLD 及 Stratix、Arria 及 Cyclone 系列的 FPGA 产品。其中值得一提的是，MAX 10 作为一款跨界产品，模糊了CPLD/FPGA之间的界限，填补了高端CPLD和低端FPGA之间的空白。被Intel收购之后，Intel开始着力于新一代云计算、大数据、深度学习及人工智能方面的布局，通过尝试打通CPU和FPGA之间的连接，实现CPU和FPGA之间的UPI和PCIE互联，采用离散（Stratix 10系列FPGA）或者MCP（Arria 10系列FPGA）封装等方式，且拥有HSSI等高吞吐量接口，针对CPU和FPGA不同的优势，实现任务分类，关键任务并行进行，有效提升了服务器的处理性能。

Lattice公司是ISP（In System Program，在系统可编程）技术的发明者，而这项技术极大地促进了PLD产品的发展。它通过相继收购Vantis（原AMD子公司）、Agere（原Lucent微电子部）及SiliconBlue公司，成为了全球第三大可编程逻辑器件领导厂商。与Xilinx和Intel发展高端FPGA策略不同，Lattice着力于发展CPLD产品及低端FPGA产品。主要产品包括iCE系列、MachXO系列、ECP系列CPLD/FPGA产品及可编程仿真器件等。其中MachXO系列和MAX 10产品定位相似，弥补了市场上高端CPLD和低端FPGA之间的空白。

最近几年，以Intel、Broadcom为代表的跨国、跨行业、跨领域的大型并购案层出不穷，IC世界格局不断改变。2016年，全球功率电子产品供货商Microsemi公司正式收购了Actel公司，从而成为了全球前四大FPGA玩家之一。Actel为现今航天与军事市场提供应用最广泛的混合信号耐辐射FPGA产品。收购后，Microsemi也积极进军民用和商用市场，并推出了PolarFire、IGLOO2、RTG4及SmartFusion2等面向不同领域及应用的中端FPGA和SoC FPGA等。2018年，Microsemi公司被Microchip公司收购。

作为关键核心技术，中国也在努力布局FPGA。目前主要有京微雅格、紫光同创等FPGA公司在进行国产FPGA的研发，不过在短时间内，还无法与上述几家公司相匹敌。

1.2 乘积项结构的基本原理

图1-1所示为Lattice公司出品的ispMACH 4000系列CPLD的通用逻辑块结构，36个来自通用布线池的输入进入“与”逻辑矩阵（也就是乘积项结构）后，通过逻辑分配器及宏单元运算后进入输出布线池。传统CPLD基本上都遵循乘积项的基本结构，例如Altera公司的MAX系列及Xilinx公司的XC9500系列等。

所谓乘积项结构实际上就是一个“与或”结构——其中，“与”逻辑可进行编程设计，“或”逻辑固定，可形成一个组合逻辑。图1-2所示为ispMACH 4000系列的乘积项结构示意图，由图可知，83个“与”门输入端均可以根据用户的需要进行软件程序设计，从而实现具体的组合逻辑。

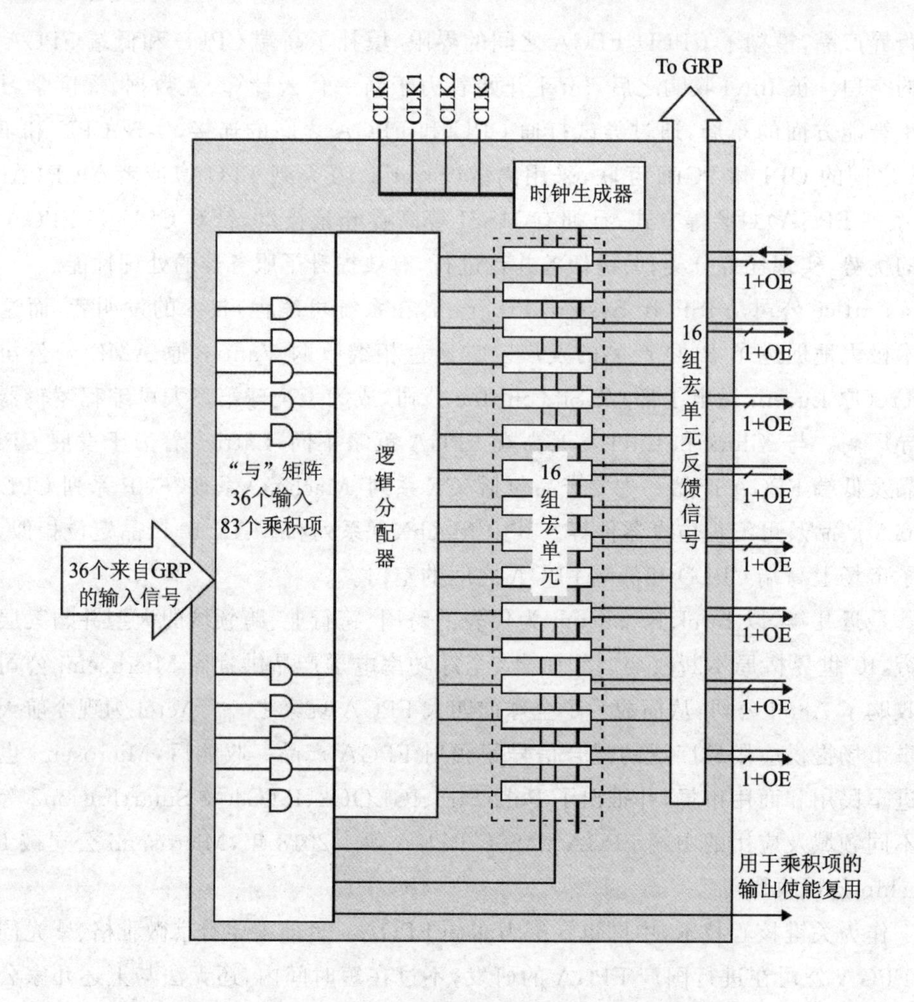

图 1-1　ispMACH 4000 系列通用逻辑块结构示意图

假设采用乘积项结构实现一个基本功能：$y=(A+BC)(A+D)$，则对应的最简输出表达式为

$$y=(A+BC)(D+\overline{A})$$
$$=AD+BCD+\overline{A}BC$$

因此，采用乘积项结构的表示图形如图 1-3 所示，"×"表示为可编程导通。从图中可以看出，A、B、C 和 D 四输入信号通过编程，使得相应的输入信号相连或者隔断，从而获得正确的逻辑信号来驱动四输入的"或"门逻辑，实现正确的输出表达式。

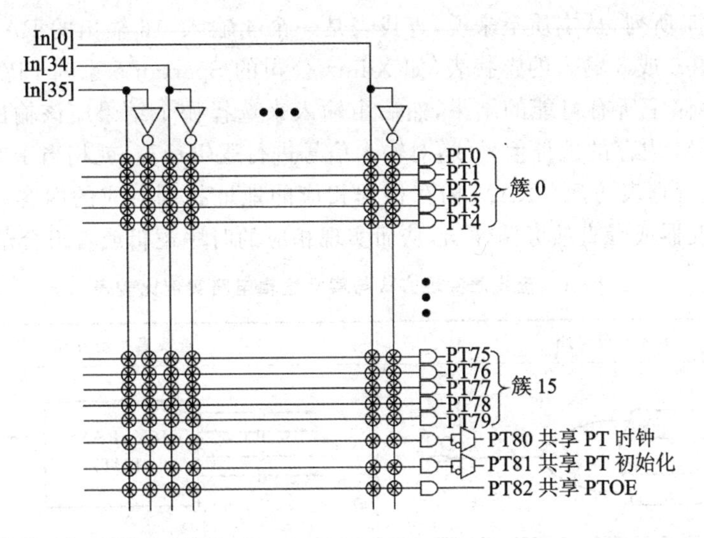

注：⊗ 表示可编程节点。

图 1-2 ispMACH 4000 系列乘积项结构示意图

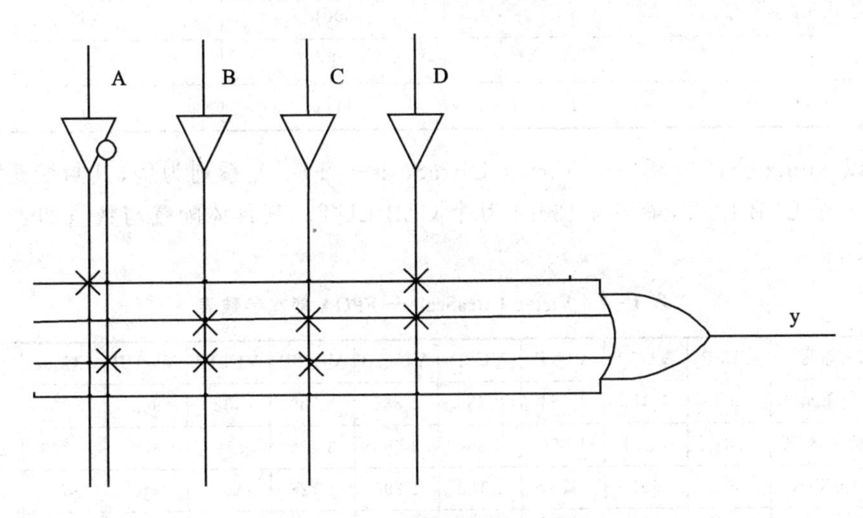

图 1-3 乘积项结构示意图

1.3 查找表结构的基本原理

乘积项结构的优点在于信号从输入到输出之间的时延可以预测，缺点在于不能更好地实现低延时。而基于 RAM 的查找表结构可以很好地解决高延时的问题。因此，目前绝大多数 FPGA 和 CPLD 均采用 4 输入的查找表（LUT，Look—Up—Table）结构。

如表 1-1 所列，从本质上来说，查找表是一个 4 输入、16 输出的 RAM 内存，也有极少数采用 5 或 6 输入的查找表（如 Xilinx 公司的 Spartan 6 系列 FPGA）。这个 RAM 内存存储了所有可能的结果，然后由输入来选择哪个结果应该输出。输入信号相当于 RAM 内存的地址信号线，对输入信号进行逻辑运算，就相当于对 4 输入的 RAM 内存进行查表访问。RAM 内存根据相应的地址找到对应的内容并输出给下一级的 D 触发器或者直接旁路输出，从而实现相应的时序逻辑或者组合逻辑。

表 1-1　查找表实现方式与实际逻辑电路实现比较表

实际逻辑电路		查找表实现方式	
a, b, c, d → OUT		a, b, c, d → 16X1 RAM (LUT) → OUT	
abcd 输入信号	实际输出	地址	RAM 中存储的内容
0000	0	0000	0
0001	1	0001	1
⋮	⋮	⋮	⋮
1111	1	1111	1

以 Xilinx 公司最新一代 Virtex UltraScale＋ FPGA 系列为例，其封装最少有 39.4 万个 CLB LUT，最多有 130.4 万个 CLB LUT。其具体配置与数量如表 1-2 所列。

表 1-2　Virtex UltraScale＋ FPGA 基本参数表

FPGA 型号	VU3P	VU5P	VU7P	VU9P	VU11P	VU13P	VU31P	VU33P	VU35P	VU37P
系统逻辑单元/K	862	1 314	1 724	2 586	2 835	3 780	962	962	1 907	2 852
CLB 触发器/K	788	1 201	1 576	2 364	2 592	3 456	879	879	1 743	2 607
CLB LUT/K	394	601	788	1 182	1 296	1 728	440	440	872	1 304
最大分布式 RAM/Mb	12.0	18.3	24.1	36.1	36.2	48.3	12.5	12.5	24.6	36.7
块 RAM 总量/Mb	25.3	36.0	50.6	75.9	70.9	94.5	23.6	23.6	47.3	70.9
UltraRAM/Mb	90.0	132.2	180.0	270.0	270.0	360.0	90.0	90.0	180.0	270.0
DSP Slice	2 280	3 474	4 560	6 840	9 216	12 288	2 880	2 880	5 952	9 024

1.4 Virtex UltraScale+系列 FPGA 简介

最新 Virtex UltraScale+系列 FPGA 由 Xilinx 公司研发生产，基于最新的 16 nm 制程工艺，采用 UltraScale 架构。相比于传统的 FPGA 来说，Virtex UltraScale+ FPGA 已经不仅仅是一般意义上的 FPGA，而是一个 FPGA SoC 芯片。它们可在 FinFET 节点上提供最高的性能及集成功能，包括 DSP 计算性能为 21.2TeraMACs 的最高信号处理带宽。此外，它们还可提供最高的片上内存密度，支持达 500 Mb 的总体片上集成型内存以及高达 8 GB 的封装内集成 HBM Gen2，可提供 460 GB/s 的内存带宽。Virtex UltraScale+ 器件提供各种重要功能，包括适用于 PCI Express 的集成型 IP、Interlaken、支持前向纠错的 100 Gbps 以太网，以及加速器高速缓存相干互联（CCIX）。Xilinx All Programmable 3D IC 使用堆栈硅片互联(SSI) 技术，打破了摩尔定律的限制并且实现了一系列有助于满足最严格设计要求的功能。第三代 3D IC 技术提供可实现超过 600 MHz 工作的芯片间注册布线线路，支持丰富而灵活的时钟。作为目前业界功能最强的 FPGA 系列之一，UltraScale+ 器件主要应用于 1+ Tb/s 网络、智能 NIC 、机器学习、数据中心互连、测试与测量仪器以及全面集成的雷达/警示系统等关键领域。

与基于 28 nm 的 Virtex 7 系列 FPGA 相比，Virtex UltraScale+主要有如下优点，如表 1-3 所列。

表 1-3 Virtex UltraScale+与 Virtex 7 特性比较表

价 值	特 性
可编程设计的系统集成	·高达 8 GB 的 HBM Gen2 集成内封装； ·内部集成了存取速度高达 460 GB/s 的片上内存； ·集成型 100 Gbps 以太网 MAC 支持 RS-FEC 和 150Gbps Interlaken 内核； ·适用于 PCI Express Gen 3×16 与 Gen 4×8 的集成块
提升的系统性能	·与 Virtex 7 FPGA 相比，系统级性能功耗比提升 2 倍以上； ·高利用率使速度提升四个等级； ·拥有多达 128 个 33 Gbps 的收发器可实现 8.4 Tb 的串行带宽； ·58 G PAM4 收发器支持 50G+ 线速的数据传输； ·460 GB/s HBM 带宽，以及中等速度等级 2 666 Mb/s DDR4
BOM 成本削减	·1 Tb MuxSAR 转发器卡减少比例为 5:1； ·适用于片上内存集成的 UltraRAM； ·VCXO 与 fPLL（分频锁相环）的集成可降低时钟组件成本

续表 1-3

价　值	特　性
总功耗削减	·与 7 系列 FPGA 相比，功耗锐降 60%； ·电压缩放选项支持高性能与低功耗； ·紧密型逻辑单元封装减小动态功耗
加速设计生产力	·从 20 nm 平面到 16 nm FinFET+ 的无缝引脚迁移； ·与 Vivado 设计套件协同优化，加快设计收敛； ·适用于智慧 IP 集成的 SmartConnect 技术

1.5 CPLD/FPGA 设计与验证流程

与传统的硬件设计采用“自底向上”的设计方法不同，CPLD/FPGA 的设计采用“自顶而下”的设计方法——具体而言，就是从系统整体功能与需求出发，自上而下将设计要求具体化、模块化，最后到具体实施细节，完成系统的整体设计；换而言之，就是从抽象到具体的一种设计方法。相比于传统的设计方式，自顶向下的方法不仅节约了大量的设计时间，同时节省了大量的人力与物力，最重要的是，大大减少了后期的调试和验证时间，加速了产品的上市。图 1-4 所示为 CPLD/FPGA 设计与验证的整体流程。当然，有些步骤可以根据设计任务和功能的复杂程度适当地裁剪和省略。

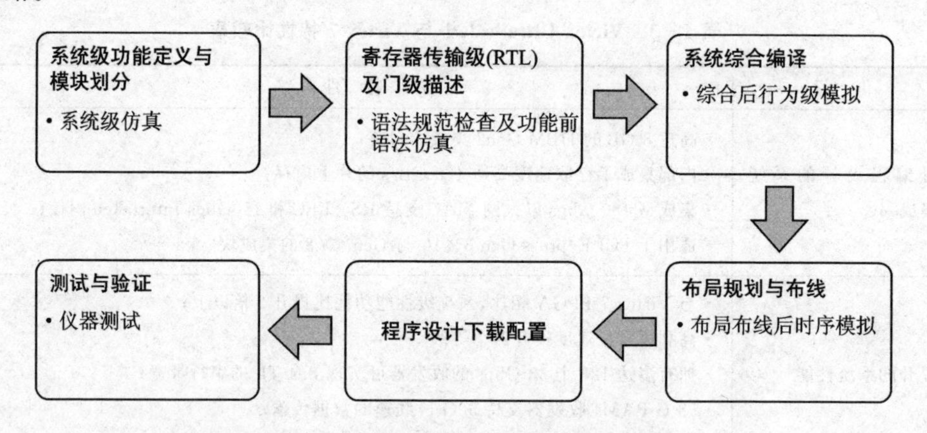

图 1-4　CPLD/FPGA 设计流程示意图

1.5.1　系统级功能定义与模块划分

很多介绍 CPLD/FPGA 流程的书籍通常会从原理图和 VHDL 输入开始介绍 CPLD/FPGA 的设计流程。实际上，在进行 CPLD/FPGA 设计时，不管是简单还是复杂的系统，首先都要考虑该系统要实现何种功能，要达成哪个特定目的。因此，在

CPLD/FPGA 设计时,首先需要对整个系统进行详细的系统规划与描述,然后通过系统级仿真整体评估和权衡所定义的系统的功能是否能够正常实现,性能的优劣及鲁棒性。在此阶段,更多的还是系统的抽象建模,也称之为系统级建模。因此采用的多为系统与功能性高级描述语言,如 C/C++、SystemC 及 SystemVerilog 等。

一旦系统抽象建模完成后,系统工程师需要对整个系统进行功能性模块划分,定义接口及其各个主要模块——包括模块之间的连接、时钟选取与走向、各主要协议的选择与算法实现等,称之为算法级建模。通过模拟对各种方案进行评估,以求达成最佳的性能要求,同时要考虑上市时间、价格等各方面的要素平衡等。通常系统级功能定义与模块划分会你中有我,我中有你,同时进行。

1.5.2 寄存器传输级与门级描述

一旦系统级设计目标、功能模块及接口设定好,CPLD/FPGA 工程师就要开始规划寄存器及寄存器之间的逻辑功能描述。通常来说,寄存器传输级描述侧重于对模块行为功能的抽象描述,采用各种并行运行的过程块,通过各种过程赋值语句和高级程序语句描述实现电路功能。门级描述主要是对各种基本逻辑门互连而成的具有一定功能的电路模块的描述。相较于门级描述,寄存器传输级描述更为抽象,它不关心寄存器和组合逻辑之间的细节关系,实现的语言也更为简单。例 1-1 分别为采用寄存器传输级描述和门级描述的全加器的 Verilog HDL 实现。

【例 1-1】分别采用寄存器传输级描述和门级描述实现的全加器。

```
//采用寄存器传输级描述的全加器
module fadder( a, b, cin, cout, sum );
input a, b, cin;
output cout, sum;
reg cout, sum;

always @(a or b or cin)
  begin
    sum = a + b + cin;
    cout = (a&b)|(b&cin)|(a&cin);
  end
endmodule
//采用门级描述的全加器
module fadder( a, b, cin, cout, sum );
input a, b, cin;
output cout, sum;
```

```
wire net1,net2,net3;

xor U0(sum,a,b,cin);
and U1(net1,a,b);
and U2(net2,a,cin);
and U3(net3,b,cin);
or U4(cout,net1,net2,net3);
endmodule
```

1.5.3 系统综合编译

系统综合编译,就是把寄存器传输级和门级描述的 HDL 语言翻译成由基本的与、或、非门等组成的门级网表,并根据设计的具体要求进行优化的过程。通常,优化有两种方式:面积优先和速度优先。系统综合编译需要有专门的综合软件来实现,目前各家 IDE 平台均涵盖有行业比较有影响的综合软件,可做到在 IDE 平台内一键综合编译。其中比较有影响的综合软件公司有 Synopsys(Design Compiler)、Cadance(Synplity)和 Mentor(Leonardo)公司。图 1-5 和图 1-6 分别为例 1-1 综合编译后的 RTL 门级逻辑。从图中可以看出,虽然综合后的门级网表不同,但是实现的功能是一样的。

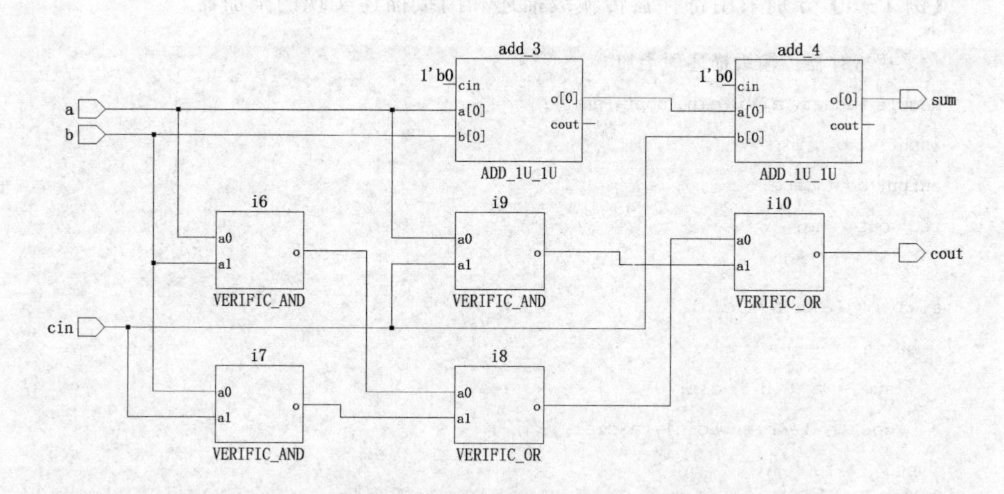

图 1-5 采用寄存器传输级描述的全加器综合编译后的门级网表

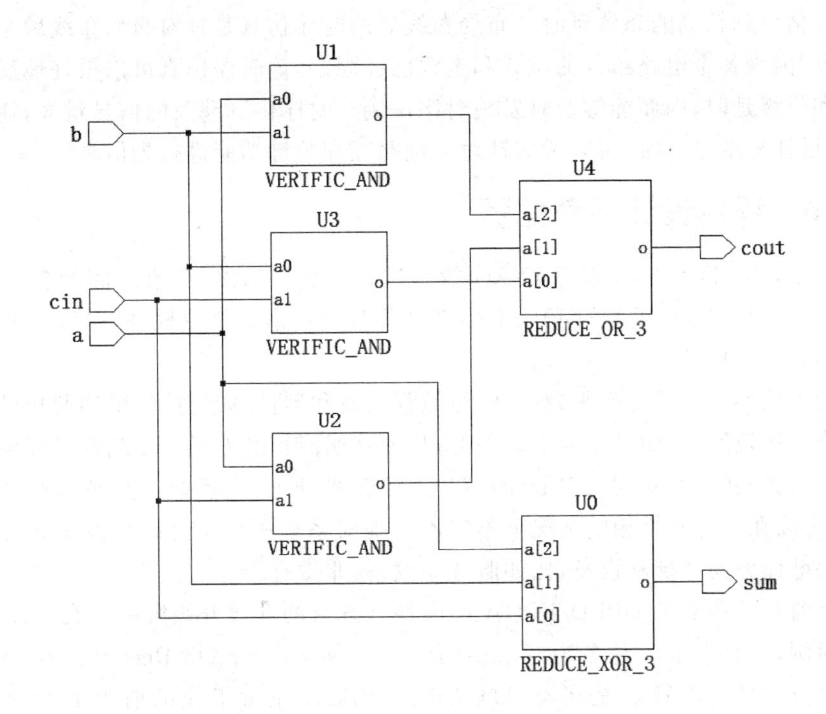

图1-6 采用门级描述的全加器综合编译后的门级网表

1.5.4 布局规划与布线

综合编译后的门级网表结果最终需要映像到相应的CPLD/FPGA的目标库和目标器件中。这个过程通常是在各家CPLD/FPGA公司的IDE平台上进行的。对于普通CPLD和低速FPGA来说,在不要求速度的前提下,对于布局布线的考虑比较少,直接通过IDE平台软件自动布局布线就可以达成目标。对于高速复杂的FPGA系统,布局布线将直接决定整个FPGA系统的性能优劣及鲁棒性,因此需要进行特别设计与调试。

1.5.5 仿 真

为了确保CPLD/FPGA功能设计的准确性,需要对CPLD/FPGA设计过程中的每一步进行仿真,因此相应地,会有系统级仿真、算法级仿真、RTL级仿真及时序仿真等。我们通常会把仿真分为两类:功能仿真(前仿真)与时序仿真(后仿真)。综合后仿真有时候会归结为功能仿真,有时候会归结为时序仿真。

寄存器传输级功能仿真主要验证RTL级描述是否与设计意图相符,不涉及特定CPLD/FPGA具体的组件库及其延时策略;综合后门级仿真主要验证综合编译后的门级网表是否与原设计一致,相比于RTL级,可以估算到基本门级延时的影响。

但无法估算到精确的布线延时。布局布线后的时序仿真是针对布局布线后生成的网表仿真,因为各个电路组件的位置和走线已经固定,该时序仿真可以很好地反映布线延时和门级延时,因而能够及时发现时序违例。时序仿真涉及的信息量大,耗时比较大,当设计复杂系统时,可以考虑针对关键路径和关键功能进行先仿真。

1.5.6 程序设计下载配置

通常,CPLD/FPGA 采用 JTAG 接口进行配置。当然,各家厂商的 JTAG 驱动程序各有不同,需要标准的 JTAG 接口以及对应厂商的烧录软件,可以快速地进行 CPLD/FPGA 配置。

随着数字系统设计越来越复杂,可编程设备和器件越来越多,采用脱机的 JTAG 线缆烧录比较麻烦,而且不经济。因此,目前普遍流行的方案是在线升级和烧录——通过嵌入式 CPU 直接对 CPLD/FPGA 进行在线升级,或者透过网络远程升级。这样,就可以在不打开机箱的情况下不知不觉地对系统进行了升级。该功能对于一些运行关键任务的系统和设备,比如服务器设备,非常有用。

目前几乎所有的 CPLD/FPGA 厂商均有各自的在线升级解决方案。以 Lattice 公司为例,它开发了一种名为“TransFR”(Transparent Field Reconfiguration)的技术。该技术最大的特点是在不打断 CPLD/FPGA 正常工作的前提下无缝地进行 CPLD/FPGA 的固件升级。具体来说,整个技术分为四部分。第一步,在 CPLD/FPGA 系统正常运行的情况下,直接对 CPLD/FPGA 的内置或外挂 Flash 后台进行固件升级,而 SRAM 不受干扰;第二步,对 CPLD/FPGA 进行 I/O 引脚锁定或者设置为用户定义的逻辑水平,并在整个重配置过程中一直保持为该状态;第三步,把 Flash 内更新的固件复制到 SRAM 里面,重构 SRAM,一旦 SRAM 配置完成后,I/O 引脚设置将返回到用户指定的设置,GSR 信号会内部置位以便使得器件进入可预测状态,不同的器件可能实现的具体细节有所不同;最后,I/O 引脚从边界扫描控制中释放出来并恢复到新的状态。通过这四个步骤,就可以正确地实现 CPLD/FPGA 的固件升级。

Lattice TransFR 技术有两种模式:JTAG 模式和非 JTAG 模式。两个模式大同小异,主要区别为是否需要 JTAG 接口。在 JTAG 模式下,在 TransFR 期间,用户可以在用户定义时间内释放 I/O,也可以自定义 I/O 值。但同时由于在该模式下,所有的操作都是基于 JTAG 命令,所以需要一个板载 JTAG 端口,操作也相对复杂。图 1-7 为 JTAG 模式 TransFR 的时序图。

与 JTAG 模式不同,非 JTAG 模式下,JTAG 端口是非必需的,任何 CONFIG 端口都可以使用,大部分的操作都是对器件升级更新,操作也就相对简单。但它不允许用户在 TransFR 期间的特定时间内释放 I/O,也不允许自定义 I/O 值,因此在升级过程中,I/O 始终保持原来的逻辑水平。图 1-8 为非 JTAG 模式 TransFR 的时序图。

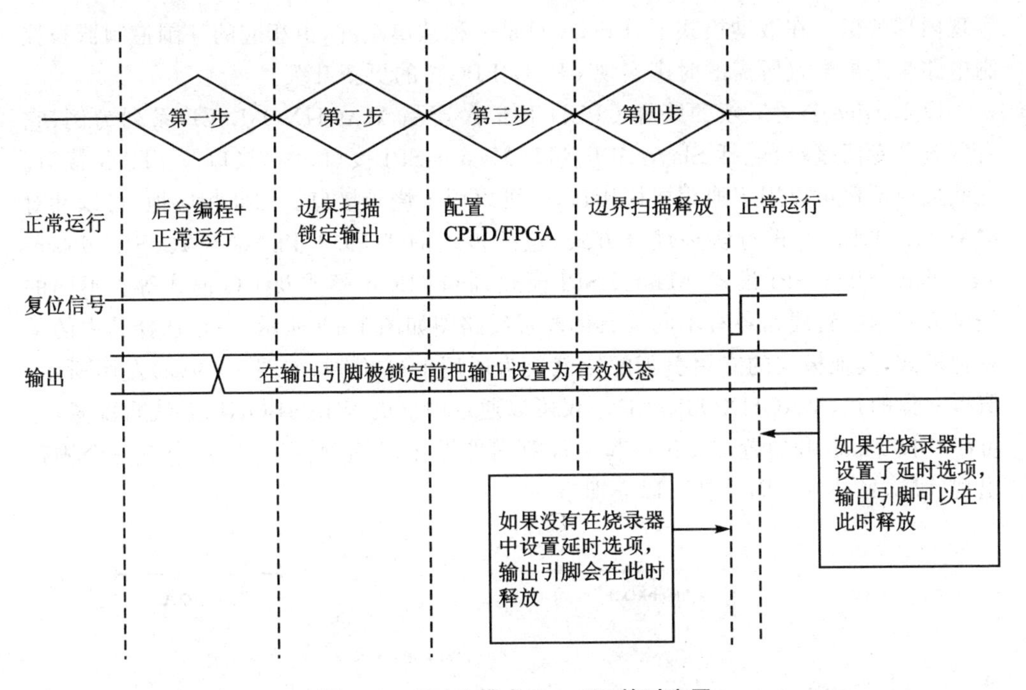

图 1-7 JTAG 模式 TransFR 的时序图

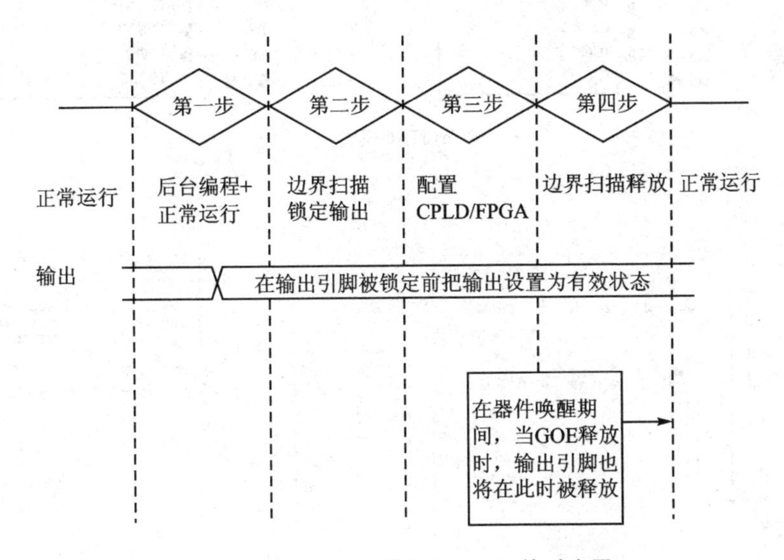

图 1-8 非 JTAG 模式 TransFR 的时序图

现代 CPLD/FPGA 越来越呈现融合的趋势,在配置方面除了传统的 JTAG 配置外,还有其他各种配置方式。根据烧录方式的不同,可以分为主动式和被动式;根据配置总线数据宽度的不同,又分为并行式和串行式。在主动模式下,一旦上电,CPLD/FPGA 会主动从内置或外置的配置 Flash 中读取配置文件加载到 SRAM 里实现内部映像。在被动模式下，FPGA 只是一种从属组件，由相应的外围控制器和控制电路来提供配置所需的时序实现 CPLD/FPGA 的更新升级。

以 Lattice 公司最新的跨界 CPLD/FPGA 产品 MACHXO3L/LF 系列为例，它有着多种专门接口，包括 Slave SPI 接口、Master SPI 接口、I^2C 接口及 JTAG 接口。这些接口不仅可以用于通用协议接口，也可以用于烧录接口。因此相应地，可以针对 MACHXO3L/LF 进行多种烧录方式，包括传统的 1149.1 JTAG 模式、Self download 模式、Slave SPI 模式、Master SPI 模式、Dual Boot 模式及 I^2C 模式等。不同的烧录方式的配置线路各有不同。具体配置线路图如图 1－9 所示，一旦选择其中的某一种模式，其他模式的专用引脚配置就成为通用 I/O 引脚，如图 1－9(a)左图所示。值得一提的是，MACHXO3L/LF 不仅可以通过内部的 WISHBONE 总线自配置，还可以外接 Flash 和内置 Flash 一起实现双固件操作，从而使得一旦其中有一个固件出现问题，另外一个固件就可以立即启动。

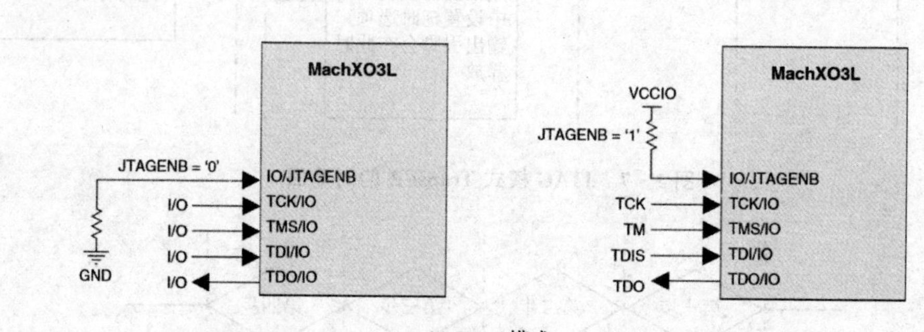

(a) JTAG模式

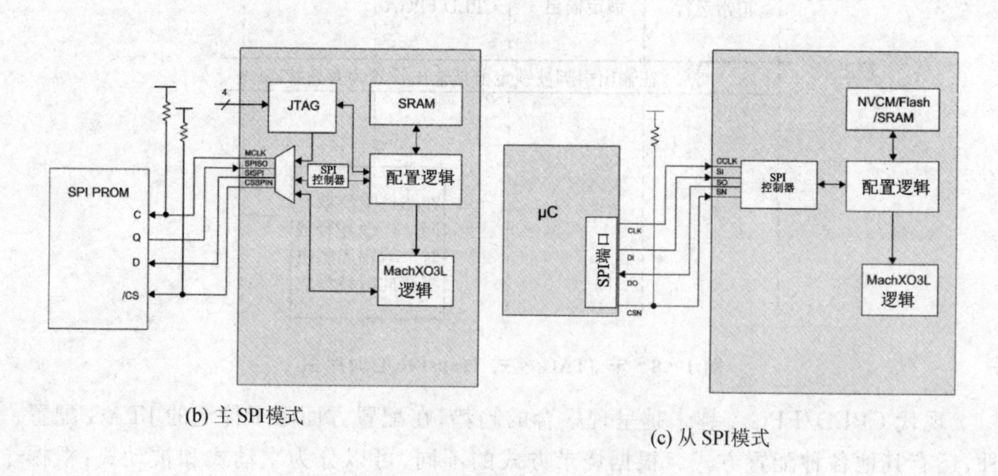

(b) 主 SPI模式

(c) 从 SPI模式

图 1－9　MACHXO3L/LF 各种烧录模式

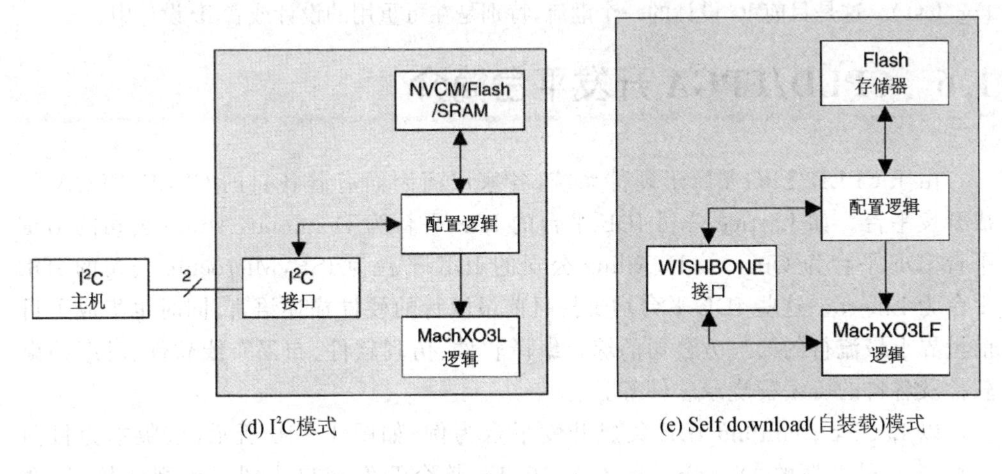

(d) I²C模式

(e) Self download(自装载)模式

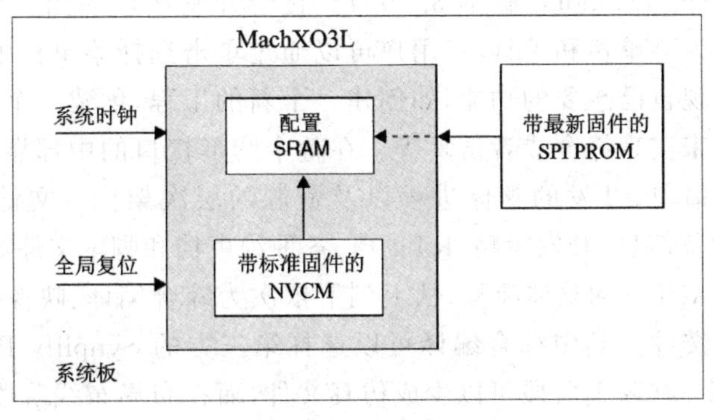

(f) Dual boot模式

图 1-9 MACHXO3L/LF 各种烧录模式(续)

当然,不同厂商的 CPLD/FPGA 有不同的烧录和配置方式。具体需要参考各自厂商的数据手册或者技术指南。以 Lattice MACHXO3L/LF 为例,具体可从 Lattice 网站 www.latticesemi.com 上下载技术指南 TN1279:MachXO3 Programming and Configuration Usage Guide。

1.5.7 测试与验证

测试与验证是两个不同的概念。测试是对整个芯片的功能和信号进行全面的量测和诊断,不仅是信号逻辑与时序,还包括电气特性,以确保其物理特性、功能特性满足设计的要求。而验证则更倾向于代码的准确性、时序性及代码的覆盖率。通常来说,追求代码 100%的覆盖率是验证工程师的目标,也是挑战。特别是在目前的电子产品要求保证上市时间的情况下,如何努力实现验证的完整度——这不仅仅是验证工程师需要面对的挑战,也是设计工程师需要考虑的问题。通常来说,当系统工程师在规划系统性能要求的同时,会要求设计工程师在代码设计中增加适当的验证程序,尽量做到 DFT(Design

For Test)。这是目前 IC 设计的一个潮流，特别是在可重用的设计或者 IP 设计中。

1.6 CPLD/FPGA 开发平台简介

由于 CPLD/FPGA 属于硬件系统，各家厂商因而有着各自的 CPLD/FPGA 集成开发平台。如 Lattice 公司 IDE 平台的 IDE 平台为 Diamond，Altera 公司的 IDE 平台 IDE 平台为 Quartus II，Xilinx 公司的 IDE 平台为 ISE，Microchip 公司的 IDE 平台为 Libero。这些 IDE 平台均支持目前最流行的硬件描述语言，同时也集成了目前世界上最流行的第三方公司的综合编译软件、仿真软件、布局布线软件、时序约束软件及各自的可编程烧录软件等。

以 Lattice Diamond IDE 集成开发平台为例，如图 1-10 所示，该版本为目前 Lattice 公司最新的 Diamond 版本 3.10.1。整个开发接口为图形可视化接口，在 IDE 接口的顶部为菜单栏和工具栏，用户可以通过单击选择菜单栏中的某一个目录或者子目录来实现自己想要的功能，如创建一个新的工程，创建一个新的文件，或者选择第三方软件来实现综合或者仿真等。在整个图形接口的中部靠左，主要由三部分组成——文件清单、开发的整体进程以及资源的层次架构。文件列表主要显示 CPLD/FPGA 设备信息、开发策略、RTL 档、各种约束档和脚本文件等。中间的 Lattice CPLD/FPGA 开发的整体流程，从上到下依次为综合编译、映像、布局布线以及生成相应的烧录文件。其中综合编译可以选择第三方的 Synplify Pro 或者 Lattice 自家开发的 LSE。在映射阶段可以生成仿真文件，而在布局布线阶段可以生成布局布线报告及 I/O 时序分析报告。对于 Lattice CPLD/FPGA 而言，可以根据具体的烧录配置来决定生成哪种类型的烧录文件，如.bin 文件或者 JEDEC 文件，同时也可以生成 IBIS 模型给信号完整性工程师进行信号完整性仿真与分析。

在界面中部靠右，默认是一个开始界面。通过该接口，可以快速选择打开或者新建一个工程和文件，浏览新近创建的工程，Lattice 公司产品与软件的用户指南和参考指南，用户可以快速获取设计文件，同时也可以显示软件版本状态。该接口也可以显示各种通过 IDE 打开的报告及设计文件等。

在接口的底部，主要是各种信息记录及 TCL 的控制面板，在此可以通过脚本文件实现具体的操作。该接口也会实现显示各种错误、警告及信息等各个等级的状态。

1.7 硬件描述语言的介绍

在 1.5 节中提到了 Verilog HDL，并且举了一个一位全加器的实例。Verilog HDL 是其中的一种硬件描述语言。

在 Verilog HDL 语言诞生之前，随着计算机技术和 EDA 技术的不断发展，各家可编程逻辑器件厂商开发了各种不同的硬件描述语言(HDL，Hardware Description

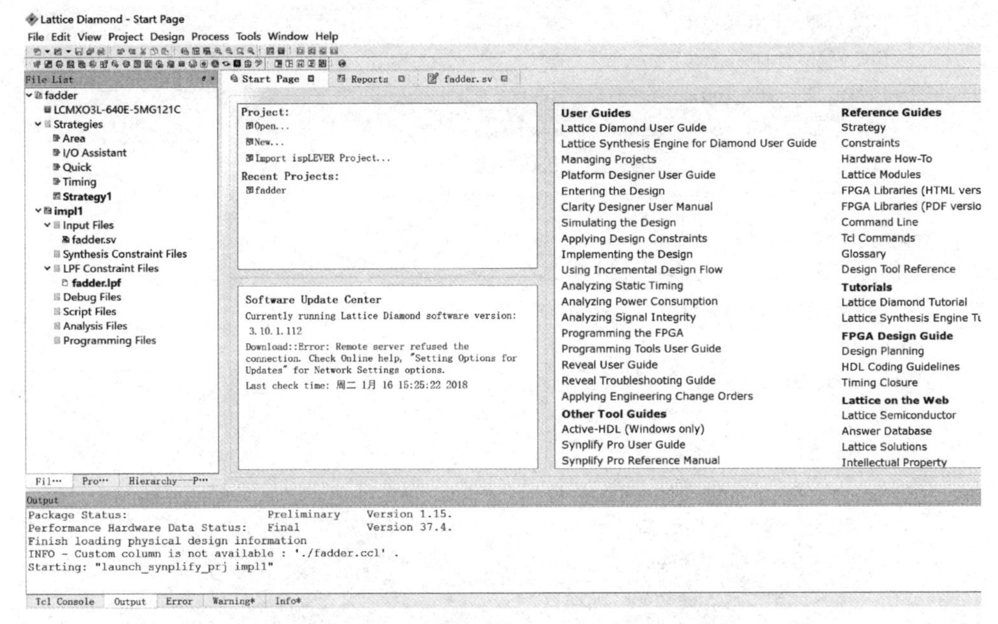

图 1-10 Lattice Diamond 3.10.1 IDE 开发接口

Language)，如 Altera 公司为自家产品研发的 AHDL(Analog Hardware Description Language，模拟硬件描述语言)以及 Lattice 公司专为其产品开发的 ABEL(Advanced Boolean Equation Language，高级布尔方程语言)语言等。

1981 年(来自维基百科的说法是 1983 年)，美国国防部提出了一种新的标准化语言——VHDL(Very high speed integrated circuit Hardware Description Language，甚高速集成电路硬件描述语言)，目的是记录供货商公司在设备中使用 ASIC 的行为。由于美国国防部要求基于 Ada 的语法尽可能多，VHDL 很大程度上借鉴了 Ada 程序设计语言的概念和语法。VHDL 语法严格，功能强大，设计灵活，并且能够针对各种层级进行描述，独立于器件的设计，有很强的移植功能。1986 年，美国国防部把 VHDL 所有权转交给 IEEE 协会，第二年，IEEE 将 VHDL 制定为标准，称为 IEEE 1076—1987。自标准化后，各 EDA 公司要么相继推出了自己的 VHDL 设计环境，要么宣布自己的设计工具可以和 VHDL 兼容。目前最新的标准为 IEEE 1076—2008 以及 IEC61691—1—1:2011。

【例 1-2】采用 VHDL 设计一个带默认功能的 8 位向上计数器。

```
library IEEE;

use IEEE.std_logic_1164.all;
use IEEE.numeric_std.all;

entity COUNTER is
port (
```

```
    RST : IN  std_logic;
    CLK : IN  std_logic;
    LOAD: IN  std_logic;
    DATA: IN  std_logic_vector(7 downto 0);
    COUT:  OUT std_logic_vector(7 downto 0)
);
end entity COUNTER;
architecture architecture_COUNTER of COUNTER is
    signal CNT : unsigned(7 downto 0) ;
begin
   process(RST,CLK) is
     begin
       if RST = '1' then
            CNT <= (others => '0');
       elsif rising_edge(CLK) then
         if LOAD = '1' then
             CNT <= unsigned(DATA);
         else
             CNT <= CNT + 1;
         end if;
       end if;
    end process;
   COUT <= std_logic_vector(CNT);
end architecture architecture_COUNTER;
```

VHDL 一般由五部分——library(链接库)、package(程序包)、entity(实体)、architecture(构造体)及 configuration(配置)组成,其中 entity 和 architecture 是必不可少的部分,如例 1-2 所示,该示例调用了两个基本库 IEEE. std_logic_1164 和 IEEE. numeric_std,entity 部分定义了整个逻辑的输入输出接口以及数据宽度,architecture 部分则主要用来描述整个电路的具体实现逻辑。本示例比较简单,无需 package 和 configuration 两个部分。

与 VHDL 由美国国防部制定不同,Verilog HDL 是由民间创立的。1983 年,美国 GDA(Gateway Design Automatic)公司的 Phil Moorby 为其公司的仿真器产品开发而创立了 Verilog HDL 语言,最初该语言只是一种专用语言。1984—1985 年,Moorby 设计出第一个关于 Verilog HDL 的仿真器,翌年又提出了快速门级仿真的 XL 算法,使得 Verilog HDL 语言得到迅速发展,Synonsys 公司开始使用 Verilog HDL 是行为语言作为综合工具的输入。1989 年,Cadence 公司把 GDA 公司收购,并于第二年决定开发 Verilog HDL 语言,成立了 OVI(Open Verilog HDL International)组织,负责 Verilog HDL 的发展。到了 1995 年 12 月,IEEE 组织决定吸纳 Verilog HDL 语言,并制定了 Verilog HDL 的 IEEE 标准 IEEE 1364—1995。目前最新标准为 IEEE 1364—2005。

Verilog HDL 的设计初衷是成为一种基本语法与 C 语言相近的硬件描述语言。这是因为在 Verilog HDL 发明之前，C 语言已经在各个领域得到了广泛应用，人们已经习惯了 C 语言的许多语言要素。设计一种与 C 语言相似的硬件描述语言，可以让电路设计人员更容易学习和接受。但硬件语言毕竟和软件语言不同，Verilog HDL 是以模块为基础的设计，其基本设计单元是模块(module)。复杂的电子电路主要是通过模块之间的互相连接调用来实现。模块类似于 C 语言的函数，模块中可以包含组合逻辑和时序逻辑等。如例 1-1，模块中主要采用的是组合逻辑来实现一个一位全加器的功能。

一段时间以来，主要流行的一直是 Verilog HDL 和 VHDL 两种硬件描述语言。二者之间也无所谓优劣之分。目前几乎所有的 CPLD/FPGA 设计综合和仿真软件都支持这两种语言。

SystemVerilog(简称 SV)语言作为一种新的硬件描述与验证语言(HDVL, Hardware Description Validation Language)，实际上是 Verilog—2005 的一个超集，是硬件描述语言和硬件验证语言的一个集成。SystemVerilog 结合了 Verilog HDL、VHDL 以及 C++的概念，新增了验证平台语言和断言语言，使得 SystemVerilog 在一个更高的抽象层次上提高了设计建模的能力。它拥有芯片设计与验证工程师所需的全部结构，集成了面向对象程序设计、动态线程和线程间通信等特性。SystemVerilog 全面综合了 RTL 设计、测试平台、断言和覆盖率，为系统级的设计与验证提供了强大的支持。最新的 SystemVerilog 标准是 IEEE 1800—2012。目前各主流的 CPLD/FPGA 设计综合和仿真软件均支持 SystemVerilog。很多主流公司，如 Intel，在其公版 CPLD/FPGA 中开始采用 SystemVerilog 来进行程序设计。例 1-3 为采用 SystemVerilog 改写的一位全加器。与 Verilog HDL 非常相似，只是用关键词 logic 替代了关键词 reg。

【例 1-3】采用 SystemVerilog 实现的一位全加器

```
module fadder( a, b, cin, cout, sum );
input logic a, b, cin;
output logic cout, sum;

always @(a or b or cin)
  begin
    sum = a + b + cin;
    cout = (a&b)|(b&cin)|(a&cin);
  end
endmodule
```

当然,目前还有其他各种硬件描述语言,如 SystemC、Superlog 和 CoWare C 等。在此就不一一赘述了。

1.8 硬件语言与软件语言的区别

诚如 1.6 节所述,软件语言在描述硬件逻辑上会存在先天的不足,比如硬件要求并行性,而软件语言只能顺序进行;软件语言在乎的是代码的简洁程度,而硬件语言更在乎的是它转化成所描述的电路的性能是否合理和流畅。

具体来说,硬件语言与软件语言最大的区别在于以下三个方面:

- 互连(Connectitity):互连是硬件系统中的一个基本概念,硬件语言有专门的关键词来描述,如 Verilog HDL 中的关键词 wire,而软件语言没有此概念。
- 并行(Concurrency):软件语言天生就是串行的,只有执行了上一条语句之后才能执行下一条语句。而硬件系统天然是并行结构的系统,不存在谁先谁后,只有硬件语言才有此并行特性,能够有效满足硬件系统的设计理念并能有效描述硬件系统。
- 时序(Timing):软件语言运行速度的快慢取决于处理器本身的性能,没有一个严格的时序概念。而硬件语言可以通过时间度量和周期的关系来描述信号之间的关系。

当然,从另外一方面来说,软件语言的抽象程度比硬件语言强,语法也比硬件语言灵活。为了综合各自的优势,PLI(Programmable Language Interface,程序设计语言接口)应运而生。这样就可以在仿真器内实现 C 语言程序和硬件语言之间的相互通信,提高了硬件语言的灵活性和抽象能力。

本章小结

随着云计算、大数据、机器学习、深度学习以及人工智能的迅速发展,CPLD/FPGA 技术在最近五年得到迅速发展,并迅速应用到这些前沿领域。CPLD 与 FPGA 之间的融合程度越来越深。通过本章对 CPLD/FPGA 的基本介绍,主要是让读者对 CPLD/FPGA 有一个基本的概念和理解。要成为一个优秀的 CPLD/FPGA 工程师,需要全面了解数字系统的基础知识,能够熟练运用硬件描述语言进行数字系统设计和仿真,并进行详细的测试验证。本书着重于硬件描述语言 Verilog HDL 和 SystemVerilog 的介绍,这些将在后续章节中详细讨论。

思考与练习

1. 目前世界上主要有哪几家 CPLD/FPGA 厂商？各家有哪些代表性的 CPLD/FPGA 产品？

2. 乘积项结构和查找表结构的基本原理有什么差别？

3. CPLD/FPGA 设计与验证流程主要有哪几步？

4. 什么是自顶向下？什么是自底向上？各有什么样的优缺点？

5. 什么是逻辑综合？目前世界上流行的综合软件有哪几家？

6. 硬件语言和软件语言的区别有哪些？

7. 目前世界上流行的硬件描述语言有哪几种？

8. 简述 Lattice TransFR 的技术实现。

第2章

Verilog HDL入门指南

如第1章所述，作为目前最为流行的硬件描述语言之一，Verilog HDL完全满足硬件系统所必需的互连、并行及时序等特点。同时，Verilog HDL作为一种最初为仿真而开发的硬件语言，它不仅可以用来做模拟，还可以用来做综合设计等。

本章将重点介绍Verilog HDL语言的语法基础及相关应用，主要内容如下：

- 模块与端口；
- 延时；
- 数据流描述；
- 行为级描述；
- 结构化描述。

2.1 模 块

Verilog HDL是基于模块的硬件设计语言。模块是Verilog HDL语言的基本描述单元，用于描述某个设计的功能或结构，以及与其他模块通信的外部端口，与高级软件语言的函数相似。模块的定义比较宽泛，大至可以描述一个系统，小至可以只描述一个基本的逻辑门。整个模块的基本语法如下：

```
module 模块名称(端口列表);
  //端口定义声明;
  input, output, inout

  //内部变量和参数声明
  wire, reg, function, task, parameter, define,等等

  //模块功能实现
    数据流描述:assign
    行为级描述:initial, always
    结构化描述:门级例化、UDP 例化、模块例化
endmodule
```

可以看出，整个模块由关键词“module…endmodule”包含。每个 module 关键词后紧跟着模块名称，并注明整个模块对外的端口。模块内部首先进行端口声明及内部变量和参数说明，说明可以放置到模块内部的任意位置，但为了模块的描述清晰以及可读性，通常要求端口声明和内部变量及参数说明放到执行语句前。接着根据设计的需求，采用数据流、行为级或者结构化模型对模块功能进行具体实现，可同时使用三种模型。最后，需要以 endmodule 结束，表示整个 module 设计完毕。

【例 2-1】 采用 Verilog HDL 实现一个二选一选择器。

```
module mux2to1(out, s,a, b);
  input s, a, b;
  output out;

  assign out #2 = s? a: b;
endmodule
```

例 2-1 为采用 Verilog HDL 实现的一个二选一选择器，综合后生成的 RTL 电路如图 2-1 所示。Mux2to1 为该模块的模块名称。该模块共有四个端口：两个输入端口 a 和 b、一个选择信号端口 s 及一个输出端口 out。端口默认为 1 位位宽。整个模块没有对各个端口进行数据类型说明，因此默认为线网数据类型。

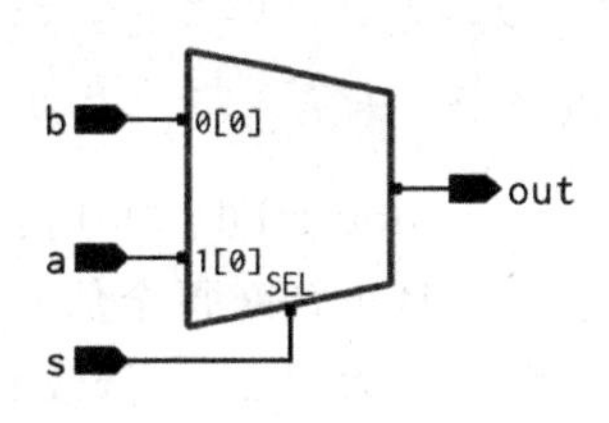

图 2-1 二选一选择器

整个模块通过一个连续赋值语句完成，描述该电路在选择信号 s 为高时，把输入信号 a 传送给输出 out，否则传送输入信号 b 给 out。

Verilog HDL 可以采用多种方式来实现一个模块的功能，如图 2-2 所示。

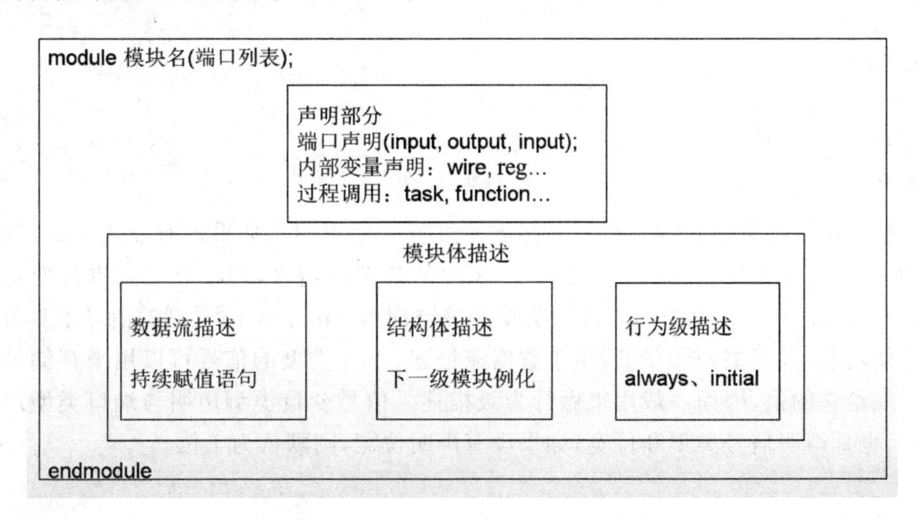

图 2-2 Verilog HDL 模块结构

2.2 模块端口及声明

在模块名之后，一般会有以小括号包围的端口列表，端口与端口之间用“,”隔开。端口列表结束后，在小括号外以“;”结束。需要注意的是，并不是所有的模块都需要端口列表，比如顶层仿真模块就不需要端口列表，因为顶层仿真模块是一个封闭系统，端口已经在内部实例化。

端口通常有三种类型：input——输入端口，信号从该端口流入模块；output——输出端口，该端口的信号由模块驱动输出；inout——双向端口，该端口的信号既可以由外部驱动，也可以由模块驱动。端口信号通常需要声明位宽，如果没有声明，则默认为 1 位位宽。

【例 2-2】端口声明示例。

端口类型　　　　信号宽度　　　　信号名

```
input     [4:0]     a_in;     //5'b10101
inout               b;        //1'b1
output    [1:0]     c_out;    //2'h3
```

从 Verilog HDL 2001 标准开始，为了简化端口声明，允许把端口声明写入端口列表中，并且可针对每个信号进行注释。需要注意的是，端口列表中不允许出现“;”。

例 2-3 为例 2-1 修改后的端口声明。

【例 2-3】端口声明。

```
module mux2to1(
input     s,
input     a,
input     b,
output    out
);
```

模块中的信号，包括端口信号，都需要进行变量声明。如果没有显式声明，则默认为 wire 线网类型。例 2-1 到例 2-3 中的各端口信号，均没有显式进行变量声明，则暗示为 wire 线网类型。线网类型的关键词为 wire。wire 类型的信号不具备数据存储功能，只能被连续赋值，用于数据流描述。reg 类型的信号可以用来存储最后一次赋给它的值，因而一般用来做行为级描述。信号变量类型声明与端口类型声明相似，也是声明信号类型和位宽，如果没有声明位宽，则默认为 1 位。

【例 2-4】变量声明示例。

```
端口类型    变量类型    信号/变量宽度    信号/变量名示例
output      reg         [3:0]           out_ff;              //4'hF
output                  [3:0]           out_ff;
            reg         [3:0]           out_ff;
            reg                         d;                   //1'b1
            wire        [4:0]           e;                   //4'h1f
```

例 2-4 中,前三行表示输出端口的变量声明,后面两行表示内部信号的变量声明。在前三行中,第一行把变量类型和端口类型写在一起,其效果和第二、三行分开写一样。但是代码更加简洁。

注意:

- Verilog HDL 对于关键词的大小写敏感。所有关键词必须是小写。如:reg 是关键词,但 REG 为普通的信号变量。
- 定义为 reg 类型的信号不一定会生成寄存器。
- 尽管信号和内部变量声明只要出现在第一次被调用的语句之前就可以,但代码风格一般要求在执行语句之前就定义好,提高代码的可读性。
- 任何一个模块都必须以"endmodule"结束。

2.3 注 释

为了提高代码的可读性,CPLD/FPGA 工程师通常在代码设计时会做一定量的代码注释,采用自然文字说明,以确保每一个关键代码的设计容易被理解或者注释部分代码以备用。

Verilog HDL 提供了两种注释方式:行注释——以"//"开始,注释一行中的余下部分;块注释——以"/ * "开始,以" * /"结束,中间的整个代码逻辑全部被注释,它可以用来注释一行或者多行代码。

【例 2-5】二选一选择器。

```
module mux2to1(
input      s,         //输入选择控制信号
input      a,         //输入信号
input      b,         //输入信号
output     out        //输出信号
);
//reg      out;       //采用 always 语句实现二选一选择器
  asssign out #2 = s? a: b;
  /* always @(s or a or b)
```

```
    out #2 = s? a : b;
  */
endmodule
```

例 2-5 中,既采用了行注释,也采用了块注释。第 2～5 行,采用了行注释,用来说明每个信号的用途。第 7 行行注释主要是说明此 reg 类型寄存器的用途。第 9～11 行采用块注释,注释了一段功能代码,这段功能代码结合第 7 行的代码,可以实现第 8 行代码所能实现的功能。

从例 2-5 中可知,reg 类型的信号和变量类型,生成的不一定是寄存器。

2.4 数据流描述

在数字电路中,信号经过组合逻辑电路时就像数据在流动,没有任何存储。当输入发生任何变化时,输出也会随之发生相应的变化,该变化可能是立即发生,也可能会经过一定的延时后发生。Verilog HDL 对此数字电路的行为建模称之为数据流描述,采用的是连续赋值语句。

【例 2-6】四选一选择器。

如图 2-3 所示,输入选择信号 s0 是第一级两个二选一选择器的选择信号,s1 是第二级也就是输出级二选一选择器的选择信号,通过 s0 和 s1 的组合,选择 a、b、c、d 四个信号之一输出到输出端口 o。

相应的 Verilog HDL 代码如下:

```
`timescale 1ns/100ps
module four_to_one_mux(
input   a,
input   b,
input   c,
input   d,
input   s0,
input   s1,
output  o
);

wire  m0,m1;
//数据流描述,连续赋值语句
assign m0  = s0 ? a : b;
assign m1  = s0 ? c : d;
assign o   = s1 ? m0 : m1;
endmodule
```

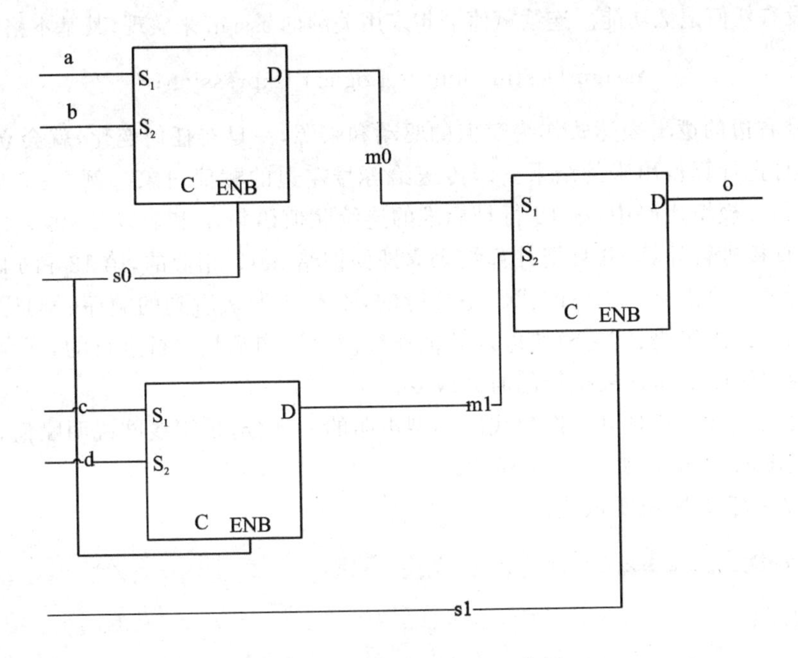

图 2-3　四选一选择器示意图

采用 Lattice MACH XO3 CPLD，基于 Synplify Pro 综合软件综合后生成的门级网表如图 2-4 所示。可以看出，真实的逻辑功能与要达成的设计要求相一致，尽管生成的底层门级单元与图 2-3 不一致——这与综合软件和 CPLD/FPGA 芯片有关。

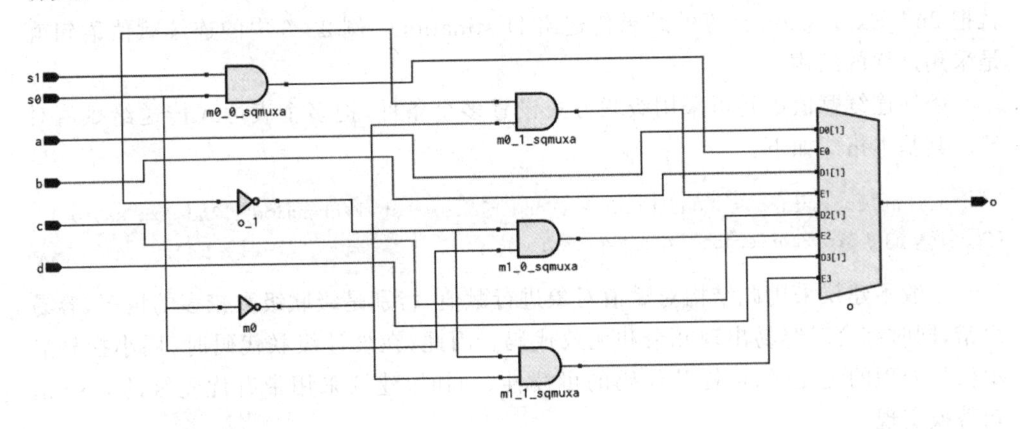

图 2-4　Synplify Pro 综合后生成的 RTL 门级网表示意图

2.4.1　连续赋值语句

从例 2-6 中可以看出，整个设计都是采用组合电路，中间没有任何寄存器，也就是此电路没有任何记忆功能。连续赋值语句采用关键词 assign 来实现，其基本格式如下：

assign Destination = Logical Expression;

等号右边的逻辑表达式作为赋值的驱动和来源，一旦有任何变化，就会立即进行计算，并且把计算得出来的结果立即传送给等号左边的赋值对象。例 2-6 中 four_to_one_mux 模块代码中，第 12 行是标准的连续赋值语句，a 和 b 以及 s0 发生任何变化，都会直接进行计算，并且把计算结果立即回馈给 m0。相似的，第 13 和 14 行也是同样的行为。第 12 到 14 行的代码是并行的，不存在先来后到的顺序。同样连续赋值语句和行为语句块、例化模块以及其他连续赋值语句都是并行进行的，不会因为哪家语句的顺序改变而导致执行的时间改变。

连续赋值语句有时可以作为线网类型声明的一部分，采用线网说明赋值，这样就省去了关键词 assign，如例 2-7 所示。

【例 2-7】线网说明赋值。

```
wire out = in1 & in2;
```

等效于：

```
wire out;
assign out = in1 & in2;
```

连续赋值语句还经常采用有条件的连续赋值方式，其基本格式如下：

assign Destination = Condition ? 1st_Expression : 2nd_Expression;

如果 Condition 为真，则把 1st_Expression 计算的结果赋值给 Destination，否则就把 2nd_Expression 计算的结果传送给 Destination。例 2-6 中的连续赋值语句就是采用这样的结构。

条件连续赋值语句可采用级联方式设置多个条件，把多个表达式传送给赋值对象。其基本格式如下：

```
assign Destination = Condition1 ? (Condition2 ? 1st_Expression : 2nd_Expression) :
(Condition3 ? 3rd_Expression : 4th_Expression);
```

一般不建议采用此结构对赋值对象进行赋值，特别是级联级数较多的情况，容易出错，同时综合时容易出现冗余和无效代码。因此，在设计级联代码时，用小括号显示信号处理的优先级，可提升代码的可读性。同时，建议采用带有优先级的 case 语句替换实现。

Verilog HDL 语言中，定义为 wire 型的连续赋值语句的赋值对象不能多重赋值。否则，综合软件会直接报错，仿真软件会直接赋值 x。如例 2-8 把例 2-6 的 m1 错误地写成了 m0，从而出现了多重赋值，这是一个错误的示范。在综合时，Lattice Diamond 将报出如图 2-5 所示的错误。

【例 2-8】多重赋值错误示例。

```
wire  m0;
assign m0 = s0 ? a : b;
assign m0 = s0 ? c : d;
```

Error

ID	Message
2019990 ERROR - CL219 :"C:\FPGA\fadder\four_to_one_mux.v":12:6:12:7	Multiple non-tristate drivers for net m0 in four_to_one_mux

图 2-5　多重赋值错误告警信息

2.4.2　时　延

例 2-6 中没有在连续赋值语句中定义时延，那么右端的条件表达式计算出来的值会立即赋给左端表达式，时延为 0。

例 2-1 和例 2-5 均采用了带时延的连续赋值语句。

```
assign out #2 = s ? a : b;
```

#2 表示为两个时间单位。该程序的意思是当输入选择信号 s 为高电平时，把输入信号 a 延时两个时间单位再传送给输出端口 out，否则把输入信号 b 延时两个时间单位再传送给输出端口 out。这行代码模拟的是选择器输入和输出之间的延时，如图 2-6 所示。

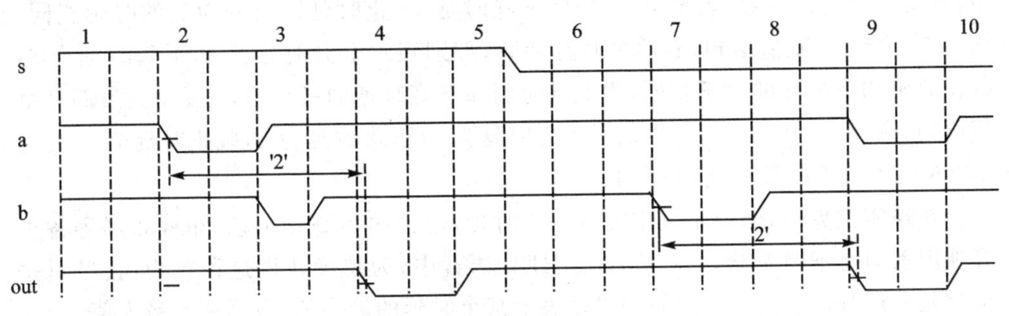

图 2-6　输入输出时延示意图

如果输入信号的脉冲宽度没有时延长，则右端的输入信号会在发生时间的间隔里被过滤掉。假设：

```
assign out #4 = in;
```

由图 2-7 中可知，输入 in 有两个脉冲，一个是一个时间单位的脉冲，另外一个是四个时间单位的脉冲，但从输出信号 out 来看，第一个时间单位的脉冲来不及输出，便被过滤掉。这也是组合逻辑的特点之一。当信号脉冲宽度小于组合逻辑器件时延时，相应的脉冲会被过滤掉。有些电路设计也是采用组合逻辑这样的特性，来屏

蔽相应的信号干扰。

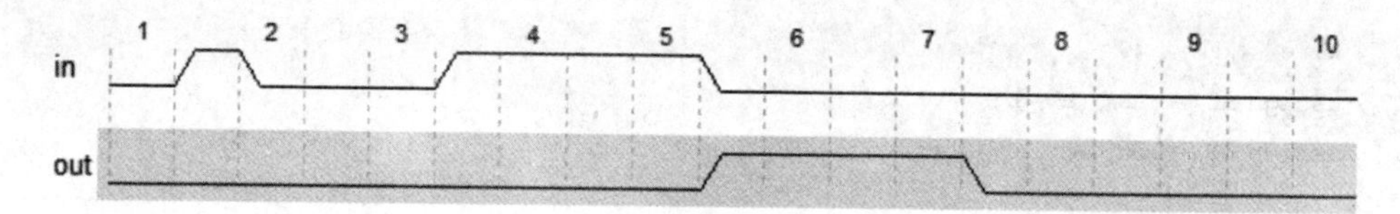

图 2-7　被屏蔽脉冲输入输出时延示意图

时间单位与 CPLD/FPGA 的物理时间相关。因此，除了输入和输出时延外，信号跳变的时延也是各不相同。在 Verilog HDL 中，有四种时延模型来描述信号跳变：上升时延、下降时延、截止时延以及变成 x 的时延。其中，变为 x 的时延为前三者中的最小值。其基本语法是：

```
assign #(rise, fall, turn_off) Destination = Logical expression;
```

【例 2-9】各种时延表示方式示例。

```
assign   out = in1 & in2;
assign #5 out = in1 & in2;
assign #(4, 8) out = in1 & in2;
assign #(4, 5, 6) out = in1 & in2;
```

在第一个赋值语句中，没有显式显示时延，因此时延为 0。在第二个赋值语句中，只有一个时延参数，表示上升时延、下降时延、截止时延以及变为 x 的时延相同，均为 5。第三个赋值语句，有两个时延参数，分别表示上升时延为 4，下降时延为 8，截止时延和变为 x 的时延相同，为上升时延和下降时延的最小值，即为 4。第四个赋值语句，有三个时延参数，分别表示上升时延为 4，下降时延为 5，截止时延为 6，变为 x 的时延为三者的最小值，即为 4。

在现实世界中，即使是其中的某一个时延，也会因为制程工艺、布线布局等各种客观因素而有细微差异。在 Verilog HDL 语言中，为精确建模这种行为，会针对每个时延采用“min:typ:max”的格式来表示某个时延的最小值、典型值和最大值。如：

```
assign #(1:2:3,4:5:6) out = in1 & in2;
```

该赋值语句中，最小上升时延为 1，最大为 3，典型值为 2；下降时延最小值为 4，最大值为 6，典型值为 5。

Verilog HDL 设计中，有时会在变量声明中显式定义时延，说明该变量的驱动源改变到该变量本身变化之间的时延。如：

```
wire #2 out;
```

若在后续的数据流描述过程中，对该变量进行赋值，如：

```
assign #2 out = in1 & in2;
```

则表示为当右边表达式中 in1 和 in2 两个输入信号发生任何变化时，将立即计算并把计算结果延时 4 个时间单位（2＋2）再赋值给输出端口 out，而不是 2 个时延单位。

以上的时延均只指定相应的时延量，没有涉及到时延单位和时间精度。在 Verilog HDL 中，使用关键词 'timescale 来定义时间单位及精度。如：

```
'timescale 1ns/10ps
```

表示时间单位为 1 ns，时间精度为 10 ps。如果把此指令定义在例 2-1 和例 2-5 模块之上，则表示二选一选择器的输入输出延时为 2 ns，抖动在 10 ps 之内。

该指令需放在模块描述前定义时间单位及精度。Verilog HDL 没有默认的时间单位。如果没有显式定义，Verilog HDL 的仿真器会假设一个时间单位。

时延可以定义信号的输入与输出之间的逻辑延时。同时，针对信号跳变此时延只能用于模拟，不能被综合。

2.5　行为级描述

数字电路有两类基本逻辑电路，一类是组合逻辑电路，一类是时序逻辑电路。数据流描述只能用来描述组合逻辑电路。而要描述时序逻辑，需要采用行为级描述。采用行为级描述的 Verilog HDL 模块不包含内部的结构细节，它用抽象、算法描述的方式简单定义硬件行为。Verilog HDL 中有两种行为级建模机制：initial 语句和 always 语句。一个模块可以包含一个或者多个 initial 语句和 always 语句。这些语句在 0 时刻不论先后顺序并发执行。一个 initial 语句或者 always 语句中可能只有一条语句，也可能有多条语句，多条语句需要采用 begin…end 或者 fork…join 等限定符限定。

2.5.1　initial 语句

initial 语句中的所有语句构成 initial 语句块。initial 语句在仿真时刻 0 就可以执行，并且只能执行一次，语句块内的语句顺序执行。initial 语句通常用于波形的生成以及信号的初始化。用符号“#”来控制语句的执行或者对变量进行赋值。其基本语法结构是：

```
initial  [#time] procedural_statement;
```

其中，#time 为可选项，如果没有显示，意思是仿真从时刻 0 立即开始执行 procedual_statement 过程语句或者过程语句块。过程语句可以是单条语句，也可以是多条语句组成的语句块，包括阻塞和非阻塞语句、wait 语句、case 语句、条件语句、循环语句、并发语句块、时序语句块及过程连续赋值语句等。

【例 2-10】initial 赋值示例。

```
reg rst_n;
reg clk;
...

initial
  begin
    rst_n = 1'b0;
    #10 rst_n = 1'b1;
    #1000 $finish;
  end

initial
  begin
    clk = 1'b0;
    forever
       #2 clk = ~clk;
  end
```

此例含有两个 initial 语句，分别对 rst_n 信号变量进行赋值和生成时钟信号。两个 initial 语句并行执行，都是从仿真时刻 0 开始执行。在第一个 initial 语句块中，时刻 0 给 rst_n 信号变量赋值 0，然后等待 10 个时间单位，给 rst_n 信号变量置位，接着等待 1 000 个时间单位，结束仿真。$finish 是仿真结束关键词，执行到此语句时，仿真窗口关闭，仿真结束。第二个 initial 语句用于生成一个周期为 4 个时间单位的时钟信号。注意，在应用关键词 forever 生成时钟信号之前，必须对时钟信号进行初始化——可以是 0 或者 1，否则时钟信号永远是未定状态，仿真波形为 x。

2.5.2 always 语句

在模块中，initial 语句只能顺序执行一次，因此适合信号和值序列初始化。但现实世界更多的是各种重复事件。always 语句可以很好地解决此问题，只要敏感事件一直有效，always 语句块就会一直执行。与 initial 语句从仿真时刻 0 开始运行不同，always 语句需要触发敏感事件才会执行。因此 always 语句不仅可以用于仿真，同时也可以被综合，生成具体的逻辑电路。

always 的基本语法是：

```
always @(event1 or event2 or ...)
  procedural_statement;
  procedural_statement_block;
```

关键词 always 后的@(event1 or event2 or …)用来表示敏感事件,敏感事件后会有过程状态和过程状态块的执行。所有过程状态和过程状态块中被赋值的信号变量必须采用关键词“reg”声明其类型。多个敏感事件采用关键词“or”来连接。在 Verilog136—2001 以及后续版本中,关键词“or”也可以用“,”替代。敏感事件可以是电平事件,也可以是边沿事件,但当多个敏感事件同时存在时,敏感事件类型必须是相同类型——要么全部是电平事件,要么全部是边沿事件。当然,也存在没有敏感事件的情况,如例 2-11,采用 always 语句生成时钟信号。

【例 2-11】 采用 always 语句生成周期为 4 的时钟信号。

```
module clk_gen(clk);
output reg clk;

initial
  clk = 0; //initial the clk to be logic 0

always
  #2 clk = ~clk; //toggle clock every 2 time units

endmodule
```

注意:当无敏感信号时,需要有一定的时序控制结合在一起才能使用。如例 2-11 中,如果把#2 去掉,则这个 always 语句生成一个 0 时延的无限循环跳变信号,将直接导致放置死锁。

敏感事件可以是单个事件,也可以是多个事件的组合。当敏感事件为电平事件时,如果能够综合,通常生成的是组合逻辑或者锁存器。当敏感事件为边沿事件时,生成的是时序逻辑或者锁存器。

【例 2-12】 把例 2-5 数据流描述的二选一选择器修改为 always 语句实现的选择器。

```
module mux2to1(
input     s,      //输入选择控制信号
input     a,      //输入信号
input     b,      //输入信号
output    out     //输出信号
);
reg       out;    //采用 always 语句实现二选一选择器
//assign out #2 = s? a: b;
always @(s or a or b)
     out #2 = s? a : b;

endmodule
```

图 2-8 所示为综合后生成的门级电路，可以很清晰地看出，该代码和数据流描述的功能完全一样。

注意：由于敏感信号为电平事件，生成选择器时，采用的是阻塞赋值“=”，而不是非阻塞赋值“<=”。

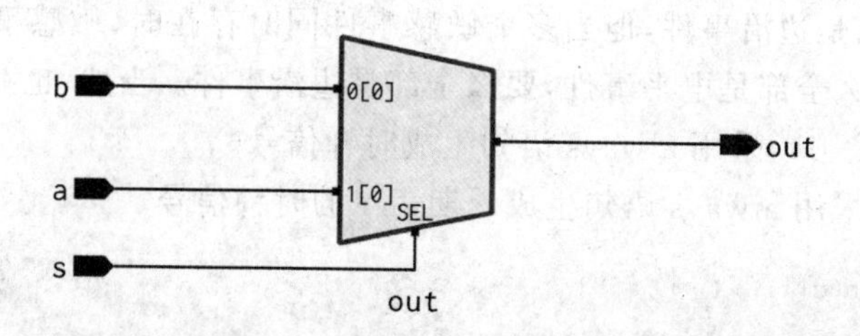

图 2-8　采用 Synplify Pro 软件对例 2-12 代码综合生成的门级电路

always 语句也可以生成锁存器，如例 2-13 所示。与例 2-12 相比，敏感事件都是电平事件，而且均采用阻塞赋值，不同的是例 2-12 采用完整的条件赋值语句，例 2-13 的第 12 行存在一个不完整的条件赋值语句，因而生成了一个锁存器，如图 2-9 所示。锁存器生成方式有许多种，并且很多情况都隐藏得比较深。大多数锁存器都是设计中不愿看到的情形，在进行 CPLD/FPGA 代码设计时一定要特别小心。

【例 2-13】 always 语句生成锁存器示例。

```
module dlatch(
input rst,
input enable,
input d,
output reg q
);

always @(rst, enable, d)
    begin
      if(rst)
          q = 0;
      else if(enable)
          q = d;
    end
      endmodule
```

当敏感事件为边沿事件时，一般会生成时序逻辑，除非有如例 2-13 中存在的不完整条件赋值语句出现。

【例 2-14】 采用触发器的二选一选择器。

如图 2-10 所示。从综合后生成的门级电路可知，整个电路是例 2-12 生成的

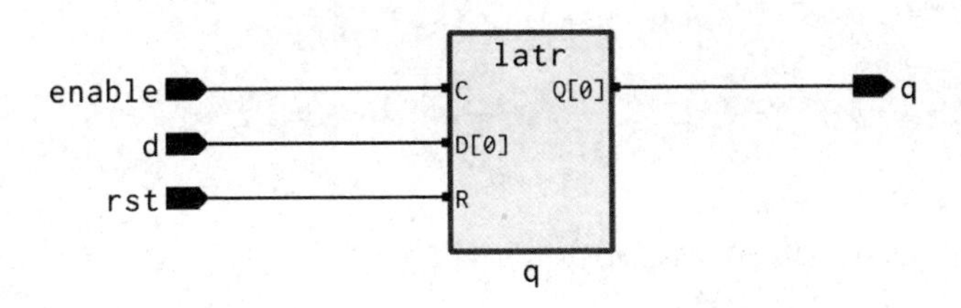

图 2-9　采用 Synplify Pro 软件对例 2-13 代码综合生成的门级电路

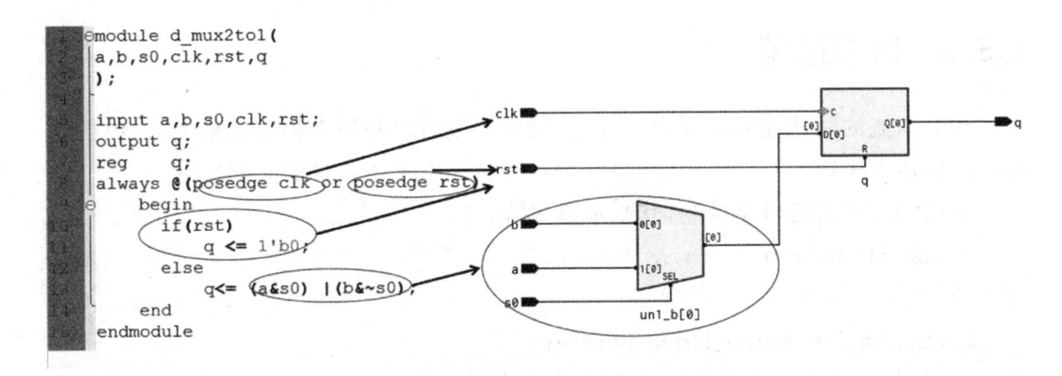

图 2-10　采用触发器的二选一选择器

二选一选择器输出后再接一级 D 触发器。要生成一个能够被综合的 D 触发器，需要注意：

- 在整个 always 语句的敏感事件列表中，有且只有一个时钟事件以及一个复位或者置位边沿事件(复位和置位事件不在敏感事件列表中——同步复位/置位；复位和置位事件在敏感事件列表中——异步复位/置位。)
- 整个边沿触发器中，存在的一个条件赋值语句，关键词“if”作为高优先级，通常用来对 D 触发器进行置位或者复位。
- 关键词“else”作为低优先级，用来定义连接到 D 触发器的电路逻辑。本例的电路逻辑为一个二选一的选择器。

当敏感事件列表存在多个电平敏感事件的时候，编写敏感列表容易出错且繁琐，可以采用“@ * ”或者“@(*)”来表示整个的敏感事件列表，表示整个 always 语句块中所有的输入变量都是敏感的。例 2-15 就是把例 1-1 的一位全加器的敏感列表采用“@ * ”代替的结果。

【例 2-15】 @ * 操作符的应用。

```
module fadder( a, b, cin, cout, sum );
input a, b, cin;
output cout, sum;
```

```
reg cout, sum;

always @ *
  begin
    sum = a + b + cin;
    cout = (a&b)|(b&cin)|(a&cin);
  end
endmodule
```

2.5.3 时序控制

和数据流的时延控制不同，行为级的时序控制可以采用多种方式来表示，包括在数据流描述中采用的“＃”方式的时延控制，同时还有基于事件的时间控制。

采用“＃”方式的时延控制，其基本格式为：

＃time Destination = Drive_Source;

或者为：

Destination = ＃time Drive_Source;

其中，第一条语句表示语句间时延，第二条语句表示语句内时延。两个语句的物理意义不太一样。

【例 2-16】采用“＃”方式的时延控制。

```
initial
  begin
    rst_n = 1'b0;
    in    = 1'b0;
    #10 rst_n = 1'b1;
    in = #5 1'b1;
  end
```

例 2-16 分别采用了两种时延控制。一旦仿真开始，就立即对 rst_n 和 in 初始化为 0。等待 10 个时间单位后，再把 rst_n 信号置位，同时计算第 6 行的右边表达式的值，并把计算结果等待 5 个时间单位后，再赋值给 in。

由上可知，语句间时延主要是描述信号的时序变化，语句内时延主要是描述元器件输入输出的信号时延。

当然，时延有多种表现形式，不一定是常量表示，也可以采用参数定义或者表达式定义，这样的优势在于可以通过修改参数值或者表达式值影响到时延，不容易出错，如例 2-17 所示。

【例2-17】采用参数化定义时延。

```
parameter DELAY  = 10;
parameter PERIOD = 6;
initial
  begin
    clk = 1'b0;
    rst_n  = 1'b0;
    #DELAY rst_n = 1'b1;
  end

always
  #(PERIOD/2) clk = ~clk;
```

事件控制分别为边沿事件时序控制和电平事件时序控制两类。边沿事件时序控制采用关键词“@”来表示，电平事件时序控制采用关键词“@”或wait语句执行。

边沿事件一般有两类：上升沿——采用关键词“posedge”表示，下降沿——采用关键词“negedge”表示。在Verilog HDL中，信号表示为4态：0、1、x和z态。上升沿和下降沿出现的情形主要有如表2-1所列的几种。

表2-1 边沿转换

上升沿	下降沿
0→1	1→0
0→x	1→x
0→z	1→z
x→1	x→0
z→1	z→0

边沿事件时序控制的基本格式如下：

@edge_event procedural_statement;

或者

Destination = @edge_event Drive source;

前者表示语句间边沿事件时序控制，强调在边沿事件触发下发生的事件；后者表示语句内边沿事件时序控制，强调组件的输入和输出在边沿事件下的控制。

【例2-18】边沿事件时序控制示例。

```
initial
  begin
    @(posedge clk)
      out = in1 & in2;
  end

initial
  q_out = @(negedge clk) in1 & in2;
```

例 2-18 中，一旦开始仿真，就会一直等待 clk 的边沿的出现。一旦第一个 clk 的上升沿出现，第一个 initial 语句中的执行语句触发，开始计算 in1&in2 的值并立即把计算结果传送给 out。一旦第一个 clk 的下降沿出现，第二个 initial 语句中的执行语句触发，则开始计算 in1&in2 的值并立即把计算结果传送给 q_out。在边沿事件触发前，out 和 q_out 都是处于 x 状态。

边沿事件时序控制可以不止一个，可以有多个，采用“or”或者“,”来连接多个敏感事件。

电平事件时序控制采用关键词@或 wait 语句来表示，其基本格式如：

@event Procedural_statement;

或者

wait(condition)

  Procedural_statement;

前者表示当 event 为真，才开始执行 Procedural_statement。后者表示当 condition，也就是电平事件为真时，就开始执行 Procedural_statement；否则一直等待 condition。

【例 2-19】电平敏感时序控制示例。

```
initial
  begin
    in1 = 1'b0;
    in2 = 1'b0;
    #5 in1 = 1'b1;
    #10 in2 = 1'b1;
    #100 $finish;
  end

initial
  begin
    @(in1 or in2)
    out = data;
  wait(in1 && in2)
    q_out = data;
  end
```

例 2-19 中，仿真一旦开始，首先初始化 in1 和 in2，然后等待 5 个时间单位，对 in1 置位，再等待 10 个时间单位，对 in2 置位，并延续 100 个时间单位直达仿真结束。第二个 initial 语句一直监视第一个 initial 语句中的信号变化，一旦 in1 和 in2 任何一个为 1，触发@语句，则立即把 data 值传送给 out，这个时间首先出现在仿真开始后第 5 个时间单位。一旦 in1 和 in2 同时为 1，wait 语句后的条件为真，则立即计算 data 值并把计算结果传送给 q_out，这个时间出现在仿真开始后第 10 个时间单位，如图 2-11 所示。

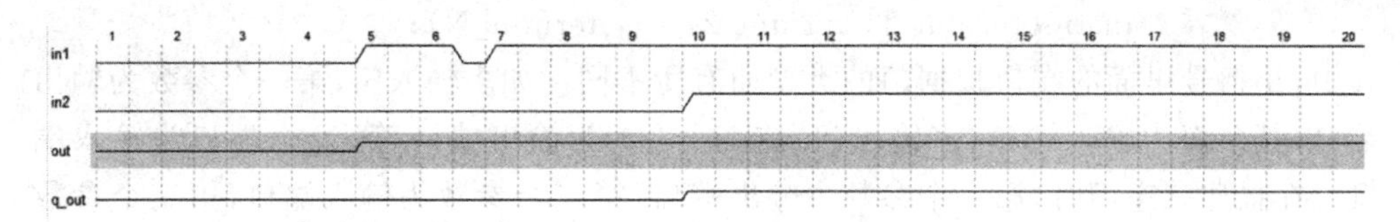

图 2-11 例 2-19 生成波形示意图

2.6 结构化描述

结构化描述主要由三种设计对象的实例组成：

- 内建原语(built_in primitive)
- 用户自定义原语(UDP，User-Defined Primitives)
- 设计模块(module)

结构化描述就是对这三种设计对象进行例化(instantiation)。例化是指把包含内建原语在内的低层次模块用联机连接在一起，组成更高层次的模块，完成结构化建模的全过程。被例化的对象称之为实例(instance)。

2.6.1 门级建模及描述

Verilog HDL 有丰富的内建门级原语用于建模电路网表。每个门的输出声明为 wire 型，输入可以是 wire 型或 reg 型。采用门级描述更像是画电路图——电路图中的每个逻辑门和 Verilog HDL 内建门级原语之间都有紧密的对应关系。

内置门级原语包含如下基本门。

(1) 多输入门：and、nand、or、nor、xor、xnor；

(2) 多输出门：buf、not；

(3) 三态门：bufif0、bufif1、notif0、notif1；

(4) 上拉、下拉电阻：pullup、pulldown；

(5) MOS 开关：cmos、nmos、pmos、rcmos、rnmos、rpmos；

(6) 双向开关：tran、transif0、transif1、rtran、rtranif0、rtranif1。

本章着重讲述结构体建模，也就是门级应用；对于每个基本门的具体介绍，将在后续章节进行。

门级原语例化的基本格式如下：

Gate_type [instance_name] (term1, term2, …, termN);

当例化两个或者两个以上相同类型的门实例时，可以采用如下格式：

Gate_type inst1 (term1_1, term1_2, …, term1_N),

```
inst2(term2_1, term2_2, …, term2_N),
…,
instm(termm_1, termm_2, …, termm_N);
```

其中,小括号里面的端口根据门的类型而有所不同。如多输入门,第一个参数为输出端口,其余都为输入端口;多输出门,前 N－1 个为输出端口,第 N 个端口为输入端口。在描述三态门时,第一个参数为输出端口,第二个参数为输入端口,第三个参数为控制输入端口,等等。如例 2－20 所示:

【例 2－20】各个门级原语例化示例。

```
xor u_xor(out, in1, in2,in3); //三输入的异或门,输出为 out
buf buf1(out1, out2, out3, out4, clk);//输入为 clk 的四输出的缓冲器
notif0 nf0(out, in, enable); //如果 enable 为高,则 out 输出为高阻;如果为低,则把 in 取
反传给 out
pullup pup(pwr);//只有输出,没有输入
pmos p0(out,in,control); //如果 control 为高,则 out 输出为高阻;如果为低,则把 in 输出
给 out
cmos cm(out,in,nc,pc);//此描述为 CMOS 门,nc 和 pc 分别表示 NMOS 控制和 PMOS 控制
tran tr0(signalA, signalB);//两信号无条件双向流动
transif0 tr1(signalA,signalB, control);//control 信号为 0 是,signalA 和 signalB 双向
                                    流动,否则断开
```

【例 2－21】使用门级建模设计二-四译码器。

```
module dec2to4(
input a,b,en,
output [3:0] Z);

wire Abar, Bbar;

not #(2,3) V0 (Abar, a);
not #(2,3) V1 (Bbar, b);

nand #(3,4) ND0(Z[0], Abar,Bbar,en);
nand #(3,4) ND1(Z[1], Abar,b,en);
nand #(3,4) ND2(Z[2], a,Bbar,en);
nand #(3,4) ND3(Z[3], a,b,en);

endmodule
```

例 2－21 综合后的网表图如图 2－12 所示。

例 2－21 采用了两种门级原语例化,not 和三输入 nand 原语。这两种原语均可以被综合成逻辑网表。

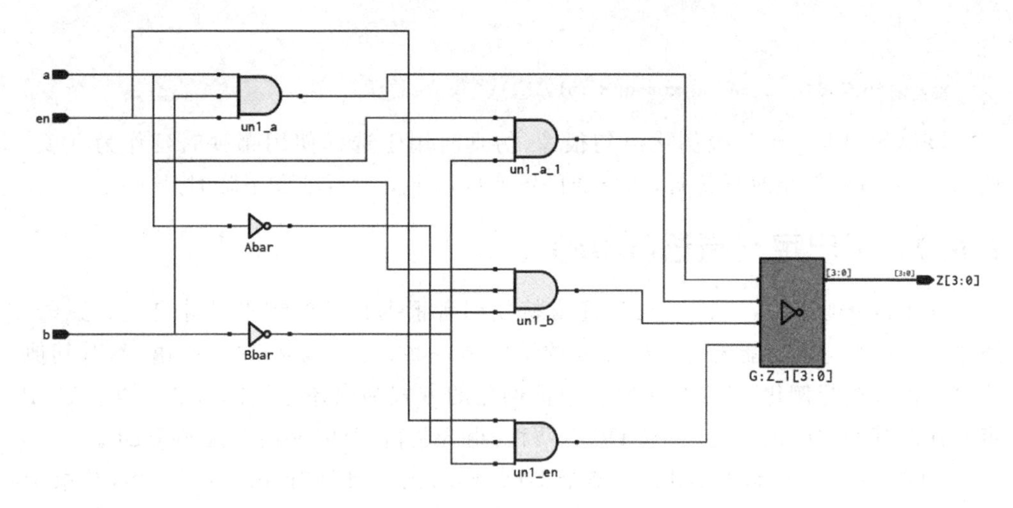

图 2 - 12 例 2 - 21 二-四译码器综合后网表图

注意:有些原语只能用于仿真,不能用于综合。

在例 2 - 21 中,每个门级原语例化都采用了显式时延。在现实世界中,所有的门都有传播时延(Propagation Delay)——信号从输入端口(输入引脚)穿过所有内部电路到达输出端口(引脚)的时间。默认时延为 0。门时延的基本格式如下:

Gate_type [delay] [instance_name](term list);

其中,[delay]和[instance_name]为可选项。

门时延有四种类型:上升时延、下降时延、截止时延以及转换到 x 的时延。各种类型的时延如例 2 - 22 所示。

【例 2 - 22】 各种门时延举例。

```
xor u_xor(out,in1,in2);//零时延
xor #6 u_xor(out,in1,in2);//所有时延均为 6
xor #(6,8)  u_xor(out,in1,in2);//上升时延为 6,下降时延为 8,转换到 x 的时延为二者
                                 最小值 6
notif0 #(6,7,8)  u_xor(out,in1,in2);//上升时延为 6,下降时延为 7,截止时延为 8,转换
                                      到 x 的时延为三者最小值 6
```

如前面数据流描述中所说到的一样,每种时延类型都可以有最小值、最大值和典型值。三个时延的表现形式如下:

最小值:典型值:最大值

如:

```
xor #(6:7:8),(4:5:6)  u_xor(out,in1,in2);
```

表示该器件的上升时间最小值为 6,最大值为 8,典型值为 7;下降时间最小值为 4,最大值为 6,典型值为 5。

又如：

```
xor #(6:7:8, 4:5:6)  u_xor(out,in1,in2);
```

该语句和上一个门级例化语句很像，仿真时用于选择使用哪种时延作为选项。例如，如果执行最小时延仿真，该异或门单元使用上升时延 6 和下降时延 4。

2.6.2 用户定义原语(UDP)

除了内建原语，Verilog HDL 还支持使用者根据自己的需求设计自定义原语。通常，UDP 的逻辑功能要比内建原语的层次高一些。它们是独立的原语，不对其他原语或模块进行例化。UDP 在模块中被例化的方式和内建原语的方式一样。UDP 定义在对其例化的模块之外。UDP 有两种：组合逻辑 UDP 和时序逻辑 UDP。

UDP 的语法和模块很相似。整个 UDP 模块由关键词"primitive"开始，结束于"endprimitive"。在 primitive 之后紧跟着 UDP 名称以及输入输出端口列表。端口列表后将对端口信号类型进行声明——主要有两类端口：输入端口 input 和输出端口 output，不支持双向端口 inout。如果是时序逻辑 UDP，输出端口还需要被声明为 reg 类型。UDP 可以有多个标量输入，只有一个标量输出。

在 UDP 表内，是内部结构的基本组成部分，定义了电路的功能。UDP 表以关键词 table 开始，结束于 endtable。整个表的内容就是输入和输出的对应关系。下面是 UDP 的基本语法格式：

```
primitive UDP_name(outputName, List_of_inputs);
output   outputName;
input   input_declaration;
[reg outputName;
initial procedural_statement;] //用于时序逻辑 UDP

table
    state table entries
endtable
endprimitive
```

输出端口可以取值 0、1 或 x，但不允许取 z 值，输入可以是四态。

2.6.2.1 组合逻辑 UDP

【例 2-23】 设计一个 8:1 选择器，采用两个 4:1 选通器 UDP 和一个 2:1 选通器 UDP。实现代码如下：

```
primitive udp_mux4to1(out, s1,s0,d0,d1,d2,d3);
output out;
input s1,s0,d0,d1,d2,d3;
table
//s1 s0 d0 d1 d2 d3 : out
```

```
  0  0  1  ?  ?  ? : 1;
  0  0  0  ?  ?  ? : 0;

  0  1  ?  1  ?  ? : 1;
  0  1  ?  0  ?  ? : 0;

  1  0  ?  ?  1  ? : 1;
  1  0  ?  ?  0  ? : 0;

  1  1  ?  ?  ?  1 : 1;
  1  1  ?  ?  ?  0 : 1;
endtable
endprimitive

primitive udp_mux2to1(out,s0,d0,d1);
output out;
input  s0,d0,d1;

table
//s0 d0 d1 : out
  0  1  ?   : 1;
  0  0  ?   : 0;

  1  ?  1   : 1;
  1  ?  0   : 0;
endtable
endprimitive

module mux8to1(
    input [2:0] sel,
    input [7:0] data,
    output      out);

    wire net1, net2;

    udp_mux4to1 inst1(net1,sel[1],sel[0],data[0],data[1],data[2],data[3]);
    udp_mux4to1 inst2(net2,sel[1],sel[0],data[4],data[5],data[6],data[7]);
    udp_mux2to1 inst3(out, sel[2],net1,net2);
endmodule
```

在组合电路 UDP 中，表规定了不同的输入组合和对应的输出值。没有指定的任意组合输出为 x。输入和输出之间用“:”隔开。字符“?”代表不必关心相应变量的具体值，输入端口的次序与表中各项的次序项匹配，也就是说表中的第一列对应输入端口的第一个输入。

注意：UDP 只能用于仿真，不能用于综合。

2.6.2.2 时序逻辑 UDP

时序逻辑 UDP 共有两种不同类型的 UDP：一种是模拟电平触发行为，另外一种是模拟边沿触发行为。对于时序器件来说，其内部状态必须是 1 位的 reg 型变量，输出指示当前状态。可以使用 initial 语句来初始化其输出。

输入组合必须完整，也就是说必须考虑信号变化的所有情况，包括信号四种状态的各个变化，否则输出会出现 x 状态。

状态表主要由三部分组成：输入、当前状态以及下一个状态。每部分之间用冒号隔开。其基本格式如下：

input_1 input2 … input_n: present_state: next_state;

输入信号可以是电平值，也可以是边沿变化值。当前状态是输出状态机的当前值。下一状态值为当前状态值和输入信号的函数。

首先透过实例来观察电平敏感 UDP——电平敏感器件的状态仅仅是输入信号电平的函数，而不是取决于电平跳变状态的函数。

【例 2-24】设计一个带复位的一位锁存器。当使能信号为高时，把输入传送给输出，否则保持不变。

```
primitive D_latch(q,rst_n, enable, d);
input rst_n, enable,d;
output q;
reg    q;

initial
  q = 0;

table
  //rst_n  enable d : q : q_next;
     0       ?     ? : ? : 0;
     1       0     0 : ? : -;
     1       0     1 : ? : -;
     1       1     0 : ? : 0;
     1       1     1 : ? : 1;
     1       0     ? : ? : -;
endtable
endprimitive
```

该锁存器中，q 被定义为 reg 型，initial 语句把 q 初始化为 0。表中的第一行，复位信号 rst_n 有效，因此输出的下一个状态为 0。从第二行到最后一行，复位信号无效时，主要受 enable 使能信号控制，当 enable 使能信号为低时，锁存器的状态无法变化；而一旦使能信号为高时，锁存器的下一个状态就是输入 d 的当前状态。

【例 2-25】采用例 2-24 的电平敏感 UDP 设计一个 4 位锁存器。

```
module latch4(
    input rst_n,
    input enable,
    input [3:0] d,
    output [3:0] q
    );

 D_latch inst1 (q[0],rst_n,enable, d[0]);
 D_latch inst1 (q[1],rst_n,enable, d[1]);
 D_latch inst1 (q[2],rst_n,enable, d[2]);
 D_latch inst1 (q[3],rst_n,enable, d[3]);
endmodule
```

复位信号 rst_n 作为四个锁存器的全局复位信号，一旦有效，则输出端全为 0。使能信号 enable 作为全局使能信号，一旦有效，数据 d[3:0]会直接传递给输出端 q[3:0]，否则输出端保持不变。

边沿敏感 UDP 和电平敏感 UDP 类似，只是它的模型用于描述信号的边沿跳变的行为。电平敏感 UDP 和边沿敏感 UDP 可以在同一个 UDP 里面进行描述，从而对时钟同步的触发器增加异步置位和复位的功能。如果电平敏感和边沿敏感的条件同时有效，则以电平敏感的条件为准。

【例 2-26】采用边沿敏感 UDP 描述上升沿触发的 D 触发器。D 触发器通常有三个输入信号：数据位 d、时钟信号 clk、低电平有效的异步复位信号 rst_n 以及一个输出信号 q。当触发器被复位时，输出信号 q 为 0。当触发器被置位时，输出信号 q 为 1。在时钟信号 clk 上升沿有效时，输出信号 q 会被数据位 d 赋值。

```
primitive D_ff(q,rst_n, clk, d);
input rst_n, clk,d;
output q;
reg    q;

initial
  q = 0;

table
  //rst_n   clk   d     : q : q_next;
```

```
        0       (??)  ?      : ? : 0;  //q next will be reset once rst_n is active
        0        ?    ?      : ? : 0;  //q next will be reset once rst_n is active
        (01)     ?    ?      : ? : -;
        1        ?    (??)   : ? : -;
        1       (01) 0       : ? : 0;
        1       (01) 1       : ? : 1;
        1       (0x) 0       : 0 : 0;
        1       (0x) 1       : 1 : 1;
        1       (? 0) ?      : ? : -;     //ignore negative edge
    endtable
    endprimitive
```

上例中(01)表示上升沿转化,(0x)表示该器件的状态没有发生变化,(? 0)表示忽略下降沿。符号“-”表示触发器输出没有变化。符号“?”表示没有时钟边沿。

【例 2-27】 基于例 2-26 设计一个四位数据宽度的左移循环寄存器。

```
module LRshift(rst_n, clk,data,q);
input rst_n,clk;
input [3:0] data;
output reg [3:0] q;

//原语例化
D_ff inst1(q[0],rst_n,clk,data[3]);
D_ff inst2(q[1],rst_n,clk,data[0]);
D_ff inst3(q[2],rst_n,clk,data[1]);
D_ff inst4(q[3],rst_n,clk,data[2]);

endmodule
```

在原语例化中,四个 D 触发器共享复位信号 rst_n 以及全局时钟 clk,在每个时钟信号下,把 data 的最高位传送给输出端的最低位,然后把 data 的最低三位依次左移一位传送给输出端,依次循环。

注意:UDP 只能用于仿真,无法综合。

2.6.3 模块例化

Verilog HDL 语言是基于模块的语言。通过对低层模块进行例化形成高一层模块,从而构建整个设计结构,达到设计的目的。采用模块例化的方式,可以把整个设计任务细化成各个子模块,把子模块的边界和功能定义好,就可以把子模块交给不同的团队或者同一个团队的不同工程师进行设计,工程师也可以设计一些通用模块,通过模块例化形成代码赋值,从而使得设计更加简洁、通用,代码的可读性更强,同时小模块也更容易和其他模块进行整合。

被实例化的模块需要有端口，通常端口有三种类型：输入端口、输出端口和双向端口。输入端口默认是线网类型；输出端口可以是线网类型，也可以是 reg 类型；双向端口默认为线网类型。当模块被例化时，驱动该被例化模块的输入端口的信号可以是线网类型，也可以是 reg 类型，与其输出端口连接的信号肯定是线网类型，与双向端口互连的必须是线网类型。

【例 2－28】 模块例化示例。综合后如图 2－13 所示。

```
module addmult(
input [2:0] op1,
input [2:0] op2,
output [3:0] result);

wire [3:0] s_add;
add U1(.in1(op1),.in2(op2), .out1(s_add));
subtract2 U2(.out1(result), .in1(s_add));

endmodule
```

```
module subtract2(
        input [3:0] in1,
        output [3:0] out1);
        assign out1 = in1 - 4'b0010;
endmodule

module add(in1,in2,out1);
        input [2:0] in1,in2;
        output [3:0] out1;
        assign out1 = in1 + in2;
endmodule
```

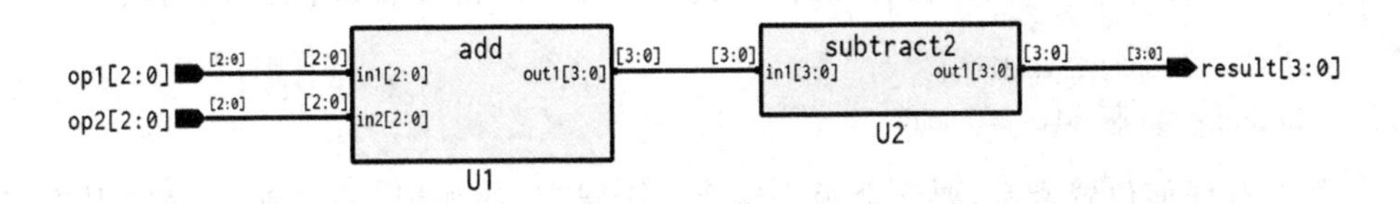

图 2－13　例 2－28 综合后功能图

如例 2－28 所示，addmult 模块主要用来实现一个两输入的加减运算，其中输入为三位数据宽度，而输出为四位数据宽度。模块首先对两输入进行加法运算，然后把计算结果减去 4'b0010 后传送给输出端。整个模块分成了两个子模块，add 子模块用来实现加法计算，subtract2 子模块实现减法运算。addmult 模块直接例化 add 和 subtract2 模块，具体例化过程如程序第 6 和 7 行所示。

可以看到，首先要注明被实例化的子模块名称；紧跟着是实例化模块的名字，在本例中就是 U1 和 U2；最后进行的是端口关联。模块可以被多次实例化，但是实例化的模块的名字必须是唯一的。

端口关联可以是端口名称关联，也称为显式关联；也可以采用端口位置关联，也称为隐式关联。本例采用的就是端口名称关联，其基本格式如下：

```
submodule_name instance_name(
  .port_name_submodule(associate_name_uppermodule),
  ......
  .port_name_submodule(associate_name_uppermodule),
```

);

Port_name_submodule 指被例化的子模块端口名称;associate_name_uppermodule 指本模块的对应连接信号,可以是端口信号、内部变量等。

端口名称关联的好处在于端口映像与位置无关。把上面的例子换成以下形式,同样也可以实现相同的功能:

```
add U1(.in2(op2),.in1(op1), .out1(s_add)); //对调 in1 和 in2 的位置
subtract2 U2(.in1(s_add),.out1(result));  //对调 in1 和 out1 的位置
```

端口位置关联需要严格的位置对应,不能错位。其基本格式如下:

```
submodule_name instance_name(
  associate_name_uppermodule,
  ......
  associate_name_uppermodule,
);
```

Associate_name_uppermodule 是指本模块的对应连接信号,可以是端口信号、内部变量等。其对应子模块的端口信号严格按照位置一一对应。如果把例 2-28 中的模块例化改为端口位置关联的方式,则其代码需要严格按照如下方式进行:

```
add U1(op1,op2, s_add);
subtract2 U2(result, s_add);
```

如果有任何位置紊乱,要么会报告编译综合错误,比如把 reg 类型信号错误连接到子模块的输出端口,要么编译综合通过,但最后产生的结果出错。需要特别小心。

因此,在进行模块端口例化时,建议采用端口名称关联,也就是显式关联。

在进行模块实例化的时候,需要注意对悬挂端口的处理以及位宽的处理。在 Verilog HDL 语法中,悬空的输入端口通常被认为是高阻态,而悬空的输出端口则表示废弃不用。因此,不建议对输入端口进行悬空。通常的做法是在确保不影响子模块的逻辑和功能正确性的前提下,对输入端口进行置位或者强制设置为 0。如内部是“与”逻辑,则设置该输入端口为 1,如果是“或”逻辑,则设置该输入端口为 0。如加法运算不需要进位,那么 add 模块输出进位信号端口可以悬空,代码如下:

```
add inst1(
.in1(a),
.in2(b),
.sum(sum),
.co());
```

如果端口关联时位宽不一致时,需要特别慎重设计;否则容易出现设计错误。预设情况下,端口关联时按照右对齐的方式进行。如果被例化的子模块的端口位宽小于本级关联的信号变量,则本级关联信号变量的高位逻辑将会被截断;如果被例化的

子模块端口位宽大于本级关联的信号变量,则子模块端口高位宽的端口将被悬空。如将例 2-28 中 add 的子模块源代码修改如下:

```
module add(in1,in2,out1);
    input [1:0] in1,in2;
    output [4:0] out1;
    assign out1 = in1 + in2;
endmodule
```

并且保持上层例化不变,则 in1 和 in2 的位宽小于 op1 和 op2 的位宽,op1[2]和 op2[2]会被自动舍弃,而 out1 的位宽大于 s_add 的位宽,out1[4]没有对应信号,所以会被悬空。从中可以看出,端口位宽不一致,整个逻辑将会出现错误。

2.7　混合描述

一个模块设计通常不是只有数据流描述、行为级描述或者结构化描述中的某一种,而是三种描述方式可以共同存在于同一个模块设计中。

【例 2-29】采用 Verilog HDL 实现一个同步模 8 计数器,计数顺序为自增型,当计算到 111 时,下一次自动回转到 000。

在设计一个模 m 计数器时,其对应的输入信号数量与模之间的关系为:$m=\mathrm{lb}\ n$。m 表示模数,n 表示输入信号的数量。所以对于模 8 计数器,对应的输入数量为 3。

状态图如图 2-14 所示。

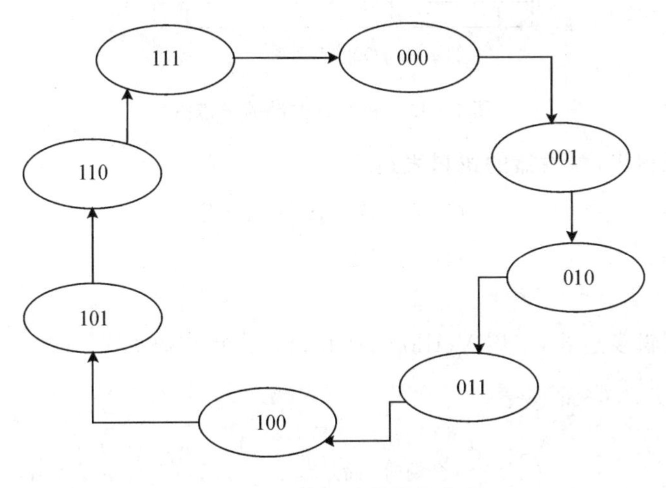

图 2-14　模 8 计数器状态图

由图 2-14 可知,整个计数器的计数从 000 开始,在每个时钟上升沿到来之时,自动调整到下个一个状态。

从状态图中推导出真值表如表 2-2 所列。

表 2-2　模 8 计数器真值表

当前状态			下一状态			触发器输出		
A	B	C	A'	B'	C'	Q0	Q1	Q2
0	0	0	0	0	1	0	0	1
0	0	1	0	1	0	0	1	0
0	1	0	0	1	1	0	1	1
0	1	1	1	0	0	1	0	0
1	0	0	1	0	1	1	0	1
1	0	1	1	1	0	1	1	0
1	1	0	1	1	1	1	1	1
1	1	1	0	0	0	0	0	0

从而可以得出每个输出的卡诺图如图 2-15 所示。

A \ BC	00	01	11	10
0	0	0	1	0
1	1	1	0	1

(a) Q0的卡诺图

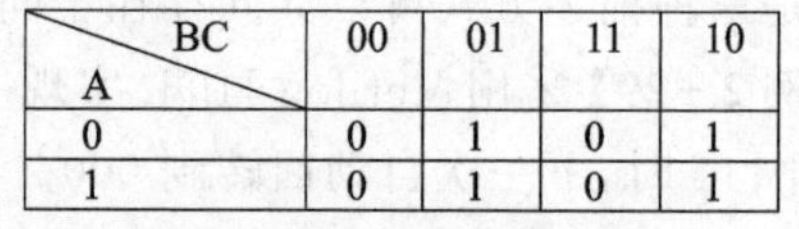

A \ BC	00	01	11	10
0	0	1	0	1
1	0	1	0	1

(b) Q1的卡诺图

A \ BC	00	01	11	10
0	1	0	0	1
1	1	0	0	1

(c) Q2的卡诺图

图 2-15　模 8 计数器的卡诺图

从而可以得出，触发器的逻辑表达式：

$$Q0 = A\overline{B} + A\overline{C} + \overline{A}BC$$

$$Q1 = B \oplus C$$

$$Q2 = \overline{C}$$

根据此逻辑表达式，采用 Verilog HDL 语言设计代码如下：

```
module mod8_cyc_counter(
input rst_n,               //全局复位信号
input clk,                 //全局时钟信号
output reg [2:0] Q);       //触发器输出信号

wire [4:0] net;            //内部变数声明

 //行为级建模,3 位宽 D-FF
```

```
    always @(posedge clk or negedge rst_n)
        begin
            if(! rst_n)
                Q <= 3'b0;
            else
                Q <= {~Q[2],net[3],net[4]};
        end

//门级建模,
 and inst1 (net[0], Q[0],~Q[1]);
 and inst2 (net[1], Q[0],~Q[2]);
 and inst3 (net[2], ~Q[0],Q[1],Q[2]);

//模块例化
xor_q1 U1(.out(net[3]), .in1(Q[1]),.in2(Q[2]));


//数据流建模
 assign net[4] = net[0] | net[1] | net[2];

 endmodule

//子模块,构建一个二输入异或门
module xor_q1(out, in1, in2);
    input in1,in2;
    output out;

    assign out = in1^in2;

endmodule
```

整个代码运用了三种不同的建模方式:数据流、行为级以及结构体,并运用了门级例化以及模块例化等方式。各个模型语句并行执行。

本章小结

本章主要介绍了基于模块的基本设计单元的 Verilog HDL 语法的整体结构以及各种建模方式。数据流描述和行为级描述是 Verilog HDL 语法中的基础,结构化描述则有利于设计分层以及代码重构。这些不同建模可以在同一个模块中混合使用。需要注意的是,Verilog HDL 语言需要严格区分哪些可做综合逻辑设计,哪些只能用于做仿真。

思考与练习

1. Verilog HDL 语法中,有哪几种建模描述方式?

2. 数据流描述和行为级描述分别有什么特点?

3. 边沿事件和电平事件是否可以同时存在于 always 语句的敏感事件列表中?

4. 基于例 2-1,采用模块例化的方式设计一个 4:1 选择器。

5. 使用门级建模设计一个四位宽全加器。

6. 按照数据流描述的方式,使用两个半加器设计一个全加器。输入是 3 个标量:a、b 和 cin,输出为 sum 和 cout。

7. 使用 always 语句实现一个二输入的异或电路的行为模型。

8. 设计一个 4 比特计数器。它的控制信号为 up。一旦 up 为高电平,则自增计数,否则自减计数。当计数到最高位时或者减至最低位时,OV 信号置位,不再计数,直到复位信号清零。

第3章

Verilog HDL 语法要素

本章主要介绍 Verilog HDL 语法的基本要素，包括标识符、数据类型、数值集合、关键词、参数、表达式及编译程序指令等。

3.1 标识符

标识符就像一个人的姓名一样，是描述一个对象或者变量的名称，可用于模块、寄存器、端口、连接、语句块或者实例化模块名称，可以在设计的其他地方引用，一个标识符在一个模块中对应唯一的对象。在 Verilog HDL 语法中，标识符可以是任意一组字母、数字、$ 符号和_(底线)符号的组合，但第一个字符必须是字母或者底线。Verilog HDL 中的标识符对字母大小写敏感，如 Reg 和 REG 是两个不同的标识符。以下几个都是合法标识符的例子：

```
_Count        _COUNT     R5       Four_To_1     Time_4$
```

以下是非法标识符：

```
3to1       //不能数字开头
$monitor   //此为系统任务，非标识符
```

Verilog HDL 有一类特殊的标识符，称为转义标识符。转义标识符和 C 语言定义的一样，以“\”反斜杠符号开始，以空白结尾(空白可以是一个空格、一个制表符或者一个换行符)。反斜杠和空白格不是转义标识符的一部分，如标识符\qqq 和标识符 qqq 是恒等的。以下是一些合法转义标识符的例子。

```
\"        \.*^s        \2018year
```

注意：转义标识符和关键词并不完全相同，如标识符\begin 和关键词 begin 是不相同的。

可以使用如下代码序列输出特殊字符：

\n　　　换行

\t　　　制表符

\\　　字符\

\"　　字符"

\OOO　　值为八进制的字符

例如：

```
$display("Simulation time is %t", $time);
$display("Simulation time is \n%t", $time);
模拟后的执行结果如下(假设当前时刻为 10)：
Simulation time is 10
Simulation time is
10
```

可以看出，执行到第二条语句\n 时，语句换行，然后再输出当前时刻值。

3.2 数值集合

Verilog HDL 语法有四种基本的数值类型：0、1、x 和 z。0 对应低电平或者逻辑“假”；1 表示高电平或者逻辑“真”；x 表示未定状态，即无法判断其逻辑值是 1 还是 0；当线型变量的驱动无效或者断开时，该线型变量处于高阻 z 状态。x 和 z 值不区分大小写，也就是说，x 和 X 表示的意思相同。当逻辑门的输入是 x 或者 z 状态时，一般会被解释为 x。

在程序运行过程中，值不能改变的量称为常量。在 Verilog HDL 中，有三种类型的常量：数字、字符串及参数。

3.2.1 数　字

在 Verilog HDL 中，有两种数字类型：整数和实数。在数字类型中，数字与数字之间可以使用底线符号“_”连接。该连接线对于数字本身来说毫无意义，只是为了提高代码的可读性。唯一的限制是底线符号不能作为首字符。如：

```
8'b1010_0101        //合法数字
8'b_1010_0101       //非法数字
```

1. 整　数

整数主要有四种表示方式：

- 二进制整数(采用 b 或者 B 表示)；
- 八进制整数(采用 o 或者 O 表示)；
- 十进制整数(采用 d 或者 D 表示)；
- 十六进制整数(采用 h 或者 H 表示)。

整数格式有三种：

- ＜位宽＞＜进制＞＜数字＞，这是一种严格的描述方式，如：8'hFF，表示位宽为 8 的十六进制数字 FF。如果定义的位宽比数字的长度要长，则根据数字是否为有符号数决定在数字最高位的左边补 0 还是 1。如：8'h1F，1F 默认为五位宽，最高三位补 0。如果定义的位宽比数字的长度要短，则左边超出部分自动截断。如 5'hFF，事实上等于 5'h1F，最高三位被自动截断。
- ＜进制＞＜数字＞，没有显式突出位宽，其位宽由数字本身所需位宽的宽度来决定。如：'h8，表示四位位宽的十六进制数字 8。
- ＜数位＞，默认为三十二位宽的十进制数字，位宽宽度取决于具体的机器系统。

当整数表示为负数时，需要把负数符号"－"写在位宽前面，否则是非法数字。如：

－8'd5　//合法数字，代表十进制数字 5 的负数

8'd－5　//非法数字

在数字电路中，x 和 z 值根据不同的数字进制可以实现不同的位宽扩展。一个 x 可以用来定义十六进制数的 4 位二进制数的状态，八进制数的三位，二进制数的一位。z 的表示方式也类似。如：

```
4'b110x     //表示最低位为未定值
4'b11z1     //表示第二位为高阻态
4'hx        //表示十六进制数字,其中四位全是x
```

z 也可以被写成"?"。在使用 case 语句时，建议采用这种写法，提高代码可读性。

注意：

- 位宽不能为表达式，必须是整数。如：(1＋2)'b110，这是非法的整数表现形式。
- 数值不能为负。在上面描述中已经说明。
- 符号"'"和进制基数之间不能有空格。如：3' b110，这是非法的表现形式。
- 在表示数字时，字母 x、z 以及从 a 到 f，不区分大小写。

2. 实　数

实数有两类表示方式：十进制表示法及科学表示法。

十进制表示法和普通的数字表示相同。需要注意的是，小数点两侧至少要有一位数字。如：

```
1.0
1.34
0.012
1.     //非法,小数点右边无数字
```

科学表示法和普通的数字科学表示法相同。如：

```
3.6E3       //3600
3e-2        //0.03
12_3.4e3    //123400
```

3.2.2 字符串

字符串是采用双引号“”包围的字符序列，不能分成多行书写。如：

```
"Hello World!"
```

Verilog HDL 语言中，字符串主要用来仿真说明。常见于系统监控函数、显示和打印函数中，以提高代码可读性。如：

```
$monitor($time, "The sum of %d + %d is %d\n", a, c, sum);
```

3.2.3 参　数

参数是较特殊的常量。关键词 parameter 可定义一个标识符代表一个常量，称为符号常量。采用参数标识符来表示一个常量可以提高程序的可读性和可维护性。其基本格式如下：

parameter *参数名 ＝ 常量表达式*；

如：

```
parameter MSB = 7;
parameter LSB = 0;
wire [MSB:LSB] DATA; //表示八位位宽的 DATA 线网
```

注意：*常量表达式只能是常数或者先前已经定义过的参数。*

参数经常被用于定义变量宽度和时延。参数只能被赋值一次。在参数调用或者传递过程中，可以通过参数修改语句改变参数值。这将在后续章节中提到。

3.3 数据类型

Verilog HDL 主要有两大数据类型：

(1) 线网类型

线网类型表示结构化组件之间的物理连接，主要用来描述组合逻辑。其值由驱动组件的值决定，如果没有驱动组件连接到线网，则该线网值为 z。

(2) 变量类型

变量类型表示一个抽象的数据存储单元，只能在行为级建模中使用。其默认值为 x。

3.3.1　线网类型

线网类型包含了许多种线网子类型。其中 wire 类型使用最多。通常，模块端口输入被默认为 wire 类型。此外，被例化模块端口的输出一般连接的也是 wire 类型的信号或变量。在 Verilog HDL 语法中，如果对某个信号的线网类型不予以说明，则该信号默认为 1 位宽的 wire 类型线网。也可以使用编译程序指令 'default_nettype 改变默认信号类型。例如：

```
'default_nettype wor
```

则任何未被显式声明的线网都被默认为 wor 型。

各种线网及其具体说明如表 3-1 所列。

表 3-1　线网类型及功能

线网类型	具体功能
wire	表示硬件组件之间的物理连接。这些连接可以是一根线或者一组线。模块端口输入被默认为 wire 类型。被例化模块端口或者逻辑门的输出一般连接也是 wire 类型的信号或变量。其语法和 tri 型相同
tri	与 wire 型功能相同，但是用来描述多驱动的线型。描述三态线型
wor	表示线或线型。若任意一个驱动为 1，则输出为 1。由发射极耦合逻辑实现
trior	语法和功能与 wor 线网相同。对 wor 的硬件实现建模，指定一个三态的多驱动线型。如果任意一个驱动为 1，则输出为 1
wand	表示线与类型。当任意一个驱动为 0，则输出为 0。由集电极开路逻辑实现
triand	语法和功能与 wand 线网相同。对 wand 的硬件实现建模，指定一个三态的多驱动线网。如果任意一个驱动为 0，则输出为 0
trireg	存储资料的寄存器。对线型变数存储的电荷建模。这类线型有两种状态：电容状态和驱动状态。处于电容状态时，强度为 small、medium 或 large，默认强度为 medium。三态驱动无效时，线型保持驱动失效前的逻辑值。处于驱动状态时，线型值为驱动的输出值
tri1	带上拉电阻的线型。默认输出为 1
tri0	带下拉电阻的线型。默认输出为 1
supply0	用于对地建模，即低电平 0
supply1	用于对电源建模，即高电平 1

(1) wire 线网和 tri 线网

wire 线网与 tri 线网的语法和功能相同。关键词 wire 描述单驱动逻辑器件之间的连接,关键词 tri 被单独列出来描述多驱动逻辑器件之间的连接。当 wire 或 tri 线型定义的信号或变量被多重驱动时,其线网有效值如表 3-2 所列。

表 3-2 wire/tri 线网有效值确认表

wire/tri 线网	0	1	X	Z
0	0	X	X	0
1	X	1	X	1
X	X	X	X	X
Z	0	1	X	Z

如:

```
wire [2:0]  in1, in2,  sum;
assign  sum = in1 & in2;
assign  sum = in1 ^ in2;
```

假设第一个 assign 语句得出来的结果是 1x0,第二个 assign 语句的有效值为 0z0,则 sum 的最终有效值是 xx0。注意:在真实的世界中,wire 类型不允许被多重赋值,因此,在进行逻辑综合时会报错。

(2) wor 线网和 trior 线网

在数字电路中,有一类电路叫作线"或"逻辑,即把本来要用逻辑或组件的设计采用线网代替并实现逻辑"或"的功能。当任意一根线网为逻辑高电平时,输出为高电平。线"或"逻辑采用发射极耦合逻辑实现。如图 3-1 所示,wor 线网就是用来描述此线或类型的。trior 线网是多驱动的线网类型,用于对三态的线"或"逻辑。其线网有效值如表 3-3 所列。

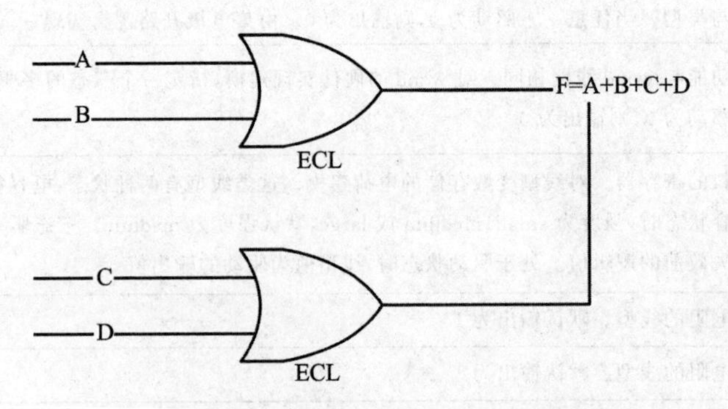

图 3-1 采用 ECL 门实现线"或"逻辑

表 3-3 wor/trior 线网有效值确认表

wor/trior 线网	0	1	X	Z
0	0	1	X	0
1	1	1	1	1
X	X	1	X	X
Z	0	1	X	Z

(3) wand 线网和 triand 线网

与线“或”逻辑类似，线“与”逻辑，是把本来要用逻辑“与”组件的设计采用线网代替并实现逻辑“与”的功能。当任意一根线网为逻辑低电平时，输出为低电平。线“与”逻辑采用集电极开路逻辑实现，如图 3-2 所示。wand 线网就是用来描述此线“或”类型的。triand 线网是多驱动的线网类型，用于对三态的线“与”逻辑。其线网有效值如表 3-4 所列。

表 3-4 wand/triand 线网有效值确认表

wand/triand 线网	0	1	X	Z
0	0	0	0	0
1	0	1	X	1
X	0	X	X	X
Z	0	1	X	Z

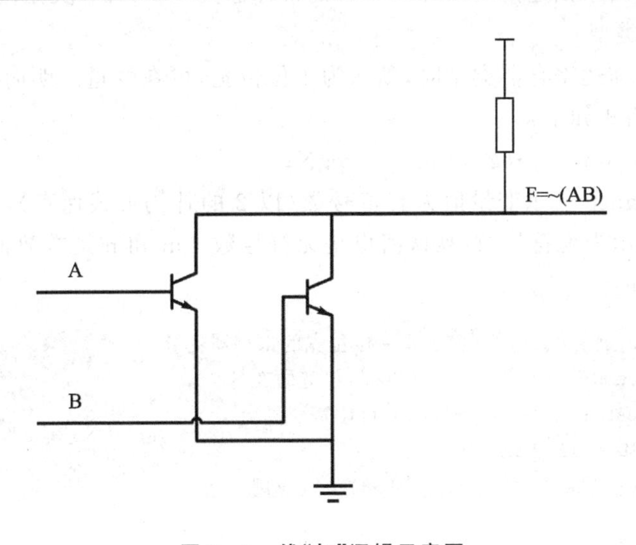

图 3-2 线“与”逻辑示意图

(4) 向量线网与标量线网

在定义向量线网时可选用关键词 scalared 或 vectored。二者的差别在于 scalared 可以对线网进行位选择和部分选择，vectored 必须整体赋值。如：

```
wand vectored [7:0] RgB;  //不允许单独位选择 RgB[0]或者 RgB[1:0]
wor scalared [15:0] green;  //允许位选择 green[1]或者 green[5:2]
```

如果没有显式定义，则线网默认为标量。

3.3.2 变量类型

变量类型是一种可以保持数值的变量。在 Verilog HDL 语言中，有五种不同的变量类型，如表 3-5 所列。

表 3-5 变量类型与功能说明

变量类型	具体功能
reg	reg 变量类型是 Verilog HDL 最常用的数据类型。可用来描述一个寄存器或者一个内存
integer	integer 变量类型为整数值。整型变量可以用作普通变量使用，一般用于高层次行为建模
time	time 变量用于存储和处理时间值。只能存储无符号数
real	一般用于测试模块中存储仿真时间，二者声明形式完全相同。默认值为 0，当把值 x 和 z 赋给 real 和 realtime 寄存器时，这些值被当成 0
realtime	

(1) reg 变量

reg 变量可用来描述两类组件。一类是寄存器类型，另外一类是内存类型。

① 寄存器类型

reg 变量在描述寄存器类型时，默认为 1 位位宽，可在变量声明时显式指定位宽宽度。其基本格式如下：

reg [signed][m:n] reg1,reg2,…,regN;

其中，关键词 signed 表示变量值为有符号数(以 2 的补码形式保存)，如果没有使用此关键词，则表示为无符号数，默认值也是无符号数。m 和 n 是常数值表达式，范围定义可选。例如：

```
reg   load_n;                    //一位位宽的寄存器变量
reg  [31:0] addr;                //32 位位宽的变量
reg  [0:7] data;                 //8 位位宽变量
parameter MSB = 15, LSB = 0;
reg [MSB:LSB] byte;              //16 位位宽变量
```

② 内存类型

内存是由寄存器变量组成的数组。其基本格式为：

reg [m:n] memory [M:N];

表示为有(|M−N|)个(|m−n|)位宽 reg 变量所组成的数组。例如:

```
reg  addr[31:0]; //32 个 1 位 reg 变量的所组成的数组
reg [3:0] lpc_data[0:15];  //16 个 4 位 reg 变量所组成的数组
```

对内存的赋值和对寄存器的赋值不同:寄存器赋值可以在一条赋值语句中完成,但内存赋值不能。例如:

```
reg [31:0] addr;
…
addr = 32'HA0_B0_C0_D0;          //这是合法的赋值
reg addr[31:0];
…
addr = 32'HA0_B0_C0_D0;          //这是非法的赋值
```

由于内存是由寄存器变量组成的数组,所以可以针对每个寄存器变量进行赋值。例如:

```
reg [15:0] data [3:0];
data[0] = 16'h00_00;
data[1] = 16'h11_11;
data[2] = 16'h22_22;
data[3] = 16'h33_33;
```

通常,可以采用循环语句来实现内存的初始化或者从另外的内存中复制数据。例如把 data 内存初始化为 0:

```
reg [15:0] data[3:0];
integer i;
…
for(i = 0; i <= 3;i = i + 1)
  data[i] = 16'h0;
```

当存储深度过深时,采用 for 语句可以快速实现初始化。但如果每个存储单元的值各不相同时,采用 for 语句或者直接赋值的方式,就会显得非常繁琐。解决的方法是采用系统任务 $readmemb 和 $readmemh 为内存赋值。二者之间的区别在于 $readmemb 读取二进制文本,$readmemh 读取十六进制文本。其基本语法如下:

```
reg [7:0] data [7:0];
$readmemb("initial.txt", data, m,n );
```

其中,initial.txt 为将要写入内存的文本数据,m 和 n 为要写入内存的起始和结束地址。例如:

假设 initial.txt 文本的内容如下:

```
0000        0001        0010        0011
0100        0101        0110        0111
```

文本中的内容可以以空白格、换行符和制表符等分隔,可以含有注释。

```
$readmemb("initial.txt", data, 6:4);
```

即把 initial 的前三位 0000、0001 和 0010 分别写进 data[6]、data[5]和 data[4]。

```
$readmemb("initial.txt",data,6);
```

即把 initial.txt 的内容从开始逐个读取文件中的数据,并从地址 6 开始存储到内存,直到地址 0 结束。

```
$readmemb("initial.txt",data);
```

即和上一条语句不一样的地方在于,该语句把读取出来的数据,按照内存默认的存储索引逐个放入到内存中,此例是从地址 7 到地址 0。

当然,在文本文件中也可以直接指定数据要存入到内存的地址位置。如修改 initial.txt 文档内容如下:

```
@1   0000
@2   0001
@4   0010
@3   0011
@0   0100
@5   0101
@6   0110
@7   0111
$readmemb("initial.txt",data);
```

此时,@后面指定了内存的位置以及要写入的数据内容,因此地址 1,写入的是 0000,而不是上一句的 0001。

(2) integer 变量

integer 变量是一种用于计算和操纵数据的通用变量类型,默认位宽为 32 位,可存储有符号数,采用补码形式,数据的最高位是符号位。integer 变量不能进行位选取或部分选取。其变量声明基本格式如下:

integer variable_name[m:n];

其中,符号[m:n]指定了一个可选范围,表示一个整数数组。例如:

```
integer instr; //32 位的整数型变量
instr = 6; //0000_0000_0000_0000_0000_0000_0000_0110
integer instr[3:0]; //4 个 32 位的整型变量
```

通过赋值语句，integer 变量和 reg 变量可以自动转化，不必使用专用的函数。赋值总是从最右端的位开始，至最左端，多余的位自动截断。例如：

```
reg [3:0] instr;
integer a;
a = 5;              //a 的值是 32'h00_00_00_05
instr = a;          //instr 的值是 4'h5

instr = 4'h7;       //instr 的值是 4'h7
a = instr;          //a 的值是 32'h00_00_00_07

a = -5;             //a 的值是 32'hff_ff_ff_f5
instr = a;          //instra 的值是 4'hD
```

和内存一样，整型数据的赋值和初始化可直接对每一个 integer 变量赋值或者用循环语句赋值。

(3) time 变量

time 变量用于存储和处理时间值。其声明的基本格式如下：

time time1,time2,…,timeN[m:n];

time 变量的默认位宽为 64 位，只能存储无符号数。例如：

```
time current_time;
time timeList[15:0];
```

(4) real 变量和 realtime 变量

real 变量和 realtime 变量完全相同，默认值为 0。在变量声明时，不允许对位宽做任何指定。例如：

```
real current_time;
realtime top_mark;
```

3.4 数　组

和 C 语言一样，Verilog HDL 语言也可以针对线网和变量定义二维或者多维数组。数组元素可以是标量值或者向量值。其基本格式如下：

数据类型 [位宽] 数组名 [数组每一维的字界]…[数组每一维的字界];

相关示例如下：

```
wire linear_mem[0:15];   //一个由 16 个元素组成的数组，每个元素为位宽 1 位的 wire
变量
reg [7:0] addr[0:31]; //一个由 32 个 8 位位宽的 reg 变量类型的元素组成的数组
tri [0:31] data[0:1][0:7]; //2 * 8 的三态二维线网数组，每个元素位宽 32 位
```

其中一维 reg 变量数组称为内存。

对于数组的赋值，和存储型的赋值一样，不能使用一句赋值语句把某个数组的值复制给另外一个数组，而是需要使用循环语句或者直接对数组中的一个元素进行赋值操作或者初始化，也可以选择数组元素中的某一位或者某些位进行存取或者赋值操作。如：

```
data[0][1] = 32'hff_ff_ff_ff; //合法赋值
data[0][0:7] = 1; //非法赋值
```

3.5 内建门级原语

在 2.6.1 小节中介绍了 Verilog HDL 语言关于内建门级原语的结构体描述。在 Verilog HDL 语言中，有各种描述数字逻辑门的原语，具体如表 3-6 所列。

表 3-6 内建门级原语类型及基本语法

门类型	关键词	基本语法定义	举例说明
多输入门	“与”门(and)	Gate_type [instance_name] (out,in1,in2,…,inN)；其中，instance_name 可选，第一个参数为输出，其余为输入	and U1(out, in1, in2);//二输入“与”门
	“或”门(or)		or U2(out, in1, in2,in3);//三输入“或”门
	“与非”门(nand)		nand U1(out, in1, in2);//二输入“与非”门
	“或非”门(nor)		nor U1(out, in1, in2);//二输入“或非”门
	“异或”门(xor)		xor U1(out, in1, in2);//二输入“异或”门
	“同或”门(xnor)		xnor U1(out, in1, in2);//二输入“同或”门
多输出门	缓冲器(buf)	Gate_type [instance_name] (out1,out2,..,outN,in)；其中，instance_name 可选，最后一个参数为输入，其余都为输出	buf b1(out1,out2,in)；输入信号 in 经过缓冲器 b1，输出两个输出信号 out1 和 out2
	“非”门(not)		not n1(yes, no);//输入信号 no 取反传送给输出 yes
三态门	bufif1	Gate_type [instance_name] (out,in,control)；其中，instance_name 可选，第一个参数为输出，第二个参数为输入，第三个参数为控制信号	bufif1(out,in,en);//en 为高电平时，把输入赋给输出，否则输出为高阻
	bufif0		bufif0(out,in,en);//en 为低电平时，把输入赋给输出，否则输出为高阻
	notif1		notif1(out,in,en);//en 为高电平时，把输入取反赋给输出，否则输出为高阻
	notif0		notif1(out,in,en);//en 为高电平时，把输入取反赋给输出，否则输出为高阻

续表 3-6

门类型	关键词	基本语法定义	举例说明
上拉门	pullup	pullup [instance_name](output);//instance_name 可选,括号内参数只能为输出信号,且只有一个参数	pullup u1(disable); //把 disable 信号上拉到高电平
下拉门	pulldown	pulldown [instance_name](output);//instance_name 可选,括号内参数只能为输出信号,且只有一个参数	pullup u1(enable); //把 enable 信号下拉到低电平
MOS 开关	cmos	Gate_type [instance_name](out, in, control); //instance_name 可选,第一个参数为输出,第二个参数为输入,第三个参数为控制信号	cmos u1(out, in, ctrN, ctrP); //当 ctrN 为高,ctrP 为低时,输入信号 in 传送给输出信号 out,否则断开
	nmos		nmos u1(out,in,en); //当 en 为 1 时,输入传送给输出,否则输出高阻
	pmos		pmos u1(out,in,en); //当 en 为 0 时,输入传送给输出,否则输出高阻
	rcmos		cmos u1(out, in, ctrN, ctrP); //当 ctrN 为高,ctrP 为低时,输入信号 in 传送给输出信号 out,否则断开
	rnmos		rnmos u1(out,in,en); //当 en 为 1 时,输入传送给输出,否则输出高阻
	rpmos		rpmos u1(out,in,en); //当 en 为 0 时,输入传送给输出,否则输出高阻
双向开关	tran	Gate_type [instance_name](signalA, signalB); or Gate_type [instance_name](signalA,signalB, Control); //其中第一个是用于 tran 和 rtran 语句的,后者用于其余四种门语句。instance_name 可选	tran u1 (data1,data2);//data1 和 data2 数据双向流动
	tranif0		tranif0(data1,data2,en); //en 为低电平,则导通,否则禁止数据双向流动
	tranif1		tranif1(data1,data2,en); //en 为高电平,则导通,否则禁止数据双向流动
	rtran		rtran u1 (data1,data2);//data1 和 data2 数据双向流动
	rtranif0		rtranif0(data1,data2,en); //en 为低电平,则导通,否则禁止数据双向流动
	rtranif1		rtranif1(data1,data2,en); //en 为高电平,则导通,否则禁止数据双向流动

3.6 操作数

表达式由操作数和操作符组成，是 Verilog HDL 语言的基础架构。表达式右侧的运算结果可以赋值给左边的线网或变量。一个表达式可以包含单个操作数、两个操作数或者多个操作数。操作数的基本类型如表 3－7 所列。

表 3－7　操作数的基本类型

操作数类型	说　明
常数	有符号或无符号
参数	类似于常数
线网	标量或者向量
变数	标量或者向量
位选择	从标量或者向量中选择一个位
部分位选	从标量或者向量中选择部分连续的位
存储单元	存储空间的一个字
功能调用	系统或者用户自定义的功能

操作数可以是有符号的，也可以是无符号的。只有当表达式中的所有操作数都是有符号数时，该表达式的结果才是有符号数，否则是无符号数。

3.6.1 常数、参数、线网与变量

3.2 节数值集合和第 3.3 节数据类型已经详细介绍了常数、参数、线网与变量的格式和具体类型，在此不再赘述。

表达式中的整数值为有符号数或无符号数。如表达式是十进制数字，如 123，该数字为有符号数。如果采用基数型数字，如 2'b10，则解释为无符号数。

采用基数表示的整数和不用基数表示的整数，其对负值处理的方式也不相同。如下例所示：

```
integer a, b;
a =  -54/6;
b = -'d54/6;
```

对于数值 a，－54 是有符号数，所以得出的结果是 32'HFF_FF_FF_F7；对于数值 b，则是作为无符号数值处理，得出来的结果是 32'H2A_AA_AA_A1。

在线网和 reg 变量声明语句中，如果包含关键词 signed，则该线网和 reg 变量的值被解释为有符号数，否则就是无符号数。

整型变量的值被解释为有符号的二进制补码数，时间变量中的值被解释为无符号数，实型和实型时间变量的值被解释为有符号浮点数。相关示例如下：

```
wire [3:0] a = 4'b1010;
wire signed [3:0]   = -4;
integer I = 1;
time current_time;
```

3.6.2　位选择及部分位选

位选择就是从一个向量中抽取其中的一位。例如：

```
reg [4:0] a, b;
wire c = a[1] & b[2];
```

在上述表达式中，a 和 b 都是五位宽变量，线网 c 的值等于变量 a 的第二位和变量 b 的第三位的"与"逻辑。

若位选表达式索引的位为 x、z 或者越界，则位选择为 x。

部分位选则是指从一个向量中抽取相邻的若干位。位选择是特殊的部分位选。其基本格式是：

Net_or_reg_vector [msb:lsb];

例如：

```
reg [4:0] a,b;
wire [1:0] c = a[1:0] | b[4:3];
```

在上述表达式中，两位位宽的线网 c 的值等于变量 a 的最低两位和变量 b 的最高两位的"或"逻辑。

另外一种语法形式如下：

```
Net_or_reg_vector[base_expr + : const_width_expr];
Net_or_reg_vector[base_expr - : const_width_expr];
```

其中，base_expr 表示为基表达式，可以不是常数。Const_width_expr 表示为位的个数，必须是常数。+/-表示以 base_expr 为基数按递增还是按递减的方式进行位选。例如：

```
integer base;
reg [31:0] data;
wire [31:0] addr;

data[base+ : 2];          //选择 base, base+1 位的值
addr[base- : 2];          //选择 base, base-1 位的值
```

```
data[31 - :8];          //选择 data[31:24]的值
addr[0 + :16];          //选择 addr[0:15]的值
```

3.6.3 存储单元

存储单元主要有三类:寄存器、内存及数组。其中寄存器相当于特殊的内存,内存相当于一维数组。因此,可以把内存的某一个元素直接赋值给寄存器。例如:

```
reg [31:0] data[0:63];       //由 64 个 32 位位宽寄存器组成的内存
reg [31:0] data_out;         //32 位寄存器变量
...
data_out = data[0];          //把 data 内存元素 0 的值赋给寄存器 data_out;
```

内存和数组也可以做部分位选或者位选。例如:

```
reg [31:0] data[0:63];            //内存
reg [31:0] addr[0:63][0:1];       //二维数组
reg [7:0] data_high;
data_high = data[0][31:24];       //把内存元素 data[0]最高八位赋给寄存器
reg[15:0] data_low;
data_low = data[63][0][15:0]; //把二位数组 data 的存储单元 data[63][0]的低 16 位传
                                  给寄存器
reg  data_lowest;
data_lowest = data[0][0][0];
```

3.6.4 功能调用

功能调用主要是指函数调用。在 Verilog HDL 语言中,主要有两类函数,一类是系统函数——以 $ 字符起头,另外一类是用户自定义函数。例如:

```
$time + sum(a,b);
```

此表达式中,$time 是系统函数,sum(a,b)为用户自定义函数。函数将在下一章详细讨论。

3.7 操作符

在 Verilog HDL 语言中,有九大类操作符。具体如表 3 - 8 所列。

表3-8 操作符说明

<table>
<tr><th>操作符类型</th><th>操作符</th><th>名 称</th></tr>
<tr><td rowspan="6">算术操作符</td><td>+</td><td>一元加或二元加</td></tr>
<tr><td>-</td><td>一元减或二元减</td></tr>
<tr><td>*</td><td>乘</td></tr>
<tr><td>/</td><td>除</td></tr>
<tr><td>%</td><td>求余</td></tr>
<tr><td>* *</td><td>幂运算</td></tr>
<tr><td rowspan="4">关系操作符</td><td>></td><td>大于</td></tr>
<tr><td><</td><td>小于</td></tr>
<tr><td>>=</td><td>不小于</td></tr>
<tr><td><=</td><td>不大于</td></tr>
<tr><td rowspan="4">相等操作符</td><td>==</td><td>逻辑等于</td></tr>
<tr><td>! =</td><td>逻辑不等于</td></tr>
<tr><td>===</td><td>全等</td></tr>
<tr><td>! ==</td><td>非全等</td></tr>
<tr><td rowspan="3">逻辑操作符</td><td>&&</td><td>逻辑与</td></tr>
<tr><td>||</td><td>逻辑或</td></tr>
<tr><td>!</td><td>逻辑非</td></tr>
<tr><td rowspan="5">按位操作符</td><td>~</td><td>按位非</td></tr>
<tr><td>&</td><td>按位与</td></tr>
<tr><td>|</td><td>按位或</td></tr>
<tr><td>^</td><td>按位异或</td></tr>
<tr><td>~^,^~</td><td>按位同或</td></tr>
<tr><td rowspan="6">缩减操作符</td><td>&</td><td>缩减与</td></tr>
<tr><td>~&</td><td>缩减与非</td></tr>
<tr><td>|</td><td>缩减或</td></tr>
<tr><td>~|</td><td>缩减或非</td></tr>
<tr><td>^</td><td>缩减异或</td></tr>
<tr><td>~^</td><td>缩减同或</td></tr>
<tr><td rowspan="4">移位操作符</td><td><<</td><td>逻辑左移</td></tr>
<tr><td>>></td><td>逻辑右移</td></tr>
<tr><td><<<</td><td>算术左移</td></tr>
<tr><td>>>></td><td>算术右移</td></tr>
<tr><td>条件操作符</td><td>?:</td><td></td></tr>
<tr><td>拼接复制操作符</td><td>{}</td><td></td></tr>
</table>

3.7.1 算术操作符

Verilog HDL 和 C 语言相似，包含了加、减、乘、除及求余五类算术操作符。其中，加和减操作又分为一元加减和二元加减的操作。一元加减与 C 语言的操作类似。

【例 3-1】采用一元加实现内存的初始化

```
reg [31:0] addr[0:63];
integer I;
…

always @( * )
  for(I = 0; I <= 63; I++ ) //采用 I++ 的方式,实现变量 I 的自增
    addr[I] = 32'B0;
end
```

在例 3-1 中，采用 I++的方式，实现变量 I 的自增。采用++I 的方式也可实现同样的目的。

整数除法所得值依旧为整数，小数部分则舍弃，如 5/4 的运算结果是 1。

求余运算是求出与第一个操作数符号相同的余数。如－5%4 的运算结果是－1，5%－4 的运算结果是 1。

和 C 语言不同的是，Verilog HDL 语言设计了一种新的算术操作符——幂操作符。例如，假设 RAM 的地址总线为 8，则 RAM 大小为(2^8-1) bit。采用 Verilog HDL 表示如下：

```
parameter ADDR = 8;
parameter RAM_SIZE = 2 * * ADDR - 1;
```

如果任何一个操作数中包含一位 x 或者 z，则整个运算结果为 x。如 x001 ＋ 1001，其运算结果为 xxxx。

算术表达式的运算结果的位宽由表达式等号左边的位宽决定。当等号右边的表达式的位宽大于左边的位宽时，溢出部分被丢弃；当等号右边的表达式的位宽小于左边位宽时，不足部分按照有符号数或者无符号数的规则补 0 或者补 1。如：

```
wire [2:0] a, b;
wire c;
wire [3:0] d;
assign c = a + b; //把 a 和 b 的运算结果的最低位赋给 c
assign d = a + b;//把 a 和 b 的运算结果赋给 d,包括进位
```

当表达式右边的操作数位宽不一致时，其右侧表达式中的操作数位宽由最大操作数的位宽决定，计算出结果后，再按照上一条法则把运算结果赋给等号左侧变量。

例如：

```
wire [5:0] a;
wire [2:0] b;
wire [3:0] c;
```

assign c = a －b; //先把 b 的位宽扩为六位，左侧填补三位 0，然后得出 a－b 的五位运算中间结果，再把低四位赋给 c。

3.7.2 关系操作符

关系操作符有四类：大于、小于、不小于和不大于，其运算结果有三种：真（值为 1）、假（值为 0）和 x（操作数中至少有一位为 x 或 z）。如：

```
wire [2:0] a, b;


always @( * )
  if(a > b)                          //a 大于 b 的情形
    $ display("The large data is % d", a);
  else if(a == b)                    //a 等于 b 的情形
    $ display("The two datas are equal, the value is % d", a);
  else //a 小于 b 的情形
    $ display("The large data is % d", b);
```

如果操作数中含有一位 x 或者 z，则整个比较结果为 x。如：4'b1001 ＞ 4'b100x，结果是 x，而不是 0 或者 1。

如果关系操作符两侧的操作数位宽不一致，将视操作数的属性而定。

- 当双侧操作数的属性相同，如均为无符号数或者有符号数，则将位宽小的操作数的最高位左侧补 0 或者补齐符号位。如：

```
4'b001 >= 5'b100        //等价于 5'b00001 >= 5'b00100
4'sb1000< 5'b100        //等价于 5'sb11000 < 5'b00100
```

- 当双侧操作数的属性不同时，只要其中有一个操作数为无符号数，则整个表达式内的其他操作数均按无符号数处理。如：

```
4'sd9 * 3 < 3          //等价于 1111 * 3 = -21,因此该表达式为真
4'sd9 * 4'd3 < 3       //等价于 1001 * 0011 = 27,因此该表达式为假
```

3.7.3 相等操作符

相等操作符有四类操作符：逻辑相等（＝＝）、逻辑不等（！＝）、全相等（＝＝＝）、不全等（！＝＝）。前两者和后两者之间的区别在于四态中的 x 和 z 值是否有物理意义。当采用逻辑相等或者逻辑不等时，x 和 z 的值具有物理意义，因此当任何一个操作

作数的任何一位出现 x 或 z 时，其逻辑相等表达式的结果为 x，逻辑不等主要看操作数第一位。全相等和不全等是完全按照数值进行比较的，因此比较结果只有真(1)和假(0)两种状态。逻辑比较可用于综合，全等或者不全等只能用于仿真。如：

```
A = ‘b11x001;
B = ‘b11x001;
C= ‘b010x;
D= 'b11x0;
A == B;            //结果为 x,因为 A 和 B 含有一位 x 状态
A === B;           //结果是 1,因为 A 和 B 按位完全相等
C ! =D;            //结果为 1,最高位不同
```

当表达式操作数的位宽不一致时，和关系操作符的方式相同，通过对位宽小的操作数补 0 或者补符号位将位宽对齐后再比较。

3.7.4 逻辑操作符

逻辑操作符有三种：逻辑“与”(&&)、逻辑“或”(||)以及逻辑“非”(!)。逻辑操作符表达式有三种结果：0、1 和 x——不管操作数的位宽是单位宽还是多位宽。多位宽操作数进行逻辑操作时，非 0 操作数被当成 1 处理。如：

```
A = ‘b1; B = ‘b0; C = 2'b01; D = 2'b10; E = 2'b1X;
A && B;          //结果为 0
A || B;          //结果为 1
C && D;          //结果为 1,因为二者均为非 0 数
! C;             //结果为 0
D && E;          //结果为 0
A || ‘bx;        //结果为 1
! x;             //结果为 x
```

当操作数中出现 x 或 z，则该操作数整体被视为一位 x，再与另外的操作数进行逻辑操作，其最终运算结果取决于另外一个操作数和逻辑操作符，如 1 逻辑“或”x，其结果为 1。

3.7.5 按位操作符

与逻辑操作符类似，最容易混淆的是按位操作符。按位操作符，顾名思义，则是对操作数逐位操作，从而生成一个位宽与最宽位宽的操作数相同的向量。

按位操作符有五类：按位“与”(&)、按位“或”(|)、按位“非”(~)、按位“异或”(^)和按位“同或”(~^或者^~)。

以 3.7.4 小节逻辑操作符的实例说明按位操作符如下：

```
A = 'b1; B = 'b0; C = 2'b01; D = 2'b10; E = 2'b1x;
A & B;          //结果为'b0
A | B;          //结果为'b1
C & D;          //结果为2'b00
~C;             //结果为2'b10
D & E;          //结果为2'b10
A | 'bx;        //结果为1
~x;             //结果为x
C ^ D;          //结果是2'b11
A ~^ C;         //结果是2'b11
```

可以看出,当位宽为一位位宽时,按位操作符和逻辑操作符的结果相同,但含义不同——按位操作符是指相同位之间的逻辑操作结果,而逻辑操作符是指两个操作数被看成整体后的逻辑操作结果。

当向量操作数按位操作时,可以很明显看出和逻辑操作符的结果不同。当操作数位宽相同时,结果和操作数的位宽也相同。当操作数位宽不同时,先把位宽小的操作数以补0或者补符号位的形式进行位宽补全,然后运算。

3.7.6 缩减操作符

和按位操作符相似,缩减操作符也是对操作数进行逐位逻辑操作。两者不同的是,除了按位"非"以外,按位操作符对两个操作数进行处理,得出来的结果是一个向量,缩减操作符对一个操作数进行处理,得出来的结果是一位的操作结果,该结果可能是1,可能是0,也可能是x。

缩减操作符有六类:缩减"与"(&)、缩减"或"(|)、缩减"与非"(~&)、缩减"或非"(~|)、缩减"异或"(^)以及缩减"同或"(~^)。具体功能和示例如表3-9所列。

表3-9 缩减操作符的功能说明与范例

类 型	功能说明	实 例		
		A = 4'b1001	B = 4'b1110	C=4'b101x
缩减"与"(&)	当操作数中有任意一位为0,则输出0;当任意一位为x或z,则输出为x;否则输出1	&A = 0	&B = 0	&C = x
缩减"或"(|)	当操作数中有任意一位为1,则输出1;当任意一位为x或z,则输出为x;否则输出0	|A = 1	|B = 1	|C = x
缩减"与非"(~&)	输出与缩减"与"的结果相反	~&A = 1	~&A = 1	~&A = x
缩减"或非"(~|)	输出与缩减"或"的结果相反	~|A = 0	~|A = 0	~|A = x

续表 3-9

类　型	功能说明	实　例		
		A = 4'b1001	B = 4'b1110	C=4'b101x
缩减"异或"(^)	当操作数中有任意一位为 x 或 z,则输出为 x;如果有偶数个 1,则输出为 0;否则为 1	^A = 0	^A = 1	^A = x
缩减"同或"(~^)	输出与缩减"异或"的结果相反	^A = 1	^A = 0	^A = x

缩减操作符往往用来检测操作数或者逻辑信号是否含有高脉冲或者低脉冲等信号。

3.7.7 移位操作符

移位操作符按照性质,可分为逻辑移位操作符和算术移位操作符;按照方向,可分为左移操作符和右移操作符。和其他高级语言不同的是,移位操作符没有循环移位操作符。因此,组合起来共有四类操作符:逻辑左移(<<)、逻辑右移(>>)、算术左移(<<<)和算术右移(>>>)。

逻辑移位和算术移位的主要区别在于对于最高位的处理。逻辑移位操作符,移位腾空的位总是填 0,算术移位操作符左移腾出来的位总是填 0,右移腾出来的位需要确认该操作数是否为有符号数,如果是无符号数,则腾空位填 0,否则填符号位。

移位表达式的基本格式如下,其右侧表达式中的操作数总被认为是无符号数。

被移位操作数　移位操作符　移位次数

如:

```
reg [6:0] data;
reg signed[3:0] addr;
…
data = 'b100_1110;
addr = 'sb1011;
data << 2;    //结果是 'b011_1000
data>> 2;     //结果是 'b001_0011
addr >>> 3;   //结果是 'sb1111;
addr<<<3;     //结果是 'sb1000;
data<< -1;    //因为右侧为无符号数,所以去 -1 的补码,因此把 data 左移 2 的(31-1)次。
```

【例 3-2】采用移位操作符实现三-八译码器功能。

```
module trans3to8(
input [2:0] sigIn,
input       clk,
```

```
    input        rst_,
    output reg[7:0] sigOut);

    always @(posedge clk or negedge rst_)
        begin
          if(! rst_)
              sigOut <= 8'b0;
          else
              sigOut <= (8'b1 << sigIn);
          end

    endmodule
```

由例 3-2 可知，采用移位操作符可以很轻松地实现译码器功能。在实际应用中，移位操作符通常被用来完成 2 的指数幂或者除法操作——通过左移 N 位实现对原操作数的 2^N 乘法运算，右移实现除法运算——前提是移位的位数必须小于位宽。如：

```
4'b1 << 2;//结果是 4'b0100,也就是乘以 4 的结果
4'b8>>3; //结果是 4'b0001,也就是除以 8 的结果
```

3.7.8 条件操作符

条件操作符的基本语法如下：

Condtion ? expression1 : expression2;

该语句表示为如果 Condition 表达式为真，则执行 expression1 表达式，否则执行 expression2 表达式。整个语句等同于一个条件语句。条件语句将在下一章具体介绍。如：

```
assign mux_out  = select ?  a : b;
```

表示为一个二选一的选择器——当 select 为 1 时，把信号 a 赋给 mux_out，否则把信号 b 赋给 mux_out。

条件操作符可以嵌套。如：

assign sign_out = Cond_A ? sigA : Cond_B ? sigB : Cond_C ? sigC : Cond_D ? sigD: sigE;

其等效于：

```
assign sign_out = (Cond_A and SigA) OR
                  (NOT Cond_A and Cond_B and SigB) OR
                  (NOT Cond_A and NOT Cond_B and Cond_C and SigC) OR
                  (NOT Cond_A and NOT Cond_B and NOT Cond_C and
```

Cond_D and SigD) OR(NOT Cond_A and NOT Cond_B and NOT Cond_C and NOT Cond_D and sigE);

嵌套层级过长可能导致综合软件的效率低下,因此不建议使用。替代方式是采用 case 语句实现其功能。

3.7.9 拼接复制操作符

拼接操作符和复制操作符采用符号{}来实现。拼接操作符把较小表达式中的位拼接起来形成一个多位宽的大表达式。基本格式如下:

{expr1,expr2,expr3,…};

【例 3-3】 通过拼接操作符实现数据翻转。

```
Module data_convert(
input [7:0] dataIn,
output reg [7:0] dataOut,
input     clk,
input     rst_);
always @(posedge clk or negedge rst_)
  if(! rst_)
    dataOut <= 8'b0;
  else
    dataOut <= {data[3:0],data[7:4]};
endmodule
```

拼接操作符通常用来完成数据翻转,或者组合成总线等功能。如

```
assign dataOut[7:4] = { data[7], data[5], data[3], data[0]};
```

复制操作符是一类特殊的拼接操作符,通过指定复制次数执行操作数复制。次数可以是常数,也可以是参数。语句格式如下:

{repeat_times{expr1,expr2,…}};

相关示例如下:

```
{3{1'b1}};                    //结果是 3'b111
{4{ack}};                     //等于{ack,ack,ack,ack}
{4{dataOut[7],dataOut}};      //符号扩展
{POWER{1'b0}};                //实现参数指定的复制
```

3.8 编译指令

在 Verilog HDL 语法中,有一类特殊的指令用于指定和配合编译程序实现特定的编译功能。采用反引号或者音符标志引导关键词可实现这些指令。这些指令可以

加强程序员和编译程序之间互动，并提升代码的鲁棒性。表 3-10 为常见的编译指令。

表 3-10　常见的编译指令

'define　'undef
'ifdef　'ifndef　'else　'elseif　'endif
'default_nettype
'include
'resetall
'timescale
'unconnected_drive　'nounconnected_drive
'celldefine　'endcelldefine
'line

'define 类似于 C 语言中的 #define 指令，用于定义文本替代的宏命令。一旦编译程序检测到 'define 指令，则替换预定义的宏文本。其基本格式是：

'define text_macro　macro_text

和参数定义不同，编译指令无需以"；"结束，但在引用宏文本时，需要使用"'"。如：

```
'define MAX_ADDR_WIDTH 32
reg ['MAX_ADDR_WIDTH - 1: 1] addr;
```

'undef 指令用于取消之前的宏定义。如：

```
'undef MAX_ADDR_WIDTH
```

'ifdef，'ifndef、'else、'elseif 和 'endif 用于条件编译。'ifdef 用于检测宏定义是否存在，'ifndef 用于检测宏定义是否不存在。'else 用于和 'ifdef、'ifndef 配对使用，但非必要。如：

```
'ifdef WINDOW64
  parameter MAX_ADDR_WIDTH = 64;
'else
  parameter MAX_ADDR_WITDH = 32;
'endif
```

当前面代码定义了 WINDOW64 这个宏文本时，则定义 MAX_ADDR_WIDTH 为 64，否则为 32。

'elseif 相当于 'else 编译指令后加 'ifdef 指令，表示为多分支编译指令。

所有条件编译指令以 'endif 指令结束。

'default_nettype 编译指令在前面讲述线网时已经简单描述过。可对外隐式线网指定相应的线网类型。如

'default_nettype wor

则所有的未被显式声明的线网类型均定义为 wor 类型。

注意：

- 'default_nettype 指令只能放在模块外声明。
- 如没有采用 'default_nettype,则系统默认隐式线网类型为 wire 型。
- none 也可以用来指定默认线网类型,表示不允许使用隐含的线网类型。

'include 编译指令用于在代码中引用其他文本的内容。被包含的文件可以采用相对路径,也可以采用绝对路径。如：

```
'include  "…/…/topdefinition.v"
```

'resetall 编译指令是指将所有的编译指令重置为默认值,如 'resetall 将线网类型重置为 wire 类型。

'timescale 编译指令是仿真时非常常用的指令,用于指定延时的时间单位和精度。基本格式是：

'timescale time_unit/time_precision

如：

```
'timescale 1ns/100ps
```

表示为延迟的时间单位是 1 ns,精度是 100 ps。

'timescale 编译指令只能放在模块外部,用于影响其后的模块延时时间。

一个系统中,可能有多个 'timescale 对应不同的模块,此时,仿真器采用所有模块中的最小时间精度,其他所有延时将转换为最小延时精度。

'unconnected_drive 和 'nounconnected_drive 用于指定未连接的输入端口的状态,可以是上拉状态或者下拉状态。如：

```
'unconnected_drive pull1
… //该段的所有未连接的输入端口均为上拉。
'nounconnected_drive
```

'celldefine 和 'endcelldefine 用于把模块标记为单元模块。单元模块一般由某些 PLI 子程序使用。单元模块名和端口通常用大写字母,模块内通常具有一个指定该单元延迟的块。PLI 子程序可以通过 specify block 中的信息对这些单位进行延迟计算。如：

```
'celldefine
  module DFF(D,CLK,Q,RST_);
    input D, CLK,RST_;
    output Q;
    …
```

```
    endmodule
'endcelldefine
```

'line 编译指令是 Verilog 2001 新添加的内部编译预先处理指令,用于表示将行号和文件名复位到指定的值。当自动生成的 Verilog HDL 档被编译时,自动将指令值相关联的原始档复制到档的指定行。一般用户不会直接使用到本编译指令。如:

```
'line 10 "reset.vg"
```

3.9 实例:带可预置数据的 8 位自增/减计数器设计

设计一个 8 位计数器,要求异步复位,同步置位,可预置数据,也可以自增或者自减。相关输入输出信号及真值表如表 3-11 所列。

表 3-11 设计真值表

sysclk	up	down	ld	reset	set	输　出
x	x	x	x	0	x	复位(8'h0)
0->1	x	x	x	1	1	置位(8'hFF)
0->1	0	0	0	1	0	保持
0->1	1	0	0	1	0	自增计数
0->1	0	1	0	1	0	自减计数
0->1	0	0	1	1	0	预置(data)
其他状态计数器输出不变						

相关逻辑设计代码如下:

```
'timescale 1ns/100ps //指定时间单位和精度
module counter8 #(parameter COUNT_WIDTH = 8)( //定义位宽参数为 8
  input sysclk,
  input reset,
  input set,
  input ld,
  input up,
  input down,
  input [COUNT_WIDTH - 1:0] data,
  output reg [COUNT_WIDTH - 1:0] count);

  always @(posedge sysclk or negedge reset) //异步复位
      begin
        if(! reset)
            count <= 8'H00;
```

```
        else if(set)       //同步置位
            count <= 8'hFF;
            else casex({up,down,ld}) //casex 分支语句,采用拼接操作符实现多分支
                3'b100: count <= count + 8'h1; //up 有效,自增
                3'b010: count <= count - 8'h1; //down 有效,自减
                3'b001: count <= data;         //ld 有效,预设
                default: count <= count;       //其他情形,保持不变
                endcase
    end
endmodule
```

生成的 RTL 逻辑电路如图 3-3 所示。

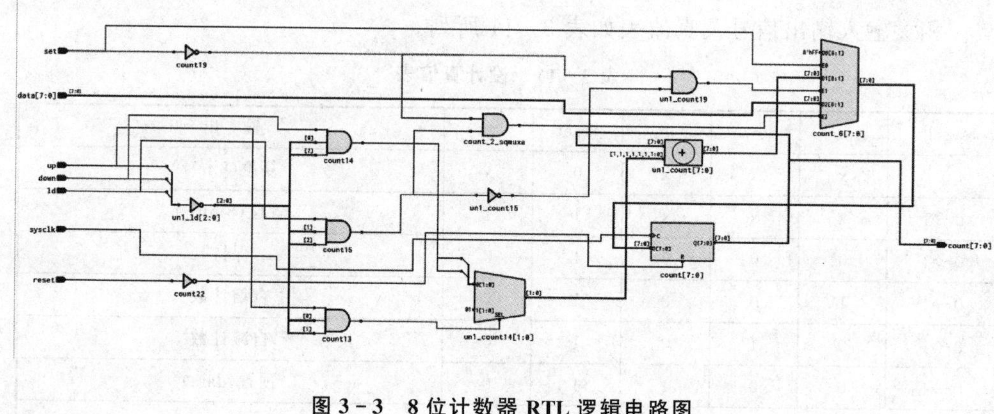

图 3-3　8 位计数器 RTL 逻辑电路图

本章小结

本章主要介绍了 Verilog HDL 语法的基本要素,包括标识符、数据类型、数值集合、关键词、参数、操作符与操作数及编译程序指令等,并辅以相关简单实例加以说明。作为 Verilog HDL 语言的基本要素,需要正确把握其功能和用途,并正确区分哪些可以用于仿真,哪些可以用于综合,并通过编译程序指令等加强设计的准确性和鲁棒性。

思考与练习

1. 以下标识符哪些是合法标识符,哪些是非法标识符?

    4Verlog　$Ver_4　R40　System

2. 参数和宏定义指令 'define 的使用异同是什么?

3. wand 是否可以被综合?

4. 'timescale 1ns/10ps,其中 1 ns 和 10 ps 分别表示什么意思?

5. 逻辑相等(==)和全等(===)有什么区别?

6. 采用移位操作符实现一个 2:4 译码器。

7. 采用缩减操作符对 16 位输入数据进行奇偶检验。

8. 一组总线,其中地址线 3 根,数据线 8 根,采用拼接操作符和缩减操作符对该总线进行奇偶检验。

9. 采用条件操作符,对 3.9 节的实例进行改写。

第 4 章

Verilog HDL 语法进阶描述

本章主要介绍 Verilog HDL 语法中的语句块、高级程序设计语句、模块的参数描述、任务及函数等高阶描述。

4.1 语句块

语句块是相对于单条语句而言的。语句块提供了一种机制，把两条或者多条语句合并成为一种相当于单条语句的语法结构。

语句块可以有标识符，也可以没有。标识符的主要作用包括：设有标识符的语句块可以声明内部局部变量，同时，该语句块可以通过标识符被引用；通过标识符提供一种可对变量做唯一标识的路径。

Verilog HDL 提供了两种类型的语句块：

- 顺序语句块(begin……end)，语句块内的语句逐条顺序执行。
- 并行语句块(fork……join)，语句块内的语句并行同时执行。

采用标识符时，其基本格式是：

```
begin [:标识符]
...
end
```

或者

```
fork [:标识符]
...
Join
```

其中，[:标识符]为可选项。

4.1.1 顺序语句块

顺序语句块以关键词 begin 开始，以关键词 end 结束。在该语句块内，除了非阻塞语句，所有的语句按照在语句块内出现的先后顺序执行。每条语句的运行时间与上一条语句之间的时延相关。其基本格式是：

begin [:标识符]

[＃delay] procedural statements

end

【例 4－1】采用顺序语句块生成如下波形：

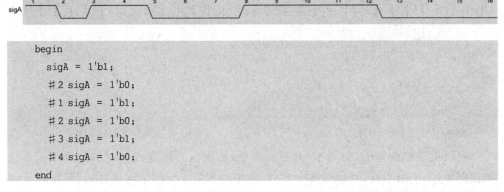


```
begin
  sigA = 1'b1;
  #2 sigA = 1'b0;
  #1 sigA = 1'b1;
  #2 sigA = 1'b0;
  #3 sigA = 1'b1;
  #4 sigA = 1'b0;
end
```

由例 4－1 可知，每次信号的跳变都是基于前一条语言的相对时间。如信号第二次变为高电平时，是基于前一条语句，也就是 sigA 保持低电平的时间为一个时间单位，而不是相对于绝对时间 0。

顺序语句块的时延可以采用“＃ delay”的方式，也可以采用边沿事件触发的形式，同时在语句块内可以声明局部变量。如：

```
begin: local_var
  reg [7:0] data;
  …
end
```

在该语句块中，data 是一个 8 位位宽的局部变量，只在 local_var 语句块中有效。

顺序语句块的存在并不违背硬件描述语言并行性的特点，因为顺序语句块之间是并行执行的。顺序语句块从结构上被看成是一个语句，而不是多条语句。

顺序语句块可以用于仿真，也可以用于综合。

4.1.2　并行语句块

与顺序语句块不同，并行语句块以关键词 fork 开始，以关键词 join 结束。语句块内的所有语句都是并行执行，没有先后顺序。每条语句之前所定义的时延都是基于开始时间的绝对时延，与前一句语句执行的结束时间无关。

并行语句块的基本格式如下：

fork[:标识符]

…

join

【例 4-2】采用并行语句块生成例 4-1 同样的波形：

```
fork:
   sigA = 1'b1;
   #2 sigA = 1'b0;
   #3 sigA = 1'b1;
   #5 sigA = 1'b0;
   #8 sigA = 1'b1;
   #12 sigA = 1'b0;
join
```

可以很清楚地看出，和例 4-1 不同的是，每次信号跳变发生时的时延不同。比如在例 4-1 中第 4 行，#1 sigA =1'b1，是相对于第 3 行的语句而言的，而在例 4-2 中的第 4 行，#3 sigA = 1'b1，是相对于开始时间而言的。

和顺序语句块一样，并行语句块的时延可以采用"# delay"的方式，也可以采用边沿跳变事件触发的方式，也可以在语句块内声明局部变量——该变量只在语句块内有效。

顺序语句块和并行语句块可以混合使用，但不建议如此使用。例 4-3 混合使用顺序语句块和并行语句块。

【例 4-3】顺序语句块和并行语句块混合使用示例。

```
always @ *
  begin
   #2 sigA = 1'b1;
  fork
     #4 sigB = 1'b0;

    begin
      sigC = 1'b1;
      #1 sigD = 1'b0;
    end

     #5 sigE = 1'b1;
  join
   #2 sigA = 1'b0;
   #5 sigA = 1'b1;
 end
```

在该例中，顺序语句块中包含了并行语句块，在第 2 个时间单位把 sigA 置 1，紧接着以此为时间基点，执行并行语句块。在该并行语句块中有三个语句或语句块，都是并行执行的，因此最开始执行的语句是 sigC=1'b1，也就是在第2个时间单位同时把 sigC 置1，接着延时1个单位，也就是 #1 sigD =1'b0 会比其余两个语句更早触发，在第3个时间单位把 sigD 清零；然后在第6个时间单位把 sigB 清零，在第7个时间单位把 sigD 清零，至此并行语句块执行完毕；开始继续执行顺序语句块，#2 sigA = 1'b0 开始基于顺序语句块结束时间执行——相对于绝对开始时间0，第9个时间单位把 sigA 清零，最后第14个时间单位把 sigA 置1。

4.2 过程赋值语句

在2.5节行为级描述中，提到了 initial 语句和 always 语句，它们都是过程赋值语句。所谓的过程赋值，就是对变量类型——包括 reg、integer、real、realtime 及 time 类型的变量进行赋值的操作。过程赋值语句左边的目标变量可以进行特定位提取、部分位提取或者两者的组合。

过程赋值在 initial 语句和 always 语句内进行。过程赋值语句和连续赋值语句的区别如表4-1所列。

表4-1 过程赋值语句和连续赋值语句的区别

过程赋值	连续赋值
● 用于 initial 语句和 always 语句中	● 不用于 initial 语句和 always 语句中
● 在 initial 块和 always 块中与其他操作相关执行	● 与其他语句并行执行
● 驱动变量	● 驱动线网
● 有阻塞(=)和非阻塞(<=)之分	● 使用赋值符号(=)

连续赋值语句右边的表达式有变化，表达式将立即重新计算，并把计算结果在规定的时间内赋给左边的目标线网。过程赋值语句只能在满足行为条件的前提下，才会启动触发，并进行表达式计算，否则一直等待。

过程赋值语句分为两类：

- 阻塞性过程赋值。
- 非阻塞性过程赋值。

4.2.1 阻塞赋值语句

顾名思义，阻塞赋值语句就是在下一条语句执行之前，该赋值语句已经全部执行完毕。在赋值语句中采用"="赋值，一般表示形式是：

```
变量 = 表达式;
```

阻塞赋值语句是顺序执行语句，完成阻塞赋值的过程如下：首先计算阻塞赋值语句右边表达式的结果；接着，这个结果存入仿真系统的赋值事件队列（也称之为调度的临时寄存器）；如果没有时延，则该事件立即被调度执行。

【例 4-4】采用阻塞赋值实现输入与输出信号的 3 个时钟时延。

```
module reg_buf(
   input clk,
   input rst_,
   input sigA,
   output reg sigB,
   output reg sigC,
   output reg sigD);

   always @(posedge clk, negedge rst_)
     begin
        if(! rst_)
          begin
             sigB = 0;
             sigC = 0;
             sigD = 0;
          end
        else
          begin
             sigB = sigA;
             sigC = sigB;
             sigD = sigC;
          end
     end
endmodule
```

本例中实现的是一个 D 触发器带 3 个缓冲输出的电路。当异步复位信号 rst_ 有效时，sigB、sigC 和 sigD 全部清零。一旦无效，在时钟信号 clk 上升沿的作用下，输入信号 sigA 赋值给 sigB；然后开始执行 sigC = sigB 语句，把 sigB 的值赋给 sigC；最后执行 sigD = sigC 语句，把 sigC 赋给 sigD。该代码实现的 RTL 线路如图 4-1 所示。

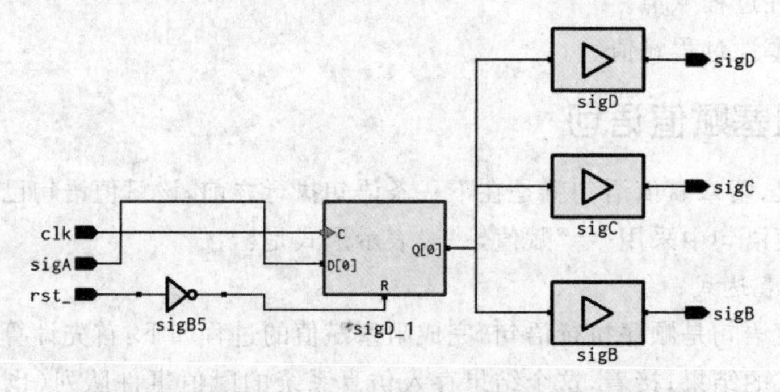

图 4-1 采用 Synplify Pro 综合后实现的 RTL 线路图

阻塞过程赋值也可以用来实现组合逻辑的功能。**注意**:要实现组合逻辑功能,always 语句的敏感变量列表必须是电平触发事件,并且必须完全覆盖语句块内的右侧表达式的变量,否则不能综合,或者会生成锁存器。为了避免此现象产生,可以采用@ * 或者@(*)替代敏感事件列表。

例 4-5 为采用阻塞过程赋值语句实现组合逻辑电路的实例。

【例 4-5】采用阻塞过程赋值语句实现组合逻辑。

```
module glue_logic(a,b,c,d,s,o);
input a,b,c,d,s;
output o;
wire m0,m1;
reg temp1, temp2, o;

assign m0 = a^b;
assign m1 = c&d;

always @(m0 or m1 or s) //采用阻塞赋值实现 2:1 选择器
    begin
      temp1 = m0;
      temp2 = m1;
      if(s == 1'b0)
          o = temp1;
      else
          o = temp2;
     end
endmodule
```

本例先通过数据流建模的方式,把信号 a 和 b 的"异或"结果赋给中间线网 m0,把信号 c 和 d 的"与"逻辑结果赋给中间线网 m1,同时行为级建模实时监测 m0、m1 和选择信号 s,一旦有任何变动,便把中间线网 m0 和 m1 分别赋给中间变量 temp1 和 temp2,并根据 s 的状态选择其中之一输送给输出端 o。整个逻辑不是实现时序逻辑,而是组合逻辑。相应的 RTL 线路如图 4-2 所示。

采用阻塞过程赋值,如果语句块之间有时延,则时延是两条语句之间的相对时延。如:

```
always @( * )
  begin
    #10 a = 1;   //10 个时间单位后把 a 置 1
    #10 b = 1;   //20 个时间单位后把 b 置 1
    #10 c = 1;   //30 个时间单位后把 c 置 1
    #10 d = 1;   //40 个时间单位后把 d 置 1
  end
```

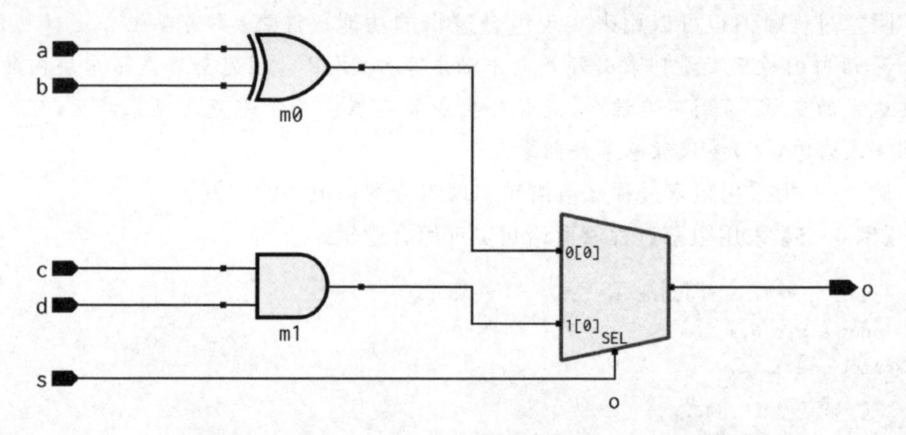

图 4-2　采用 Synplify Pro 综合生成的 RTL 线路图

可以看出,阻塞过程赋值严格遵循顺序语句块的规则,每条语句的时延是相对于上一条语句结束而言的。

4.2.2　非阻塞赋值语句

非阻塞赋值语句的赋值符号是"<="。非阻塞赋值语句与阻塞赋值语句不同,一条非阻塞赋值语句不会阻塞另外一条非阻塞赋值语句的执行。换句话说,非阻塞赋值语句之间是同步赋值操作。其基本格式是:

变量<= 表达式;

完成非阻塞赋值的基本过程如下:首先仿真器会把非阻塞赋值放到调度队列中,接着仿真器开始执行下一条语句而不是等待当前这条语句执行完毕。也就是说,先计算出赋值符号右边表达式的结果,再把这个结果的赋值操作保存在事件队列中,等轮到事件被调度的时候,再把这个结果赋给赋值符号的左边目标变量。如果没有时延,赋值的操作会发生在当前时间单位的最后时刻。

非阻塞赋值语句主要用于并发的赋值操作。在语句块中,非阻塞赋值语句出现的先后顺序与执行顺序无关,因为右边表达式的计算在事件队列的位置总是发生在任何赋值操作之前。

非阻塞赋值语句主要解决了阻塞赋值语句间形成的竞争冒险,如下面的阻塞赋值语句:

```
always @(posedge clk)
  a = b;
always @(posedge clk)
  b = c;
```

该代码被综合或仿真时,无法确定先执行 a = b 的操作,还是 b = c 的操作,全依赖于综合工具或者仿真工具。如果采用非阻塞赋值语句,则可以去掉竞争冒

险,如:

```
always @(posedge clk)
  begin
    a <= b;
    b <= c;
end
```

在同一个时钟 clk 上升沿的作用下,把 b 和 c 的当前值分别赋给 a 和 b。

把例 4-4 稍作修改,采用非阻塞过程赋值,可以很好地观察阻塞赋值和非阻塞赋值之间的不同。

【例 4-6】 采用非阻塞赋值语句对例 4-4 进行修改。

```
module DFF3(
  input clk,
  input rst_,
  input sigA,
  output reg sigB,
  output reg sigC,
  output reg sigD);

  always @(posedge clk, negedge rst_)
    begin
    if(! rst_)
       begin
        sigB <= 0;
        sigC <= 0;
        sigD <= 0;
        end
    else
       begin
        sigB <= sigA;
        sigC <= sigB;
        sigD <= sigC;
        end
    end
endmodule
```

分析此程序,当异步复位信号 rst_有效,同样 sigB、sigC 和 sigD 都会被清零。一旦复位信号无效,在时钟信号 clk 的上升沿作用下,else 语句块中的三个语句开始分别计算赋值符号右侧表达式,并把计算结果放到事件队列中,计算完毕后,再把相应的结果分别赋值给左边的目标变量。因此,每一条语句都将形成一个 D 触发器。可以看出,例 4-6 只是把阻塞赋值符号换成了非阻塞赋值符号,实现的 RTL 线路则完全不同,如图 4-3 所示。

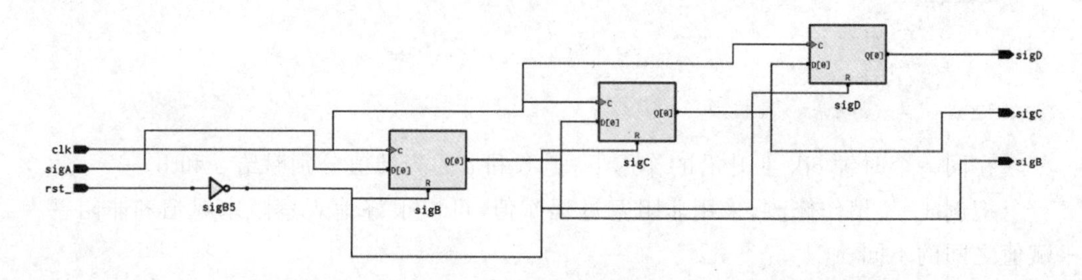

图 4-3 对例 4-6 程序采用 Synplify Pro 综合生成的 RTL 线路图

采用非阻塞过程赋值语句,若语句前定义有时延,则该时延为相对于开始时间的绝对时延。如:

```
always @( * )
  begin
    #10 a <= 1'b1;   //在第 10 个时间单位把 a 置 1
    #10 b <= 1'b1;   //在第 10 个时间单位把 b 置 1
    #10 c <= 1'b1;   //在第 10 个时间单位把 c 置 1
    #10 d <= 1'b1;   //在第 10 个时间单位把 d 置 1
  end
```

相对于阻塞赋值,非阻塞赋值语句更接近并行语句块的执行规则。

若时延定义在赋值语句右侧,则该时延的意义与上述时延不同。如:

```
initial
  begin
    a <=  #5 1'b1;
    b <=  #2 1'b1;
    c <=  #10 1'b1;
end
```

该语句块中,系统先计算三个语句右侧表达式,并把它们的计算结果存入事件队列,然后分别等待时延:等待 5 个时间单位,把结果赋给 a;等待 2 个时间单位(相对于绝对时间 0),把计算结果赋给 b;同样等待 10 个时间单位,把结果赋给 c。三条语句相互独立,互不隶属。

4.2.3 过程赋值语句的使用原则

阻塞过程赋值语句和非阻塞过程赋值语句是 Verilog HDL 经常使用到的语句,容易被混淆。一般使用的基本原则是:

① 当要对组合逻辑建模时，采用阻塞赋值；当要对时序逻辑建模时，采用非阻塞赋值。

② 对 always 语句块外用到的变量进行赋值时，使用非阻塞赋值；在计算中间结果的时候，采用阻塞性赋值。

这样比较简单易记，但有时候会需要根据具体电路的设计要求确定采用阻塞赋值还是非阻塞赋值。

注意，在设计可综合逻辑的语句块时，阻塞赋值和非阻塞赋值不能混用，否则会在综合时出错。

4.3 过程性连续赋值语句

过程性连续赋值语句是一种过程性赋值，与连续赋值语句不同，它是在 always 语句或 initial 语句中出现的语句，而连续赋值语句只能出现在 always 语句或 initial 语句之外。同时，过程赋值语句把数值传递给寄存器，这个数值一直保存在这个寄存器中，只有另外一条过程赋值语句才能改变这个寄存器的值；而过程连续赋值语句在一段特定时间内连续地对线网或变量进行赋值，不受其他信号的影响。过程性连续赋值语句的目标不能是变量的位选择或部分选择。

过程性连续赋值语句有两类：

① 赋值与重新赋值语句，采用关键词 assign 和 deassign 对变量赋值。

② 强制与释放语句，采用关键词 force 和 release 对线网赋值，也可以对变量赋值。

以上两类过程性连续赋值语句在某种意义上是“连续性”的，换言之，一旦 assign 和 force 语句生效，右边表达式的任何变化都会引起赋值语句的重新执行。

【例 4-7】采用赋值与重新赋值语句描述一个异步清零 D 触发器。

```
module Dff(
input clk,
input rst_,
input d,
output reg q,
output reg q_n);

always @(posedge clk)
  begin
    q <= d;
    q_n <= ~d;
  end

always @(rst_)
  begin
```

```
    if(! rst_)
      begin
        assign  q <= 1'b0;
        assign  q_n <= 1'b1;
      end
    else
      begin
        deassign q;
        deassign q_n;
      end
  end
endmodule
```

如果 rst_有效，assign 过程性语句对 q 清零，同时对 q_n 置位，无需考虑时钟边沿的事件；如果 rst_无效，则释放 q 和 q_n，clk 和 d 对 q 和 q_n 产生影响。

如果在语句块中对同一个线网或者变量进行多次 assign 赋值，则取消前一个 assign 语句的赋值，采用新的过程性连续赋值。如：

```
reg [7:0] data;
…
assign data = q_data[15:8];          //把 q_data[15:8]赋值给 data,
…
assign data = 8'bFF;                 //取消前面的 assign 赋值，然后赋新值 FF 给 data
...
```

force…release 语句结构不仅可以对线网赋值，也可以对变量赋值。当 force 语句用于线网赋值时，赋值语句会立即计算结果并覆盖其他连续赋值语句对该变量的赋值，直到 release 语句执行为止，线网的值会恢复到常态。如果用于变量赋值，同样会立即计算结果并覆盖原来的变量赋值，一旦执行到 release 语句，该变量会被释放，但会一直保持原来 force 所赋给的值，直到另外一条过程赋值语句对其进行赋值。如：

```
reg [7:0] data;
…
data = 8'hA;
force data = 8'h0;
…
release data;            //data 依旧保持为 8'h0
…
assign data = 8'h5;      //data 赋给新值 8'h5
…
force data = 8'hAA;      //data 强迫为 8'Haa
…
release data;            //data 恢复为 8'h5
```

过程性连续赋值语句一般用来做仿真和测试，通过对线网或变量进行强制赋值来消除错误。不能用于综合。

4.4 高级程序设计语句

和其他高级程序设计语言如 C、C++等一样，Verilog HDL 借鉴了许多高级语言实现一些高级功能的程序设计，以此来描述一些复杂的电路行为。

Verilog HDL 高级程序设计语句主要涵盖以下 4 类：

① 条件语句：if…else；

② 多分支语句：case、casex、casez；

③ 循环语句：forever、repeat、while、for；

④ generate 语句：generate－loop 循环语句、generate－case 分支语句、generate－conditional 条件语句。

4.4.1 条件语句

条件语句是根据特定条件改变行为流程的语句。选择哪条路径是由条件表达式中的布尔值决定的。条件表达式中的布尔值通常是互斥的。每个条件分支可以是单条语句，也可以是一个语句块。

条件语句采用关键词 if…else 或者变形语句实现条件选择，逻辑真为 1 或者其他非 0 的数值，逻辑假为 0、x 和 z，其基本格式有如下三种形式：

```
//第一种形式：两分支语句，如果 expression 为真，则执行 procedural_statement1，否则执行 procedural_statement2
if(expression)
    procedural_statement1;
else
    procedural_statement2;
//第二种形式：缺 else，如果表达式为真，则执行 procedural_statement1，否则保持
if(expression)
    Procedural_statement1;
//第三种形式：嵌套分支，也称多分支语句，多个 if…else，一次只执行一个
if(expression1) procedural_statement1;    //expression1 为真，执行 procedural_statement1
else if(expression2) procedural_statement2;//expression2 为真，procedural_statement2
else if(expression3) procedural_statement3; //expression3 为真，procedural_
```

statement3

…

else

default_statement；//若前述表达式都不成立，执行 default_statement

以上三种形式的语句均是自上向下顺序执行，换句话来说，条件语句是具有优先级顺序的，当系统编译条件语句时，必然先匹配 if 语句中的表达式，如果为真，则直接执行以下的语句块，从而忽略 else 语句。

根据其优先编码的特性，可以在逻辑设计中提供一些关键路径的级别，优先处理。如要设计一个带有异步复位和同步置位的 D 触发器，当置位和复位同时有效时，以异步复位为准。相关逻辑代码如例 4-8 所示。

【例 4-8】带有异步复位和异步置位的 D 触发器设计。

```
module Async_RS_DFF(
input clk,
input rst_
input set,
input D,
output Q);

always@(posedge clk or negedge rst_)
  begin
    if(! rst_)
    Q <= 1'b0;
    else if(set)
        Q <= 1'b1;
        else
            Q <= D;
end
endmodule
```

在 always 语句中，rst_响应优先级最高，因此放在第一个 if 语句中，一旦有效，该语句马上执行，Q 值清零并保持此状态，余下的 else 语句不再执行。当 rst_无效时，在 clk 上升沿的作用下，每次都会先检查 rst_是否有效，如果无效，则检查 else if 语句中的表达式 set 是否有效；如果有效，则置位，否则把 D 值赋给输出。

尽管 if…else 语句天生具有优先编码的特性，但是如果嵌套级联层级过多，特别是经常要执行的语句出现在低优先级时，相应的时延会增加，从而容易生成关键路径，造成设计的瓶颈。如例 4-9 就是采用 if…else 语句修改 3.7.8 小节条件操作符中的小例后的设计。

```
assign sign_out = Cond_A ? sigA : Cond_B ? sigB : Cond_C ? sigC : Cond_D ? sigD: sigE;
```

【例 4-9】采用 if…else 语句修改第 3.7.8 条件操作符中的小例后的设计。

```
module D_latch(
 Cond_A,Cond_B,Cond_C,Cond_D,
 sigA,sigB,sigC,sigD,sigE,
 sign_out);
 input    Cond_A,Cond_B,Cond_C,Cond_D;
 input    sigA,sigB,sigC,sigD,sigE;
 output reg   sign_out;

 always @( * )
      if(Cond_A)
           sign_out = sigA;
           else if(Cond_B)
                sign_out = sigB;
                else if(Cond_C)
                     sign_out = sigC;
                     else if(Cond_D)
                          sign_out = sigD;
                          else
                               sign_out = sigE;

endmodule
```

经 Synplify Pro 优化后，例 4-9 的级联次数依旧有三级，但如果 sign_out＝sigE 会大概率出现，则该分支就会成为关键路径。因此当要设计多级条件嵌套时，建议采用 case 语句来实现。图 4-4 为基于 Lattice MACH XO2 CPLD 采用 Synplify Pro 综合生成的 RTL 电路。该 RTL 已经对关键路径进行了优化处理，不同综合软件和不同的 CPLD/FPGA 器件会对生成的 RTL 电路造成影响。

例 4-8 也采用了嵌套条件语句。在使用嵌套条件语句时，需要确认 if…else 对——基本原则是两个紧密相连的 if…else 语句就是一个 if…else 对。除非有特别设计需要，每个 if 语句都会对应一个 else 语句，否则就会生成锁存器。

【例 4-10】不完整的 if…else 语句生成锁存器的设计。

```
module D_latch(
input rst,
input d,
input en,
output reg q);

always @(rst or d or en)
     if(rst)
```

```
        q  = 0;
        else
          if(en)  //不完整的 if…else 对
            q = d;

    endmodule
```

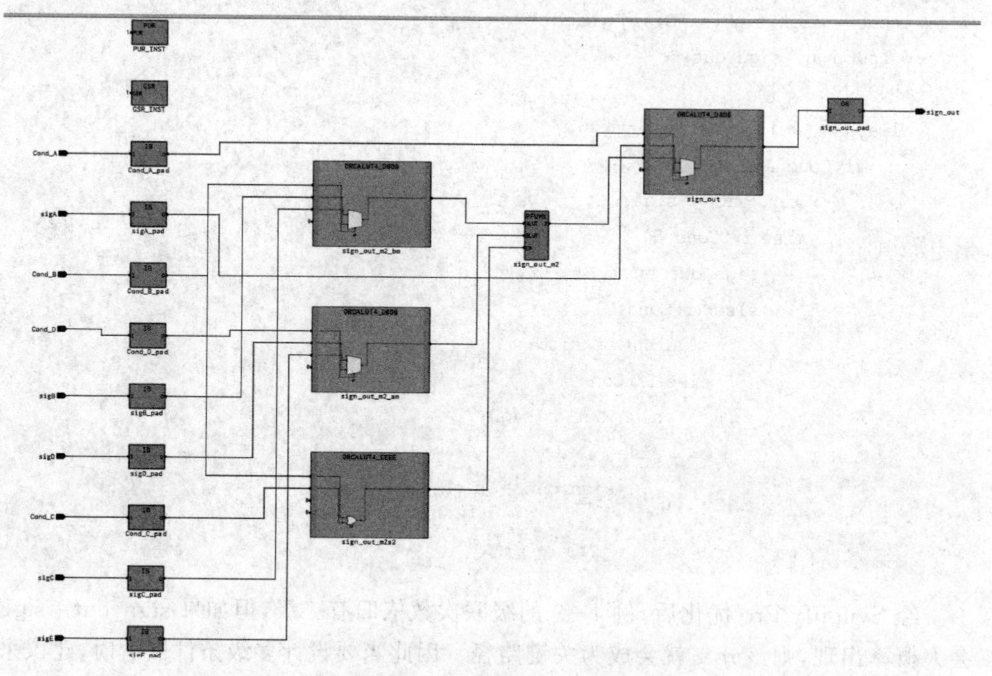

图 4-4　对例 4-9 采用 Synplify Pro 综合生成的 RTL 电路

当信号 rst 有效时，输出 q 清零；当信号 rst 无效，但 en 有效时，把输入 d 赋给输出 q，但当 rst 和 en 都无效时，q 值就被锁住，因此形成了一个锁存器。相应的 RTL 电路如图 4-5 所示。

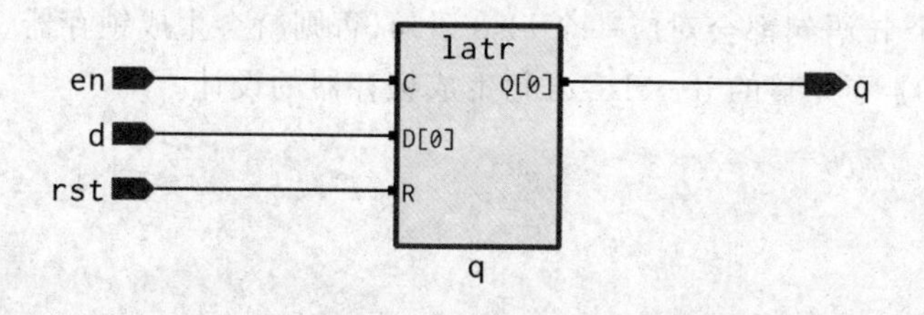

图 4-5　对例 4-10 采用 Synplify Pro 综合生成的 RTL 电路图

4.4.2 case 语句

从某种意义上来说，case 语句是 if…else if 的另外一种表现形式。使用 case 语句可以让代码变得简洁明了。case 语句支持多分支条件，一旦执行到 case 语句块，case 表达式将与条件分支的值一一比较，只有完全相同才会认为相等，从而执行条件分支下的子语句。子语句可以是单条语句，也可以是语句块。

case 语句的基本格式如下：

```
case(expression)
case_item1: procedural_statement1;
case_itme2:procedural_statement2;
case_itme3: procedural_statement3;
…
default: default_statement;
endcase
```

整体上看，case 语句和 C 语言的 switch 语句类似。expression 可以是表达式，也可以是常数。case 语句执行比较顺序按照代码在语句块中出现的先后顺序，由上及下执行。当所有条件分支都不满足时，执行默认分支。注意，当分支项中考虑了所有情形时，default 分支可以省略。如果分支项不完整，则会生成锁存器。

在条件分支中可以有多个分支项，这些值不需要互斥。

【例 4-11】采用 case 语句实现 3-8 译码器。

```
module trans3to8(
input [2:0] sigIn,
input       clk,
input       rst_,
output reg [7:0] sigOut);

always @(posedge clk or negedge rst_)
begin
if(! rst_)
  sigOut <= 8'h0;
else
case(sigIn)
  3'b000: sigOut <= 8'h01;
  3'b001: sigOut <= 8'h02;
  3'b010: sigOut <= 8'h04;
  3'b011: sigOut <= 8'h08;
  3'b100: sigOut <= 8'h80;
```

```
        3'b101: sigOut <= 8'h80;
        3'b110: sigOut <= 8'h80;
        3'b111: sigOut <= 8'h80;
        default: sigOut <= 8'h00;
    endcase
    end

    endmodule
```

输入信号 sigIn 共三位位宽，每位都有 4 种状态 0、1、x 和 z，在每个时钟信号上升沿的作用下，sigIn 与这些状态一一对应比较，相等则执行对应的语句。当没有对应的状态时，则执行预设状态。生成的 RTL 电路如图 4－6 所示。

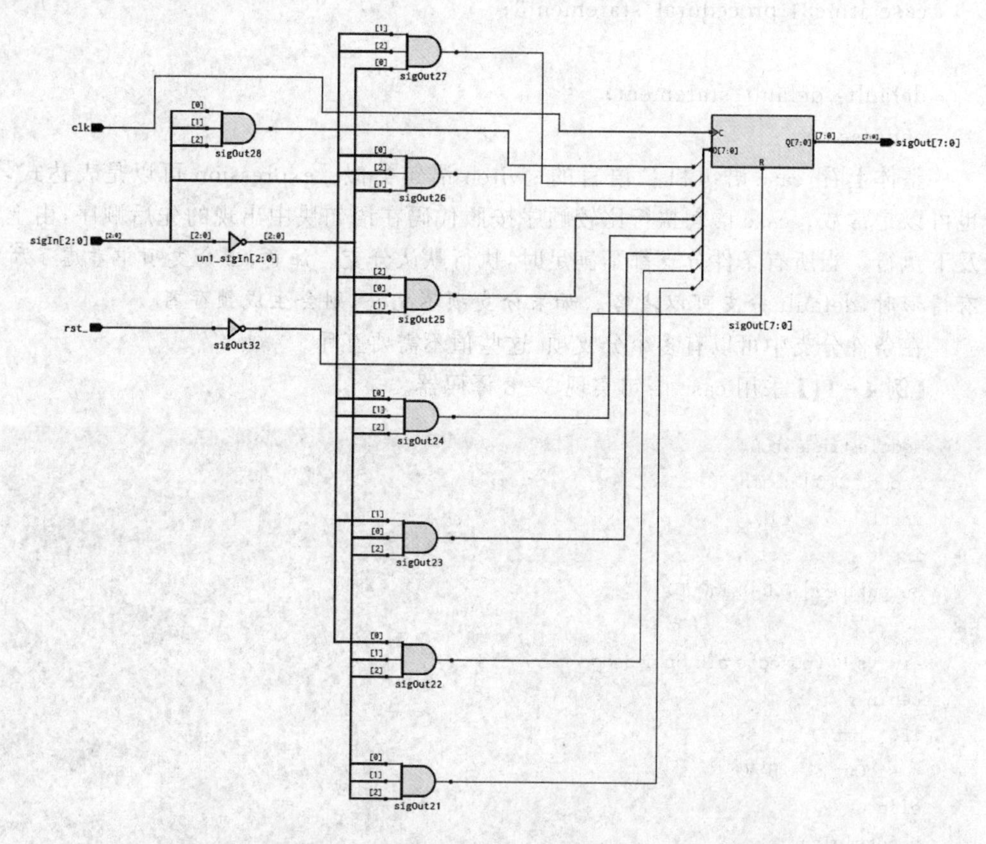

图 4－6　对例 4－11 采用 Synplify Pro 综合生成的 RTL 线路图

有些条件分支可以共享同样的语句块。此时，把相应的条件分支写在一起，用“,”分开，在最后的条件分支语句上设计需要执行的语句或者语句块。可省略重复的执行语句块，如对例 4－11 修改，当输入 sigIn 的最高位为 1 时，输出为 8'h80。相应的 Verilog HDL 代码如例 4－12 所示。

【例 4-12】对例 4-11 修改，当输入 sigIn 的最高位为 1 时，输出为 8'h80 的代码设计。

```
module trans3to8(
input [2:0] sigIn,
input        clk,
input        rst_,
output reg [7:0] sigOut);

always @(posedge clk or negedge rst_)
    begin
      if(! rst_)
          sigOut <= 8'h0;
      else
      case(sigIn)
          3'b000: sigOut <= 8'h01;
          3'b001: sigOut <= 8'h02;
          3'b010: sigOut <= 8'h04;
          3'b011: sigOut <= 8'h08;
          3'b100,
          3'b101,
          3'b110,
          3'b111: sigOut <= 8'h80;
          default: sigOut <= 8'h00;
      endcase
    end

endmodule
```

例 4-12 从 3'b100 到 3'b111 都执行语句 sigOut <=8'h80，条件之间采用“,”隔开，在最后一个条件执行语句。相关的 RTL 电路如图 4-7 所示。

case 语句有两类特殊语句，可以实现优先编码的逻辑，分别是 casex 和 casez 语句。这两类语句均能够处理不关心的状态。casex 语句中，表达式和条件分支出现 x 和 z 都被当成不关心的状态。casez 中，表达式和条件分支中出现 z 被当成不关心的状态。表达式出现 x 或者 z 时，对应位不进行比较，是 z 的位，可以采用通配符“?”替换。

【例 4-13】设计一个运算器，当输入信号 opcode 最高位为 1 时，进行加法计算；当输入信号 opcode 的次高位为 1 时，进行减法计算；当输入信号 opcode 的第 2 位为 1 时，进行乘法计算；当输入信号 opcode 的最低位为 1 时，进行除法计算。

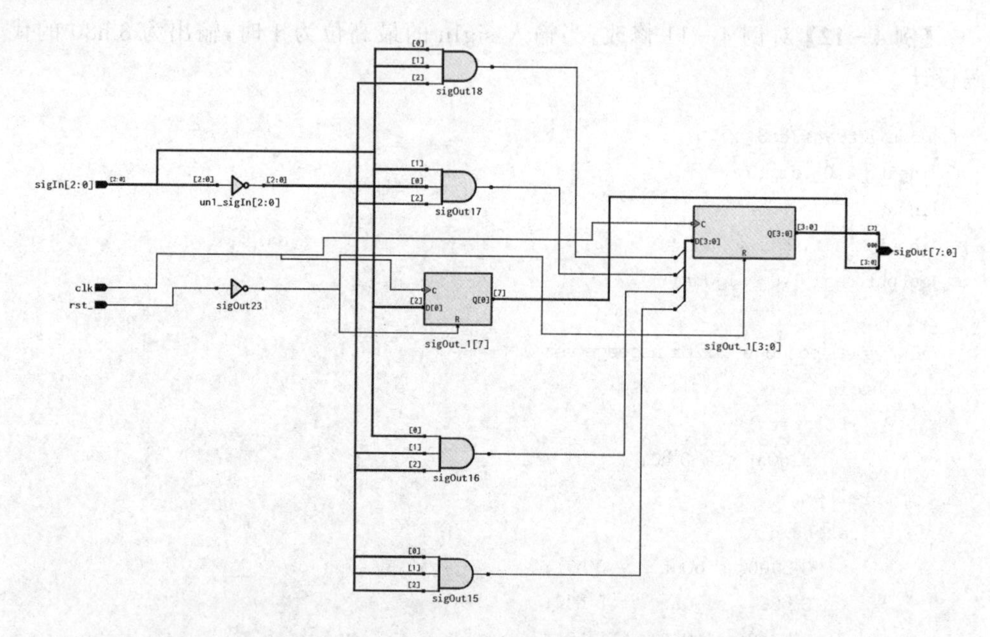

图 4-7 对例 4-12 采用 Synplify Pro 综合生成的 RTL 电路图

```
module op_cal #(parameter WIDTH = 1'b1)(
   input [3:0] opcode,
   input [WIDTH-1:0] a,
   input [WIDTH-1:0] b,
   output reg [2*WIDTH-1:0] c);

   always @ *
       casex(opcode)
           4'b1xxx: c = a + b;
           4'bx1xx: c = a - b;
           4'bxx1x: c = a * b;
           4'bxxx1: c = a / b;
           default  c = a + b;
       endcase
endmodule
```

本例采用参数化设计，默认输入信号位宽为 1 位，设计者通过修改参数调用此模块。模块设计的主体是通过 opcode 的值选择进行何种计算。因为 casex 和 casez 会考虑信号的 4 种状态，所以需要 default 状态来避免出现未定状态。生成的 RTL 电路如图 4-8 所示。

由于在现实世界中，信号通常不会出现未定状态，所以往往采用 casez 实现优先编码的多分支逻辑。

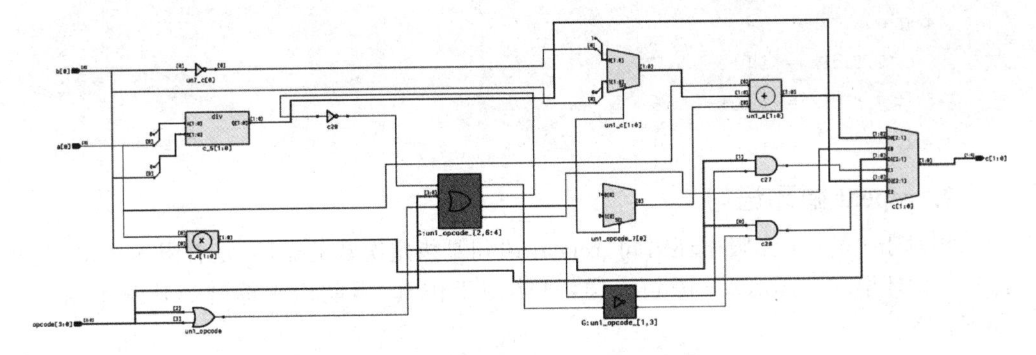

图 4-8 对例 4-13 采用 Synplify Pro 综合生成的 RTL 线路图

4.4.3 循环语句

循环语句有五类，分别是 forver 循环语句、repeat 循环语句、while 循环语句、for 循环语句和 generate 循环语句。循环语句内支持时延。循环语句必须在 intial 语句或 always 语句内执行。

1. forever 循环语句

forever 循环语句是一个无限循环语句，一般用于仿真时生成无限的规则波形信号，如时钟信号等。其基本格式如下：

forever

procedural_statement;

在 forever 语句执行前，如果 procedural_statement 中的赋值表达式为非常量表达式，需要对 procedural_statement 中要被赋值的变量进行初始化。否则该赋值对象一直处于未定态。

【例 4-14】 采用 forever 生成一个周期为 10 ns，占空比为 50%的时钟波形。

```
`timescale 1ns/100ps
…
initial
  begin
    clk = 1'b0; //初始化 clk 信号为 1'b0
    forever
      #5 clk = ~clk; //每 5 ns 翻转一次，周期为 10 ns
  end
```

forever 语句内必须使用某种方式的时序控制，否则 forever 循环将在 0 时延后永远循环下去。当然，forever 不仅可以生成占空比为 50%的波形，而且可以生成任意占空比的波形。例如，可以采用以下语句生成占空比为 75%的时钟信号。

```
forever
  begin
    #2.5 clk = 1'b1;
    #7.5 clk = 1'b0;
  end
```

2. repeat 循环语句

相对于 forever 无限循环语句，repeat 语句是指定次数的循环，是有限循环语句。repeat 循环语句和 forever 语句一样，只能用于仿真，不能用于综合。其基本格式如下：

```
repeat(times)
  procedural_statement;
```

其含义是对 procedural_statement 语句块进行次数为 times 的循环。

【例 4－15】 采用 repeat 语句实现 8 位位宽数据循环右移 8 次。

```
reg [7:0] data;
initial
  begin
    repeat(8) @(posedge clk)
      data = data >> 1;
end
```

例 4－15 中，clk 每出现一个上升沿，data 右移 1 位，并重复 8 次。如把上例 repeat 循环语句修改如下：

```
repeat(8) @(posedge clk);
   data = data >> 1;
```

与例 4－15 相比，在时延控制语句后面加了一个“;”，表示意义为等待时钟信号上升沿 8 次，然后把数据 data 右移 1 位。物理意义和例 4－15 完全不同。

repeat 循环语句和重复事件控制不同，修改例 4－15 中的 repeat 循环语句为重复事件控制语句如下：

```
data = repeat(8) @(posedge clk) data >> 1;
```

该语句表示先把 data 右移 1 位，然后等待时钟信号 clk 重复出现 8 次上升沿后，再把计算值赋给左边变量 data。

repeat 语句在模拟许多协议方面非常方便，如握手协议中空闲等待、有限时钟节拍下的数据传递等。

3. while 循环语句

和 C 语言不同，Verilog HDL 只有一种 while 循环语句，没有“do…while”的语句结构。while 循环的作用是只要条件布尔表达式为真，则循环体会一直循环下去，直到条件布尔表达式变成假。一旦条件布尔表达式为假，则跳出循环，并开始执行下一个语句。

条件布尔表达式可以有多种表示形式，如算术表达式、逻辑表达式、比较表达式等。循环体可以是一条语句，也可以是一个语句块。

其基本结构是：

```
while(condition)
  procedural_statement;
```

【例 4－16】 采用 while 循环对向量中的 1 的个数进行计数设计。

```
module count0_for_vector;

integer count;

initial
  begin
    reg [31:0] data;
    count = 0;
    data = 32'HA0B0C0D0;
    while(data)
        begin
        if(data[31])
            count = count + 1;
        data = data << 1;
        end
    end
endmodule
```

此例中，data 是一个 32 位位宽的数据，while 循环判断 data 是否为非零数，如果为非 0 数，则开始执行循环体。循环体判断 data 最高位是否为 1，如为真则计数器加 1，并且把 data 左移 1 位，否则计数器保持不变，只进行数据移位元操作。

4. for 循环语句

Verilog HDL 和 C 语言一样，也支持 for 循环语句。for 循环语句由三部分组成：

- 初始化：给寄存器控制变量赋初值。它可以在 for 语句之前初始化，也可以在 for 语句里面初始化，只执行一次。

- 条件检测：条件检测决定什么时候退出循环。条件检测表达式为真，循环体就会执行。
- 赋值：修改控制变量的值，可以是递增，也可以是递减。

其基本格式如下：

```
for(initialization; condition;action)
        Procedural_statement;
```

for 语句既可以用于仿真，又可以用于综合。但 Verilog HDL 语言和 C 语言不同，它生成的是硬件语言。采用 for 语句生成逻辑电路相当于把一个相同的基本电路赋值 n 次，不仅增大了线路的面积，也未改善线路延迟时间，通常可以采用移位的方式替代 for 循环语句。例如，修改例 4-16，采用 for 语句生成一个可以综合的 Verilog HDL 代码。

【例 4-17】采用 for 循环对向量中的 1 的个数进行计数设计。

```
module count0_for_vector(
input [31:0] data,
output reg [5:0] count);

integer i;

always @ *
    begin
    count = 6'b0;
     for(i = 0; i < 32; i = i+1)
        begin
        count = data[i] + count;
        end
    end
endmodule
```

对一个向量计算其中 1 的个数，相当于把每个位相加，得出的最终结果就是 1 的数量（如果要计算 0，可以对向量取反后对每一位进行相加，读者如有兴趣，可以自行设计代码）。综合后生成的 RTL 电路如图 4-9 所示。

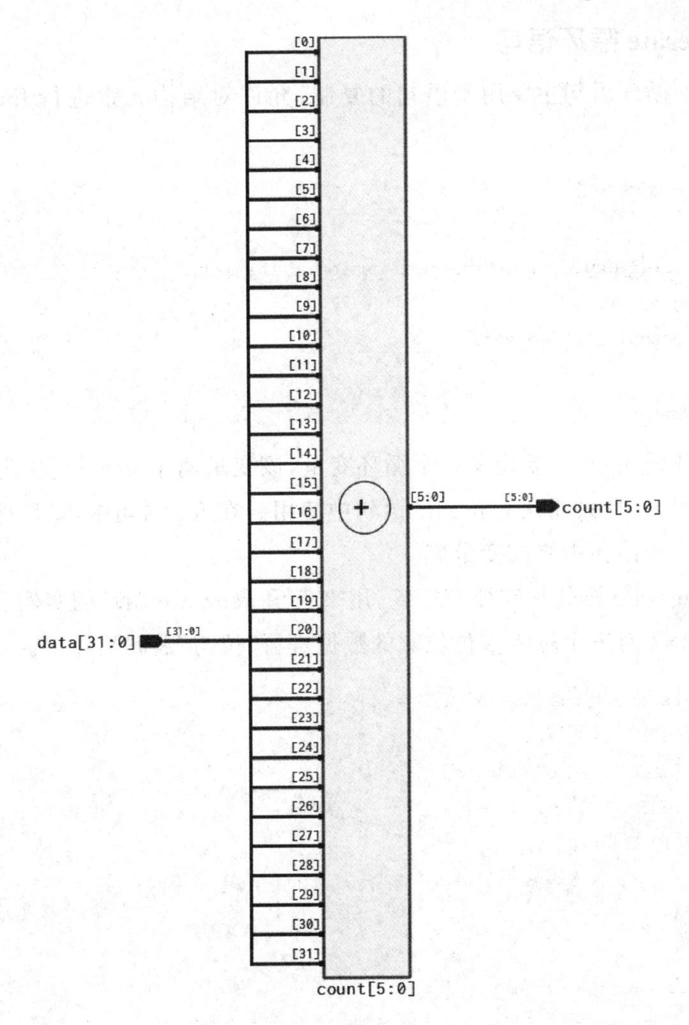

图 4-9　对例 4-17 采用 Synplify Pro 综合生成的 RTL 电路图

4.4.4　generate 语句

结构化建模可以采用 generate 语句实现某些语句的重复，包括模块实例引用语句、连续赋值语句、always 语句、initial 语句及门级实例引用语句等。generate 语句以关键词“generate”开始，以关键词“endgenerate”结束。在 generate 语句中有三种不同的语句：

- generate—loop 循环语句；
- genrate—case 分支语句；
- genrate—conditional 条件语句。

1. generate 循环语句

generate 循环语句主要用于语句的复制，允许对结构元素进行 for 循环。其基本结构如下：

```
genvar I;
generate
  for(initial_expression;final_expression;assignment)
      begin: label
      procedural_statement;
    end
endgenrate
```

在此循环语句中，需要定义一个循环变量，该变量属于 genval 类型，必须在循环体外显式声明，并且只能在 generate 语句中使用。在 for 语句中，循环变量需要初始化并且在每一个循环中修改变量值。

同时，generate 语句块需要有标签，用来表示 genreate 循环的实例名称。

【例 4-18】对三个输入多位位宽的数据进行“位与”逻辑后输出。

```
module bits3and #(parameter BITS = 4)(
  input [BITS-1:0] a,
  input [BITS-1:0] b,
  input [BITS-1:0] c,
  output [BITS-1:0] out);

  genvar i;

  generate
    for(i = 0; i <= BITS-1; i = i + 1)
        begin: AND3
            and uand(out[i],c[i], a[i], b[i]);
        end
  endgenerate
endmodule
```

例 4-18 中的循环语句会被扩展，循环变量每改变一次，循环体内的实体 AND3 就会被复制一次。因此，把循环语句展开后就变成如下的结构化实例语句：

```
and AND3[0].uand(out[0],a[0],b[0]);
and AND3[1].uand(out[1],a[1],b[1]);
and AND3[2].uand(out[2],a[2],b[2]);
...
and AND3[BITS-1].uand(out[BITS-1],a[BITS-1],b[BITS-1]);
```

图4-10是对例4-18采用Synplify Pro生成的RTL电路图。从图中可以非常清楚地看出，“与”门逻辑严格按照循环语句进行复制。

在generate循环语句中，可以定义局部变量。同样局部变量也会被复制相同的次数。generate语句不仅可以用于对门级原语进行复制，同样也可以用于模块例化后的复制。不仅可以对单条语句进行复制，也可以用于多条语句的复制。

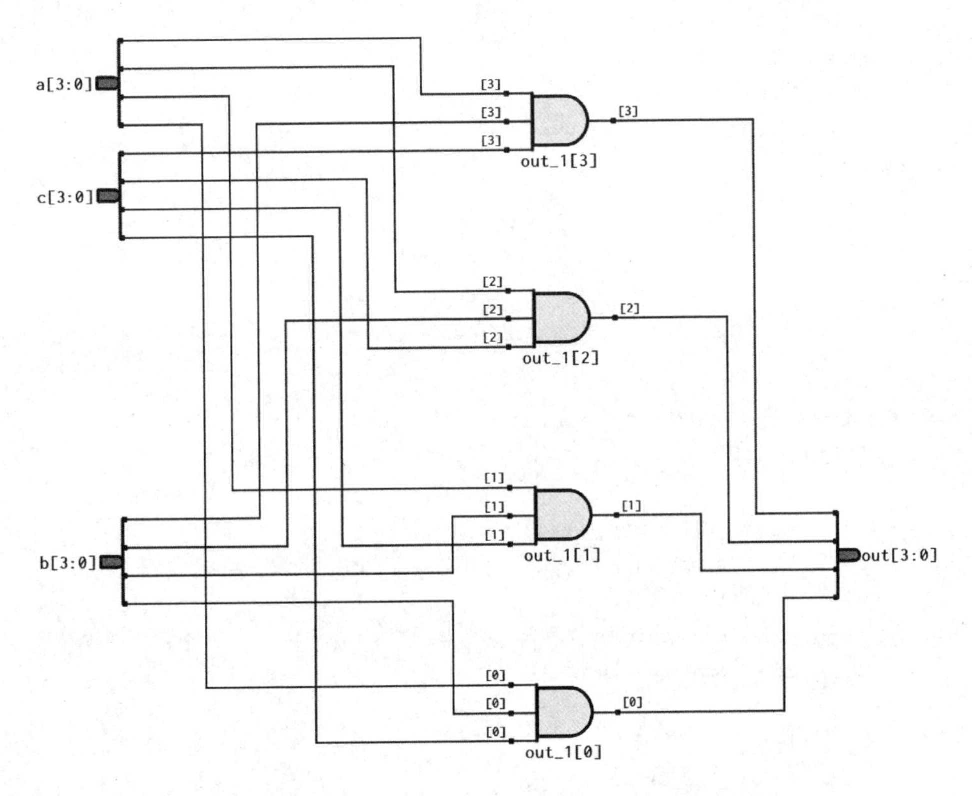

图4-10　对例4-18采用Synplify Pro综合生成的RTL线路图

2. generate 条件语句

和行为级建模采用的条件语句一样，generate条件语句同样也是采用if…else结构，其基本语法如下：

```
if(Condition)
   Statements;
[else
   Statements;]
```

其中，Condition条件表达式只能由常数和参数组成。Statements可以是任意能够在模块中出现的语句。在执行过程中，根据条件的值，选择相应的语句。

如，在进行全加器设计时，通常是两个操作数相加，同时加上低一位的进位标志，但最低位相加时，没有进位标志，那么就可以采用该条件语句来实现。

【例 4 - 19】 采用 generate 条件语句实现参数化全加器的设计，默认参数为 8 位位宽。

```
module fadder #(parameter SIZE = 8)(
    input   [SIZE - 1: 0] op1,
    input   [SIZE - 1: 0] op2,
    output [SIZE - 1: 0] sum,
    output carryout
);

wire [SIZE - 1:0] carry;

genvar i;

generate
  for(i = 0; i <= SIZE - 1; i = i + 1)
      begin: fadd
          if(i == 0)
              ONE_BIT_hadder u0(
                  .a(op1[i]),
                  .b(op2[i]),
                  .cout(carry[i]),
                  .sum(sum[i])
              );
          else
              ONE_BIT_fadder u1(
              .a(op1[i]),
              .b(op2[i]),
              .sum(sum[i]),
              .cin(carry[i - 1]),
              .cout(carry[i])
              );
      end
endgenerate
assign carryout = carry[SIZE - 1];
endmodule

//采用门级描述的一位位宽全加器
```

```
module ONE_BIT_fadder( a, b, cin, cout, sum );
input a, b, cin;
output cout, sum;
wire net1,net2,net3;

xor U0(sum,a,b,cin);
and U1(net1,a,b);
and U2(net2,a,cin);
and U3(net3,b,cin);
or U4(cout,net1,net2,net3);
endmodule

//一位位宽半加器设计
module ONE_BIT_hadder( a, b, cout,sum );
input a, b;
output  cout,sum;

assign sum = a + b;
assign cout = a & b;
endmodule
```

例 4-19 采用 generate 循环语句实现每一位的相加，在循环语句过程中，判断该位是否为最低位。如果是最低位，则调用模块 ONE_BIT_hadder，实现一位位宽半加器的功能；如果不是最低位，则调用模块 ONE_BIT_fadder，实现一位位宽全加器的功能，此时需要采用条件语句。最后一位的进位标志为整个加法运算的进位标志，因此在 generate 语句块之前采用 assign 数据连续赋值的方式输出进位标志。图 4-11 是针对该例采用 Synplify Pro 综合生成的 RTL 线路图。

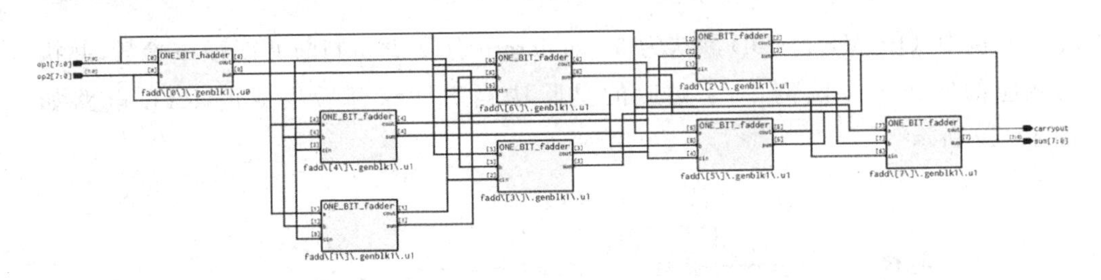

图 4-11　针对例 4-19 采用 Synplify Pro 综合生成的 RTL 线路图

3. generate 分支语句

generate 分支语句和 generate 条件语句类似，只是 generate 分支语句是针对多分支的情况。其基本格式如下：

case(case_expression)

CASE_ITEM1, CASE_ITEM2: statements;

…

CASE_ITEMN: statements;

default: statements

endcase

比如,采用 generate 分支语句设计一个运算器,根据参数 OP_METHOD 实现对操作数的加减乘除运算。具体代码如例 4-20 所示。

【例 4-20】 采用 generate 分支语句设计一个运算器。

```
module op_method #(parameter SIZE = 8,
                  OP_METHOD = 3)(
                  input [SIZE - 1:0] a,
                  input [SIZE - 1:0] b,
                  output [2 * SIZE - 1:0] result);

                  generate
                    case(OP_METHOD)
                        0: assign result = a + b;
                        1: assign result = a - b;
                        2: assign result = a * b;
                        3: assign result = a / b;
                        default:
                            assign result = a + b;
                    endcase
                  endgenerate
endmodule
```

此例中,OP_METHOD 默认为 3。generate 分支语句判断并匹配该参数,并执行相应的实体。在该例中,3 对应的是除法运算。综合后生成的 RTL 电路如图 4-12 所示。

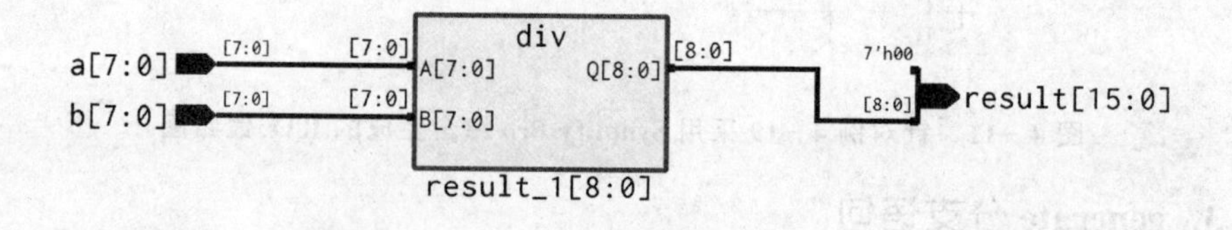

图 4-12　对例 4-20 采用 Synplify Pro 综合生成的 RTL 电路图

如修改参数为 2,则对应的是乘法计算,综合生成的 RTL 电路如图 4-13 所示。

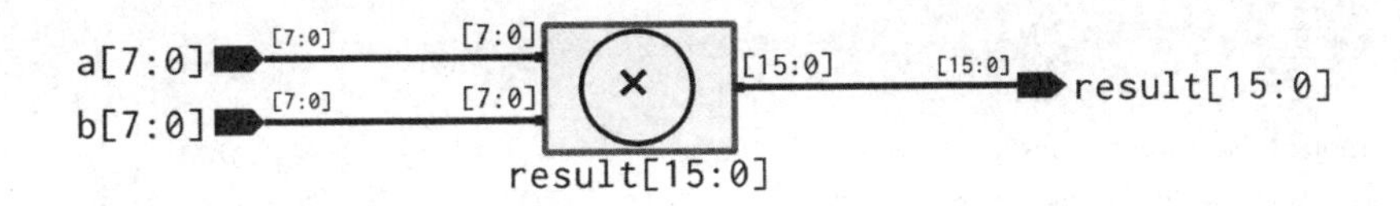

图 4-13　例 4-20 修改参数后采用 Synplify Pro 综合生成的 RTL 电路图

4.5　参数化设计

Verilog HDL 语言以模块描述为单元。在大型设计中,往往通过大量的模块例化实现相应的功能。有些模块实现的功能相同,但位宽不同,有些模块实现的功能绝大部分相同,有个别地方需要区别。因此,底层模块通用化设计非常关键。参数化设计应运而生。参数化设计不仅增加了整体程序的代码使用率,也提高了代码的可读性,降低了代码错误率。

参数化设计有多种方法实现,关键词是 parameter 和 defparam。例如,先设计一个 MAC 乘积累加器,如图 4-14 所示。默认输入为 4 位位宽,输出为 8 位位宽。

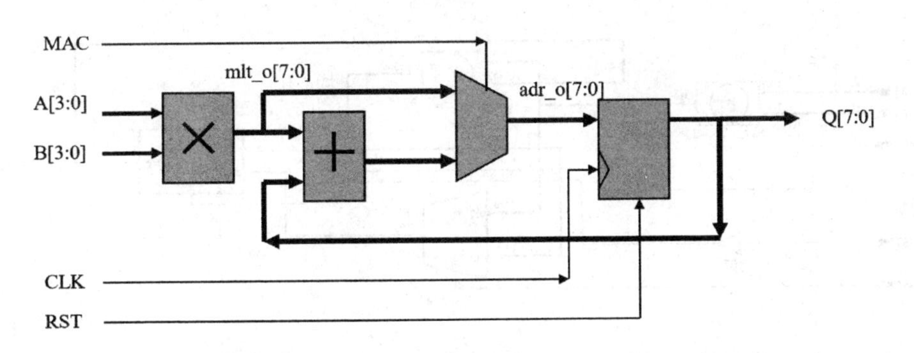

图 4-14　MAC 乘积累加器示意图

【例 4-21】采用参数定义设计一个 MAC 乘积累加器。

```
module mac(
  A,B,MAC,CLK, RST,Q);

  parameter SIZE = 4;  //参数定义
```

```
    input [SIZE - 1:0] A;
    input [SIZE - 1:0] B;
    input              MAC;
    input              CLK;
    input              RST;
    output reg [2 * SIZE - 1:0] Q;

    wire [2 * SIZE - 1:0] mlt_o = A * B;  //乘积项
    wire [2 * SIZE - 1:0] adr_o = MAC ? mlt_o + Q: mlt_o; //加法器

    //D - FF to shift the data out
    always @(posedge CLK, negedge RST)
        if(! RST)
            Q <= 'b0;
        else
            Q <= adr_o;

endmodule
```

采用 Synplify Pro 生成的 RTL 线路如图 4 - 15 所示。可以看出,可完全满足期望值。

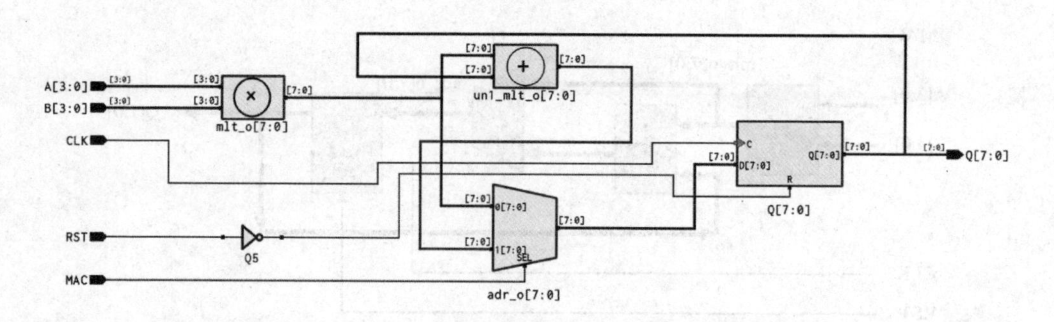

图 4 - 15　对例 4 - 21 采用 Synplify Pro 综合生成的 RTL 电路图

将此模块实例化,并把输入操作数位宽修改为 32 位,一种方法是,改写该模块,把 SIZE 修改为 32,但此修改导致重复利用率差;另外一种方式就是在上层模块中直接修改其参数值。可以通过 defparam 关键词实现此功能。defparam 的基本格式如下:

defparam instance_name. parameter_name = new parameter;

因此,上层模块代码如下:

```
module top_param(
A,B,CLK, MAC, RST, Q);

parameter SCALE_SIZE = 32;

input CLK, RST, MAC;
input [SCALE_SIZE - 1:0] A,B;
output [2 * SCALE_SIZE - 1:0] Q;

defparam U1.SIZE = SCALE_SIZE; //采用 defparam 定义新的数据位宽

mac U1(.A(A),.B(B),.RST(RST),.CLK(CLK),.MAC(MAC),.Q(Q));

endmodule
```

综合后生成的 RTL 顶层图如图 4-16 所示,其底层逻辑 RTL 电路如图 4-17 所示,可见其端口已经扩充了 8 倍位宽。

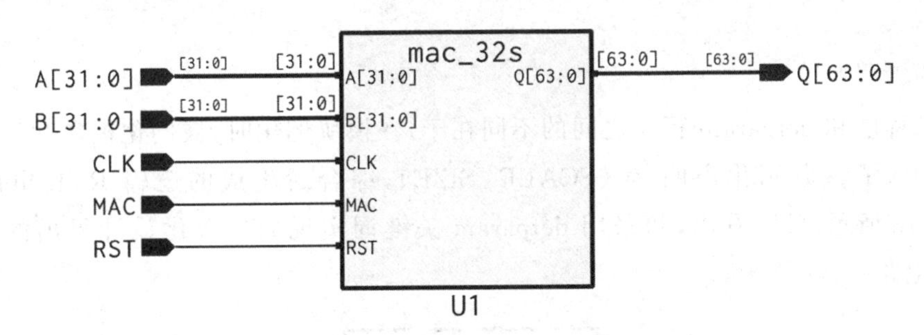

图 4-16 采用 defparam 实现参数化设计的 RTL 顶层图

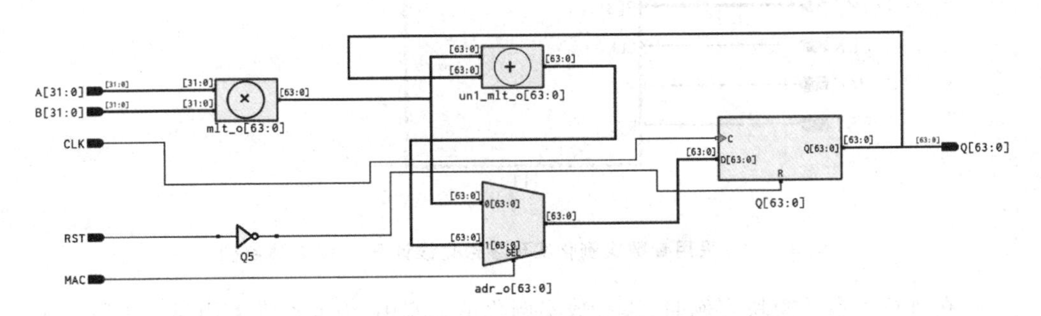

图 4-17 采用 defparam 实现参数化设计的逻辑 RTL 电路图

在 IP 核例化过程中,因为不同的 IP 核设计者参数声明习惯不同,所以一般应用 defparam 实现参数化设计。

参数化设计的第二种方式是参数实例化。这个方案不使用 defparam 来强迫改变底层模块的参数,而是通过改变上层模块实例化参数。对上述程序修改,采用实例化参数的代码如下:

```
module top_param(
A,B,CLK, MAC, RST, Q);

parameter SCALE_SIZE = 32;

input CLK, RST, MAC;
input [SCALE_SIZE - 1:0] A,B;
output [2 * SCALE_SIZE - 1:0] Q;

//defparam U1.SIZE = SCALE_SIZE;

mac #(SCALE_SIZE) U1 (.A(A),.B(B),.RST(RST),.CLK(CLK),.MAC(MAC),.Q(Q)); //参数实例化

endmodule
```

该程序和 defparam 程序之间的不同在于,在模块例化时,被例化模块和例化名之间加入了参数例化声明 #(SCALE_SIZE),综合后生成的逻辑 RTL 电路如图 4-18 所示,可以看出,和采用 defparam 关键词实现的参数化设计得出的逻辑 RTL 电路一样。

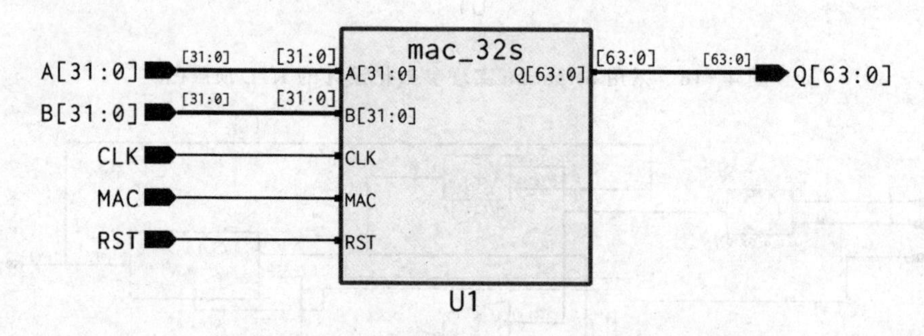

图 4-18　采用参数实例化实现参数化设计逻辑 RTL 线路图

在进行多参数模块实例时,该参数实例化不太实用,因此通常采用显式参数实例化的方式实现。

显式参数实例化首先要规范被实例的子模块的形式。不同于普通的模块定义,显式参数实例化的子模块必须把参数声明像端口一样定义在模块名称之后,端口列表之前,多个参数用“,”隔开。其基本格式如下:

```
module module_name #(parameter_definition)
(port list);
port declaration;
variable declaration;
…
endmodule
```

把例4-21的代码按照显式参数实例化的方式修改如下：

```
module mac
    #(parameter SIZE_A = 4,
     parameter SIZE_B = 4)//参数定义声明
    (
  A,B,MAC,CLK, RST,Q);

  input [SIZE_A-1:0] A;
  input [SIZE_B-1:0] B;
  input              MAC;
  input              CLK;
  input              RST;
  output reg [2*(SIZE_A > SIZE_B ? SIZE_A: SIZE_B)-1:0] Q;

  wire [2*(SIZE_A > SIZE_B ? SIZE_A: SIZE_B)-1:0] mlt_o = A * B;  //乘积项
  wire [2*(SIZE_A > SIZE_B ? SIZE_A: SIZE_B)-1:0] adr_o = MAC ? mlt_o + Q: mlt_o;
//加法器

  //D-FF to shift the data out
  always @(posedge CLK, negedge RST)
      if(! RST)
          Q <= 'b0;
      else
          Q <= adr_o;

endmodule
```

重新设计新的上层模块如下：

```
module top_param(
A,B,CLK, MAC, RST, Q);

parameter SCALE_SIZE = 32;

input CLK, RST, MAC;
```

```
input [SCALE_SIZE - 1:0] A,B;
output [2 * SCALE_SIZE - 1:0] Q;

//defparam U1.SIZE = SCALE_SIZE;

mac #(.SIZE_A(SCALE_SIZE),.SIZE_B(SCALE_SIZE)) //显式参数实例化
U1 (.A(A),.B(B),.RST(RST),.CLK(CLK),.MAC(MAC),.Q(Q));

endmodule
```

采用 Synplify Pro 生成的 RTL 功能模块如图 4－19 所示，可以看出，和之前的代码生成的 RTL 相同。

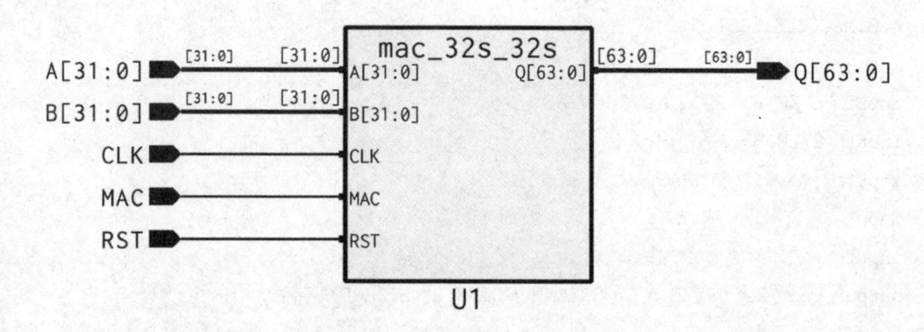

图 4－19　显式参数实例化实现参数化设计 RTL 线路图

以上几种参数化设计各有各的好处。从结构化描述来说，许多工程师推荐采用显式参数实例化的方式来描述，可更加彻底地实例化，这也是不推荐采用 'define 定义参数的原因。

4.6　实例：基于 SFF8485 规格的 SGPIO 协议的 Verilog HDL 实现

4.6.1　SGPIO 协议简介

SGPIO 协议是一种将通用 I/O 信号串行化的接口协议。SGPIO 协议定义了协议发起者与接收者之间的通信。接收者接收发送者传来的串行信号并把它们转换为多个并行信号，同时通过数据信号线把相关信息反馈给发送者。其基本示意如图 4－20 所示。

由图 4－20 可知，整个总线由四根信号线组成，其具体定义如表 4－2 所列。

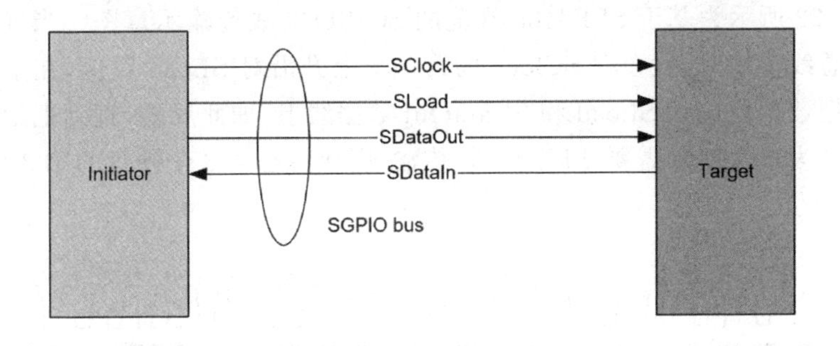

图 4-20 SGPIO 总线概览

表 4-2 SGPIO 信号定义列表

信号名称	发起者	功能描述
SClock	发送者	时钟信号
SLoad	发送者	比特流的最后一个时钟信号。有效时,接下来一个时钟开启新的比特流
SDataOut	发送者	串行数据输出比特流
SDataIn	接收者	串行数据输入比特流

通常,在存储设备和服务器背板设计中,需要使用 SGPIO 协议在存储芯片和背板之间传送各个硬盘的状态信息和存储信息等,行业便制定了传送这些信息的基本规范,以便和 SATA、SAS 等高速存储协议一同使用,该规范便是 SFF8485 规范。

图 4-21 为 SGPIO 和 SATA、SAS 协议一同使用的示意图。图 4-22 所示为 SGPIO 总线传输示意图。

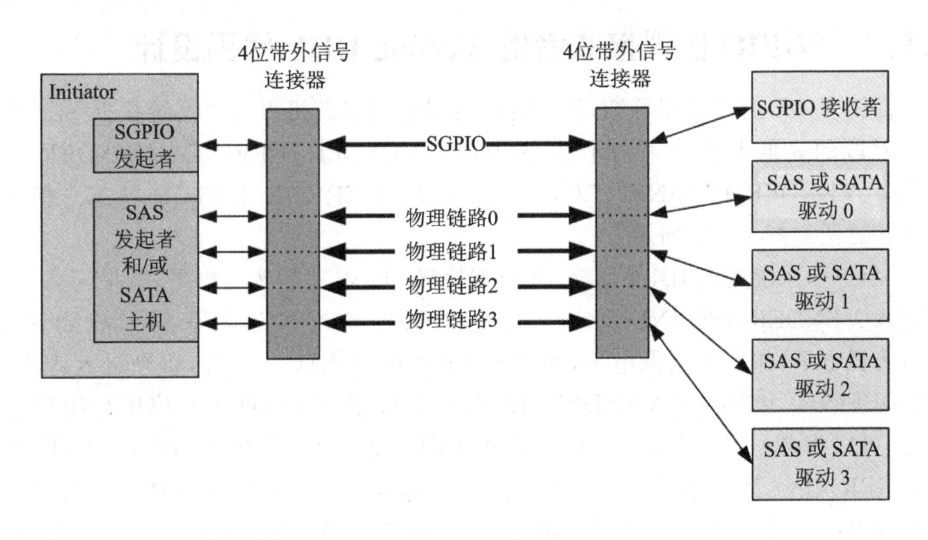

图 4-21 SGPIO 和 SAS/SATA 协议一同使用的示意图

图 4-22 所示为基于 SFF8485 规范的 SGPIO 总线传输示意图。当发起者决定开启一个总线传输时，就会在 SClock 的第一个上升沿对 SLoad 置位，在下一个时钟的上升沿把数据传送到 SLoad 和 SDataOut 数据线上，如此反复，直到把给硬盘的信息传送完毕为止。如果需要开启新一轮传输，则在传送第 3 个硬盘的第 3 位时，重新对 SLoad 置位。

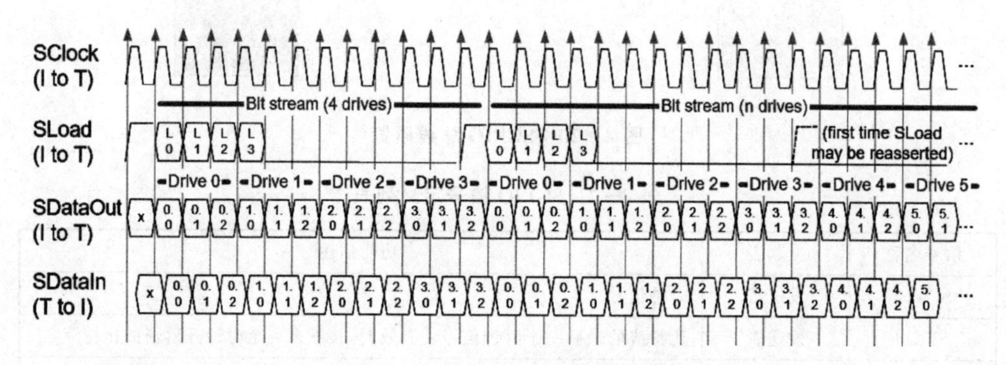

图 4-22　SGPIO 总线传输示意图

接收者在每个时钟下降沿侦测 SLoad 信号，一旦发现置位，则准备接收数据，并在下一个时钟信号的上升沿开始，把相关信息如硬盘存储信息传送给 SDataIn 数据线，同时在每个时钟下降沿接收 SDataOut 信号线的信息，传送给相应的 LED。

由于篇幅有限，本章将着重讲述 SGPIO 协议接收者如何通过 Verilog HDL 代码实现对发送者的数据解码，并传送给高一层模块。至于如何实现把协议接收者的数据串行传送给发送者，在此不赘述。

4.6.2　SGPIO 协议接收者的 Verilog HDL 代码设计

由图 4-22 的波形图可知，整个时序可以采用状态机设计。系统根据 SLoad 在各个时段的高低电平分为六个状态：IDLE、VENDER_DEFINE0、VENDER_DEFINE1、VENDER_DEFINE2、RCV_DATA0 以及 ERROR_LATCH 状态。相应的时序状态图如图 4-23 所示。

复位后，系统进入 IDLE 状态，并时刻检测 SLoad 是否为高电平，如果为高电平，则进入 VENDER_DEFINE0 状态。在 VENDER_DEFINE0 状态，系统检测 SLoad 是否为低电平，如果不是低电平，则进入 ERROR_LATCH 状态，否则进入 VENDER_DEFINE1 状态。在 VENDER_DEFINE1 状态，SLOAD 为三位串行用户定义状态，可以为高，也可以为低。然后进入 RCV_DATA0 状态，在 RCV_DATA0 状态，SGPIO 接收者时刻检测 SLoad 的电平状态，如果 SLoad 不能维持五个及以上时钟的低电平时间，系统认为错误，跳转至 ERROR_LATCH 状态中，否则 SLoad 变高，则进入 VENDER_DEFINE2 状态。VENDER_DEFINE2 与 VENDER_DEFINE0 之间的不同在于，它不检测 SLoad 的电平，并在接下来的时钟下，无条件跳转

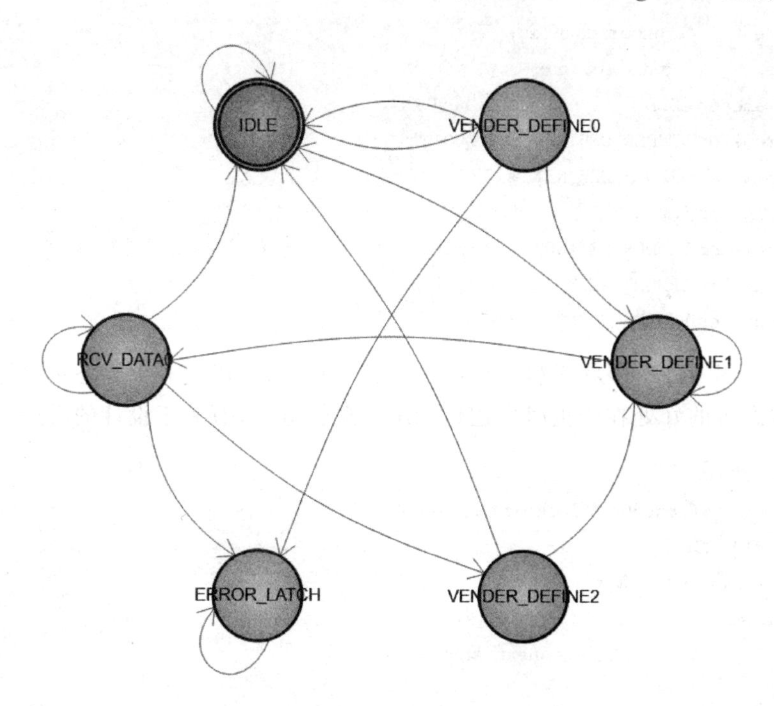

图 4-23 SGPIO 时序状态图

至 VENDER_DEFINE1 状态，并如此循环。

系统的模块定义如下。磁盘个数默认为 4 个盘位。

```
module SGPIO_DOut #(parameter DRIVER = 4)(
  input SClock,                                   //SGPIOs 时钟
  input SLoad,                                    //SGPIO Frame 信号
  input SDataOut,                                 //SGPIO 输出数据信号
  input RST_,                                     //系统复位信号
  input sys_clk,                                  //系统时钟，默认 100 MHz
  output [3 * DRIVER - 1:0] para_data,            //解码出来的并行数据
  output [DRIVER - 1:0] bit_count,                //解码出来的数据个数
  output reg [3:0] vendor_data);                  //用户定义的数据，来自 SLoad
```

相应的变量申明和参数定义如下：

```
  reg  [2:0] current_state;
  reg  [2:0] next_state;
  wire [2:0] vendor_count;
  wire       vendor_count_en;
  wire       sload_error;
  wire       sload_count_enable;
  wire       sgpio_stop;
```

```
  wire       vendor_data_en;
  reg        data_rcv_en;
  parameter IDLE            = 3'b000;
  parameter VENDER_DEFINE0  = 3'b001;
  parameter VENDER_DEFINE1  = 3'b011;
  parameter RCV_DATA0       = 3'b111;
  parameter VENDER_DEFINE2  = 3'b110;
  parameter ERROR_LATCH     = 3'b100;
  parameter VENDER_COUNT1   = 2;
```

系统采用两段有限状态机设计(在后续章节会重点讲述有限状态机设计)。两段式有限状态机的好处在于把时序逻辑和组合逻辑分开,有利于设计的时序约束。

```
//状态跳转
  always @(negedge SClock or negedge RST_)
    if(! RST_)
       current_state <= IDLE;
    else
       current_state <= next_state;

//状态描述
  always @( * )
    begin
      case(current_state)
        IDLE: if(sgpio_stop)
                  next_state   = IDLE;
                else if(SLoad)
                  next_state = VENDER_DEFINE0;
                else
                  next_state = IDLE;

        VENDER_DEFINE0: if(sgpio_stop)
                           next_state = IDLE;
                        else if(SLoad)
                           next_state = ERROR_LATCH; //can't sync up
                        else
                           next_state = VENDER_DEFINE1;

        VENDER_DEFINE1: if(sgpio_stop)
                           next_state = IDLE;
                        else if(vendor_count == VENDER_COUNT1)
                           next_state = RCV_DATA0;
```

```
                    else
                        next_state = VENDER_DEFINE1;

        RCV_DATA0: if(sgpio_stop)
                   next_state = IDLE;
                   else if(sload_error)
                     next_state = ERROR_LATCH;
                        else if(SLoad)
                             next_state   = VENDER_DEFINE2;
                           else
                             next_state = RCV_DATA0;

        VENDER_DEFINE2: if(sgpio_stop)
                        next_state = IDLE;
                    else
                        next_state = VENDER_DEFINE1;

        ERROR_LATCH: if(! RST_)
                    next_state = IDLE;
                 else
                    next_state = ERROR_LATCH;
        default: next_state = IDLE;
    endcase
end
```

如果需要中止 SGPIO,SGPIO 发起者停止发送 SClock 并把 SLoad 和 SDataOut 两个信号置为三态。因此,SGPIO 代码不断检测 SGPIO 的三个信号线,如果 SClock 停止并且 SLoad 和 SDataOut 保持为 1 的时间持续 64 ms,则表示 SGPIO 协议中止。在本例中,sgpio_stop 信号为协议中止信号。系统采用 100 MHz sys_clk 实时监测,一旦满足条件,就把 sgpio_stop 信号置位,状态机侦测到此信号,立即恢复到 IDLE 状态。相应的逻辑代码如下:

```
wire cycle_end_en;
assign cycle_end_en = SClock & SDataOut & SLoad;
delay_latch #(.WIDTH(24), .TARGET_VALUE(6400000)) U0
                        (.sys_clk(sys_clk),
                        .rst_(RST_),
                        .en(cycle_end_en),
                        .latch(sgpio_stop),
                        .count());
```

系统采用模块例化的方式侦测此中止信号,具体的模块实现逻辑如下:

```
module delay_latch #(parameter WIDTH = 24,
                     parameter TARGET_VALUE = 6400000)
                    (input sys_clk,
                     input rst_,
                     input en,
                     output reg latch,
                     output reg [WIDTH-1:0] count);

always @(posedge sys_clk or negedge rst_)
    if(! rst_)
      begin
        count <= {WIDTH{1'b0}};
        latch <= 1'b0;
      end
    else if(! en)
        begin
          count <= {WIDTH{1'b0}};
          latch <= 1'b0;
        end
        else
          begin
          count <= count + 1;
          if(count == TARGET_VALUE)
              begin
                count <= count;
                latch <= 1'b1;
              end
          else
              latch <= 1'b0;
        end
endmodule
```

在 SGPIO 协议中，SLoad 信号可以自带用户定义的数据，其位于协议同步后的后四位。Verilog HDL 采用并串转换的语句实现此数据的解析，逻辑如下：

```
assign vendor_data_en = (current_state == VENDER_DEFINE0 ||
                         current_state == VENDER_DEFINE1 ||
                         current_state == VENDER_DEFINE2) ? 1'b1: 1'b0;
always @(negedge SClock or negedge RST_)
  if(! RST_)
    vendor_data[3:0] <= 4'b0;
  else if(vendor_data_en)
      vendor_data <= {SLoad, vendor_data[2:0]};
      else
        vendor_data <= vendor_data;
```

在 VENDER_DEFINE1 阶段，需要对 SClock 的下降沿计数，计数到相应值，就自动跳转至下一阶段。相应逻辑采用模块例化的方式进行。

```
assign vendor_count_en = (current_state == VENDER_DEFINE1)? 1'b1: 1'b0;
count #(.COUNT_WIDTH(3)) U1(.clk(SClock),
        .rst_(RST_),
        .en(vendor_count_en),
        .count(vendor_count));
```

具体模块实现逻辑如下：

```
module count#(parameter COUNT_WIDTH = 3)
             (input clk,
              input rst_,
              input en,
              output   reg [COUNT_WIDTH-1:0] count
             );

  always @(negedge clk or negedge rst_)
     begin
       if(! rst_)
            count <= 0;
       else if(! en)
                count <= 0;
            else
                count <= count + 1;
     end

endmodule
```

SGPIO 在 RCV_DATA0 阶段，需确保 SLoad 持续保持低电平至少 5 个 SClock，否则以异常处理。因此，需要在此阶段对 SLoad 信号进行侦测，具体逻辑采用模块例化的方式进行。

```
assign sload_count_enable = (current_state == RCV_DATA0);
err_latch   U2 (.sys_clk(SClock),
                 .rst_(RST_),
                 .en(sload_count_enable),
                 .load(SLoad),
                 .latch(sload_error));
```

err_latch.v 具体实现逻辑如下：

```
module err_latch    (input sys_clk,
                     input rst_,
                     input en,
                     input load,
                     output reg latch);

reg [2:0] count;

always @(negedge sys_clk or negedge rst_)
    if(! rst_)
       begin
         count <= 'd0;
         latch <= 1'b0;
       end
    else if(en)
           begin
             if(load && (count < 5))
               begin
                 count <= 'd0;
                 latch <= 1'b1;
               end
             else
               begin
                 count <= count + 1;
                 latch <= 1'b0;
               end
           end
         else
           begin
             count <= 'd0;
             latch <= 1'b0;
           end
endmodule
```

最后,也是最重要的,就是要接收 SDataOut 上的数据并解码。SDataOut 的数据有两个特点:一是在 VENDER_DEFINE0、VENDER_DEFINE1、VENDER_DEFINE2 及 RCV_DATA0 阶段都可以接收数据;二是在出现第一个 VENDER_DEFINE2 之前,4 个磁盘的信号都会在 SDataOut 中出现,但接下来的循环中,SLoad 信号可以随时拉高,从而结束盘位信号的传输。因此,相应的逻辑采用模块例化的方式进行。

```
always @( * )
  case(current_state)
   IDLE: data_rcv_en = 1'b0;
   VENDER_DEFINE0: data_rcv_en = 1'b1;
   VENDER_DEFINE1: data_rcv_en = 1'b1;
   RCV_DATA0: data_rcv_en =  1'b1;
   ERROR_LATCH: data_rcv_en = 1'b0;
   default: data_rcv_en = 1'b0;
  endcase
wire preload = (current_state == VENDER_DEFINE2) ? 1'b1 : 1'b0;
sout_decode #(.DRIVER(4)) U3(
  .sys_clk(SClock),
  .rst_(RST_),
  .en(data_rcv_en),
  .preload(preload),
  .sdata(SDataOut),
  .para_data(para_data),
  .bit_count(bit_count));
```

sout_decode.v 逻辑采用串并转换的方式进行，并预置 bit_count，以确保计数的准确。相应逻辑具体实现如下：

```
module sout_decode #(parameter DRIVER = 4)(
  input sys_clk,
  input rst_,
  input en,
  input preload,
  input sdata,
  output reg [3 * DRIVER - 1:0] para_data,
  output reg [DRIVER - 1:0] bit_count);


always @(negedge sys_clk or negedge rst_)
  if(! rst_)
    begin
      bit_count <= 'd0;
      para_data <= 'd0;
    end
```

```
        else if(! en)
          begin
            if (preload)
              begin
                para_data <= {{(3 * DRIVER - 2){1'b0}}, sdata};
                bit_count <= 'd1;
              end
            else
            begin
              para_data <= 'd0;
              bit_count <= 'd0;
            end
            end

          else
           begin
             para_data <= {para_data[3 * DRIVER - 2:0], sdata};
             bit_count <= bit_count + 1;
           end
endmodule
```

至此,整个 SGPIO 接收方对发送方的数据收集与解码的 Verilog HDL 代码设计完毕。经综合后,生成的 RTL 电路如图 4-24 所示。

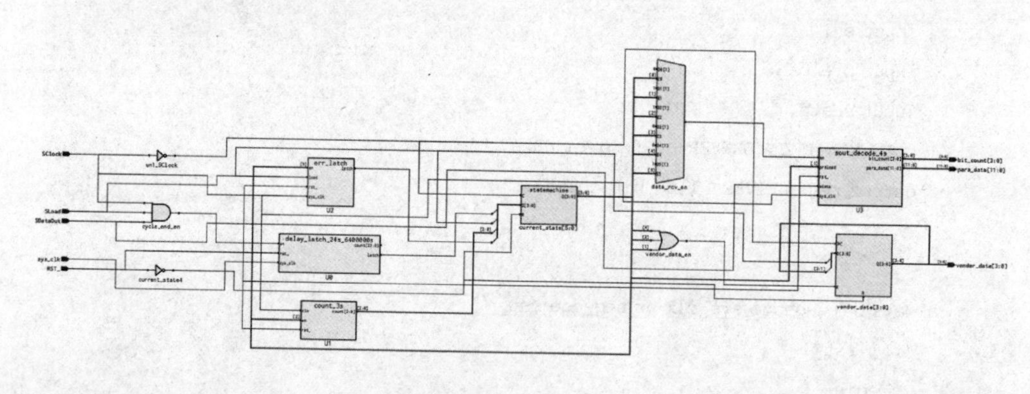

图 4-24 采用 Synplify Pro 软件对 SGPIO_DOut.v 综合生成的 RTL 电路图

采用 Modelsim SE-64 10.0c 对该程序进行初步功能仿真,仿真代码如下,仿真波形如图 4-25 所示。可知,该逻辑代码设计是满足要求的。

```
module SGPIO_DOut_tb;
  reg RST_;
  reg sys_clk;
  reg SCLK;
  reg SLoad;
  reg SDataOut;
  wire [11:0] para_data;
  wire [3:0] bit_count;
  wire [3:0] vendor_data;
//系统时钟生成
  initial
    begin
      sys_clk = 1'b0;
      forever
    #5 sys_clk = ~sys_clk;
    end
  //SGPIO 时钟生成
  initial
    begin
      SCLK = 1'b0;
      forever
        #500 SCLK = ~SCLK;
    end
//系统复位信号
  initial
    begin
      RST_ = 1'b0;
      #20 RST_ = 1'b1;
    end
  //SLoad 以及 SDataOut 波形时序
  initial
    begin
      SLoad = 1'b0;
      repeat(1) @(posedge SCLK);
      @(posedge SCLK)
        SLoad = 1'b1;
      @(posedge SCLK)
        begin
          SLoad = 1'b0;
          SDataOut = 1'b1;
        end
```

```
      @(posedge SCLK)
        begin
          SLoad = 1'b1;
          SDataOut = 1'b1;
        end
      @(posedge SCLK)
        begin
          SLoad = 1'b1;
          SDataOut = 1'b1;
        end
      repeat(8)@(posedge SCLK)
         begin
           SLoad = 1'b0;
           SDataOut = ~SDataOut;
         end
      @(posedge SCLK)
        begin
          SLoad = 1'b1;
          SDataOut = 1'b0 ;
        end
      repeat (8) @(posedge SCLK)
        begin
          SDataOut = ~SDataOut;
        end

      repeat(10) @(posedge SCLK);
       $stop; //仿真停止
    end
    //模块例化
    SGPIO_DOut U1 (
  .SClock(SCLK),
  .SLoad(SLoad),
  .SDataOut(SDataOut),
  .RST_(RST_),
  .sys_clk(sys_clk), //100MHz
  .para_data(para_data),
  .bit_count(bit_count),
  .vendor_data(vendor_data));
endmodule
```

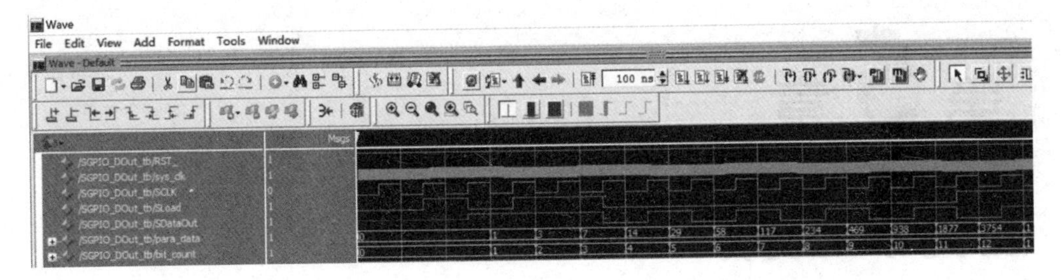

图 4 - 25　采用 Modelsim SE 对 SGPIO_DOut.v 进行仿真的波形图

本章小结

本章主要是针对 Verilog HDL 各类高级语法设计与应用的总结与介绍，同时针对结构化建模采用参数化设计的一种探讨。并通过 SGPIO 协议的 Verilog HDL 代码的实现与仿真具体深化对本章的认识。在示例中，同时也涉及有限状态机及仿真代码，这些关键知识点将在后续章节陆续重点阐述。

思考与练习

1. 简述 case、casex 和 casez 之间的区别与联系。

2. 简述阻塞赋值与非阻塞赋值的区别。

3. 采用条件语句实现一个选择器，其中选择信号为 3 位，输入信号为 7 组，根据选择信号的具体逻辑，实现在任何时刻把其中的一组输入信号传送给输出。

4. 简述 localparam 和 defparam 之间的区别与联系。

5. 采用参数化设计，实现一个通用的二输入全加器，其中输入信号的位宽采用参数化。

6. 针对习题 4，系统采用结构化设计，实现一个四输入全加器，其中每个输入的位宽为 32 位。

7. 采用 for 语句实现 reg [63:0] mem[0:1023]的初始化。要求：mem 中的每一个位全为 0。

8. 针对 4.6 节，请采用 Verilog HDL 实现 SGPIO 接收者对 SDataIn 数据线的逻辑代码设计，并进行相应的综合与仿真。

第5章

任务及函数

本章将重点介绍 Verilog HDL 语言中的任务和函数。与其他的高级编程语言相似，Verilog HDL 语言采用任务和函数表述。

利用任务和函数，可以把一个较大的功能任务划分成多个较小的逻辑单元，然后采用任务或函数描述其中常用的逻辑单元。这样就可以像模块例化一样，直接调用任务和函数来实现相应的功能，提高代码的利用率、可读性和可维护性。

5.1 任 务

任务类似于一段程序，它只能被模块内部的行为调用，不能使用连续赋值语句调用。任务没有返回值，直接通过 output 或 inout 端口输出和输入数据。任务可以包含时序控制和时延等时序信息，可以包含各种事件控制逻辑，同时也可以调用其他任务或函数，可以有各种端口参数。

5.1.1 任务声明

任务以关键字 task 开始，以关键字 endtask 结束。其基本语法如下：

```
task task_name;
port declaration;
task declaration;
local variable declaration;
begin
        procedural_statement;
end
endtask
```

port decalaration 是可选的，可以有输入(input)、输出(output)和双向(inout)的端口声明，也可以是默认值。可通过输入端口或者双向端口传递参数并交由任务处理；处理完毕的数据通过输出端口或者双向端口交由调用它的模块进行处理。任务的端口并不像模块的端口那样传递真实的电信号，而是传递数据。

任务中可以声明局部变量，该变量只能在任务内有效。任务在特定的情况下可以被综合成组合逻辑——任务体内不含有不完整的 case 语句块或 if 语句块，且不含有时序控制逻辑。但一般来说，任务只用在 testbench 中。当任务执行完毕后，后来的任务会接着执行。

【例 5-1】采用任务实现对两个 16 位宽的操作数的“与”“或”“异或”逻辑，示意图如图 5-1 所示。

```
task bitwise_oper;
input [15:0] a;
input [15:0] b;
output [15:0] ab_and, ab_or, ab_xor;
begin
  #10 ab_and = a & b;
      ab_or = a | b;
      ab_xor = a ^ b;
end
endtask
```

例 5-1 定义了两个 16 位宽的输入端口，同时定义了三个 16 位宽的输出端口，任务名为 bitwise_oper。在任务体内，设置时延 10 个单位，分别对输入端口 a 和 b 进行位“与”、位“或”和位“异或”逻辑。

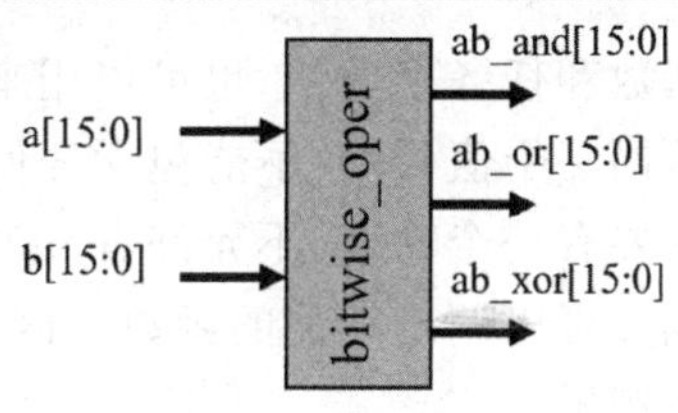

图 5-1　例 5-1 示意图

5.1.2　任务调用

任务调用和其他高级编程语言中的函数调用很类似，但它只能在过程语句中调用。也就是说，它只能在 always 语句块和 initial 语句块中被调用，因此任务的 output 和 inout 参数必须为 reg 型。任务可以调用其他任务，可以嵌套调用自己，甚至可以被自己调用的任务再调用。任务调用的基本语法格式是：

task_name(expression1,expression2,…,expressionN);

系统调用任务后，任务计算的结果通过 output 和 inout 端口将数据传递给系统中调用该任务的代码。调用的参数和任务中的端口声明的顺序必须一一对应。

如，假设模块要调用例 5-1 的任务。其代码如下：

```
module operation;
…………
reg [15:0] A, B;
reg [15:0] AB_AND, AB_OR, AB_XOR;
always @( A or B )
    begin // invoke the task bitwise_oper
        bitwise_oper(AB_AND, AB_OR, AB_XOR, A, B);
```

```
    end
……
task bitwise_oper;
input [15:0] a;
input [15:0] b;
output [15:0] ab_and, ab_or, ab_xor;
begin
   #10 ab_and = a & b;
       ab_or = a | b;
       ab_xor = a ^ b;
end
endtask
endmodule
```

5.2 函　数

函数和任务很类似,也可以用来描述共同代码段。但函数与任务不同的是,函数只能返回一个值,并且不能包含任何时延信息,也不能调用其他任务。另外,函数必须至少要有一个输入,不允许有 output 和 inout。

函数可以调用其他的函数。因为函数里不带有触发器,所以一般可综合成具体的电路逻辑。

5.2.1 函数声明

函数以关键字 function 开始,以关键字 endfunction 结束。函数的作用是实现组合逻辑,因此函数里不能有任何时延控制逻辑。

函数返回值默认为标量 reg 型。如果需要指明特定的数据类型和位宽,需要显式声明。函数声明的基本格式如下:

```
function [range or type] function_name;
   input declaration;
   other decalaration;
   begin
      statement;
   end
endfunction
```

【例 5-2】对内存总线地址进行奇偶校验,地址宽度 32 位。

```
function calc_parity;
   input [31:0] address;
   begin
```

```
    calc_parity = ^address;
  end
endfunction
```

例 5-2 默认返回 1 位位宽的 reg 型的数值，整个 function 任务是对输入的 32 位地址进行位“异或”计算，得出奇偶校验并返回。

5.2.2 函数调用

函数调用和任务调用相同，均需指明函数名和输入参数名，其基本格式如下：

function_name(expression1,expression2,…,expressionN)；

函数内部声明的寄存器是静态的，当函数返回时，数值仍然维持不变。当函数执行完毕时，返回值会出现在调用函数的位置。

如，假设设计一个内存协议，需要调用奇偶校验函数，其 Verilog HDL 代码如下：

```
module parity;
…………
reg [31:0] addr;
reg parity;
always @( addr )
    begin // invoke the function calc_paritytwice
      parity= calc_parity(addr);
       $display("Paritycalculated= %b", calc_parity(addr));
    end
    ……………
//define Function calc_parity
functioncalc_parity;
  input [31:0] address;
    begin // return the xor of all address bits.
      calc_parity= ^address;
    end
endfunction
……………..
endmodule
```

5.3 系统任务和系统函数

Verilog HDL 不仅可以定义用户任务和用户函数，还有预先定义好的内建系统任务和系统函数，用户可以直接以关键字的形式直接调用。根据用途不同，系统任务和系统函数大致可以分为几类：

- 显示任务；
- 仿真控制任务；
- 随机建模任务；
- 文件输入输出任务；
- 时间标度任务；
- PLA 建模任务；
- 变换函数；
- 概率分布函数；
- 字符格式化；
- 命令行参变量。

本章主要讲述常用的几类系统任务和系统函数。如果设计需要使用其他系统任务和系统函数，请查阅相关的 Verilog HDL 语法指南。

5.3.1 显示任务

Verilog HDL 提供了三种类型的显示任务，分别是：显示和写任务、连续监控任务及选通的监控任务。其关键字分别是 $display，$write，$monitor 及 $strobe。其根本语法格式如下：

```
task_name (format_specification1, argument_list1,
           format_specification2,argument_list2,
           …
           format_specificationN, argument_listN);
```

如：$display($time，"：a = %b，b = %h，c = %o，d = %d"，a，b，c，d)；表示一旦调用 $display 任务，则把此刻的 a、b、c 和 d 的值分别显示出来，并显示当时的时刻。

四类显示任务的区别如表 5－1 所列。

表 5－1　显示任务的具体区别和描述

显示任务类型	任务描述
$display	用于行为级描述中。当该任务被调用时，把指定信息及行结束字符打印到标准输出设备
$write	和 $display 的作用相同，只是在该任务被调用时，只把指定信息打印到标准输出设备，不输出行结束字符
$monitor	一旦任务中的任意一个变量发生变化时就把指定信息打印到标准输出设备。需要注意的是，$monitor 任务不能用来监控时间变量或返回时间值的函数。$monitor 信息必须是在每次仿真时间阶段结束的时候才会打印，这样每个变量在每次仿真时间阶段结束时都会显示其最终值
$strobe	用于行为级描述中。$display 信息必须是在每次仿真时间阶段结束时才会打印，这样每个变量在每次仿真时间阶段结束时都会显示其最终值

【例5-3】各类显示任务的应用举例说明。

```
integer watchdog;

initial
  begin
    watchdog = 500;
    $ display("Implement the display task, watchdog value is % d", watchdog);
    $ strobe("Implement the stroble task, watchdog value is % d", watchdog);

    watchdog = 1000;
    $ display("Implement the display task again, watchdog value is % d", watchdog);
    $ write("Implement the write task, watchod value is ");
    $ write(" % d\n", watchdog);
end
```

仿真结果显示为：

```
Implement the display task,watchdog value is 500
Implement the display task again,watchdog value is 1000
Implement the write task,watchdog value is 1000
Implement the stroble task,watchdog value is 1000
```

四类显示任务如果没有指定参数变量的格式，则默认为十进制输出。也可以在关键字后面加上数值表示不同的输出。如：$ displayo 表示输出八进制数，$ displayh 表示输出十六进制数，$ displayb 表示输出二进制数。

对于 $ monitor 任务，还可以通过 $ monitoron 和 $ monitoroff 两个系统任务开启最近关闭的监控任务以及关闭激活的监控任务。

5.3.2 仿真控制任务

在正常状态下，Verilog HDL 提供了两类结束仿真的系统任务，其关键字分别是 $ finish 和 $ stop。

$ finish 系统任务被调用时，意味着仿真器退出仿真环境，并把控制权交还给操作系统。当 $ stop 系统任务被调用时，只是把仿真挂起，不会退出仿真环境。

其基本格式为关键字加“;”。如：$ finish; $ stop;。

5.3.3 文件输入输出任务

仿真数据不仅需要实时显示，也需要随时保存以便在未来的某个时间内查阅。或者，当要给的仿真激励需要大量数据时，如果在 Testbench 里面直接显式写入数据，不仅浪费时间，而且可读性差，代码可重复利用率低，容易出错。采用文件输入输出任务可以很好地解决此问题。

和 C 语言一样,Verilog HDL 的文件输入输出任务包含如下子任务:文件打开($fopen)、文件关闭($fclose)、写入文件($fdisplay、$fwrite、$fmonitor、$fstrobe、$fflush)以及从文件中读取数据($readmemh、$readmemb 等)。各文件输入输出任务的描述如表 5-2 所列。

表 5-2　文件输入输出任务具体描述表

任务类型	关键字	描　述
文件打开	$fopen	打开一个文件
文件关闭	$fclose	关闭一个文件
写入文件	$fdisplay	和显示任务一样,只是输出到文件中
	$fwrite	
	$fmonitor	
	$fstrobe	
	$fflush	把输出缓冲内的资料输出到指定文件中
读取文件	$readmemb	从文件中读取二进制存储数据并将数据加载到存储器中
	$readmemh	从文件中读取十六进制存储数据并将数据加载到存储器中
	$fread	从文件中读取二进制数据到存储器中
	$fgetc	从文件中每次读取一个字符
	$fgets	从文件中每次读取一行
	$ungetc	把一个字符插入文件中
	$frewind	重新回到文件的开始处
	$fseek	移动到偏移量指定的位置
	$ftell	返回以文件开始处为基础的偏移量
	$fscanf	从文件中读取格式化数据
	$ferror	在执行完一个读取任务后,帮助判断出错的原因

打开一个文件的基本格式如下:

```
integer file_pointer = $fopen(file_name, mode);
```

其中,file_pointer 为一个文件指针。

关闭一个文件的基本格式如下:

```
$fclose(file_pointer);
```

注意:关闭的是文件指针,不是文件。

在打开文件任务中,mode 的类型有许多种。具体如表 5-3 所列。

表5-3　文件模式说明表

文件模式	具体说明
r，rb	打开文件并从文件的头开始读。如果文件不存在则报错
w，wb	打开文件并从文件的头开始写。如果文件不存在则创建新文件
a，ab	打开文件并从文件的末尾开始写。如果文件不存在则创建文件
r+，r+b，rb+	打开文件并从文件的头开始读写。如果文件不存在则报错
w+，w+b，wb+	打开文件并从文件的头开始读写。如果文件不存在则创建文件
a+，a+b，ab+	打开文件并从文件的末尾开始读写。如果文件不存在则创建文件

如：

```
integer fp;
initial
  begin
      fp =  $fopen("~/cpld/code/mem.vo", "wb"); //打开 mem.vo 的文件,并从文件的开始写入
      …
      $fclose(fp);//关闭文件
end
```

注意：文件打开和关闭必须成对出现。不然只打开，不关闭，也不能没打开文件就关闭。

显示任务是把所要显示的信息输出到标准的输出设备中，如果要输入到文件中，则需要采用文件输入任务。和显示任务相似，只是在关键字前加入了“f”表示要写入到文件中。和显示任务不同的是，所有文件写入任务的第一个参变量必须是要写入的文件指针。如：

```
integer vec_file;

initial
  begin
    vec_file =  $fopen("mem.vo","w");
…
     $fstrobe(vec_file,"The simulation time end is %t", $time);
     $fclose(vec_file);
End
```

注意：写入文件和读取文件必须有打开文件和关闭文件的动作。

$fflush 任务则是把输出缓冲内的数据写入到指定的文件中。

$readmemb 和 $readmemh 是从文件读取数据并存入存储器中，是最常用的两个文件输出任务。二者主要的区别在于文本文件的格式。如果是二进制文本文件，

则采用 $readmemb；如果是十六进制文本文件，则采用 $readmemh。文本文件可以包含空格、注释、数字。数字与数字之间用空格隔开。如：

```
reg [63:0] mem[0:1023];
initial
$readmemh("mem.vo", mem);
```

也可以写入存储器的某一段地址，如：

```
$readmemh("mem.vo", mem, 1000,1023);
```

5.3.4 变换函数

变换函数主要用于数据类型转换。主要的变换函数如表 5-4 所列。

表 5-4 变换函数功能描述

变换函数格式	功能描述
$rtoi(real value)	将小数位截断将实型转换为整型数据
$itor(integer value)	将整型数据转换为实型
$realtobits(real value)	将实型转换为 64 位的实型向量表达式
$bitstoreal(bit value)	将位模式转换为实型
$signed(value)	将数据转换为有符号数
$unsigned(value)	将数据转换为无符号数

5.3.5 概率分布函数

Verilog HDL 用于测试仿真时，需要随机产生激励，因此概率分布函数可以很好地应用于此场合。其基本格式如下：

$random(seed);

Seed 是种子变量，是可选的。根据种子变量的值返回一个 32 位的有符号的整型随机数。种子变量必须是 reg 型、整型或时间类型变量，不同的种子将生成不同的随机数。如果没有指定种子变量，则根据默认种子变量生成随机数。

注意：生成的数字序列是一个伪随机序列，也就是说，对于一个初始的种子值会生成相同的数字序列。

如：

```
{$random} % 101;
```

会生成一个在 0～100 之间取值的随机数。{$random}把 $random 函数返回的有符号数转换为无符号数。

5.3.6 仿真时间函数

在前面的章节中，经常会看到 $ time 这类系统函数用于返回系统仿真时间。在 Verilog HDL 语法中，有三种不同的系统函数用于返回仿真时间，如表 5-5 所列。

表 5-5 仿真时间函数功能描述

函数类型	功能描述
$ time	按照所在模块的时间单位和精度，返回 64 位的整型仿真时间
$ stime	返回 32 位的仿真时间
$ realtime	返回实型仿真时间

5.4 命名事件

Verilog HDL 定义了一种新的数据类型——命名事件。用关键字“event”声明，其基本格式如下：

event event_name;

命名事件没有值或者时延，通过事件触发状态或者边沿敏感事件控制来触发。通常用来描述行为级模型中通信和同步事件。

触发某个命名事件的基本格式如下：

->event_name;

命名事件既可以在模块内使用，也可以在任务内使用，还可以在语句块内使用。

【例 5-4】命名事件举例。

```
event StartClock, StopClock;

always
  fork
    begin: ClockGenerator
      Clock = 0;
      @StartClock
      forever
        #HALFPERIOD Clock = ~Clock;
     end
     @StopClock
       disable ClockGenerator;
   join

initial
  begin: stimulus
```

```
...
    ->StartClock;
...
    ->StopClock;
...
    ->StartClock;
...
    ->StopClock;
  end
```

本例中,声明了两个命名事件:StartClock 和 StopClock。在 always 语句中,一旦触发了 StartClock 事件,则启动 Clock 时钟信号的生成,一旦触发了 StopClock 事件,则中断时钟信号。

5.5 层次路径名

Verilog HDL 语言利用自上而下的设计方法论,采用模块化划分和设计。模块由任务、函数及具体的程序组成。整个模块层次如图 5-2 所示。

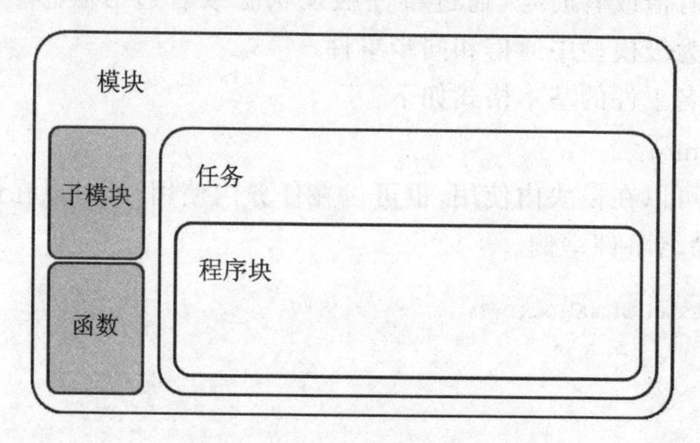

图 5-2 模块层次示意图

如果系统需要对任何层次的任何变量进行自由的数据访问和更新,则需要采用层次路径名进行标识。层次路径名从顶层模块开始,由用“.”隔开的名称组成。如:

```
moduletop_A;
wire wire_s;
...
function func_A…
...
endfunction
```

```
task task_B;
...
reg reg_C;
begin : blk
integer RtoI;
reg_c =RtoI ? 1'b1: 1'b0;
...
end
endtask

sub_mod sub_B(…);
endmodule

module sub_mod;
reg sub_a;
...
initial
      top_A. task_B. blk. RtoI = 1'b1; //层次路径名
...
endmodule
```

在子模块 sub_mod 中使用层次路径名:top_A. task_B. blk. RtoI,对 task_B 任务内的 RtoI 整型变量赋值。

注意,在使用层次路径名时,需要显式对每一层次进行声明。假设在 task_B 中的 begin…end 模块没有命名,则无法访问和更新 RtoI 整型变量。

5.6 共享任务和函数

大部分任务和函数都设计为通用型,以便不同的模块调用。Verilog HDL 有两种方式实现任务和函数共享。一种方式是把任务和函数全部写在一个文本文件中,格式不限,如. h 文件或. v 文件,然后利用关键字"'include"调用该文本文件中的具体任务和函数来实现。另外一种方式是直接在模块内定义所有的任务和函数,采用层次路径名的方式来实现。

【例 5-5】采用关键字"'include"实现共享任务和函数举例。

(1) 设计一个 task_function_share. h 的文件,专门放置需要共享的任务和函数。

```
//文件:task_function_share.h
function func_A(
  input [31:0] addr_a;
  )
  fun_A = ~addr_a;
endfunction

task task_B(
  input [63:0] a, b,
  output [63:0] sum_c);
  sum_c = a + b;
endtask
```

(2) 模块调用任务和函数。

```
module mem_bus(
  input [31:0] address;
  input [63:0] dataA, dataB,
  output [63:0] data);

  'include"task_function_share.h"; //把共享任务和函数包含进来

always @( * )
  if(func_A)task_B(dataA,dataB,data);
else   data = 64'b0;
endmodule
```

注意:"'include"必须出现在模块声明内,且在被调用任务和函数之前。

【例 5-6】采用层次路径名的方式实现共享任务和函数举例。

(1) 设计一个模块,专门放置需要共享的任务和函数。

```
module task_function_share;
function func_A(
  input [31:0] addr_a;
  )
  fun_A = ~addr_a;
endfunction

task task_B(
  input [63:0] a, b,
  output [63:0] sum_c);
  sum_c = a + b;
endtask
endmodule
```

(2) 模块调用任务和函数

```
module mem_bus(
  input [31:0] address;
  input [63:0]dataA, dataB,
  output [63:0] data);

  always @(*)
    if(task_function_share.func_A)   task_function_share.task_B(dataA,dataB,data);
  else   data = 64'b0;
  endmodule
```

5.7 实例:带可预置数据的8位自增/减计数器设计

修改3.9节实例,采用函数调用的方式设计带可预置数据的8位自增/减计数器。其代码如下:

```
'timescale 1ns/100ps //指定时间单位和精度
module counter_function #(parameter COUNT_WIDTH = 8)( //定义位宽参数
  input sysclk,
  input reset,
  input set,
  input ld,
  input up,
  input down,
  input [COUNT_WIDTH - 1:0] data,
  output reg [COUNT_WIDTH - 1:0] count);

  always @(posedge sysclk or negedge reset) //异步复位
      begin
        if(! reset)
            count <= 8'H00;
        else if(set)      //同步置位
            count <= 8'hFF;
            else
            count <= count_op(up,down,ld); //函数调用
      end

 //计数器函数设计
  function [COUNT_WIDTH - 1:0] count_op(
    input up, down, ld);
```

```
    count_op = up? (count_op + 8'h1) :
            (down ? (count_op - 8'h1):
            (ld ? data :
            8'h0));
  endfunction
endmodule
```

综合后的电路如图 5-3 所示。

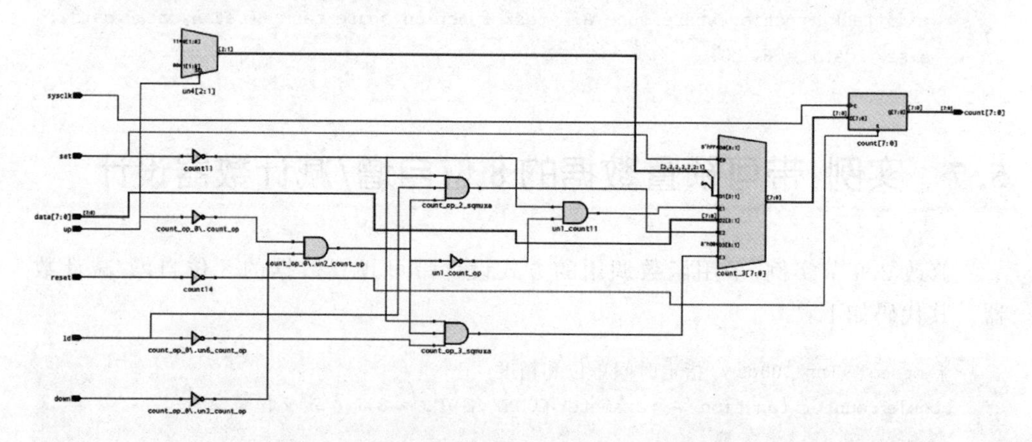

图 5-3　采用 Synplify Pro 综合后的逻辑电路图

对上述逻辑进行仿真，仿真代码如下：

```
`timescale 1ns/100ps
module counter_function_tb;
  reg  sysclk;
  reg  reset;
  reg  set;
  reg  ld;
  reg  up;
  reg  down;
  reg [7:0] data;
  wire [7:0] count;

  initial
    data = 8'hAA;

  initial
    begin
      sysclk = 1'b0;
      forever
```

```
        #5 sysclk = ! sysclk;
      end

    initial
      begin
    reset = 1'b0;
    set = 1'b0;
    up = 1'b0;
    down = 1'b0;
    ld = 1'b0;
    repeat(10) @(posedge sysclk);
    reset = 1'b1;
    repeat(2) @(posedge sysclk);
    set = 1'b1;
    repeat(10) @(posedge sysclk);
    set = 1'b0;
    repeat(2) @(posedge sysclk);
    up = 1'b1;
    repeat(10) @(posedge sysclk);
    up = 1'b0;
    repeat(2) @(posedge sysclk);
    down = 1'b1;
    repeat(10) @(posedge sysclk);
    down = 1'b0;
    repeat(2) @(posedge sysclk);
    ld = 1'b1;
    repeat(10) @(posedge sysclk);
    ld = 1'b0;
    repeat(10) @(posedge sysclk);
     $stop;
      end

    counter_function tb(
    .sysclk(sysclk),
    .reset(reset),
    .set(set),
    .ld(ld),
    .up(up),
    .down(down),
    .data(data),
    .count(count));
endmodule
```

采用 Modelsim SE—64 仿真,生成的仿真波形如图 5-4 所示。从波形中可以看出,此设计符合实例的设计需求。

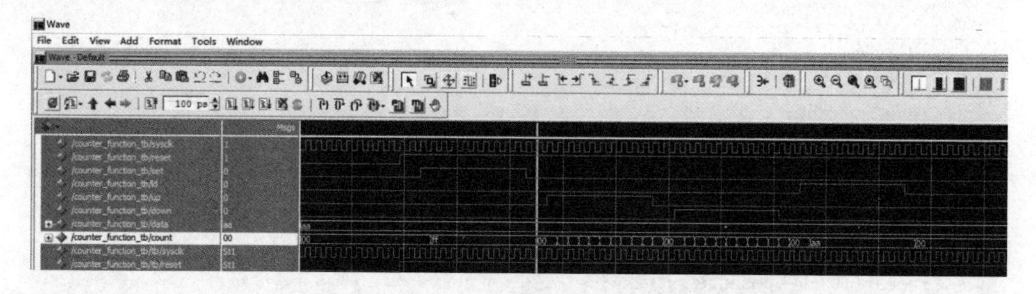

图 5-4　采用 Modelsim SE—64 对实例进行仿真的波形图

本章小结

本章着重讲述了 Verilog HDL 最重要的两类语法:任务和函数,包括用户自定义的任务和函数,以及系统任务和函数,并介绍了命名事件,以及如何灵活运用各类任务和函数。通过对 3.9 节实例的修改和仿真,加深了对任务和函数与普通代码之间异同的印象。

思考与练习

1. 简述任务和函数之间的区别与联系。
2. 什么是命名事件? 如何调用命名事件?
3. 简述 $display、$monitor、$strobe 之间的区别与联系。
4. 简述 $stop 和 $finish 之间的异同。
5. 采用概率分布函数 $random 生成 0～10 之间的随机数。
6. 采用 2 种方法访问并更新子模块中寄存器的值,并比较它们的异同。
7. 设计一段程序,用 $readmemb 实现对 reg [7:0] mem[1023:0]的初始化。每个寄存器的初始值为 8'hAA。
8. 采用命名事件对实例 5.7 的仿真代码进行改写。其中命名事件为 CountUp、CountDown 和 Load。当 up 有效时,触发 CountUp 事件;当 down 有效时,触发 CountDown 事件;当 ld 有效时,触发 Load 事件。

第6章

SystemVerilog基础语法

从本章开始，将进入SystemVerilog学习阶段。SystemVerilog继承了Verilog HDL语法特点，同时吸收了面向对象编程高级语言的最新成果，包括类、接口、线程等概念。因此，基于SystemVerilog兼容Verilog HDL的各种语法结构，本章将重点介绍SystemVerilog有别于Verilog HDL语言的各种语法概念。

为了区别Verilog HDL程序和SystemVerilog程序，Verilog HDL程序保存为.v的文件格式，SystemVerilog程序保存为.sv的格式。

6.1 基本数据类型

Verilog HDL语言主要有两类数据类型：线网和变量。不管哪种类型，都有四种状态：x、0、1和z。RTL代码采用变量来存储组合逻辑和时序逻辑的状态。变量可以是无符号型，也可以是有符号型；可以是32位，也可以是64位。变量还可以形成一个固定长度的数组。而线网则用于连接各种设计模块。

仿真时，需要额外的资源对x和z进行建模，会降低仿真效率。因此，当需要在更高更抽象的层次构建一个大型系统时，设计者更愿意采用2值数据类型。

SystemVerilog语言相应增加了许多新的数据类型，以帮助硬件设计工程师和验证工程师解决效率问题。具体如表6-1所列。

表6-1 SystemVerilog新增数据类型

类型名	2值或4值	长 度	符号类型	仿真初始值	备 注
shortint	2	16	有符号	0	和C语言中short类型相同
int	2	32	有符号	0	和C语言中int类型相同
longint	2	64	有符号	0	和C语言中long类型相同
bit	2	用户定义	无符号	0	
byte	2	8	有符号或ASCII字符	0	和“signed bit [7:0] varname”是一样的表示
logic	4	用户定义	无符号	X	

续表 6-1

类型名	2值或4值	长　度	符号类型	仿真初始值	备　注
reg	4	用户定义	无符号	X	用于 Verilog HDL，在 SystemVerilog 中被 logic 所替代
integer	4	32	有符号	X	和C语言中的 int 类型不同，该数值为4值数据类型
time	4	54	无符号	0	仅仅用于仿真

6.1.1 logic 类型

Verilog HDL 采用 reg 和 wire 两类数据类型驱动信号。信号为寄存器类型时，采用 reg 声明；为线网类型时，采用 wire 声明。对于一个新人来说，往往会对信号是寄存器类型还是线网类型抓头挠脑。

SystemVerilog 采用一种新的数据类型 logic 替代 reg 和 wire 数据类型。logic 数据类型可以被连续赋值，也可以被逻辑门和模块驱动，同时也可以用作寄存器。他可以被用于任何地方——除了对多驱动建模（如对双向总线建模）。多驱动建模需要采用 wire 或者 tri 建模。

【例 6-1】采用 logic 类型实现 2-4 译码器。

```
module trans2to4(
input logic [1:0] sigIn, //logic 声明
input logic       clk, //logic 声明
input logic       rst_,//logic 声明
output logic [3:0] sigOut); //logic 声明

always @(posedge clk or negedge rst_)
    begin
      if(! rst_)
          sigOut <= 4'h0;
      else
      case(sigIn)
          3'b00: sigOut <= 4'h01;
          3'b01: sigOut <= 4'h02;
          3'b10: sigOut <= 4'h04;
          3'b11: sigOut <= 4'h08;
          default: sigOut <= 4'h00;
      endcase
    end

endmodule
```

采用 Synplify Pro 生成的逻辑电路图如图 6-1 所示。

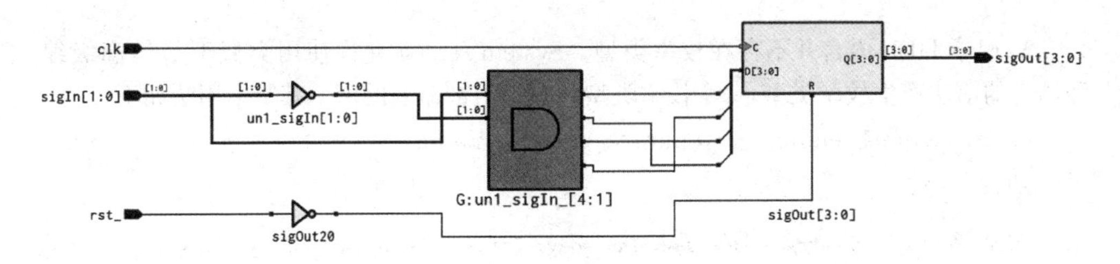

图 6-1 例 6-1 采用 Synplify Pro 综合生成的逻辑电路图

由于 logic 数据类型不能用于对多驱动建模，因此采用 logic 数据类型可以有效检查网表错误。

6.1.2 2 值数据类型

SystemVerilog 新增了五类 2 值数据类型，用于提高仿真器的性能、降低内存的使用率，它们分别是 bit、byte、shortint、int 和 longint，如表 6-1 所列。其中 bit 类型是无符号型。其他四类为有符号型。因此，对于 byte 类型来说，其数值集合为 -128～127，而不是 0～255。如果需要采用 byte 类型并使得其最大值达到 255，则需要显式声明其变量为 byte unsigned。相关示例如下：

【例 6-2】 2 值数据类型举例。

```
bit data;              //2 值，    单比特
bit [31:0] addr;       //2 值，    32 位无符号整数
int unsigned ctl;      //2 值，    32 位无符号整数
int ctl;               //2 值，    32 位有符号整数
byte data;             //2 值，    8 位有符号整数
shortint s;            //2 值，    16 位有符号整数
longint l;             //2 值，    64 位有符号整数
```

注意： 当把 2 值数据类型的变量连接到被测设计时，需要时刻检测端口信号的状态是 4 值还是 2 值，特别是连接到被测设计的输出端口时。

如果输出端口输出是 4 值，则被测设计驱动 x 和 z 态信号时，仿真代码将无法正确执行。在 SystemVerilog 语法中，采用系统任务 $isunknown() 判断表达式中的比特是否为 x 或 z。返回值为 1，则表示该信号为 4 值，否则是 2 值。

【例 6-3】 4 值数据类型检测

```
if( $isunknown(port_name) == 1)
  $display("@%0t: 4-state value is detected!", $time);
```

6.1.3 枚举类型

Verilog HDL 语言并不存在枚举类型。SystemVerilog 允许使用类似于 C 等高级编程语言的语法产生枚举类型，一个枚举类型具有一组被命名的值。其基本用法如下：

enum {enum1,enum2,…,enumN} enum_name;

如：

```
enum {Monday, Tuesday, Wednesday, Thursday, Friday, Saturday, Sunday} week;
```

week 为枚举类型，含有 7 个值。默认情况下，值从初始值 0 开始递增。如本例中，Monday 的值为 0。

枚举类型也可以显式声明每个常量的值，并且每个常量的值是唯一的。如果在同一个枚举类型中，存在两个相同的值，则会报错。如：

```
enum logic [2:0] {
AND = 3'b001,
OR = 3'b101,
XOR = 3'b111,
NOT = 3'b110} op;
```

显式声明不需要从 0 开始赋值，也不需要按照递增的方式赋值，只需要保证每个值是唯一的。

枚举类型也可以显示声明部分常量的值。其中没有被赋值的部分常量将递增或者递减赋值。如：

```
enum bit[3:0]{
Monday = 0,
Tuesday = 2,
Wednesday = 3,
Thursday,
Friday = 5} week;
```

week 是按照递增的顺序对各个常量赋值，因此 Thursday 处于 3 和 5 之间，将自动被赋值为 4。但如果 Friday 赋值为 4，Thursday 处于 3 和 4 之间，由于 3 和 4 之间已经没有其他整数，因此会报语法错误。

如果声明为 logic 数据类型的枚举变量，则枚举变量中的值也可以含有 x 和 z 值。如：

```
enum logic [2:0] {
AND = 3'b001,
OR = 3'b101,
XOR = 3'b1x1,
NOT = 3'b01x} op;
```

如果需要打印枚举变量中某个值的名称，可以采用“枚举变量名. 常量名”的方式。如：

```
$ display("The name of op is % s", op.AND);
```

针对枚举变量，SystemVerilog 提供了几种不同的操作方式。具体如下：

- name——用于系统任务 $ monitor 和 $ display 中显示枚举变量的常量名称，以字符串的形式呈现。
- first——用于返回枚举变量的第一个常量值。
- next——用于返回当前值的下一个值。如果当前值为枚举变量的最后一个值，则返回第一个值。
- last——用于返回枚举变量的最后一个常量值。
- prev——用于返回当前值的上一个值。如果当前值为枚举变量的第一个值，则返回最后一个值。
- num——用于返回枚举变量的常量个数。

【例 6-4】 设计一个程序：系统会问三个问题，如果第一个问题正确，接着就会问第二个问题，如果继续答对了，接着就会问第三个问题，如果三个问题全都答对，则成为百万富翁。如果任何一个答案错误，则游戏结束。相应的状态如图 6-2 所示。

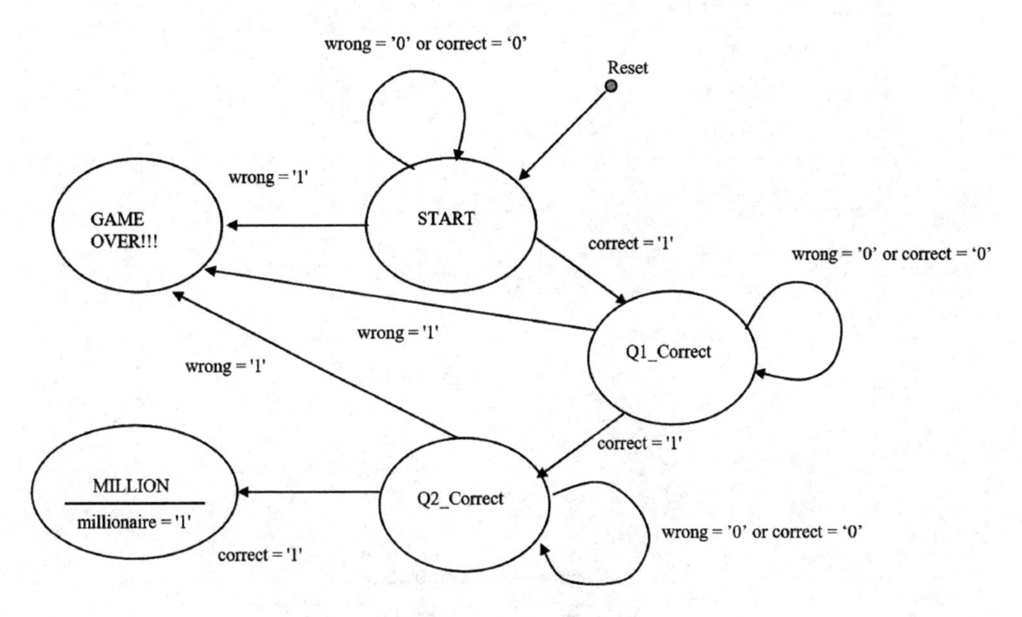

图 6-2　例 6-4 状态跳转图

相应的逻辑代码设计如下：

```
module millionaire(
  input   logic    clock,
  input   logic  asy_rst_,
  input   logic  correct,
  input   logic  wrong,
  output  logic  millionaire
  );

  enum logic [2:0] {
    START        = 3'b001,
    Q1_CORRECT = 3'b011,
    Q2_CORRECT = 3'b010,
    MILLION      = 3'b110,
    GAME_OVER    = 3'b111} FSM_state; //枚举状态

always_ff @(posedge clock or negedge asy_rst_)
  begin
     if (asy_rst_ == 1'b0)
          begin
             FSM_state <= START;
             millionaire <= 1'b0;
          end
     else begin
         unique case(FSM_state)
             START:    if(correct == 1'b1)
                          begin
                            FSM_state <= Q1_CORRECT;
                            millionaire <= 1'b0;
                          end
                       else if(wrong == 1'b1)
                          begin
                            FSM_state <= GAME_OVER;
                            millionaire <= 1'b0;
                          end
                       else
```

```
                begin
                  FSM_state <= START;
                  millionaire <= 1'b0;
                end
        Q1_CORRECT:
              if(correct == 1'b1)
                begin
                  FSM_state <= Q2_CORRECT;
                  millionaire <= 1'b0;
                end
              else if(wrong == 1'b1)
                begin
                  FSM_state <= GAME_OVER;
                  millionaire <= 1'b0;
                end
              else
                begin
                  FSM_state <= Q1_CORRECT;
                  millionaire <= 1'b0;
                end
        Q2_CORRECT:
              if(correct == 1'b1)
                begin
                  FSM_state <= MILLION;
                  millionaire <= 1'b1;
                end
              else if(wrong == 1'b1)
                begin
                  FSM_state <= GAME_OVER;
                  millionaire <= 1'b0;
                end
              else
                begin
                  FSM_state <= Q2_CORRECT;
                  millionaire <= 1'b0;
                end

        MILLION: if(! asy_rst_)
                begin
```

```
                    FSM_state <= START;
                    millionaire <= 1'b0;
                  end
                else
                  begin
                    FSM_state <= MILLION;
                    millionaire <= 1'b1;
                  end
        GAME_OVER:if(! asy_rst_)
                  begin
                    FSM_state <= START;
                    millionaire <= 1'b0;
                  end
                else
                  begin
                    FSM_state <= GAME_OVER;
                    millionaire <= 1'b0;
                  end
        endcase
      end // end Else block
  end //end always block

endmodule
```

与 Verilog HDL 采用参数定义状态机的方式不同，本例采用枚举数据类型定义状态机的各个状态，采用格雷码编码。通过 Synplify Pro 综合生成的逻辑电路图如图 6-3 所示。其状态跳转图如图 6-4 所示。由图知，采用枚举类型所设计的有限状态机符合设计要求。

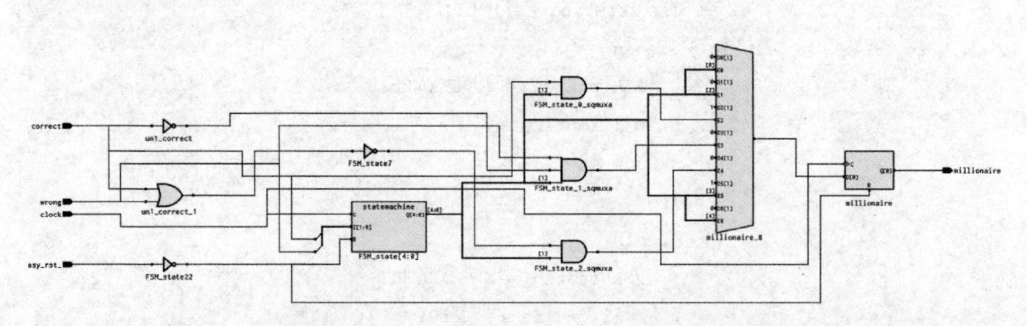

图 6-3　例 6-4 综合生成的逻辑电路图

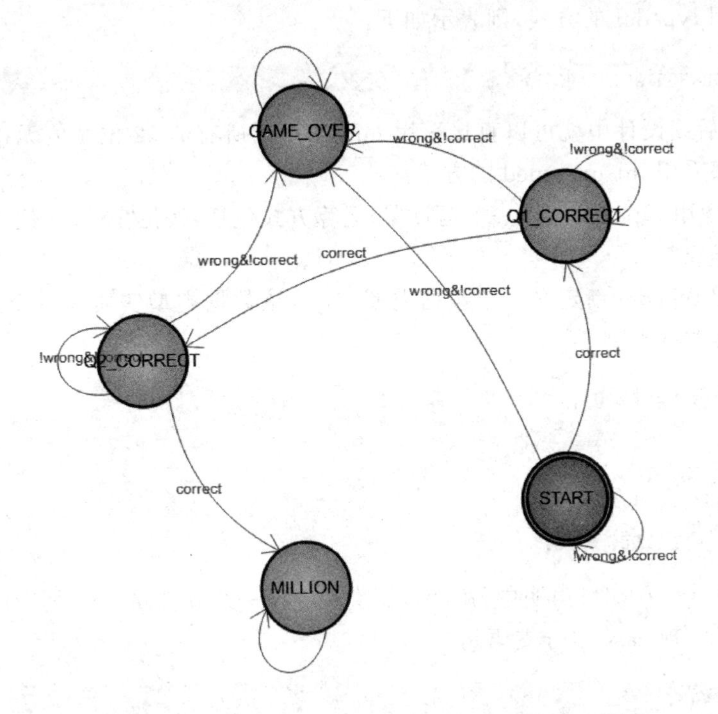

图 6-4 采用 Synplify Pro 综合生成的逻辑跳转图

6.1.4 typedef

如果定义一个新的数据类型，Verilog HDL 采用宏定义的方式，其本质只是文字替换，而不是新的数据类型，如：

```
'define WIDTH 32
'define OP reg ['WIDTH - 1:0]
OP op_a;
```

SystemVerilog 引入关键字“typedef”用于定义新的数据类型，其语法和 C 语言一样。如：

```
parameter WIDTH = 32;
typedef logic [WITDH - 1:0] op_t;
op_t op_a;
```

op_t 为新的数据类型，可以和 logic 等数据类型一样，直接用于定义新的数据。

typedef 最大的好处在于可以使得数据定义更加简洁，特别是对于需要定义无符号数据类型的变量。如：假设定义一个 32 位的 2 值无符号数，传统的定义如下：

```
int unsigned;
```

如果采用 typedef 的方式，则表示如下：

```
typedef int unsigned  uint;
```

这样，在后续设计中就可以直接采用 uint 来声明所有的 32 位 2 值无符号数，而不需要每次都采用 int unsigned 的方式。

【例 6-5】 用 typedef 设计一个运算器，运算方式包括：按位“与”、按位“或”、按位“非”、按位“异或”。

首先采用 typedef 新定义一个数据类型 op_t，该数据类型实质是一个三位位宽的 2 值无符号枚举类型。

```
typedef enum bit [2:0]{
   BITAND = 3'b001,
   BITOR   = 3'b010,
   BITNOT = 3'b011,
   BITXOR = 3'b100} op_t;
```

主程序设计。在端口声明中，用新数据类型定义一个新变量 op，并用于 always_comb 程序中，实现 case 多分支语句。

```
module opfun(
  input logic [31:0] a,
  input logic [31:0] b,
  input op_t op, //新类型声明
  output logic [31:0] result);

  always_comb
        unique case(op)
        BITAND: result = a & b;
        BITOR:  result = a | b;
        BITNOT: result = ~a;
        BITXOR: result = a ^ b;
  endcase

endmodule
```

仿真程序如下。假设激励 a 和 b 分别为 32'hAA_AA_AA_AA 和 32'h55_55_55_55，分别测试每一个 case 语句，并判断是否准确。仿真程序会涉及枚举类型的各种方法，可参见 6.1.3 小节。

```
module opfun_tb;
op_t op;
logic [31:0] a,b,result;

opfun dut(.*);

initial
  begin
    $monitor("%h = %h %s %h", result, a, op.name, b);
   for(op = op.first; 1; op = op.next)
     begin
       a = 32'hAA_AA_AA_AA;
       b = 32'h55_55_55_55;
       #10
       if(op == op.last) break;
     end
  end
endmodule
```

仿真结果如图 6-5 所示。相关波形如图 6-6 所示。

```
# 00000000 = aaaaaaaa BITAND 55555555
# ffffffff = aaaaaaaa BITOR 55555555
# 55555555 = aaaaaaaa BITNOT 55555555
# ffffffff = aaaaaaaa BITXOR 55555555
```

图 6-5 Modelsim 仿真结果

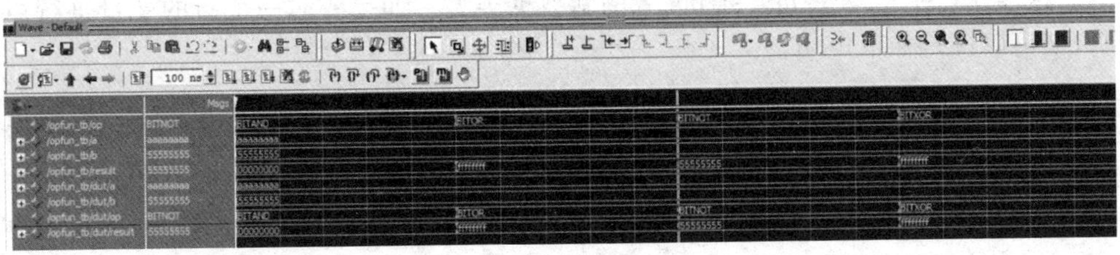

图 6-6 Modelsim 仿真波形图

6.1.5 结构体和共同体

Verilog HDL 一个最大的限制在于缺乏数据结构。SystemVerilog 吸取了 C 语言的特点,引入了结构体和共同体的概念,其语法定义和 C 语言相同。其基本结构如下:

结构体：

```
struct{
    reg [15:0] opcode;
    bit [31:0] addr;
    bit [63:0] data;} IR;
```

共同体：

```
union{
    int I;
    shortreal f;} N;
```

结构体和共同体的区别在于：结构体域中的每个变量都有各自的硬件资源，比如结构体 IR 所占的硬件资源为 opcode、addr 和 data 所占资源的综合，如图 6-7 所示。共同体则是在共同的硬件资源上分配不同的变量，其硬件资源取决于共同体域内的最大的域变量类型，如在共同体 N 中，最大的变量类型为 shortreal 类型。

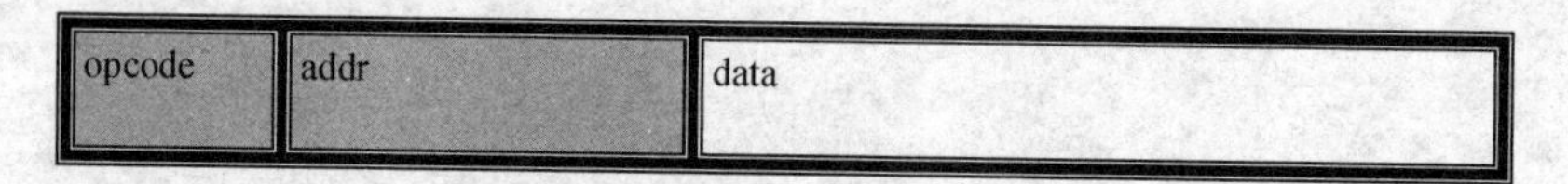

图 6-7　合并结构体资源使用示意图

结构体或共同体可用于模块的端口声明。由于结构体或共同体包含多种变量，因此通常采用 typedef 实现新的数据类型定义。如：

```
typedef struct {
int a;
byte b;
reg [7:0] c;} my_struct_s;
```

这样就产生了一个 my_struct_s 的新数据类型。如果要对一个新的变量进行声明，则可以进行如下声明：

```
my_struct_s st;
```

这样 st 就是一个 my_struct_s 类型的变量。有两种方式对其进行初始化。

- 按照结构体或共同体中的域通过在变量名和域名字之间插入句点(.)赋值或引用，如：

```
st.c = 8'h5; //初始化 st 内 c 域的值为 5
```

- 按照结构体或共同体中的域格式进行全部的赋值初始化，如：

```
st = {32'h55_55_55_55,
    8'hBB,
    8'h5};
```

结构体或共同体存在着合并结构体/共同体和非合并结构体/共同体之分。所谓的合并结构体(packed structure),就是把结构体内的变量连续地存储在存储器内,中间没有任何预留的位置。例如上述的结构体变量st,尽管其域内三个变量所占存储资源各不相同,但实际上系统给三个变量分配的均是三个长字的存储资源。如果使用合并结构体,则它们所占的存储资源为其实际所需资源。

合并结构体采用关键字packed来声明,如把st声明为合并结构体,如下:

```
typedef struct packed {
int a;
byte b;
reg [7:0] c;} my_struct_s;
my_struct_s st;
```

在SystemVerilog代码设计中,何时采用合并结构体?何时采用非合并结构体?——主要着眼于在特定的情形下哪种更通用。如果设计者采用合并运算,如把整个结构体进行复制,则合并结构体更为有效。如果设计者更多地访问结构体内的单独的域,则使用非合并结构体。另外如果元素在字节或者字的边界未对齐,则合并结构体和非合并结构体在使用方面的性能会相差很大。采用合并结构体读写非对齐的元素往往会造成移位和掩模操作,并不划算。

【例6-6】修改例6-5,采用结构体和枚举变量实现一个运算器,其运算方式包括:按位"与"、按位"或"、按位"非"、按位"异或"。

首先,定义新的枚举类型op_t。

```
typedef enum bit [2:0]{
   BITAND = 3'b001,
   BITOR  = 3'b010,
   BITNOT = 3'b011,
   BITXOR = 3'b100} op_t;
```

定义合并结构体cmd_t,该结构体内包含枚举变量op,以及两个32位的逻辑操作数a和b。

```
typedef struct packed{
  op_t op;
  logic [31:0] a,b;
  }cmd_t;
```

主程序中,输入信号的数据类型为合并结构体类型,整个设计非常紧凑、简洁。

```
module opfun(
  input   cmd_t cmd,
  output logic [31:0] result);

  always_comb
    unique case(cmd.op)                         //引用结构体内的 op 变量
        BITAND: result = cmd.a & cmd.b;         //引用结构体内的 a 和 b 变量
        BITOR:  result = cmd.a | cmd.b;         //引用结构体内的 a 和 b 变量
        BITNOT: result = ~cmd.a;                //引用结构体内的 a 和 b 变量
        BITXOR: result = cmd.a ^ cmd.b;         //引用结构体内的 a 和 b 变量
    endcase

endmodule
```

生成的逻辑电路图如图 6－8 所示。

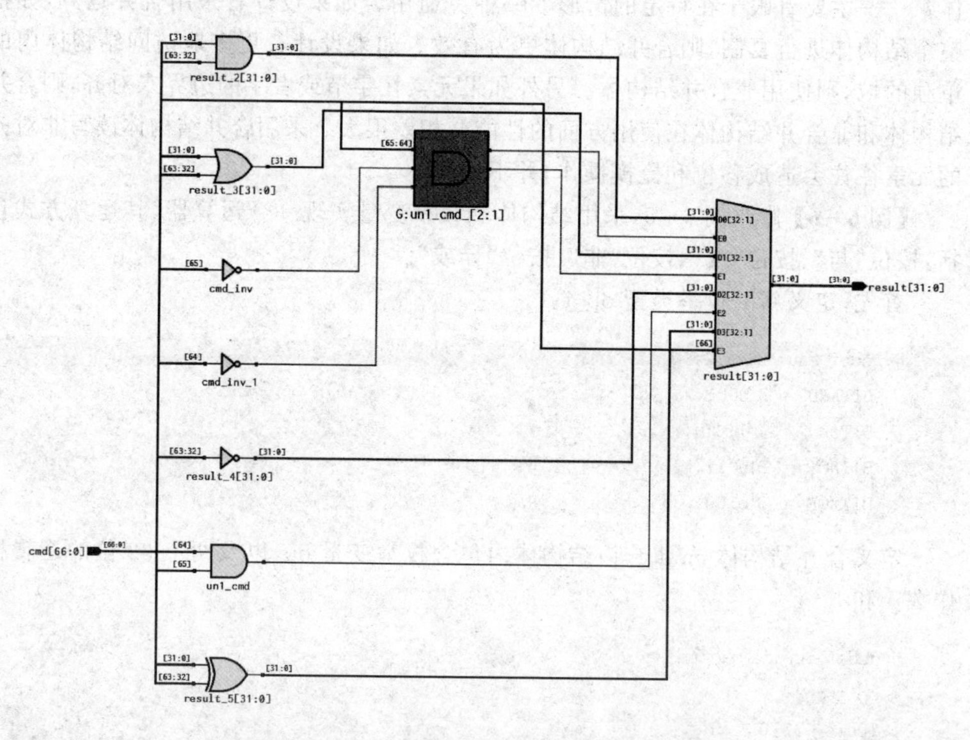

图 6－8　采用 Synplify Pro 综合生成的逻辑电路图

当系统越来越复杂时，采用结构体这样的结构变得越来越重要。首先，对设计者而言，代码会变得更为抽象，更具描述性。其次，由于结构体会在同一个位置声明变量位宽，使用结构体内的变量只需要采用“.”结构，如果变量的命名规则设定好，会大大降低代码的错误率。

6.2 数　组

在3.4节中,有简单介绍Verilog HDL的数组。和Verilog HDL相似,SystemVerilog也有丰富的数组表示方法。如下,先观察几个示例:

示例1:logic   scl;

示例2:logic [7:0] addr;

示例3:logic   addr[1024];

示例4:logic [7:0] addr[1024];

示例1表示为1个一位的变量。在此基础上,可以有两个方式来增加该变量的位宽。一种方式是示例2,在变量左边声明变量宽度,这种方式声明的数组称为向量,也称之为合并数组——其意思与合并结构体相似。整个数组可以进行比特读写、部分位读写以及整体读写。

另外一种方式就是示例3,在变量右边声明变量宽度,这种方式声明的数组称之为非合并数组。非合并数组和非合并结构体的用法相似,表示该数组不是一个连续的向量比特,它们是代表一个向量的数组。示例3就是表示1024个1位位宽向量的数组。该数组也可以表示为logic addr[1023:0];。

示例4则是合并数组和非合并数组共用的方式,其意思表示为1024个8位位宽向量的数组。

合并数组的数据类型只能是bit、logic、枚举类型和合并结构体类型,非合并数组的数据类型可以是任意的。

合并数组和非合并数组在何种情形下使用,取决于具体的设计需求。当系统需要把变量从标量数据转为向量数据,或者从向量数据转化为标量数据时,采用合并数组会非常方便,如把一个存储看成是一个字节或者一个字时。另外,当系统需要侦测数组的数值变化时,就必须使用合并数组,而不是非合并数组。除非把非合并数组展开成数组合并数组。如bit [7:0] addr[2:0];如果需要侦测该数组的数值变化,需要展开为:@(addr[0] or addr[1] or addr[2]);而不是:@addr;。

6.2.1 多维数组

多维数组是指在数组名左边或者右边存在两个及以上维度的变量宽度。其格式如下:

datatype [m1:n1][m2:n2]..[mx:nx] ArrayName [X1:Y1][X2:Y2][Xn:Yn];

其中数组名左和右的维度是可选的。如二维数组:

bit[3:0][7:0] a;

该二维数组为合并数组，表示为该合并数组 a 有 4 个 8 位向量。由于该数组是合并数组，因此也可以看成是一个 32 位位宽向量。因此，该数组可以用多种初始化和引用方式。

- 整体初始化：如：bit [3:0][7:0] a = {8'h1A,8'h2A, 8'h3A,8'hAA};
- 部分初始化：如：a[0] = 8'hAA;　a[2:1] = {8'h2A,8'h3A};
- 位初始化：如：a[3][0] = 1'b0; a[3][3:0] = 4'hA;

三维合并数组和二维合并数组相似，如：

bit [1:0][3:0][7:0] aa;

该数组为三维合并数组，表示该合并数组 aa 有两个数组，每个数组有 4 个 8 位向量。该数组也可以被看成是一个 64 位宽向量，其初始化和引用的方式和二维数组相同。

多维非合并数组和多维合并数组相似，只是多维合并数组存储方式是连续的，而多维非合并数组是非连续的，如三维非合并数组：

bit [3:0][7:0] aaa[2];

该非合并数组表示有两个非合并数组元素，每个非合并数组有 4 个 8 位向量。对非合并数组的初始化可以采用部分初始化或位初始化的方式。如：

```
aaa[0] = a;
aaa[1][0] = 8'hAA;
aaa[1][0][0] = 1'b0;
```

均是合法的。也可以采用整体赋值方式，但格式和合并数组不同。如：

```
bit [7:0] c[4] = '{1,2,3,4};
```

与合并数组赋值相比，非合并数组的赋值在“{}”之前多一个字符“'”。如果直接使用 c = {1,2,3,4}，则该赋值方式是非法的。

多维数组还可以采用合并结构体的方式进行声明。如：

```
struct packed{
logic [3:0] c;
logic [7:0] d;
logic      e;}st;
```

采用合并结构体方式的优势在于结构体域中的每个变量都有变量名称，因此在引用和访问该结构体内的部分变量会变得尤为简单和有效率。合并结构体的初始化和引用在 6.1 节已经详细介绍，在此不作赘述。

6.2.2 动态数组

Verilog HDL 语法中只有固定位宽的数组，其位宽在综合编译的时候就已经被确定。但更多的时候，系统在运行之前并不知道需要多大的位宽。这样造成的结果就是设计者为了保证数据不会溢出而预留了足够的数据宽度,而实际运行时只需要非常少的数据宽度,浪费了存储资源。

SystemVerilog 采用动态数组的方式解决此问题。动态数组只有在仿真运行时才真正确认其所需要的位宽,从而实现对存储的最小需求。

动态数组的基本表达方式是在数组名右边用一个空白的方括号“[]”。如:

```
int a[];
```

意味着该数组在综合编译时,并没有指定位宽,初始时为空。调用此数组时,使用 new[]构造函数分配空间。空间大小由“[]”内的数字决定。如:

```
a = new[5];
```

表示为动态数组 a 分配了 5 个元素。

【例 6-7】动态数组初始化示例。

```
int [7:0] a[],b[];                     //声明两个动态数组
initial begin
b = new[5](5);                         //为动态数组 b 分配 5 个元素,每个元素的值为 5
  bit [7:0] c[4] = '{10,11,12,13};  //为非合并数组 c 初始化
  b.delete();                          //释放空间
  b = new[4](c);                       //为动态数组 b 分配 4 个元素,并把数组 c 的值复制给 b
  a = b;                               //把 b 的值复制到动态数组 a 中
  foreach(a[j]) a[j] = j;              //初始化动态数组 a
  a.delete();                          //释放空间
  b.delete();                          //释放空间
end
```

该例中,使用了多种初始化的方法。如果把整个动态数组初始化为同一个值,则采用第 3 行的方式,也可以采用第 6 行或者第 7 行的方式,直接把一个数组的值复制到另外一个动态数组。还可以采用 foreach 循环语句进行初始化赋值。

第 5、9 和 10 行为动态数组内建系统例程 delete——该任务表示为该动态数组释放空间。可采用内建的系统例程 size 计算动态数组的位宽,其用法和 delete 相同。也可以采用系统函数 $size 计算。

动态数组可为多维数组。多维数组的资源分配和初始化,须分步进行——首先构造最左边的位宽,再构造下一级的位宽。

【例 6-8】多维数组初始化示例。

```
bit dyn[][];
  initial begin
  dyn[] = new[5];              //构建第一级位宽

  foreach(dyn[i])
    dyn[i] = new[5];           //构建第二级位宽,第二级位宽为固定宽度 5 个元素

  foreach[dyn[i,j]]
    dyn[i][j] = i + j;         //初始化二维动态数组每一个元素
end
```

6.2.3 关联数组

对于大规模数组,系统每次只访问其中很小的一部分空间,动态数组就不太适用,而固定数组又需要有大量的内存开销,因此 SystemVerilog 提供了关联数组的数组类型。

如图 6-9 所示,关联数组主要用于存储稀疏矩阵的值——也就是说,数组可以非常大,但 SystemVerilog 只会为需要访问的元素分配内存空间。在图 6-9 中,系统只会为 0..10,40,1000 和 50000 的位置元素分配存储空间。在仿真器中,关联矩阵以树或者哈希表的形式存储,尽管需要额外的开销,但相对于给整个数组进行元素内存分配,这个开销是可以接受的。

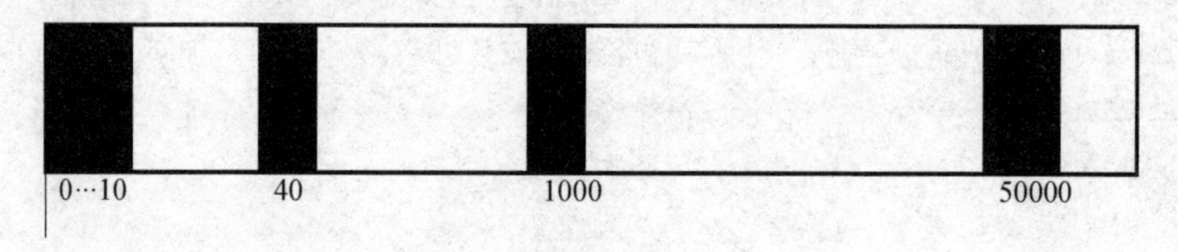

图 6-9 关联数组示意图

关联数组的声明和其他数组方式不一样,它在“[]”内采用数据类型的方式进行声明。该数据类型可以是任意类型,包括 String 类型、类或者用户自定义类型,当然也可以使用[*]的方式进行声明,但不建议这样使用——如果使用 foreach 进行初始化,则不能确定 foreach 内的变量类型。

【例 6-9】 关联数组应用示例。

```
module assoc_array;
//关联数组声明
int assoc_array[int], index = 1;
//初始化
initial begin
  do begin
```

```
        assoc_array[index] = 2 * index;
        index = index << 2;
        end
      while(index ! = 0);
    //遍历打印
      foreach(assoc_array[i])
        $ display("assoc_array[ % h] = % h", i, assoc_array[i]);
      //采用 do..while 循环再次遍历打印关联数组
      if(assoc_array.last(index))
        do
       $ display("assoc_array[ % h] = % h", index, assoc_array[index]);
    while(assoc_array.prev(index));
      //显示关联数组元素个数
       $ display("The array now has % 0d elements", assoc_array.num());
      //返回关联数组第一个元素位置并删除
      assoc_array.first(index);
      assoc_array.delete(index);
       //再次显示关联数组元素个数
       $ display("The array now has % 0d elements", assoc_array.num());
      end
    endmodule
```

例6-9中，采用do…while循环语句初始化关联数组的索引值，并初始化每个元素为索引值的二倍。接着通过foreach语句打印出每一个关联数组保持的元素值。同样也可以采用关联数组自建的系统例程实现每个元素的打印，为了与foreach从索引最小值到最大值的顺序递增打印相区别，该段程序为首先返回到关联数组的最后一个元素并打印，接着判断关联数组的前一个元素是否存在，如果存在，接着打印，直到打印完整个数组。其仿真结果如图6-10所示。

由例6-9可知，SystemVerilog为关联数组提供了多种增加设计便捷性方法，主要的方法如下：

- num或size——返回关联数组中元素的个数，如果是空，则返回0。
- delete(index)——删除该索引元素值。如果index没有标出，则删除整个关联数组。没有返回值。
- exists(index)——如果该索引上的元素存在，则返回TRUE。
- first(ref index)——如果关联数组非空，则返回TRUE。数组中的第一个元素的索引存储在索引中。
- last(ref index)——如果关联数组非空，则返回TRUE。数组中的最后一个元素的索引存储在索引中。
- next(ref index)——如果还有另外一个元素存在在关联数组中，则返回

```
# assoc_array[00000001] = 00000002
# assoc_array[00000004] = 00000008
# assoc_array[00000010] = 00000020
# assoc_array[00000040] = 00000080
# assoc_array[00000100] = 00000200
# assoc_array[00000400] = 00000800
# assoc_array[00001000] = 00002000
# assoc_array[00004000] = 00008000
# assoc_array[00010000] = 00020000
# assoc_array[00040000] = 00080000
# assoc_array[00100000] = 00200000
# assoc_array[00400000] = 00800000
# assoc_array[01000000] = 02000000
# assoc_array[04000000] = 08000000
# assoc_array[10000000] = 20000000
# assoc_array[40000000] = 80000000

# assoc_array[40000000] = 80000000
# assoc_array[10000000] = 20000000
# assoc_array[04000000] = 08000000
# assoc_array[01000000] = 02000000
# assoc_array[00400000] = 00800000
# assoc_array[00100000] = 00200000
# assoc_array[00040000] = 00080000
# assoc_array[00010000] = 00020000
# assoc_array[00004000] = 00008000
# assoc_array[00001000] = 00002000
# assoc_array[00000400] = 00000800
# assoc_array[00000100] = 00000200
# assoc_array[00000040] = 00000080
# assoc_array[00000010] = 00000020
# assoc_array[00000004] = 00000008
# assoc_array[00000001] = 00000002
# The array now has 16 elements
# The array now has 15 elements
```

图 6-10　例 6-9 仿真结果

TRUE。该元素的索引存储在关联数组的索引中。

- prev(ref index)——如果还有另外一个元素存在在关联数组中，则返回 TRUE。该元素的索引存储在关联数组的索引中。

6.2.4 队　列

SystemVerilog 引入了队列的概念。所谓队列，就是一个顺序的、由一维数组组成的链表。和 C 语言的链表结构一样，不必像动态数组那样，每次新增元素，都需使用 new 函数重新分配内存空间。设计者可以在队列内任何位置增加或者删除元素，队列自动对其位宽进行伸缩。队列中的每个元素都有一个索引，索引的范围从 0 到 $（表示队列的最后一位）。

队列定义的基本格式如下：

bit [31:0] queue[$], qq[$:10];

queue 队列边界未定,而 qq 其实等效于 qq[0:10]。队列的初始化和合并数组的初始化相同。如:

```
queue[ $ ] = {1,2,3,4};
qq = {queue[1: $ ], 5,6,7,8}; //qq的值为 2,3,4,5,6,7,8
j = qq[ $ ]; //j = 8
qq = {}; //释放队列
```

队列是连续存储元素的,其压入或弹出操作非常有效,因此队列可用于堆栈操作。

SystemVerilog 借鉴 C 语言的方法,为队列提供了很多的内建方法,提高其设计的便利性。主要方法如下:

- size——返回队列的大小。如果队列为空,则返回 0 值。
- push_front(item)——把 item 压入到队列的第一个位置。队列大小自动增 1。
- push_back(item)——把 item 压入到队列的最后一个位置。队列大小自动增 1。
- pop_front——把队列的第一个位置的 item 弹出。队列大小自动减 1。
- pop_back——把队列的最后一个位置的 item 弹出。队列大小自动减 1。
- insert(index,item)——在队列的第 index 位置插入 item。队列大小自动增 1。
- delete(index)——删除队列中的第 index 位置的 item。队列大小自动减 1。

【例 6 - 10】队列应用示例。

```
int  idx = 10;
int  q1[ $ ] = {0,1,2};
int  q2[ $ ] = {5,6,7};

initial begin
q1.delete(1);  //{0,2}
q1.insert(1,1); //{0,1,2}

q2.push_front(idx); //{10,5,6,7}
idx = Q2.pop_back; //idx = 7, q2 = {10,5,6}
q2.push_back(10); //{10,5,6,10}
idx = q2.pop_front; //idx = 10, q2 = {5,6,10}
  q2.delete();  //删除 q2
end
```

注意,pop 操作会从队列中弹出一位,队列大小会缩小 1 位。如果只是需要读取

队列中的某一位,而不改变大小,只能采用赋值方式进行。如:

```
idx = q2[ $ ]; //idx 读取 q2 最后一位
idx = q2[0]; //idx 读取 q2 第一位
```

6.2.5 数组的基本操作方法

SystemVerilog 提供了丰富的数组操作方法,以便设计者能够快速达到代码设计目标。

(1) 数组元素间运算

数组元素间运算包括数组求和、求积及逻辑运算(逻辑“与”“或”“异或”等)。如:

```
int data[ $ ] = {1,2,3,4};
int w;
w = data.sum();  //w = 1 + 2 + 3 +4
w = data.product(); //w = 1 × 2 × 3 × 4
w = data.and(); //w = 1 & 2 & 3 & 4
```

SystemVerilog 没有专门用于从数组中选择随机元素的方法,一般来说,对于动态数组或队列,SystemVerilog 采用 $ urandom_range(arrange. size()－1)来替代。而对于固定数组、队列、动态数组和关联数组,也可以采用 $ urandom_range($ size(array)－1)来替代。

(2) 数组定位查找方位

SystemVerilog 中数组最大的优势在于能够通过数组定位查找的方法快速从一个非合并数组中找出符合要求的元素和索引,并进行相关计算。注意,查到的元素通常会赋值给一个队列,而不是动态数组或关联数组。

常见的数组定位查找方法有 min、max 和 unique,分别表示从数组中找出最小值、最大值以及去掉重复值。

【例 6 - 11】 查找数组中的最大值、最小值和去重复值。

```
bytedata[10] = '{1,2,3,4,5,2,3,4,5,6};
byte que[ $ ];
que = data.min(); //que 等于{1}
que = data.max(); //que 等于{6}
que = data.unique(); //que 等于{1,2,3,4,5,6}
```

对数组定位查找更多的不是找最大值和最小值,而是找满足一定条件的值。SystemVerilog 采用关键字“with”和“find”来实现。

【例 6 - 12】 基于例 6 - 11,采用关键字“find”和“with”实现数据定位查找。

```
que = data.find_index with (item > 2);           //{2,3,4,5}
que = data.find_first with (item > 10);          //{}没有发现,返回空队列
que = data.find_first_index with (item == 5);  //{4} data[4] = 5
que = data.find_last with (item == 3);           //{3}
que = data.find_last_index with (item == 3);   //{2} data[2] = 3
//以下方式都等效
que = data.find_first() with (item > 10);        //{}没有发现,返回空队列
que = data.find_first(item) with (item > 10);  //{}没有发现,返回空队列
que = data.find_first(x) with (x > 10);          //{}没有发现,返回空队列
```

index 表示查找满足条件的数组元素的索引值。

定位查找和数组内运算可以结合起来使用,但需要确认定位查找得出来的数组是比较后的布尔值数组还是元素值数组,否则运算结果完全不同。

【例 6-13】基于例 6-12,进行数组内运算。

```
int count, total;
count = data.sum(item) with (item > 2);  //4 = sum(0,0,1,1,1,1)
total = data.sum(item) with((item > 2) * item); //18 = sum(0,0,3,4,5,6)
count = data.sum(item) with((item > 2) ? item : 0); //18 = sum(0,0,3,4,5,6)
```

由例 6-13 可知,数组首先会通过数值比较进行定位查找,得出来的结果是布尔值:0 或者 1。因此,如果要对满足条件的元素值进行数组内运算,必须使用条件表达式"?:"或者通过布尔值乘以元素值来实现。

数组内运算,特别是求和或者求积运算,需要确认最后的结果不会溢出。为了得出正确结果,需要使用强制类型转换来实现。

【例 6-14】数组内求和运算示例。

```
bit data[10];
int sum;

initial begin
  for(int i = 0;i<10; i ++ )
  data[i] = i;  //0,1,0,1,0,1,0,1,0,1


      sum = data.sum();  //sum = 1 = (0+1+0+1+0+1+0+1+0+1) & 1
      sum = data.sum() with (int'(item)); //sum = 5
```

(3) 数组排序

SystemVerilog 内建多种方法对数组内部元素进行排序,既可以升序排列(sort),也可以降序排列(rsort),还可以对整个数组倒装(reserve),另外也可以对整个数组进行重新洗牌(shuffle)。注意,不能对关联数组进行排序。

【例 6-15】数组排序示例。

```
byte data[]      = '{3,5,2,6,7};
dta.reserve();           //{7,6,2,5,3}
dta.sort();              //{2,3,5,6,7}
dta.rsort();             //{7,6,5,3,2}
dta.shuffle();           //{3,6,2,5,7}
```

SystemVerilog 也可以针对合并结构体数组排序。如：

```
struct packed {
    bit [7:0] r,g, b} color[];
color ='{'{r:3, g:5, b:7},'{r:2, g:4, b:6},'{r:5, g:5, b:8}};
//以 color 域中的 r 变量排序
color.sort with (item.r); //'{'{r:2, g:4, b:6},'{r:3, g:5, b:7},'{r:5, g:5, b:8}}
//先以 color 域中的 g 变量排序,然后按照 b 变量排序
color.sort with(x.g, x.b);// '{'{r:2, g:4, b:6},'{r:3, g:5, b:7},'{r:5, g:5, b:8}};
```

6.2.6 字符串

相比于 Verilog HDL，SystemVerilog 新增了 String 字符串。和 C 语言不一样，字符串不含空字符，整个字符串长度为 0 到 N－1。字符串最左边为第 0 位，最右边为第 N－1 位。字符串不需要使用 new 来构造存储空间并初始化，但其长度可以伸缩。如：string msg ＝ “String is for SystemVerilog!”, $display(“%s”, msg); %s 表示打印字符串。

SystemVerilog 内建了很多用于字符串处理的方法，具体如下：

表 6－2　字符串处理方法及描述

字符串处理方法	描　述
strA==strB	相等——操作数可以是字符串类型或者字符串文字，如果两个字符串由相同的字符序列组成，则返回 1
strA! =strB	不等于——对相等操作取反
strA < strB　strA <= strB strA>strB strA>=strB	比较——如果相应的按字典序的比较条件满足时，则返回 1
{strA,strB,..,strN}	连接——扩展指定的字符串。操作符可以是字符串类型，也可以是字符串文字。当所有的操作符都是字符串文字时，此操作完成整体的连接，结果也是一个字符串文字
str.len()	长度——返回代表字符串的长度的整数
str.putc(i, c)	字符输入——将字符串 str 中的第 i 个字符替换成字符 c。i 必须是一个整数，c 必须是一个字节类型的字符

续表6-2

字符串处理方法	描 述
str. getc(i)	获取字符——返回字符串str的第i个字符。i必须是整数，返回的字符表示为一个字节
str. toupper()	转成大写——返回str中所有字符变成大写的字符串
str. tolower()	转成小写——返回str中所有字符变成小写的字符串
strA. compare(strB)	比较——比较strA和strB，从第一个字符开始比较。如果相等，则继续后续字符，直到两者有不同或者到达某个字符串的结尾。如果相等，返回'0'；如果strA在strB之后，则返回整数；如果strA在strB之前，则返回负数
strA. icompare(strB)	比较——和compare方法类似，但是不关心大小写
str. substr(i, j)	子串——i和j都是整数，返回一个新的字符串，由str的第i和第j中间的所有字符组成
str. atoi() str. atohex() str. atooct() str. atobin()	字符串转整数——返回一个32位整数(不考虑此字符串表示的数字的长度)，对于atoi，字符串将被看作十进制；对于atoh，十六进制；对于atooct，八进制；对于atob，二进制。对于比较大的数字，使用系统任务$sscanf更加合适
str. atoreal()	字符串转实数——此方法返回字符串str表示的实数
str. itoa(i) str. hextoa(i) str. octtoa(i) str. bintoa(i)	整数转字符串——atoi，atohex，atooct，atobin的反运算。此系列方法输入一个整数i，将其对应的表示方式存在字符串str中
str. realtoa(r)	实数转字符串——atoreal的反运算。此方法输入一个实数r，将其对应的表示方式存在字符串str中

SystemVerilog自带用于打印字符串的系统函数和任务，具体如表6-3所列。一个流行的$sformatf的替代方式是$psprintf，它实际上是由Vera遗留下来的，$sformtf后来成为SystemVerilog的语言标准。然而，大部分流行的SystemVerilog编译器都支持$psprintf，尽管它没有成为标准。如果想符合标准，请使用$sformatf。

表6-3 用于打印字符串的系统任务和函数描述

系统任务和函数	描 述
$sscanf(str,format,args)；	$sscanf将字符串按照某个模板格式进行扫描，其字符串格式和C语言中的printf()函数类似
$sformat(str,format,args)；	$sformat是$sscanf的反函数。将字符串按照给定的格式填入相应的参数args中

续表 6-3

系统任务和函数	描　述
$display(format,args);	$display 就是 Verilog 的 printf 语句,在 stdout 上显示格式化的字符串
$sformatf(format,args);	$sformatf 任务和 $sformat 相似,除了其返回字符串结果。字符串作为 $sformatf 的返回值,而不是像 $sformt 一样放在第一个参数上

6.3 过程语句

Verilog HDL 语言主要采用连续赋值语句 assign 以及行为级描述语句 always 和 initial 来进行过程描述。采用 always 语句可以生成触发器,也可以生成锁存器,还可以生成组合逻辑。这样的方式会降低编译器和仿真器的效率。SysemVerilog 丰富了过程语句,在 Veilog HDL 语言的基础上增加了 final 语句,同时在兼容 Verilog HDL 的 always 语句的同时,又新增了三类细分语句:always_ff 语句——生成时序逻辑,always_comb 语句——生成组合逻辑,always_latch 语句——生成锁存器。由于 initial 语句和 Verilog HDL 相同,在此不赘述。

6.3.1 always_comb 语句和 assign 语句

SystemVerilog 语言中,always_comb 和 assign 语句都可以用来描述组合逻辑。always_comb 的基本格式如下:

always_comb statement;

statement 可以是单条语句,也可以是语句块。如:

always_comb a = b ? c : d;

该语句表示,当 b、c 和 d 三个信号有任意一个发生变化时,仿真器就会进行计算,并把计算结果赋给 a,同时等待下一次 b、c 和 d 的变化。如果计算出来的值 a 与上一次结果不一样,同样,仿真器会把该值传递给另外一个模块的输入端口。

使用 always_comb 语句主要有四点需要注意:

(1) always_comb 语句暗含有一个敏感事件列表。其敏感事件列表为赋值语句右边的变量,包括条件表达式内的变量。

(2) 一个 always_comb 内的变量不能同时在另外一个 always_comb 内被赋值。

(3) always_comb 语句块会在仿真时间为 0 时被触发,然后 initial 与 always 进程才能开始执行。因此,在仿真时间 0 时,变量将会有一个确定值。

(4) always_comb 语句内不能有任何时延控制或事件控制的逻辑。

assign 语句和 always_comb 语句很相似,但 assign 语句内不能包含语句块。同时，assign语句可以调用函数来执行其他计算任务，但always_comb语句无法做到。

尽管always_comb和assign实现的功能都相同，但由于always_comb语句暗含有等待敏感事件触发的状态，因此，在使用force…release语句块做仿真激励时，会出现不同的结果。

【例6-16】 always_comb和assign语句在force…release中的应用示例。

```
module force_release_tb;
  logic [7:0] sub_comb, sub_assign, a, b;

  initial begin
    $monitor("T = %3d, sum_comb = %h, sub_assign = %h, a = %h, b = %h",
          $time, sub_comb, sub_assign,a,b);
    a = 0;
    b = 0;
    #5;
    force sub_comb    = 8'hAA;
    force sub_assign = 8'hAA;
    #100
    release sub_comb;
    release sub_assign;
    #5
    a = 1;
    #5
    $finish;
    end

  always_comb
    sub_comb = a - b;

  assign sub_assign = a - b;
endmodule
```

在例6-16中，采用$monitor实时打印监测数据。在仿真时刻0，always_comb和assign语句被触发。5个时间单位后，强制sub_comb和sub_assign为8'hAA，此时always_comb语句和assign语句都会被触发。100个单位后，释放sub_comb和sub_assign，此时由于a和b的值都没有变化，因此always_comb语句没有被触发，依旧维持原值，而assign语句作为连续赋值语句，其值马上会改变。再过5个时间单位，a值改变，又一次触发always_comb语句和assign语句。其仿真结果如下：

```
VSIM 15> run -all
# T =   0, sum_comb = 00, sub_assign = 00, a = 00, b = 00
# T =   5, sum_comb = aa, sub_assign = aa, a = 00, b = 00
# T = 105, sum_comb = aa, sub_assign = 00, a = 00, b = 00
# T = 110, sum_comb = 01, sub_assign = 01, a = 01, b = 00
```

图6-11　例6-16仿真结果

6.3.2　always_latch语句

always_latch语句用于对锁存器行为建模。其基本结构和always_comb相似，但需要有一个锁存条件，如下：

```
always_latch
  if(condition) statement;
```

当condition条件为真时，statement赋值语句才会把右边计算的结果赋值左边。如果为假，但是statement赋值语句右边的变量发生改变，statement仍旧会执行，但不会把结果赋给左边的变量，这样就形成了一个锁存器。

always_latch语句实际上等同于always_comb语句，除了它能明确告知综合软件设计的意图就是生成一个锁存器。因此，always_latch语句也暗含有一个敏感事件列表，always_comb的四点注意事项也同样适用于always_latch。

【例6-17】采用always_latch语句生成一个8位位宽的锁存器。

```
module latch8(
output logic [7:0] q,
input logic [7:0] d,
input logic      en);

always_latch
  if(en)  q <= d;
endmodule
```

采用Synplify Pro综合生成的逻辑电路图如图6-12所示。

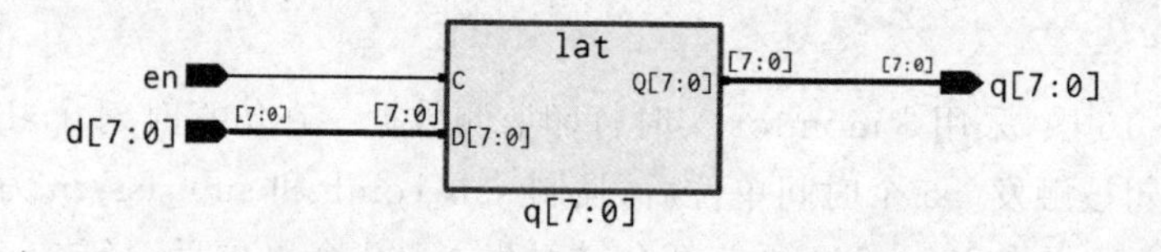

图6-12　例6-17综合生成的逻辑电路图

6.3.3 always_ff 语句

always_ff 语句用于指导综合软件生成一个边沿触发逻辑，即生成触发器或寄存器功能。其用法和 Verilog HDL 语言对 always 语句的用法相似，但事件列表为边沿触发，而不是电平触发。其基本格式如下：

```
always @(edge trigger list)
  statement;
```

【例 6-18】修改例 6-17，生成 8 位位宽的 D 触发器。

```
module ff8(
output logic [7:0] q,
input logic [7:0] d,
input logic      clk,
input logic      rst_);

always_ff @(posedge clk, negedge rst_)
  if(! rst_)  q <= 0;
  else       q<= d;
endmodule
```

例 6-18 设计的是异步复位 D 触发器，一旦 rst_有效，q 值输出为 0；一旦 rst_无效，则在 clk 的上升沿触发下，把输入 d 发送给输出 q。采用 Synplify Pro 综合生成的逻辑电路图如图 6-13 所示。

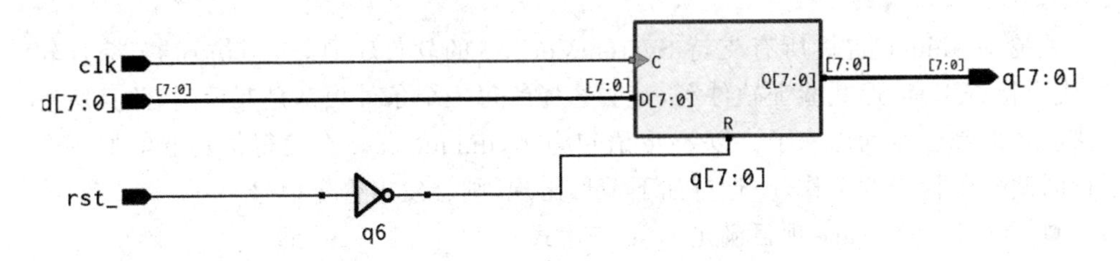

图 6-13 例 6-18 综合生成的逻辑电路图

在使用 always_ff 语句时，有如下四个原则需要注意：

（1）always_ff 语句块内一般使用非阻塞赋值。

（2）always_ff 语句块内可以使用阻塞赋值，但该赋值语句所涉及的变量一般用于 always_ff 语句块内使用。

（3）always_ff 语句只能使用“@”作为事件控制触发，不使用时延＃和等待语句 wait。

（4）always_ff 语句块内的变量不能被另外一个 always_ff 语句块赋值。

6.3.4 final 语句

final 语句一般用于仿真结束前最后执行的语句块，通常是仿真事件列表已经清空或者仿真器调用 $finish 系统函数时开始执行。一般用于显示仿真过程中由 testbench 收集的统计信息。一个 testbench 中可以有多个 final 语句，其执行的顺序是随意的。

所有的 final 语句一旦调用就立即执行，因此 final 语句中不能有任何时延控制语句或事件。例如：

```
final
   $display("Simulation is end %3d", $time);
```

6.4 unique 和 priority

不合适的 case 代码会导致综合生成非设计者意图的电路或者产生锁存器。这些问题不解决，在流片前或者进行门级仿真前会实现不了真实的功能。Verilog HDL 语言采用 full_case 和 parallel_case 指导综合软件、仿真器等实现设计者的真实意图。SystemVerilog 采用 unique 和 priority 来避免代码设计时出现错误。这两个关键字通常会放在 if、case、casez 和 casex 等关键字前面。如果是“if…else if…else”条件判断语句，只需把 unique 或者 priority 放置在第一个 if 前即可。

6.4.1 unique

关键字 unique 告诉所有支持 SystemVerilog 的软件工具，包括仿真器、综合软件、代码检查工具、形式验证软件等，其所选择的每一个条件项都是互斥的，并且所有合法的情形都已经列出来了。以 case 语句为例，unique case 会使得仿真器增加一个运行时间代码检查的工作，一旦有如下情形出现，则会发出警告信号：

- 有超过一个 case 项目满足 case 表达式。
- 没有 case 项目满足 case 表达式，同时也不存在 default 的状态。

【例 6-19】采用 casex 修改实例 3.9，当 up 为 1 时，计数器自增；当 up 为 0，且 dwn 为 1 时，计算器自减；当 up 为 0，dwn 为 0，且 ld 为 1 时，计数器预置数据。

代码如下：

```
module full_counter(
input logic sysclk,
input logic up,
input logic dwn,
input logic ld,
input logic set,
```

```
input logic reset,
input logic [7:0] data,
output logic [7:0] count
);

// CASE Method - - Comment out IF - Else code to synthesize this portion
always_ff @(posedge sysclk, negedge reset)
begin
   if(! reset)
      count <= 8'b0;
   else if(set)
      count <= 8'hFF;
      else
        //unique casex({up,dwn,ld})
        casex({up,dwn,ld})
            3'b1??: count <= count + 8'h1;
            3'b01?:count <= count - 8'h1;
            3'b001: count <= data;
            default: count <= count;
        endcase
  end
endmodule
```

程序采用 casex 进行编程，很显然，此程序带有优先级编码。up 为第一优先级，ld 为最低优先级。采用 Synplify Pro 综合编译生成的逻辑电路图如图 6-14 所示。

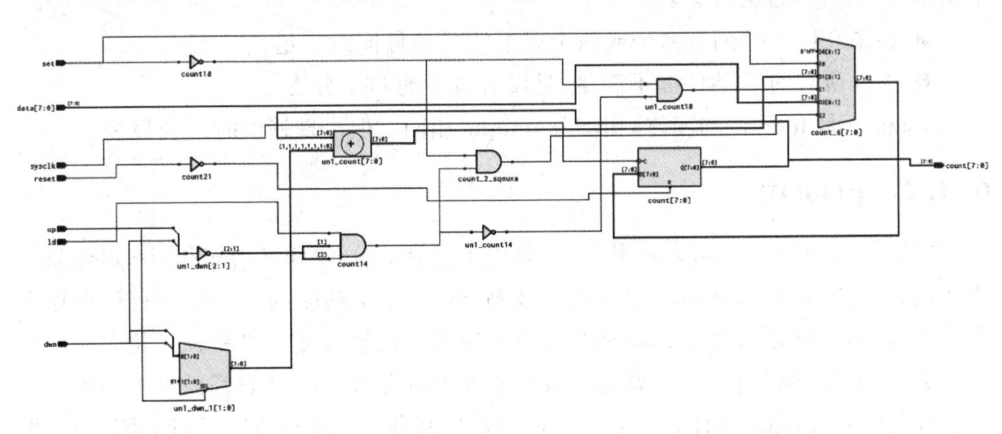

图 6-14 采用 Synplify Pro 对例 6-19 综合编译生成的逻辑电路图

如果在 casex 前加上 unique 关键字——unique casex({up,dwn,ld})，代码所产生的行为就会完全不同。首先，代码在某一个时刻只能和一个 case 项目对应，否则就会报警；其次，unique 会告诉综合软件所有的 case 项目都是并行的，没有优先级之分。因此,加上 unique 的代码实际是一个没有优先级的计数器。其综合后的逻辑电路图如图 6－15 所示。

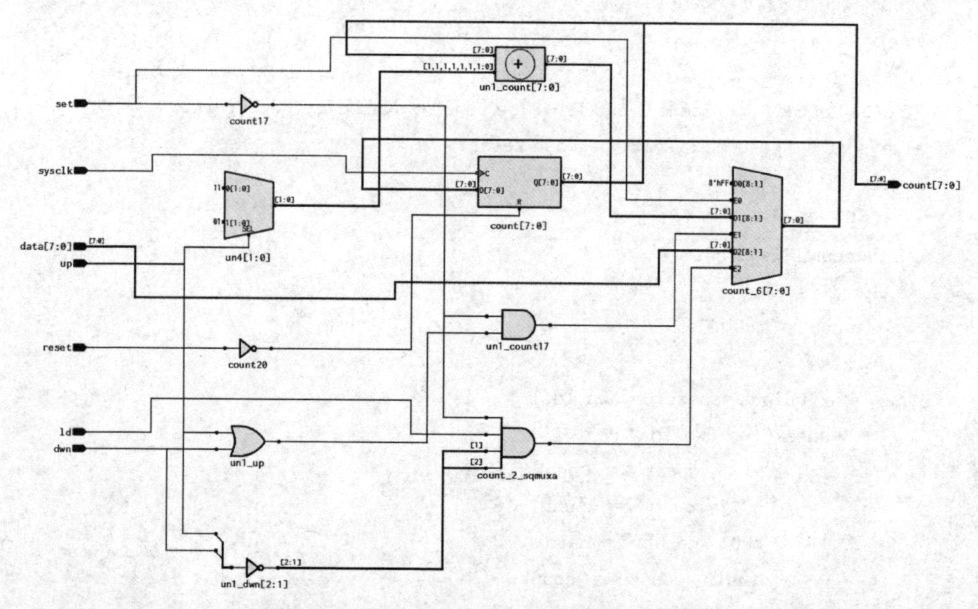

图 6－15 采用 unique 后综合生成的逻辑电路图

相比于图 6－14,图 6－15 删除了很多不必要的逻辑,使综合后的逻辑电路更小,更紧凑。

unique 也可以应用于 if…else 条件语句。和应用于 case 语句中相似,当出现如下情形时,仿真器也会告警:

- 如果在同一时刻有两个或两个以上的 if 条件同时满足;
- 如果所有的 if 条件都不满足,且没有最终的 else 分支。

unique0 是 unique 的变体,用法和 unique 相同。但出现违例时不会报警。

6.4.2 priority

关键字 priority 和 unique 相似,主要用于指导 case 多分支语句和 if…else 条件语句的仿真与综合。priority 引导所有支持 SystemVerilog 的工具按照代码顺序严格执行,代码中没有列出的 case 项目可以理所当然地忽略掉。如果 case 语句中包含了 default 语句,那么 priority 就会失效——因为所有的 case 状态都已经列明了。

和关键字 unique 一样,priority case 会让仿真器在每次仿真时运行监测,一旦发现 case 表达式与 case 项目中的所有状态都不符,且没有 default 状态,仿真器就会发出告警。priority if 会在所有 if 条件都不满足,且没有 else 分支的情况下让仿真器告警。当然,如果 if…else 条件表达式完整,则即使使用 priority 也无效——这种情形和在 case 语句中有 default 状态一样。

【例 6-20】带使能的 2—4 译码器。当 en 为 1 时，译码器开始译码；当 en 为 0 时，译码器输出 0。

代码如下：

```
module decode2_4(
  output logic [3:0] y,
  input logic        en,
  input logic  [1:0] in
);

always_comb begin
  y = 4'b0;
  priority case({en,in})
     3'b100: y = 4'b0001;
     3'b101: y = 4'b0010;
     3'b110: y = 4'b0100;
     3'b111: y = 4'b1000;
     endcase
     end
endmodule
```

综合后生成的逻辑电路图如图 6-16 所示。

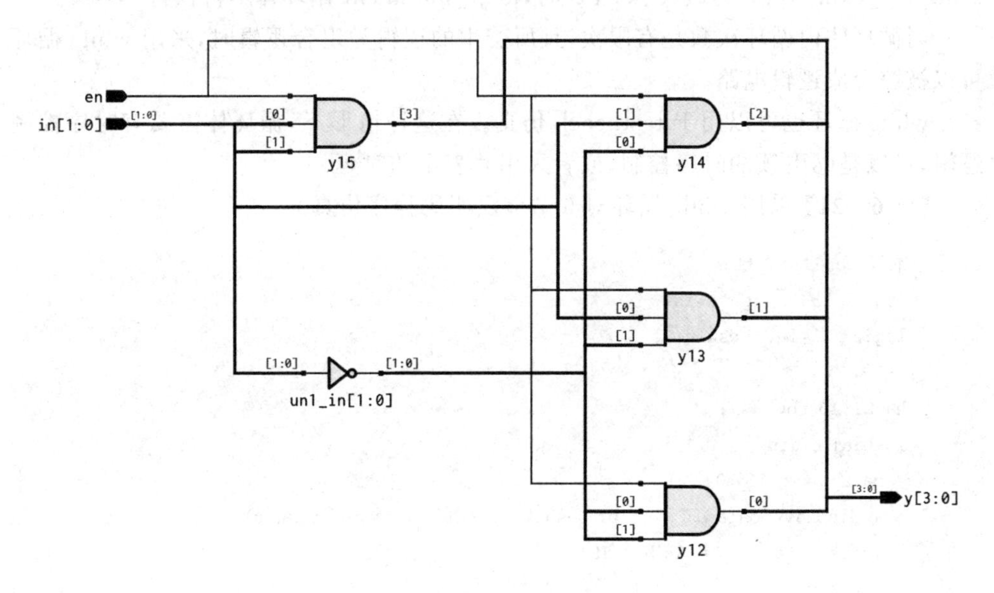

图 6-16 例 6-20 综合后的逻辑电路图

unique 和 priority 也不能随意使用，否则可能会使整个设计出现错误。

6.5 循环语句

Verilog HDL 语言中，已经包含了好几类循环语句，如 for 循环、repeat 循环等。SystemVerilog 吸收 C 等高级语言特点，在兼容 Verilog HDL 语言的基础上，另外新增了 while 循环和 foreach 循环等。因此，本节只讲述新增循环语句。

在介绍循环语句之前，需要介绍 SystemVerilog 新增的操作符。这些操作符大部分是从 C 语言中引进来的。包括自增(＋＋)、自减(－－)、缩减操作符(＋＝、－＝)等。其用法和 C 语言相同，如 for 循环：

```
for(int I = 0;I< 10; I++);
```

该语句在 SystemVerilog 中是合法的。由于用法和 C 语言相同，在此不赘述。

6.5.1 while 循环

SystemVerilog 的 while 循环的基本格式和 C 语言一样。具体如下：

while(condition_expression)

  loop_statement;

当 condition_expression 为真(非 0 值)时，开始执行 loop_statement 循环体。当 condition_expression 为假(0、x 和 z)时，loop_statement 循环体不再执行。

当循环体内循环次数是有限次，且所产生的逻辑为组合逻辑时，采用 while 循环可以被综合成逻辑电路。

while 循环也可以用于 testbench 仿真。在这种情形下，循环体需要有时序控制逻辑，可以是@引领的时序控制，或者采用＃表示的时延。

【例 6-21】采用 while 循环对 6.7 节汉明码程序仿真。

```
module ham21_16_tb;
  logic [15:0]  data_in;
  logic [21:1]  result;

  ham21_16 tb(.*);
  initial begin
    data_in = 16'h0;
    $display("data_in = %b, result = %b", data_in, result);
    while(data_in <= 16'hFF_FF)
      begin
        #5 data_in++;
        $display("data_in = %b, result = %b", data_in, result);
      end
```

```
    end

endmodule
```

本例采用穷举法一一验证从 0 到 65536 之间的数据经过汉明码编码后输出的数据。系统采用 while 语句实现循环，并采用自增标识符“++”实现数据的迭代。其部分仿真结果如图 6-17 所示，Modelsim 仿真文件输出结果如图 6-18 所示。

图 6-17 采用 Modelsim 仿真波形图

```
# data_in = 0101110001101101, result = 010111100011011100000
# data_in = 0101110001101110, result = 010111100011011100111
# data_in = 0101110001101111, result = 010111100011011111001
# data_in = 0101110001110000, result = 010111100011011111110
# data_in = 0101110001110001, result = 010111100011100000000
# data_in = 0101110001110010, result = 010111100011100000111
# data_in = 0101110001110011, result = 010111100011100011001
# data_in = 0101110001110100, result = 010111100011100011110
# data_in = 0101110001110101, result = 010111100011100101010
# data_in = 0101110001110110, result = 010111100011100101101
# data_in = 0101110001110111, result = 010111100011100110011
# data_in = 0101110001111000, result = 010111100011100110100
# data_in = 0101110001111001, result = 010111100011101001011
# data_in = 0101110001111010, result = 010111100011101001100
# data_in = 0101110001111011, result = 010111100011101010010
# data_in = 0101110001111100, result = 010111100011101010101
# data_in = 0101110001111101, result = 010111100011101100001
# data_in = 0101110001111110, result = 010111100011101100110
# data_in = 0101110001111111, result = 010111100011101111000
# data_in = 0101110010000000, result = 010111100011101111111
# data_in = 0101110010000001, result = 010111100100000001000
# data_in = 0101110010000010, result = 010111100100000001111
# data_in = 0101110010000011, result = 010111100100000010001
# data_in = 0101110010000100, result = 010111100100000010110
# data_in = 0101110010000101, result = 010111100100000100010
# data_in = 0101110010000110, result = 010111100100000100101
# data_in = 0101110010000111, result = 010111100100000111011
```

图 6-18 采用 Modelsim 仿真文件输出结果

6.5.2 do…while 循环

do…while 循环和 while 循环类似。与 while 循环不同之处在于，do…while 循环将先执行一次循环体，再进行循环条件判断是否继续；而 while 循环需要先进行循环条件判断，再决定是否执行循环体。

如采用 do…while 循环来修改例 6-21，则相应程序如下，其结果和例 6-21 相同。

```
module ham21_16_tb;
  logic [15:0]  data_in;
  logic [21:1]  result;

  ham21_16 tb(.*);
  initial begin
    data_in = 16'h0;
    do
        begin
            $display("data_in =  %b, result =  %b", data_in, result);
            #5 data_in++;
        end
    while(data_in <= 16'hFF_FF);
    end

endmodule
```

6.5.3 foreach 循环

foreach 主要用于数组访问或者初始化。其基本格式如下：

```
foreach(j)
    loop_statement;
```

其中，循环变量 j 是自动生成的，用于遍历数组从 0 到最高位的数组元素。其等效于一个 for 循环，如下：

```
for(int j = 0; j < $size(array);j++)
  loop_statement;
```

【例 6-22】采用 foreach 循环打印二维数组

```
module multiarray;
  int ma[2][3] = '{'{1,2,3},'{4,5,6}};

  initial begin
    $display("The initial value:");
    foreach(ma[i,j])
      $display("ma[%0d][%0d] =  %0d", i,j,ma[i][j]);
```

```
    $ display("The new value:");
    ma = '{'{3{4}},'{3{8}}};
    foreach(ma[i,j])
      $ display("ma[ %0d][ %0d] =  %0d", i,j,ma[i][j]);
    end
endmodule
```

打印结果如图 6－19 所示。

```
# The initial value:
# ma[0][0] = 1
# ma[0][1] = 2
# ma[0][2] = 3
# ma[1][0] = 4
# ma[1][1] = 5
# ma[1][2] = 6
# The new value:
# ma[0][0] = 4
# ma[0][1] = 4
# ma[0][2] = 4
# ma[1][0] = 8
# ma[1][1] = 8
# ma[1][2] = 8
```

图 6－19　例 6－22 程序打印输出结果

6.5.4　continue 和 break

和 C 语言一样，在程序执行过程中，有时需要跳出循环体执行下一个语句，或者跳出本次循环执行下一次循环。SystemVerilog 借鉴了其他高级程序语言，采用 continue 和 break 来实现此功能。

所谓的 continue，表示继续下一次循环，直到不满足循环条件为止。而 break 表示跳出循环体而开始执行剩余的其他程序。

【例 6－23】采用 continue 语句实现对数组中的奇偶数据分类，偶数重新组合为一个新数组。

```
module pri_odd;
int data[10] = '{1,3,4,2,4,7,8,10,55,11};
int queque[ $ ];
int count = 0;
initial begin
for(int i = 0; i < 10; i++)
   if(data[i] %2 == 0)
     begin
```

```
        count ++ ;
        queque.push_back(data[i]);
      end
    else
      continue;

  $display("There are %0d odd, they are", count);
  foreach(queque[j])
    $display("%0d",queque[j]);
  end
endmodule
```

仿真结果如图 6-20 所示。

如果把 continue 修改为 break,则表示只要遇到第一个数为奇数,则跳出执行后续程序。以本例为例,则 count 为 0,没有显示有偶数存在。这个的结果肯定是不正确的,如图 6-21 所示。

```
# There are 5 odd, they are
# 4
# 2
# 4
# 8
# 10
```

图 6-20 采用关键字 continue 实现奇偶分离

```
VSIM 32> run -all
# There are 0 odd, they are
```

图 6-21 采用关键字 break 实现奇偶分离的错误示例

6.6 模块例化

2.6.3 节详细描述了 Verilog HDL 语言下的模块例化,一般采用端口名称关联或者端口位置关联。这种方式同样适合 SystemVerilog。

除了端口名称关联和端口位置关联,SystemVerilog 还提供了其他更有效率的模块例化方式。

(1) 第一种情形:当子模块端口信号名称和要连接到子模块端口的信号名称完全匹配时,则可以采用(.*)来替代所有的端口映射。

(2) 第二种情形:当子模块信号名称和要连接到子模块端口的信号名称部分匹配时,可以采用端口名称关联结合(.*)的方式——对名称不匹配的端口采用端口名称关联的方式,对名称匹配的端口直接采用(.*)的方式。

(3) 第三种情形:第一种情形采用(.*)的方式,可能会造成归档麻烦以及可读性差,所以可以采用(.port)的方式进行端口映射。这种方式比端口名称关联的方式更加简单,但可读性强。

【例 6-24】 采用 SystemVerilog 改写例 2-28,分别采用端口名称关联、端口位置关联、名称完全匹配关联、名称部分匹配关联以及名称显示关联的方式进行模块例化。

```
//子模块:减法器
module subtract2(
input   logic [3:0] in1,
output logic [3:0] out1);

always_comb
   out1 = in1 - 4'b0010;
endmodule

//子模块:加法器
module add(
input logic [2:0] in1,
input logic [2:0] in2,
output logic [3:0] out1);

always_comb
   out1 = in1 + in2;
endmodule

//①端口名称关联
module Name_addmult(
input logic [2:0] in1,
input logic [2:0] in2,
output logic [3:0] result);

logic [3:0] s_add;
add U1(.in1(in1), .in2(in2),.out1(s_add));
subtract2(.out1(result),.in1(s_add));
endmodule

//②端口位置关联
module Order_addmult(
input logic [2:0] in1,
```

```
 input logic [2:0] in2,
output logic [3:0] result);

logic [3:0] s_add;
add U1(in1, in2,s_add);
subtract2(result,s_add);
endmodule

//③端口名称完全匹配关联
module NameFullMatch_addmult(
input logic [2:0] in1,
input logic [2:0] in2,
output logic [3:0] result);

logic [3:0] out1;
add U1(.*); //端口名称完全匹配关联
subtract2(.out1(result),.in1(out1));
endmodule

//④端口名称部分匹配关联
module NamePartMatch_addmult(
input logic [2:0] in1,
input logic [2:0] in2,
output logic [3:0] result);

logic [3:0] s_add;
add U1(.*,.out1(s_add));//端口名称部分匹配关联
subtract2(.out1(result),.in1(s_add));
endmodule

//⑤端口名称完全匹配显式关联
module NameMatchDocument_addmult(
input logic [2:0] in1,
input logic [2:0] in2,
output logic [3:0] result);

logic [3:0] out1;
add U1(.in1, .in2,.out1);
subtract2(.out1(result),.in1(s_add));
endmodule
```

以上五种方式都可以用来做端口关联和模块例化。从可读性来说，推荐采用

SystemVerilog 新增的三种模块例化的方式，不仅可以提高代码效率，更关键在于可减少人为的代码设计错误。

6.7 实例：采用 SystemVerilog 实现汉明码的编码设计

要求：以(21,16)的方式对输入信号进行汉明码编码，其中21表示码长，16表示数据位长。并采用 SystemVerilog 实现。

汉明码是常用的线性分组码。其原理是在数据编码中加入几个校验位，并把数据的每一个二进制位分配在几个奇偶校验组中。当某一位出错后，就会引起有关的几个校验组的值发生变化。这样就可以精确定位到哪位出错了，并自动纠正。

汉明码的编码原则依据是汉明不等式：

$$2^k - 1 \geqslant n + k$$

其中，预检测的有效信息为 n 位，需增加的校验位为 k 位，整体汉明码长度为 $n+k$ 位。如输入数据位为16位，则最少需要增加的校验位为5位。

确认了码长，需要确认数据位和校验位的位置，基本原则是：

- 每个校验位 P_i 在汉明码中被分在位号 2^{i-1} 的位置，其余均为数据位。
- 汉明码的每一位位码(包括数据位和校验位)都由多个校验位检验，其关系是被校验的每一位位号都要等于校验它的各校验位的位号之和。

本例所设计的(21,16)位号和编码对应如下：

位号	21	20	19	18	17	16	15	14	13	12	11	10	9	8	7	6	5	4	3	2	1
编码	D15	D14	D13	D12	D11	P5	D10	D9	D8	D7	D6	D5	D4	P4	D3	D2	D1	P3	D0	P2	P1

根据规则，可知：

$H_1 = P_1 \times 2^0$

$H_2 = P_2 \times 2^1$

$H_3 = P_2 \times 2^1 + P_1 \times 2^0$

$H_4 = P_3 \times 2^2$

$H_5 = P_3 \times 2^2 + P_1 \times 2^0$

$H_6 = P_3 \times 2^2 + P_2 \times 2^1$

$H_7 = P_3 \times 2^2 + P_2 \times 2^1 + P_1 \times 2^0$

$H_8 = P_4 \times 2^3$

$H_9 = P_4 \times 2^3 + P_1 \times 2^0$

$H_{10} = P_4 \times 2^3 + P_2 \times 2^1$

$H_{11} = P_4 \times 2^3 + P_2 \times 2^1 + P_1 \times 2^0$

$H_{12} = P_4 \times 2^3 + P_3 \times 2^2$

$H_{13} = P_4 \times 2^3 + P_3 \times 2^2 + P_1 \times 2^0$

$H_{14} = P_4 \times 2^3 + P_3 \times 2^2 + P_2 \times 2^1$

$H_{15} = P_4 \times 2^3 + P_3 \times 2^2 + P_2 \times 2^1 + P_1 \times 2^0$

$H_{16} = P_5 \times 2^4$

$H_{17} = P_5 \times 2^4 + P_1 \times 2^0$

$H_{18} = P_5 \times 2^4 + P_2 \times 2^1$

$H_{19} = P_5 \times 2^4 + P_2 \times 2^1 + P_1 \times 2^0$

$H_{20} = P_5 \times 2^4 + P_3 \times 2^2$

$H_{21} = P_5 \times 2^4 + P_3 \times 2^2 + P_1 \times 2^0$

则采用偶校验的方式,对应的校验码与数据位之间的关系如下:

$P_1 = H_{21} \oplus H_{19} \oplus H_{17} \oplus H_{15} \oplus H_{13} \oplus H_{11} \oplus H_9 \oplus H_7 \oplus H_5 \oplus H_3 \oplus H_1$

$P_2 = H_{19} \oplus H_{18} \oplus H_{15} \oplus H_{14} \oplus H_{11} \oplus H_{10} \oplus H_7 \oplus H_6 \oplus H_3 \oplus H_2$

$P_3 = H_{21} \oplus H_{20} \oplus H_{15} \oplus H_{14} \oplus H_{13} \oplus H_{12} \oplus H_7 \oplus H_6 \oplus H_5 \oplus H_4$

$P_4 = H_{15} \oplus H_{14} \oplus H_{13} \oplus H_{12} \oplus H_{11} \oplus H_{10} \oplus H_9 \oplus H_8$

$P_5 = H_{21} \oplus H_{20} \oplus H_{19} \oplus H_{18} \oplus H_{17} \oplus H_{16}$

以数据位取代位号,则可知:

$P_1 = D_{15} \oplus D_{13} \oplus D_{11} \oplus D_{10} \oplus D_8 \oplus D_6 \oplus D_4 \oplus D_3 \oplus D_1 \oplus D_0$

$P_2 = D_{13} \oplus D_{12} \oplus D_{10} \oplus D_9 \oplus D_6 \oplus D_5 \oplus D_3 \oplus D_2 \oplus D_0$

$P_3 = D_{15} \oplus D_{14} \oplus D_{10} \oplus D_9 \oplus D_8 \oplus D_7 \oplus D_3 \oplus D_2 \oplus D_1$

$P_4 = D_{10} \oplus D_9 \oplus D_8 \oplus D_7 \oplus D_6 \oplus D_5 \oplus D_4$

$P_5 = D_{15} \oplus D_{14} \oplus D_{13} \oplus D_{12} \oplus D_{11}$

因此,采用 SystemVerilog 设计代码如下:

```
module ham21_16(
  input  logic [15:0] data_in,
  output logic [21:1] result
  );

  logic [5:1] p;
  always_comb
    begin
      p[1] = data_in[15]^data_in[13]^data_in[11]^data_in[10]^
             data_in[8]^data_in[6]^data_in[4]^data_in[3]^data_in[1]^data_in[0];
      p[2] = data_in[13]^data_in[12]^data_in[10]^data_in[9]^
      data_in[6]^data_in[5]^data_in[3]^data_in[2]^data_in[0];
      p[3] = data_in[15]^data_in[14]^data_in[10]^data_in[9]^
      data_in[8]^data_in[7]^data_in[3]^data_in[2]^data_in[1];
```

```
        p[4] = data_in[10]^data_in[9]^data_in[8]^data_in[7]^
        data_in[6]^data_in[5]^data_in[4];
        p[5] = data_in[15]^data_in[14]^data_in[13]^data_in[12]^data_in[11];
      end
    always_comb
      result = {data_in[15:11],p[5],data_in[10:4],p[4],data_in[3:1],p[3],data_in
[0],p[2:1]};

  endmodule
```

采用 Synplify Pro 生成的逻辑电路图如图 6 - 22 所示。

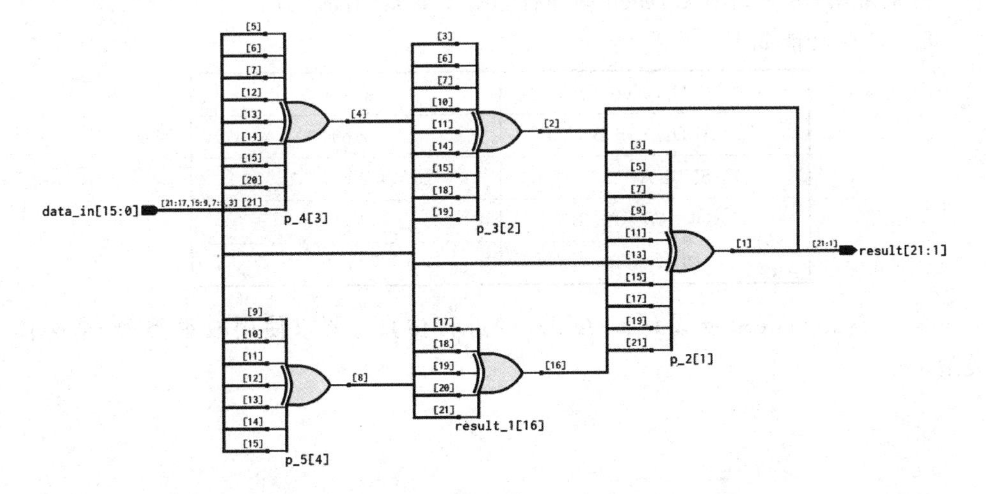

图 6 - 22 采用 Synplify Pro 生成的逻辑电路图

具体的仿真结果如 6.5.1 小节例 6 - 21 所示。

本章小结

本章主要讲述 SystemVerilog 的基础语法，重点突出了与 Verilog HDL 之间的传承以及如何借鉴高级程序语言的优秀成果，包括新增的基本数据类型、数组、过程描述语句、循环语句以及如何更快速地进行模块例化，并采用对汉明码的编程实例来加深巩固。

思考与练习

1. 简述 logic 数据类型和 reg 数据类型之间的区别与联系。
2. 简述 always_comb 和 assign 语句之间的区别与联系。

3. 简述 unique 与 priority 的用途、区别与联系。

4. 采用 SystemVerilog 设计一个全加器，并仿真。

5. 假设一个数组 int data[1024]，采用循环语句判断数组内元素的奇偶特性，分别计算其个数，并分别把奇数和偶数分别压入各自队列。

6. 读取文本文件 mem.h，并用于初始化数组 int data[1024]。

7. 初始化 my_array[5]如下：

my_array[0] = 16'hA0_A0;　my_array[1] = 16'hA1_A0;　my_array[2] = 16'hA1_A1;

my_array[3] = 16'hB0_A0;　my_array[4] = 16'hA1_B1;

分别采用 for 循环和 foreach 循环打印每个元素的高八位。

8. ALU 功能如下：

Opcode	编　码
ADD：A + B	2'b00
SUB：A－ B	2'b01
PRODUCT：A * B	2'b11
DIV：A/B	2'b10

采用 SystemVerilog 设计该 ALU，并进行仿真。要求使用枚举类型、结构体类型。

第 7 章

有限状态机设计

数字世界主要由组合逻辑电路和时序逻辑电路组成。时序逻辑电路区别于组合逻辑电路关键在于时序性及电路的记忆功能。通常，时序逻辑电路的基本单元都是D触发器。有限状态机则是在时钟信号的控制下，结合组合逻辑电路和时序逻辑电路形成的一种电路描述行为。在时钟信号有效边沿的作用下，有限状态机电路进行顺序的跳动——时序中的每一步就称之为状态。有限状态机设计是进行 FPGA/CPLD 及芯片开发中必不可少的一部分。有限状态机设计的稳健程度在某种程度上反映了一个逻辑工程师的逻辑设计水平。

本章将重点讨论如何进行有限状态机的设计，主要内容有：

- 有限状态机的基本概念；
- 有限状态机的算法描述；
- 有限状态机的基本语法要素；
- 状态初始化与编码；
- Full Case 与 Parallel Case；
- 有限状态机的描述。

7.1 有限状态机的基本概念

有限状态机不只是一个时序逻辑系统，还包含有组合逻辑电路。其行为是在时钟边沿的作用下按照时钟间隔顺序发生。其行为的跳转可能是有条件的，也可能是无条件的。比如在交通灯系统设计中，由黄变红是无条件的，而由红变绿则是有条件的。

在进行有限状态机设计之前，先来了解常用于时序逻辑电路分析和设计的工具状态跳转图。

图 7-1 为一个状态跳转图示例。其中每个圆代表一个状态，以 S0～S3 标示。箭头表示状态跳转方向，同时标注有输入信号、输出信号和有效跳转电平。在本例中，只有一个输入信号和一个输出信号，其表现形式为“输入信号/输出信号”。如当系统处于状态 S0 时，输入信号为 1，则下一个状态为 S1，输出信号为 1，如果输入信号为 0，则下一个状态为 S0，输出信号为 0。状态跳转图最大的优点就是直观、形象。

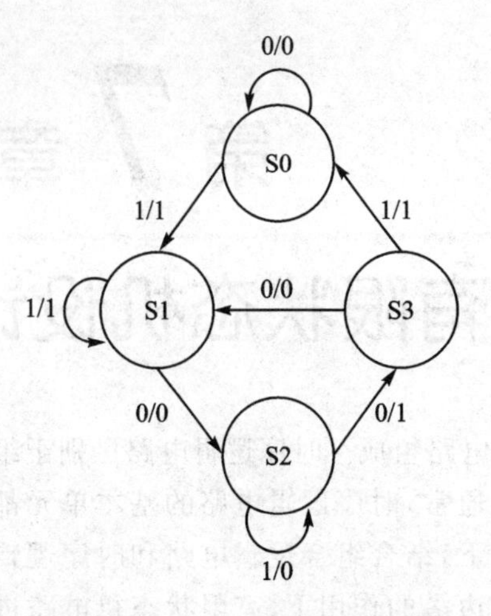

图 7-1 Mearly 状态机状态跳转图

在进行时序逻辑设计前或者分析时序逻辑电路，会经常采用。

状态跳转图不会出现时钟边沿信号。只有在时钟边沿信号(上升沿或者下降沿)的作用下，才会从一个状态跳转至另一个状态。系统复位时，状态跳转图会回到初始状态，在本例中，设初始状态为 S0。

在状态跳转过程中，需记住每一个当前状态，可采用 D 触发器实现状态跳转功能。图 7-1 显示了四个状态，可以采用两位变量 state[1:0]对四个状态编码。如状态 S0 表示为 state[1:0] = 2'b00，S1 表示为 state[1:0]=2'b01，等等。状态编码不是唯一的，需要根据具体的设计目标。

当状态编码完成后，系统就需要解决怎么进行两个组合逻辑电路设计的问题——下一个状态的组合逻辑电路设计以及输出信号的组合逻辑电路设计。由图 7-1 可知，下一个状态的组合逻辑电路设计是现态与输入信号之间的函数，输出信号根据有限状态机的类型而有所不同。在 Mearly 状态机中，如图 7-1 所示，输出信号是现态与输入信号之间的函数；在 Moore 状态机中，输出信号与输入信号无关，是现态的函数。因此，可以采用卡诺图对图 7-1 的状态跳转图进行分析与设计。其卡诺图如图 7-2 所示。

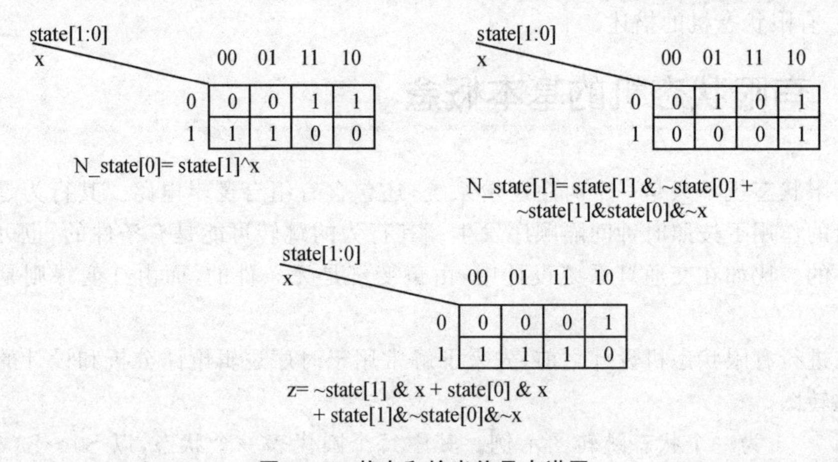

x \ state[1:0]	00	01	11	10
0	0	0	1	1
1	1	1	0	0

N_state[0]= state[1]^x

x \ state[1:0]	00	01	11	10
0	0	1	0	1
1	0	0	0	1

N_state[1]= state[1] & ~state[0] +
~state[1]&state[0]&~x

x \ state[1:0]	00	01	11	10
0	0	0	0	1
1	1	1	1	0

z= ~state[1] & x + state[0] & x
+ state[1]&~state[0]&~x

图 7-2 状态和输出信号卡诺图

根据卡诺图，采用 SystemVerilog 设计有限状态机如下：

```
module FSM(
  input logic clk,
  input logic rst_l,
  input logic x,
  output logic z);

  logic [1:0] state;

  always @(posedge clk, negedge rst_l)
      if(! rst_l)
          state <= 2'b00;
      else
          begin
            state[0] <= state[1]^x;
            state[1] <= (state[1] & ~state[0]) | (~state[1]&state[0]&~x);
          end

   assign z = (~state[1] & x) |
              (state[0] & x)  |
              (state[1]&~state[0]&~x);
endmodule
```

通过 Synplify Pro 综合后生成的逻辑电路图如图 7－3 所示。

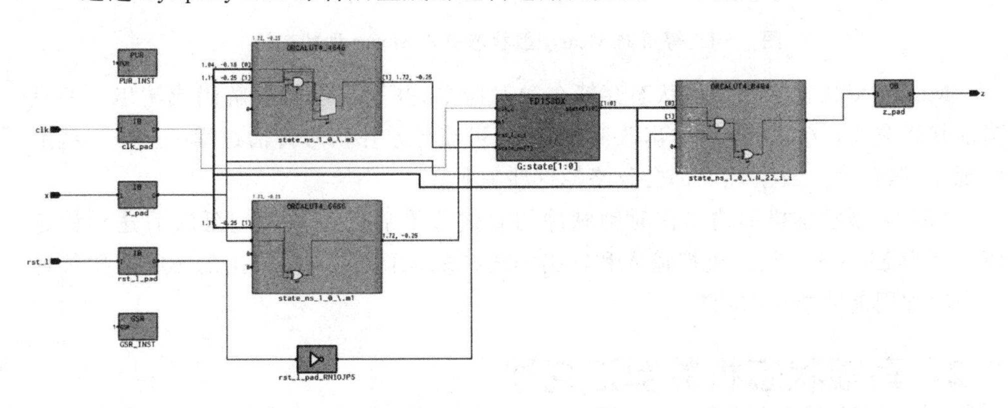

图 7－3　采用 Synplify Pro 对 FSM.sv 综合生成的逻辑电路图

7.1.1　Mearly 型状态机

1951 年，G. H. Mearly 提出了一种以他名字命名的新型状态机——Mearly 型状态机，其状态跳转图如图 7－1 所示。它的输出不仅与当前状态有关，而且与输入信号相关，因而在状态跳转图中的每条转移边需要包含输入和输出的信息。由于

Mearly 型状态机的输出与输入信号有关，而输入信号可能在一个时钟周期内任何时刻发生变化，所以 Mearly 型状态机对输入的响应会比 Moore 型状态机早一个周期，并且输入信号的噪声会直接影响到输出信号的质量。

7.1.2　Moore 型状态机

Moore 型状态机由 Edward F. Moore 提出，和 Mearly 型状态机最大的不同在于，其输出只与当前状态有关，与输入信号无关。在状态跳转图中，每条转移边只包含输入信息，而在每个状态内，不仅会包含当前状态信息，还包含输出信息。Mearly 型状态机都可以转化为一个等价的 Moore 型状态机，具体如图 7-4 所示。

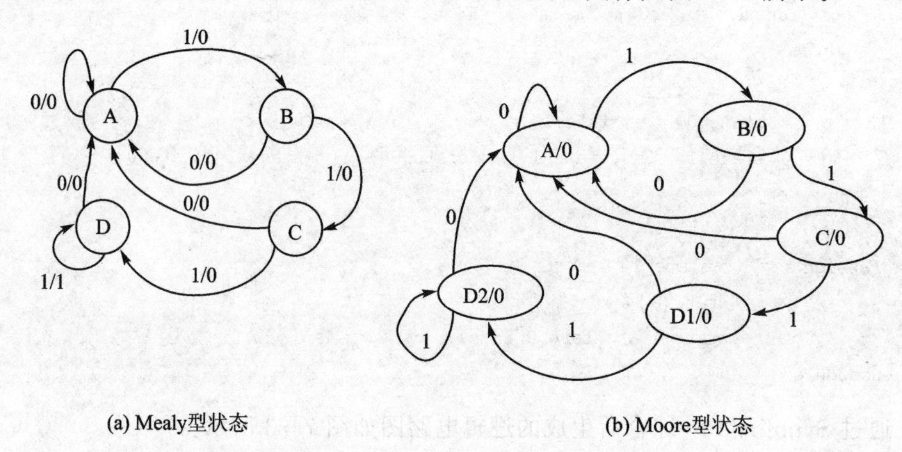

图 7-4　等价的 Mearly 型状态机和 Moore 型状态机

Moore 型状态机把当前状态存储在触发器中，并把当前状态解码成输出。一旦当前状态改变，立即会导致输出改变，因而有可能导致在信号传播过程中产生一些毛刺现象，但在大多数系统中都会忽略掉这些毛刺。

Moore 型状态机的输出在时钟脉冲的有效边沿后的有限个门延时后达到稳定值。因为 Moore 型状态机把输入和输出隔离开来，因而输入对输出的影响需要等待一个时钟周期才能反映出来。

7.2　有限状态机的算法描述

不管是 Mearly 型状态机，还是 Moore 型状态机，还是同时结合 Mearly 型状态机和 Moore 型状态机而产生的混合型状态机，其基本元素都由输入信号、输出信号、状态、状态跳转、时钟信号和复位信号组成。其抽象示意图如图 7-5 所示。

因此，有限状态机可以抽象为关于图 7-5 中的变量的函数：

$$\text{FSM} = f(X, Z, S, \delta, \lambda, C, R)$$

其中：

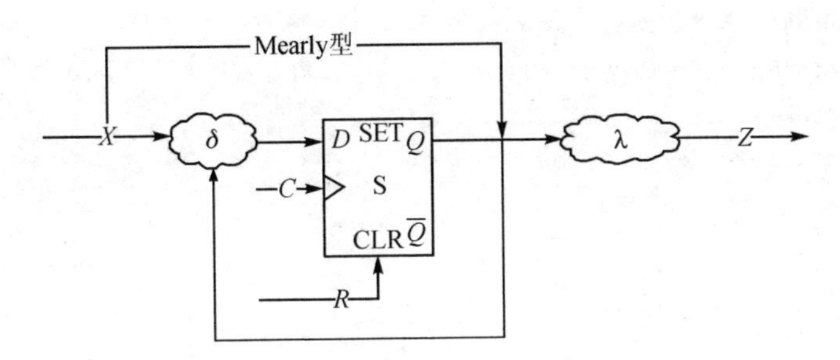

图 7-5　有限状态机的抽象示意图(Mearly 型)

X——有限状态机的输入信号集合；

Z——有限状态机的输出信号集合；

S——包含初始状态的状态集合，$S_0 \in S$。如图 7-1 中，$S=\{00,01,10,11\}$，初始状态 $S_0=00$；

δ——状态跳转函数：$X \times S \rightarrow S$。如卡诺图中 N_State[1:0]和 State[1:0]之间的关系

λ——输出函数：$\lambda_{Mearly}: X \times S \rightarrow Z$，$\lambda_{Moore}: S \rightarrow Z$。

C——时钟信号

R——复位信号。一旦该信号有效，有限状态机立即进入初始状态。

7.3　有限状态机描述的基本语法

上两节主要讲述了状态跳转图以及如何通过采用卡诺图等传统的电路分析工具分析和设计时序电路，这样的方式适合于比较简单的时序逻辑电路。但当要设计一个复杂的有限状态机电路时，采用传统的门级建模方式已经不再适合。因此，采用硬件描述语言来抽象指导综合工具进行逻辑综合并生成设计者所期望的有效状态机尤为重要。针对图 7-1，可采用 SystemVerilog 进行行为级描述设计有限状态机。

【例 7-1】采用 SystemVerilog 实现图 7-1 所示的有限状态机逻辑。

```
module FSM(
 input logic clk,
 input logic rst_l,
 input logic x,
 output logic z);

 enum logic [1:0]{S0,S1,S2,S3} state;
 always _ff @(posedge clk, negedge rst_l)
   if(! rst_l)
     state <= S0;
   else case(state)
```

```
        S0: state <= (x) ? S1: S0;
        S1: state <= (~x) ? S2: S1;
        S2: state <= (~x) ? S3: S2;
        S3: state <= (x) ? S0: S1;
        default: state <= S0;
        endcase

    always_comb
      begin
        z = 1'b0;
       if(state == S2) z = ~x;
  else z = x;
  endmodule
```

采用 Synplify Pro 综合生成的逻辑电路如图 7-6 所示。从图中可以看出，该有限状态机为标准的 Mearly 型状态机。整个电路分为状态跳转模块和组合逻辑输出模块。状态跳转模块如图 7-7 所示，跳转示意图与图 7-1 相同。组合逻辑输出模块是一个由状态控制的 2-1 选择器。整个设计符合图 7-1 所示要求，并且程序更加抽象、直观，逻辑更为清晰。

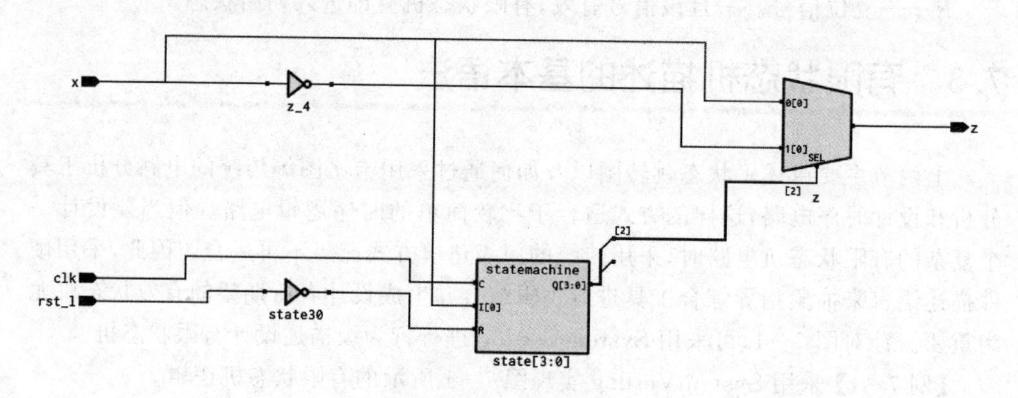

图 7-6　采用 Synplify Pro 对例 7-1 综合生成的逻辑电路图

由例 7-1 可知，对于有限状态机的描述，SystemVerilog 的基本语法涉及如下几部分：

(1) 变量声明——SystemVerilog 采用 logic 变量统一声明寄存器和线网类型的变量，如果使用 Verilog HDL 语言设计有限状态，则需要使用 reg 类型声明寄存器变量，采用 wire 类型声明线网变量。

(2) 状态编码——SystemVerilog 采用枚举类型 enum 对有限状态机的状态进行编码，也可以采用参数声明 parameter 进行编码，还可以采用宏定义 'define 的方式进行编码。Verilog HDL 只能采用参数声明或者宏定义的方式进行编码。

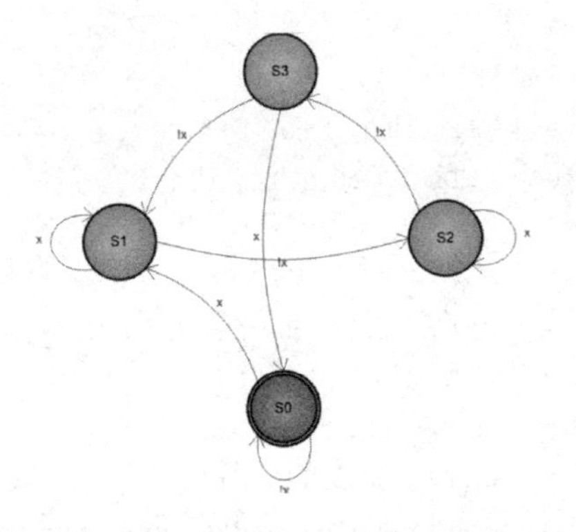

	From State	To State	Condition
1	S2	S3	!x
2	S2	S2	x
3	S1	S2	!x
4	S3	S1	!x
5	S1	S1	x
6	S0	S1	x
7	S3	S0	x
8	S0	S0	!x

图7-7　例7-1综合生成的状态跳转图和状态转移列表

(3) 状态跳转语句——SystemVerilog采用always_ff语句实现状态跳转。对于综合软件来说,always_ff语句可以非常明确指导综合软件进行时序逻辑设计。Verilog HDL采用传统的always语句实现状态跳转。

(4) 组合逻辑语句——SystemVerilog采用always_comb语句或者assign语句实现有限状态机的信号输出,Verilog HDL采用always语句或者assign语句实现该功能。

(5) 条件判断语句——if…else语句,多用于有限状态机的状态初始化或者组合逻辑输出信号初始化。可以被case语句或者其变体取代,但不建议。

(6) 多分支语句——case语句或者其变体。有限状态机的状态机通常不止两种,而每种状态的地位平等,相互独立。如果采用条件判断语句,由于其先天的优先编码特性,导致相关路径的时延增加,容易产生关键路径,因此不适合进行状态跳转设计。case语句具有平等性,一般用于状态跳转设计以及各个状态下的组合逻辑设计。

注意:采用SystemVerilog,如果在case语句前没有加上unique或者priority等限定词,或者采用Verilog HDL语言设计有限状态机时,必须在case语句内加入default语句,否则容易生成锁存器,造成功能性设计错误。

在复杂的有限状态机设计中,状态输出数量较多或者组合逻辑输出较多时,会影响到代码的可读性,一般可以封装成任务和函数,从而提高代码的可读性。

(1) 任务task——当状态跳转频繁时,可以采用task封装。

(2) 函数function——当状态机内有大量重复使用的组合逻辑输出或者功能时,可以采用function封装,整个代码会显得更为简洁。

【例7-2】采用function进行有限状态机设计示例。

```
function [4:0] next_state;
input [1:0] tstate;
input [1:0] tstate;
input sig1, sig2, sig3, reset;
```

```
begin
    casez ({tstate, sig1, sig2, sig3, reset})
    {2'b??, 4'b0_? _? _1} : next_state = {IDLE, 1'b0, 1'b0, 1'b0};
      {2'b??, 4'b1_? _? _1} : next_state = {IDLE, 1'b0, 1'b0, 1'b1};

      // IDLE STATE functions
      {IDLE, 4'b0_0_? _0} : next_state = {IDLE, 1'b0, 1'b0, 1'b0};
      {IDLE, 4'b1_0_? _0} : next_state = {WAIT, 1'b0, 1'b1, 1'b1};
      {IDLE, 4'b0_1_? _0} : next_state = {WAIT, 1'b0, 1'b1, 1'b0};
      {IDLE, 4'b1_1_? _0} : next_state = {WAIT, 1'b0, 1'b1, 1'b1};

      // WAIT STATE functions
      {WAIT, 4'b0_0_? _0}: next_state= {WAIT, 1'b0, 1'b0, 1'b0};
      {WAIT, 4'b0_? _0_0}:next_state={WAIT,1'b0, 1'b0, 1'b0};
      {WAIT, 4'b0_1_1_0}: next_state = {DONE, 1'b0, 1'b1, 1'b0};
      {WAIT, 4'b1_0_? _0}:next_state = {WAIT, 1'b0, 1'b0, 1'b1};
      {WAIT, 4'b1_? _0_0}:next_state = {WAIT, 1'b0, 1'b0, 1'b1};
      {WAIT, 4'b1_? _0_0}:next_state = {WAIT, 1'b0, 1'b0, 1'b1};
      {WAIT, 4'b1_1_1_0}: next_state = {DONE, 1'b0, 1'b1, 1'b1};

      // DONE STATE functions
      {DONE, 4'b? _? _0_0}: next_state = {DONE, 1'b0, 1'b0, 1'b1};
      {DONE, 4'b? _? _0_0}: next_state = {DONE, 1'b0, 1'b0, 1'b1};
      {DONE, 4'b? _? _1_0} : next_state = {IDLE, 1'b1, 1'b0, 1'b1};
    endcase
end
endfunction
```

本例,把次态的跳转和输出组合逻辑采用多分支语句实现,并通过 function 进行封装。在一个大型系统中,可以分层并简化整个代码设计,且简洁明了。

7.4 状态初始化

有限状态机必须初始化,否则将无法正确执行有限状态机的跳转动作,或者初始化不完整时会导致死锁的现象。在 SystemVerilog 或者 Verilog HDL 语言中,通常采用异步复位电路来实现状态机的初始化——也就是说,当异步复位信号有效时,不管时钟信号的边沿是否有效,有限状态机都将无条件进入其初始状态。

在状态初始化过程中,需要防止出现伪初始化或者不完整初始化的情况,特别是针对一段式状态机——把状态跳转和组合逻辑写在一起的状态机——来说,尤为重要。

【例 7-3】不完整初始化的有限状态机示例。

```
module ex_FSM(
  input   logic clk,
  input   logic cs,
  input   logic frame,
  input   logic rst_,
  input   logic rw,
  output logic ad_decode,
  output logic reg_type_dir,
  output logic rst_timer,
  output logic trdy);

  enum logic[1:0] {CY_TYPE = 2'b00,
                   IDLE = 2'b01,
                   START = 2'b10} state;

  always_ff @(posedge clk, negedge rst_)
    if(! rst_)
      state <= IDLE; //异步状态复位
    else case(state)
      CY_TYPE: begin
                 ad_decode    <= 1'b0;
                 rst_timer <= 1'b0;
                 reg_type_dir <= 1'b1;
                 if ( ! frame ) begin
                   state <= IDLE;
                   trdy <= 1'b1;
                   end
                 else begin
                   state <= CY_TYPE;
                   trdy <= 1'b0;
                   end
               end

      IDLE : begin
               rst_timer <= 1'b0;
               reg_type_dir <= 1'b0;
               if ( frame && cs )
                 state <= START;
               else state <= IDLE;
             end
```

```
        START: begin
                  ad_decode <= 1'b1;
                  rst_timer <= 1'b1;
                  reg_type_dir <= 1'b0;
                  if ( ! frame )
                state <= IDLE;
                  else if ( rw )
                    begin
                      state <= CY_TYPE;
                      reg_type_dir <= 1'b1;
                    end
                    else state <= START;
                end
        endcase
    endmodule
```

例 7－3 为典型的一段式状态机，在该程序中，既有状态跳转，也有状态的逻辑输出，很容易产生死锁。程序主体一开始就针对状态机进行异步复位，状态机马上跳转至 IDLE 状态，但没有对所有的输出信号进行初始化，因此，当状态机跳转至 IDLE 状态时，ad_decode 和 trdy 两信号没有被初始化，状态未定。解决此问题的最好方式，就是初始化状态机内的所有状态和输出信号。

注意：本例没有采用 default 关键字，如果状态为 2'b11，状态机无法正常跳转，出现死锁的情况。正确的解决方式是增加一个 default 状态，或者用 unique 和 priority 关键词对 case 进行限定。

【例 7－4】针对例 7－3 进行改进的程序设计。

```
module ex_FSM(
  input   logic clk,
  input   logic cs,
  input   logic frame,
  input   logic rst_,
  input   logic rw,
  output logic ad_decode,
  output logic reg_type_dir,
  output logic rst_timer,
  output logic trdy);

  enum logic[1:0] {CY_TYPE = 2'b00,
                   IDLE = 2'b01,
                   START = 2'b10} state;
```

```
always_ff @(posedge clk, negedge rst_)
  if(! rst_) begin //状态异步复位和输出复位
      state <= IDLE;
       ad_decode    <= 1'b0;
       rst_timer <= 1'b0;
       reg_type_dir <= 1'b1;
       trdy <= 1'b0;
       end
  else
      unique case(state)
     CY_TYPE: begin
                 ad_decode    <= 1'b0;
                 rst_timer <= 1'b0;
                 reg_type_dir <= 1'b1;
                 if ( ! frame ) begin
                    state <= IDLE;
                    trdy <= 1'b1;
                    end
                 else begin
                    state <= CY_TYPE;
                    trdy <= 1'b0;
                    end
               end

     IDLE : begin
               rst_timer <= 1'b0;
               reg_type_dir <= 1'b0;
               if ( frame && cs )
                 state <= START;
               else state <= IDLE;
             end

     START: begin
               ad_decode <= 1'b1;
               rst_timer <= 1'b1;
               reg_type_dir <= 1'b0;
               if ( ! frame )
             state <= IDLE;
               else if ( rw )
                 begin
                    state <= CY_TYPE;
```

```
                    reg_type_dir <= 1'b1;
                end
                else state <= START;
            end
        endcase
endmodule
```

在 if 语句中对所有的输出信号和状态进行初始化，同时在 case 语句前增加 unique 关键字，可避免死锁或者未完全初始化的情况。当然，本例还有更多更好的方式进行有限状态机设计，后续章节将陆续讲述。

7.5 状态编码

有限状态机最重要的特征之一是状态编码。所谓的状态编码，就是对有限状态机的所有状态进行数字标识，并采用文本助记符与数字标识意义对应。不同的状态编码会导致不同的面积与速度。编码方式不当，可能会导致状态机面积过大，或者达不到设计所需要的速度，反之，一个恰当的编码方式既可以实现最佳的面积与速度的平衡，也可以在满足各项性能指标的基础上，降低成本，提高代码的可读性。

在数字逻辑系统设计中，常见的数字编码方式有：二进制码（Binary 码）、格雷码（Gray 码）、独热码（One - hot 码）、独冷码（One - cold 码）和二-十进制码（BCD 码）等。

Verilog HDL 一般采用参数进行状态编码，也可以采用 'define 宏定义的方式进行编码——但一般不推荐此方式。参数编码的方式如下：

```
parameter // these parameters represent state names
  IDLE = 3'b000,
  DECISION = 3'b001,
  READ1 = 3'b010,
  READ2 = 3'b011,
  READ3 = 3'b100,
  READ4 = 3'b101,
  WRITE = 3'b110;
```

该方式简洁、明了，而且每个文本助记符都有各自的意义，在 Verilog HDL 设计的有限状态机中被广泛使用。

SystemVerilog 也可以采用参数和宏定义的方式进行状态编码，一般推荐采用枚举类型进行状态编码，如把上述的参数编码修改为枚举类型的编码方式，如下：

```
enum {IDLE, DECISION, READ1, READ2,READ3,READ4,WRITE} state;
```

枚举类型不仅列出了每一种状态，同时也列出了枚举变量名称，状态编码可以显式声明，也可以省略，因此更加容易对应。但需要注意的是，枚举变量默认为 int 类型——32 位，如果没有显式进行位宽限制，则在综合时会出现面积浪费的现象，从而出现告警。因此，在采用枚举类型进行状态编码时，需要限定枚举变量位宽，如：

```
enum logic[2:0] {
  IDLE = 3'b000,
  DECISION = 3'b001,
  READ1 = 3'b010,
  READ2 = 3'b011,
  READ3 = 3'b100,
  READ4 = 3'b101,
  WRITE = 3'b110} state;
```

7.5.1　二进制码(Binary 码)

二进制码也叫顺序码(Sequential 码)，是最简单也是最常用的状态编码方式。它的编码是顺序的，相邻两个状态之间相差为 1。它是一种压缩编码——采用最少的比特位实现最多的状态编码的编码方法。状态数量和编码所需的位之间的关系是：

$$(2^{N-1} \leqslant M) \cap (2^{N} \geqslant M)$$

其中，N 代表编码所需要的比特位，M 表示状态数量。如上述的采用参数编码和枚举类型编码的方式都是二进制编码方式。在该状态中，总计有 7 种状态，因此只需要三个比特位就可以实现状态编码。

二进制码优缺点都很突出。优点在于所占的 FPGA/CPLD 面积最小，但同时由于相邻状态进行转换时的状态位翻转的数量不确定，比如状态 4'b0111 翻转至 4'b1000，四个状态位会同时翻转，这样会导致在状态翻转时由多条状态信号线的传输时延和串扰导致的毛刺，同时也会增加系统功耗。

二进制码比较适合小型有限状态机以及对速度要求不敏感且对面积有一定要求的编码设计。

7.5.2　格雷码(Gray 码)

格雷码，也称之为循环码，也是一种压缩编码，由贝尔实验室的 Frank Gray 在 20 世纪 40 年代提出，刚开始是用来在使用 PCM 方式传递信号时避免出错的一种机制，后来则常用于模拟—数字转换中。

格雷码也是一种二—十进制编码，但它是一种无权码，采用绝对编码的方式。典型的格雷码是一种具有反射特性和循环特性的单步自补码，它的循环、单步特性消除了随机取数时出现重大误差的可能。格雷码属于可靠性编码，是一种错误最小化的编码方式，和二进制码的编码方式不同，格雷码在相邻状态之间有且仅有一位不同，因而大大减少了由一个状态到下一个状态转换时的逻辑混淆。若用于模拟量的转换，模拟量发生的微小变化可能会引起数字量发生变化，但由于格雷码只改变一位，因而可以降低数字电路的尖峰电流脉冲。

格雷码一般应用于对面积和速度都有一定要求的数字系统设计中。

表 7-1 为四位位宽的格雷码编码和二进制编码的对照表。

表 7-1　四位位宽的二进制编码和格雷码编码对照表

十进制数	二进制编码	格雷码	十进制数	二进制编码	格雷码
0	0000	0000	8	1000	1100
1	0001	0001	9	1001	1101
2	0010	0011	10	1010	1111
3	0011	0010	11	1011	1110
4	0100	0110	12	1100	1010
5	0101	0111	13	1101	1011
6	0110	0101	14	1110	1001
7	0111	0100	15	1111	1000

采用 SystemVerilog 进行格雷码编码声明如下：

```
enum logic[2:0] {
    IDLE = 3'b000,
    DECISION = 3'b001,
    READ1 = 3'b011,
    READ2 = 3'b010,
    READ3 = 3'b110,
    READ4 = 3'b111,
    WRITE = 3'b101} state;
```

二进制码和格雷码之间可以相互转换。

- 二进制码转换为格雷码：对于 n 位二进制码的数字，从右至左，进行 0 到 $n-1$ 编码。然后把二进制码的第 i 位和第 $i+1$ 进行异或，二进制的最高位和 0 进行异或。其公式为

$$G_i=\begin{cases}B_i\oplus B_{i+1}\,(n-1>i\geqslant 0)\\B_{n-1}\,(i=n-1)\end{cases}$$

其中，G 表示格雷码，B 表示二进制码，i 表示位号。

- 格雷码转换为二进制码：最左边的一位与 0 值异或，作为解码后的二进制码的最高位。同时从左边第二位起，将每一位与左边一位解码后的值进行异或，作为该位解码后的值，依次异或，直到最低位。从而得出了解码后的二进制码的值。其公式为

$$B_i = \begin{cases} G_i \oplus B_{i+1} (n-1 > i \geqslant 0) \\ G_{n-1} (i = n-1) \end{cases}$$

其中,G 表示格雷码,B 表示二进制码,i 表示位号。

7.5.3 独热码(one-hot 码)和独冷码(one-cold 码)

独热码和独冷码是相对的编码方式,也是一种特殊的二进制编码方式,属于非压缩编码。独热码是每个状态有且仅有一个 1,而独冷码是每个状态有且仅有一个 0。因此采用独热码或者独冷码进行状态编码所需要的比特位和有限状态机的状态数量一一对应。这种方式最大的缺点是占用的 FPGA/CPLD 面积最大,但其最大的优势在于采用这种方式进行编码,其译码简单,状态机的运行速度会很快。因此,特别适合含有丰富触发器的 FPGA 设计。

采用 SystemVerilog 进行独热码和独冷码编码声明如下:

独热码:

```
enum logic[6:0] {
    IDLE = 7'b000_0001,
    DECISION = 7'b000_0010,
    READ1 = 7'b000_0100,
    READ2 = 7'b000_1000,
    READ3 = 7'b001_0000,
    READ4 = 7'b010_0000,
    WRITE = 7'b100_0000} state;
```

独冷码:

```
enum logic[6:0] {
    IDLE = 7'b111_1110,
    DECISION = 7'b111_1101,
    READ1 = 7'b111_1011,
    READ2 = 7'b111_0111,
    READ3 = 7'b110_1111,
    READ4 = 7'b101_1111,
    WRITE = 7'b011_1111} state;
```

7.5.4 状态编码原则和编译指导

硬件编程语言通常采用以上几类编码方式。和软件编码方式不同,硬件编程语言采用的编码风格会直接影响到不同的电路生成。而不同的电路会导致面积和速度方面的差异,因而需要根据整体设计目标而审慎选择不同的编码方式。通常来说,其基本原则是:

- 有足够的触发器逻辑，但需要满足速度要求，则优先采用独热码、独冷码或者格雷码进行编码。
- 对面积和速度都有要求，则优先考虑格雷码进行编码。
- 对速度没有要求，但逻辑资源紧张，则优先考虑格雷码和二进制码进行编码。

有时候，设计者在进行代码设计时，并不十分清楚 FPGA/CPLD 的资源是否足够，因此，可以采用预编译的指令来指导综合软件对代码进行不同的状态编码的综合。一些 CPLD/FPGA 公司的 IDE 平台也会和第三方的综合软件公司进行合作，如 Lattice 公司的 IDE 平台 Diamond 进行 Verilog HDL 设计，采用第三方综合软件 Synplify Pro，其注释中的关键字 synthesis 可以提示 Synplify Pro 软件对代码中的状态编码按照注释要求进行综合。

```
`ifdef onehot
    reg [3:0] sreg /* synthesis state_machine syn_encoding = "onehot" */;
`endif

`ifdef sequential
    reg [3:0] sreg /* synthesis state_machine syn_encoding = "sequential" */;
`endif

`ifdef grey
    reg [3:0] sreg /* synthesis state_machine syn_encoding = "gray" */;
`endif
```

注意：Modelsim 仿真软件并不能识别这些关键字，只会当成普通的注释而忽略。

7.6 Full Case 与 Parallel Case

Verilog HDL 设计多分支语句时，有时会出现分支不全的情况或者出现优先级的情况。通过在 case 语句后加入注释语句/* synthesis parallel_case */或者/* synthesis full_case */，来提示综合软件是按照 parallel case 方式进行综合还是按照 full case 的方式来综合，可避免出现分支不全或者优先级的情况。

如果代码注释中采用了 full case，则提示综合器 case 语句中没有提到的状态不用管，从而使得综合器不会因为 case 分支不全而产生锁存器，但由于该指令只是用于指导综合器，而不是仿真器，因此在仿真时，仿真器只会把该注释看成是普通的注释，因此会产生锁存器，从而导致仿真结果和综合结果不一致。因此，最佳的设计方式是在代码内把 case 语句写完整，而不是借助综合器的注释语句来指导。

【例 7-5】 状态跳转图如图 7-8 所示，采用 Verilog HDL 语言设计此有限状态机，并使用 full case 指导 Synplify Pro 综合软件进行综合。

本例中有三个状态，分别是 A、B 和 C，对其采用格雷码编码：

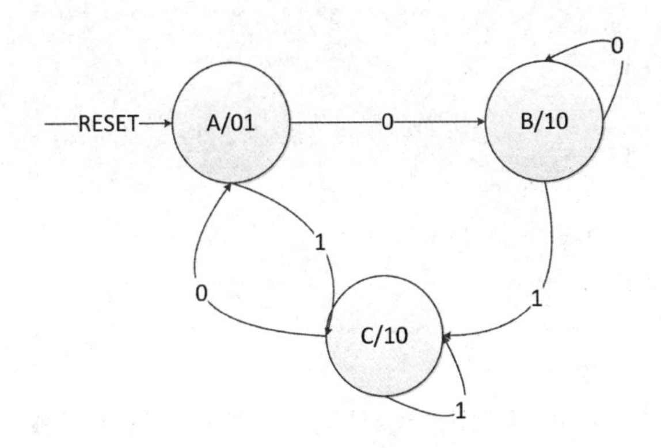

图 7-8　例 7-5 和例 7-6 的状态跳转图(Moore 型)

parameter A = 2'b00, B = 2'b01, C= 2'b11;

而 2'b10 状态为未定态。设计代码如下：

```
module FSM_full_case(
  input  clk,
  input  RESET,
  input  x,
  output reg [1:0] z);

  parameter A = 2'b00, B = 2'b01, C = 2'b11;
  reg [1:0] state/* synthesis state_machine syn_encoding = "gray"  */;
  always @(posedge clk, posedge RESET)
    if(RESET)
      begin
        state <= A;
        z <= 2'b01;
      end
    else case(state) /* synthesis full_case */
           A: begin
                z <= 2'b01;
                if(x)
                  state <= C;
                else
                  state <= B;
              end

           B: begin
                z <= 2'b10;
```

```
                    state <= x ? C: B;
                end

            C: begin
                    z <= 2'b10;
                    state <= x ? C: A;
                end
        endcase
endmodule
```

例 7-5 并没用 default 语句来表示其他状态如何执行状态跳转，换句话说，当状态跳转至 2'b10 时，状态机就出现了死锁的状态，这是设计不能出现的状况。但在本例中采用了 full case 的注释，指导 Synplify Pro 软件忽略掉 2'b10 状态，因而不会生成锁存器，如图 7-9 所示。

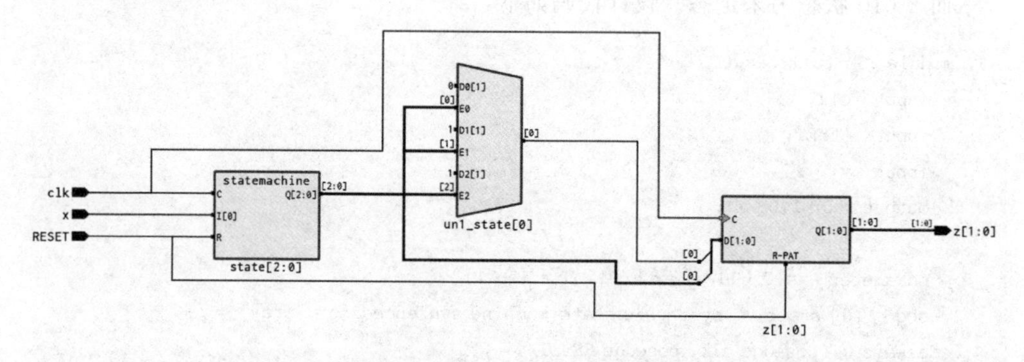

图 7-9　采用 full case 指导下的例 7-5 综合后的逻辑电路图

如果代码注释中采用了 parallel case，则提示综合器此 case 语句没有优先级的概念。如果该 case 语句本身存在优先级，比如采用 casez、casex 等可能导致多重匹配，那么在仿真时会出现优先级，但综合时由于 parallel case 注释语句的指导，而不会存在优先级——自动匹配第一个满足要求的分支语句——从而导致仿真和综合结果不一致。因此，在使用 parallel case 语句来指导时，必须使得所有匹配项互斥，或者不使用 casez、casex 等优先级语句。

【例 7-6】针对例 7-5 所采用的状态跳转图，采用 Verilog HDL 语言设计此有限状态机，并使用 parallel case 指导 Synplify Pro 综合软件进行综合。

和例 7-5 的区别在于模块名和对 case 采用的注释改为 parallel case。代码设计如下：

```
module FSM_parallel_case(
    input  clk,
    input  RESET,
    input  x,
```

```
    output reg [1:0] z);

    parameter A = 2'b00, B = 2'b01, C = 2'b10;
    reg [1:0] state;

    always @(posedge clk or posedge RESET)
      if(RESET)
        begin
          state <= A;
          z <= 2'b01;
        end
      else casez(state) /* synthesis parallel_case */
            A: begin
                  z <= 2'b01;
                  if(x)
                    state <= C;
                  else
                    state <= B;
                end

            B: begin
                  z <= 2'b10;
                  state <= x ? C: B;
                end

            C: begin
                  z <= 2'b10;
                  state <= x ? C: A;
                end
          endcase
endmodule
```

parallel case 指导 Synplify Pro 生成的逻辑电路图会根据具体的硬件功能进行优化，其具体的逻辑电路如图 7-10 所示。

full case 和 parallel case 各有优势和用途，通常来说，使用 full case 可以增加设计的安全性，而使用 parallel case 可以优化状态机的逻辑译码。一般工业专家都比较推荐 parallel case——因为从功能和门级仿真的结果来看，它能满足硬件行为的要求。

SystemVerilog 采用限定词 unique 和 priority 两个关键字来约束 case 语句的行为，其逻辑和 full case 和 parellel case 相同，同时由于它们已经是 SystemVerilog 语言中的标准，因此不会出现仿真结果和综合结果不一致的情况。unique 和 priority

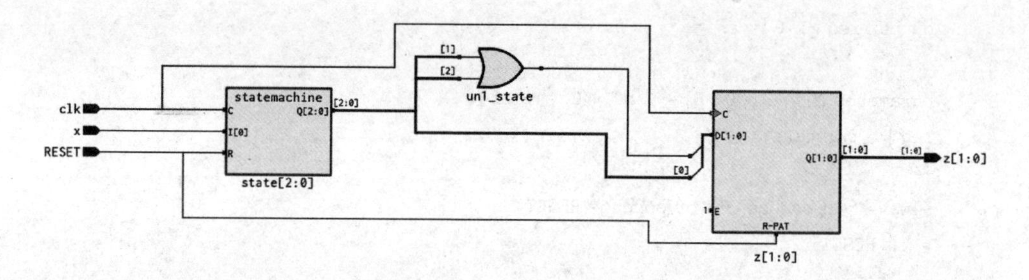

图 7-10　采用 parallel case 指导下的例 7-6 综合后的逻辑电路图

之间的区别和联系在 6.4 节已经有详细介绍，在此不赘述。

7.7　状态机的描述

状态机有各种描述方式，可以深入到门级逻辑设计，也可以采用行为级描述。通常最常用的有三种描述方式：一段式状态机、两段式状态机和三段式状态机。这三种方式各有特点，在不同的场合有不同的应用。

如图 7-11 所示为一个简单的状态跳转图。该状态图复位时，进入 SA 状态，在 Start 的作用下，跳转至 SB 状态，同时把 ld_AddrUp 使能，读取高位地址。在 SB 状态判断读写是否有效，如果读有效，则进入 SC 状态，同时把 ld_AddrLo 使能，读取低

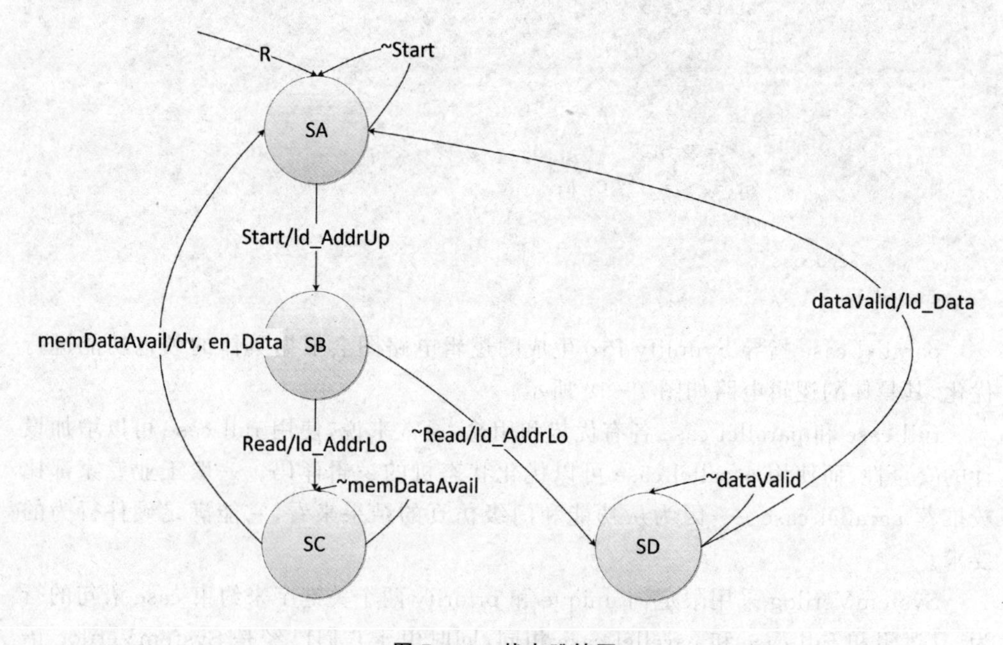

图 7-11　状态跳转图

位地址，如果读无效，则进入 SD 状态，进入写操作流程，同时读取低位地址。在 SC 状态读取内存值，如果 memDataAvail 有效，则把 dv 和 en_Data 使能，读取数据，同时跳转至 SA 状态，如果无效，则继续等待。在 SD 状态时，判断 dataValid 是否有效，如果有效，则跳转至 SA 状态，同时把 ld_data 使能，指示对方接收数据。后续三小节将基于此状态跳转图分别进行一段式、两段式和三段式状态机的设计。

7.7.1　一段式状态机

一段式状态机是最原始的状态机，在该状态机内，仅仅只有一个 always 或者 always_ff 语句块，该语句块内不仅包含状态跳转，还包含组合逻辑的输入输出，例 7-4 和例 7-5 均采用一段式状态机。

一段式状态机混合了时序逻辑和组合逻辑，代码冗长，不利于代码的维护和修改，也不利于时序约束，因此不推荐采用一段式状态机进行有限状态机设计。但目前还有一些初级工程师采用一段式状态机对一些简单的状态机进行程序设计。

【例 7-6】采用一段式状态机对图 7-11 的状态跳转图进行有限状态机设计。

代码如下：

```
module FSM_One_Seg(
  input logic Start,
  input logic Read,
  input logic memDataAvail,
  input logic dataValid,
  input logic clk,
  input logic R,
  output logic ld_AddrUp,
  output logic ld_AddrLo,
  output logic dv,
  output logic en_Data,
  output logic ld_Data);

  enum logic [1:0] {SA,SB,SC,SD} state;

  always_ff  @(posedge clk, posedge R)
      if(R)
          begin
            state <= SA;
            ld_AddrUp <= 1'b0;
            ld_AddrLo <= 1'b0;
            dv      <= 1'b0;
            en_Data <= 1'b0;
            ld_Data <= 1'b0;
```

```
            end
        else
          unique case(state)
              SA: begin
                    state <= Start ? SB: SA;
                    ld_AddrUp <= Start ? 1'b1: ld_AddrUp;
                  end

              SB: begin
                    if(Read)
                        begin
                          state <= SC;
                          ld_AddrLo <= 1'b1;
                        end
                    else
                       begin
                         state <= SD;
                         ld_AddrLo <= 1'b1;
                       end
                  end

              SC: begin
                    if(memDataAvail)
                        begin
                          state <= SA;
                          dv <= 1'b1;
                          en_Data <= 1'B1;
                        end
                    else
                      state <= SC;
                  end

             SD: begin
                   if(dataValid)
                       begin
                         state <= SA;
                         ld_Data <= 1'b1;
                       end
                   else
                      state <= SD;
                 end
              endcase
endmodule
```

代码采用 unique case,表示忽略没有枚举的状态。代码中的每一个状态,既有状态跳转,也有逻辑输出,程序很容易产生锁存器。经过 Synplify Pro 软件综合后生成的逻辑电路如图 7-12 所示。

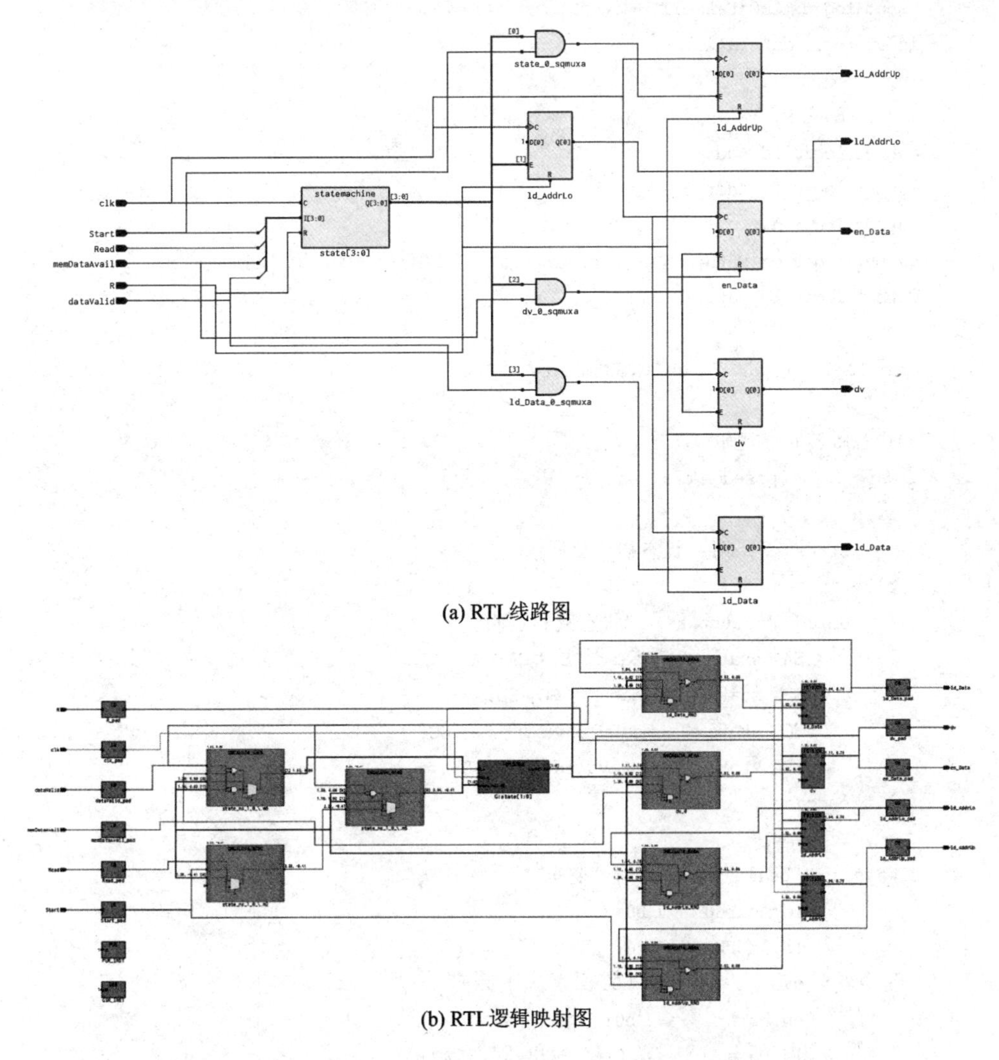

(a) RTL线路图

(b) RTL逻辑映射图

图 7-12　采用 Synplify Pro 综合后的一段式状态机 RTL 线路图

7.7.2　两段式状态机

两段式状态机把时序逻辑和组合逻辑分开设计,其中时序逻辑采用 always_ff 负责状态初始化和状态跳转,组合逻辑采用 always_comb 负责输出信号的初始化和输出逻辑设计。这样的设计不仅符合代码的风格,而且也提高了代码的可读性,容易维护。

【例 7-7】采用两段式状态机对图 7-11 的状态跳转图进行有限状态机设计。

```
module FSM_Two_Seg(
  input logic Start,
  input logic Read,
  input logic memDataAvail,
  input logic dataValid,
  input logic clk,
  input logic R,
  output logic ld_AddrUp,
  output logic ld_AddrLo,
  output logic dv,
  output logic en_Data,
  output logic ld_Data);

  enum logic [1:0] {SA,SB,SC,SD} state;

  //状态跳转时序逻辑
  always_ff @(posedge clk, posedge R)
    if(R)
        state <= SA;//状态初始化
    else
        unique case(state) //状态跳转逻辑
            SA: state <= Start ? SB: SA;
            SB: state <= Read   ? SC: SD;
            SC: state <= memDataAvail ? SA: SC;
            SD: state <= dataValid ? SA: SD;
        endcase

  always_comb begin   //输出信号逻辑
            ld_AddrUp = 1'b0;
            ld_AddrLo = 1'b0;
            dv         = 1'b0;
            en_Data    = 1'b0;
            ld_Data    = 1'b0; //输出信号初始化
            if(state == SA)     ld_AddrUp = Start ? 1'b1: ld_AddrUp;
            if(state == SB)     ld_AddrLo = 1'b1;
            if(state == SC) begin dv        = 1'b1; en_Data = 1'b1; end
            if(state == SD) ld_Data     = 1'b1;
        end
endmodule
```

本程序含有两个 always 语句块，其中 always_ff 语句用于有限状态机的异步复位和状态跳转，不涉及任何的输出信号逻辑。always_comb 语句块用于输出组合逻辑的设计，在 always_comb 语句中，首先对各输出信号进行初始化，然后根据每个状态，设计输出信号与状态和输入信号之间的逻辑函数。其通过 Synplify Pro 生成的逻辑电路图如图 7-13 所示。由图可知除了 ld_AddrUp 与输入信号和状态跳转同时有关外，其余的输出信号只与状态有关，与输入无关。

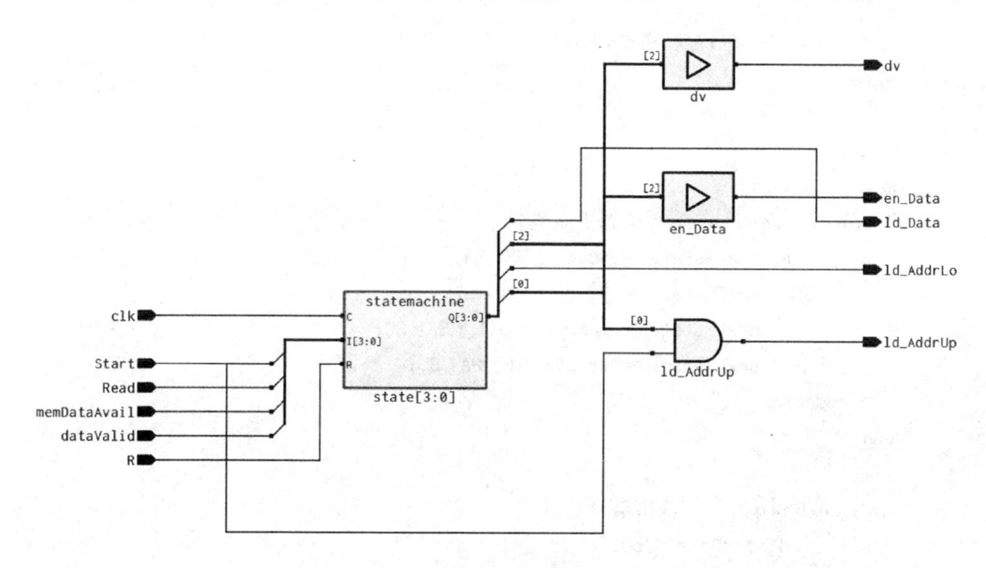

图 7-13 采用 Synplify Pro 综合后的两段式状态机 RTL 线路图

两段式状态机还有两种变体的设计方式。一种方式是把状态机分为三部分进行：状态更新、下一个状态逻辑以及输出逻辑。因此，与例 7-7 不同之处在于，该状态机设计中需要定义两个枚举类型：现态和次态。具体设计如例 7-8 所示。

【例 7-8】采用两段式状态机的一种变体方式对图 7-11 的状态跳转图进行有限状态机设计。

```
module FSM_Two_SegN(
  input logic Start,
  input logic Read,
  input logic memDataAvail,
  input logic dataValid,
  input logic clk,
  input logic R,
  output logic ld_AddrUp,
  output logic ld_AddrLo,
  output logic dv,
  output logic en_Data,
  output logic ld_Data);
```

```
    enum logic [1:0] {SA,SB,SC,SD} state, next_state;

    //状态更新逻辑
    always_ff @(posedge clk, posedge R)
      if(R)
          state <= SA;//状态初始化
      else
          state <= next_state;

    always_comb begin
        unique case(state) //次态更新逻辑
              SA: next_state = Start ? SB: SA;
              SB: next_state = Read   ? SC: SD;
              SC: next_state = memDataAvail ? SA: SC;
              SD: next_state = dataValid ? SA: SD;
          endcase
      end

    always_comb begin   //输出信号逻辑
              ld_AddrUp = 1'b0;
              ld_AddrLo = 1'b0;
              dv          = 1'b0;
              en_Data     = 1'b0;
              ld_Data     = 1'b0; //输出信号初始化
              if(state == SA)     ld_AddrUp = Start ? 1'b1: ld_AddrUp;
              if(state == SB)     ld_AddrLo = 1'b1;
              if(state == SC) begin dv        = 1'b1; en_Data = 1'b1; end
              if(state == SD) ld_Data     = 1'b1;
          end
endmodule
```

在该程序中,always_ff 语句专门用来做现态和次态的转换。而第一个 always_comb 语句只用于次态的更新逻辑,不涉及输出逻辑,第二个 always_comb 语句主要用于输出信号逻辑,整个逻辑清晰。采用 Synplify Pro 综合生成的逻辑电路图和例 7－7 相同,如图 7－14 所示。

另外的一类变体是采用一个 always_comb 语句把次态更新逻辑和输出逻辑放在一起,这样所有的基于状态的组合逻辑都集中在一起,在代码设计中经常会用到此种方式。

【例 7－9】 采用两段式状态机的另一种变体方式对图 7－11 的状态跳转图进行有限状态机设计。

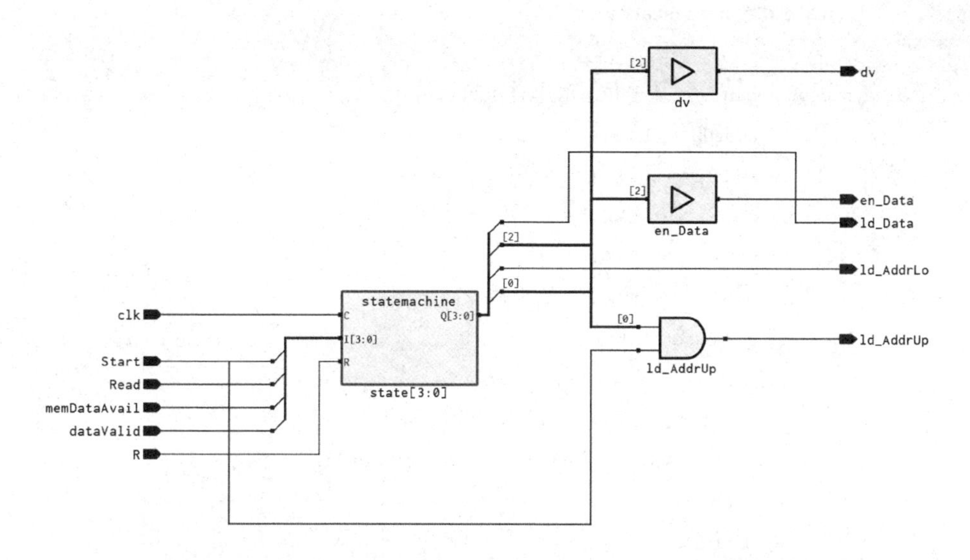

图 7 - 14　采用 Synplify Pro 综合后的两段式状态机 RTL 线路图(变体方式 1)

```
module FSM_Two_SegN1(
  input logic Start,
  input logic Read,
  input logic memDataAvail,
  input logic dataValid,
  input logic clk,
  input logic R,
  output logic ld_AddrUp,
  output logic ld_AddrLo,
  output logic dv,
  output logic en_Data,
  output logic ld_Data);

  enum logic [1:0] {SA,SB,SC,SD} state, next_state;

  //状态更新逻辑
  always_ff @(posedge clk, posedge R)
    if(R)
        state <= SA;//状态初始化
    else
```

```
            state <= next_state;

    always_comb begin   //基于状态的组合逻辑输出
            ld_AddrUp = 1'b0;
            ld_AddrLo = 1'b0;
            dv         = 1'b0;
            en_Data    = 1'b0;
            ld_Data    = 1'b0; //输出信号初始化
            unique case(state)
            SA: begin
                    next_state = Start ? SB: SA;
                    ld_AddrUp = Start ? 1'b1: ld_AddrUp;
                end
            SB: begin
                    next_state = Read   ? SC: SD;
                    ld_AddrLo = 1'b1;
                end
            SC: begin
                    next_state = memDataAvail ? SA: SC;
                    dv        = 1'b1;
                    en_Data = 1'b1;
                end
            SD: begin
                    next_state = dataValid ? SA: SD;
                    ld_Data    = 1'b1;
                end
        endcase
    end

endmodule
```

从程序中可以看出，例 7-9 相对于例 7-8，就是把两个 always_comb 语句合并成为一个语句，在该语句中，既有次态更新逻辑，也有输出组合逻辑——但它们都是基于状态机的现态而发生的逻辑变化，因此此设计合理。采用 Synplify Pro 综合软件生成的逻辑电路图也和例 7-7 相同，如图 7-15 所示。

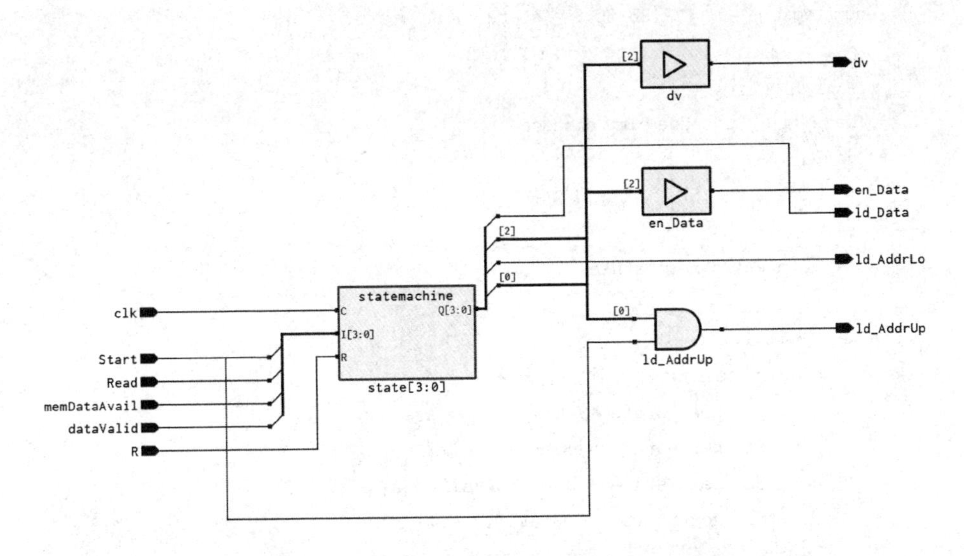

图 7-15 采用 Synplify Pro 综合后的两段式状态机 RTL 线路图(变体方式 2)

7.7.3 三段式状态机

严格意义上说,不存在三段式状态机。三段式状态机主要是为了解决两段式状态机采用组合逻辑输出所产生的毛刺问题。同时,增加一级寄存器可以有效地进行时序计算和约束。对于总线来说,容易使总线数据对齐,从而减小总线数据之间的偏斜,降低接收端数据采样出错的频率。

三段式状态机采用三个 always 语句块,分别采用 always_ff 语句块实现状态更新逻辑、采用 always_comb 语句块实现组合逻辑,采用 always_ff 语句块实现同步输出。

【例 7-10】 采用三段式状态机对图 7-11 的状态跳转图进行有限状态机设计。

```
module FSM_Three_SegN(
  input logic Start,
  input logic Read,
  input logic memDataAvail,
  input logic dataValid,
  input logic clk,
  input logic R,
  output logic ld_AddrUp,
  output logic ld_AddrLo,
  output logic dv,
  output logic en_Data,
  output logic ld_Data);
```

```
    enum logic [1:0] {SA,SB,SC,SD} state, next_state;

    //状态更新逻辑
    always_ff @(posedge clk, posedge R)
      if(R)
          state <= SA;//状态初始化
      else
          state <= next_state;

    always_comb begin
        unique case(state) //次态更新逻辑
              SA: next_state = Start ? SB: SA;
              SB: next_state = Read   ? SC: SD;
              SC: next_state = memDataAvail ? SA: SC;
              SD: next_state = dataValid ? SA: SD;
          endcase
      end

    always_ff @(posedge clk, posedge R)
      if(R)
          begin  //输出信号逻辑
              ld_AddrUp = 1'b0;
              ld_AddrLo = 1'b0;
              dv          = 1'b0;
              en_Data    = 1'b0;
              ld_Data     = 1'b0; //输出信号初始化
          end
      else
          unique case(state)
              SA:    ld_AddrUp = Start ? 1'b1: ld_AddrUp;
              SB:    ld_AddrLo = 1'b1;
              SC: begin dv        = 1'b1; en_Data = 1'b1; end
              SD: ld_Data    = 1'b1;
           endcase
endmodule
```

本例和两段式状态机的唯一区别在于两段式状态机采用组合逻辑输出，而三段式状态机采用 always_ff 语句输出，采用 Synplify Pro 生成的逻辑电路如图 7－16 所示，可以看出和两段式状态机相比，它的所有输出都使用寄存器输出。

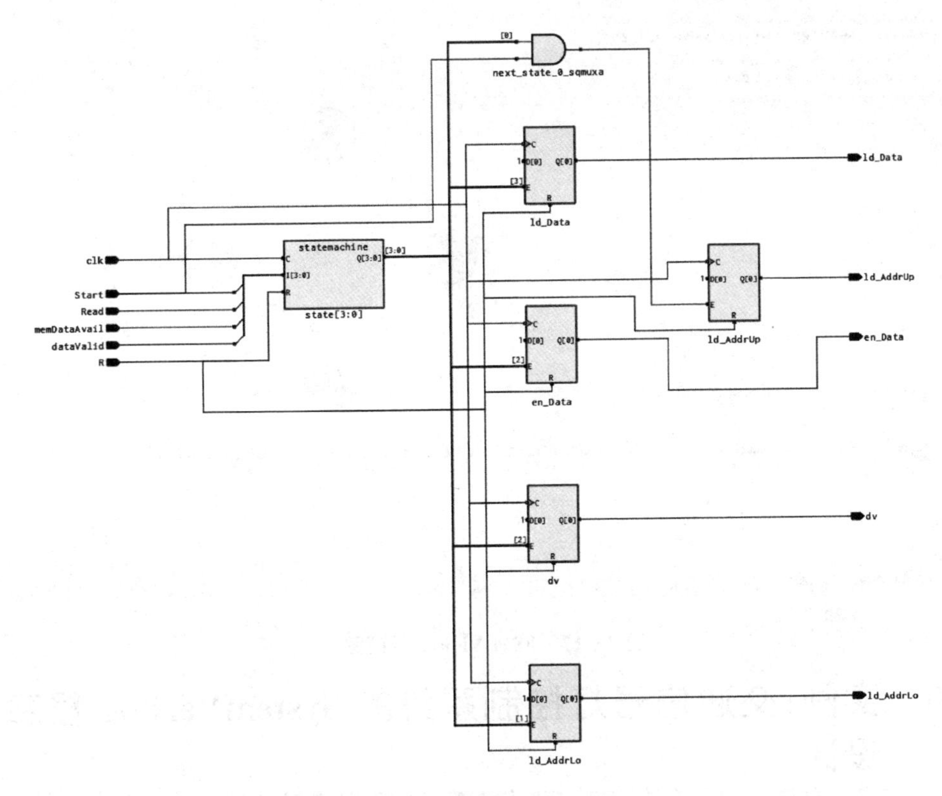

图 7-16　采用 Synplify Pro 综合后的三段式状态机 RTL 线路图

7.7.4　小　结

以上介绍的三种方法都可以用来进行状态机设计——虽然各有不同，各有优缺点。从代码风格和未来趋势来看，更推荐采用两段式或者三段式的状态机设计。

需要注意的是如果状态机系统是 Mearly 型状态机，由于它的输出逻辑是现态和输入的函数，因此需要把输出逻辑和其他组合逻辑进行配对。如果把输出逻辑和状态更新逻辑放在一起，则输出逻辑只会在时钟边沿更新，这种方式是不对的——Mearly 状态机的输出可以随着输入的任何时刻的变化而变化。因此，采用一段式状态机实现 Mearly 型状态机往往会出现错误。

如果设计的是 Moore 型状态机，由于它的输出逻辑只与现态相关，所以把输出逻辑和状态更新逻辑放在同一个 always_ff 语句中行得通。

在现实中，很多状态机设计非常复杂，如果直接阅读代码比较麻烦，可以应用一些辅助理解代码，如图 7-17 所示的 Synplify Pro 的 FSM Viewer。也可以利用 FPGA/CPLD 公司提供的一些图形化工具辅助状态机编程，如 Xilinx 公司的 State CAD。不管怎么样，有限状态机设计是 CPLD/FPGA 工程师的基本功，也是必须熟练掌握的一项技能。

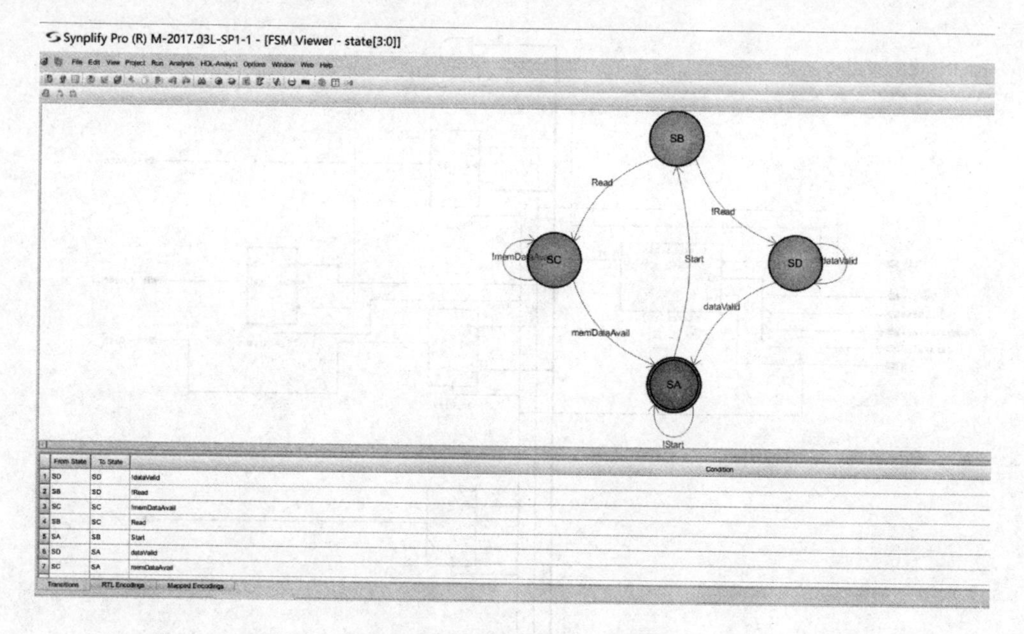

图 7-17 FSM Viewer 界面图

7.8 实例:交通信号灯控制系统的 SystemVerilog 程序设计

要求:假设 X 和 Y 分别表示两条垂直相交的道路。在 X 和 Y 相交处需设计一个交通信号灯控制系统,以确保车辆和行人的有序通过。其基本要求是:

(1) X 车道的绿灯亮,Y 车道的红灯亮。表示 X 车道的车辆允许通行,Y 车道的车辆禁止通行。

(2) X 车道的黄灯亮,Y 车道的红灯亮。表示 X 车道上未过停车线的车辆停止通行,已过停车线的车辆继续通行,Y 车道的车辆禁止通行。

(3) X 车道的红灯亮,Y 车道的绿灯亮。表示 X 车道的车辆禁止通行,Y 车道的车辆允许通行。

(4) X 车道的红灯亮,Y 车道的黄灯亮。表示 X 车道的车辆禁止通行,Y 车道上未过停车线的车辆停止通行,已过停车线的车辆继续通行。

(5) 为简化系统,绿灯亮的时间为 30 秒,在黄灯亮起的状态(2 和 4),黄灯每隔 1 秒闪烁一次,共 3 次。

(6) 整个交通灯控制系统从状态 1 到 4 循环进行。

从以上要求可知,交通信号灯的工作状态为 4 种状态,采用格雷码可以设置 4 种状态编码,如表 7-2 所列。

表 7-2 交通信号灯控制系统状态编码

状态名	状态编码	状态含义
S0	2'b00	X车道的绿灯亮,Y车道的红灯亮
S1	2'b01	X车道的黄灯亮,Y车道的红灯亮
S2	2'b11	X车道的红灯亮,Y车道的绿灯亮
S3	2'b10	X车道的红灯亮,Y车道的黄灯亮

采用SystemVerilog语言进行状态声明:

```
enum logic [1:0] {S0 = 2'b00,
                  S1 = 2'b01,
                  S2 = 2'b11,
                  S3 = 2'b10} current_state, next_state;
```

同时,输出信号分别为红、黄、绿三色。为了节省引脚,黄色可以采用红色和绿色共同作用来实现。因此,共有输出信号4个,分别如表7-3所列。

表 7-3 交通信号灯控制系统输出信号定义

输出信号名	有效电平	信号含义
GrnX	1'b1	X车道绿灯信号
GrnY	1'b1	Y车道绿灯信号
RedX	1'b1	X车道红灯信号
RedY	1'b1	Y车的红灯信号

因此,模块端口声明如下:

```
module Traffic_LED_Ctl(
input logic clk, //period 0.5s
input logic rst_, //low active
output logic GrnX, //Green LED for X road
output logic GrnY, //Green LED for Y road
output logic RedX, //Red LED for X road
output logic RedY);   //Red LED for Y road
```

根据要求,可设计Moore状态跳转图如图7-18所示。

基于该状态跳转图,采用SystemVerilog设计此交通信号灯指示系统,其中系统时钟周期为0.5s,时钟计数误差为1s,采用两段式状态机设计。有限状态机的具体代码如下:

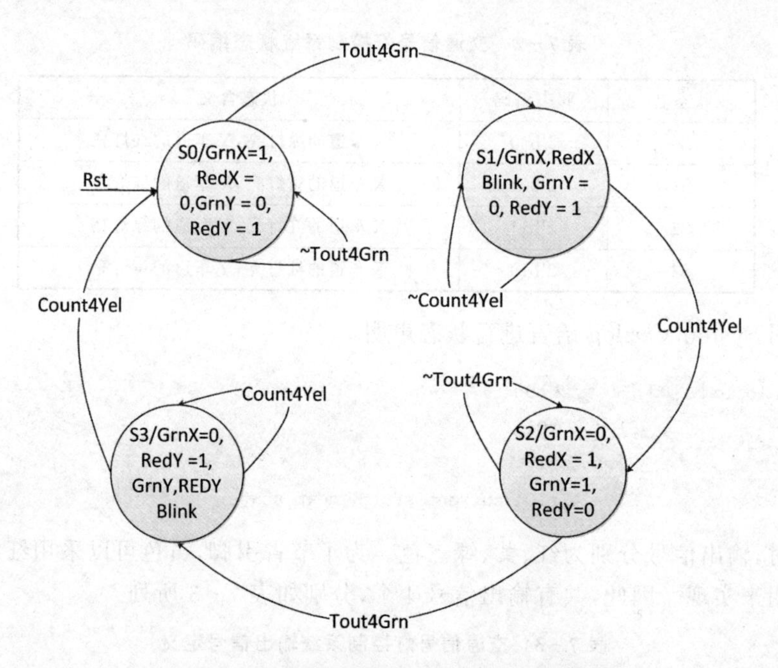

图 7-18　交通信号等控制系统的状态跳转图

```
//状态更新逻辑
always_ff @(posedge clk, negedge rst_)
    if(! rst_)
        current_state <= S0;
    else
        current_state <= next_state;

//次态跳转逻辑
  always_comb begin
    unique case(current_state)
        S0: next_state = Tout4Grn ? S1 : S0;
        S1: next_state = Count4Yel? S2 : S1;
        S2: next_state = Tout4Grn ? S3 : S2;
        S3: next_state = Count4Yel ? S0: S3;
    endcase
    end

//输出信号逻辑
always_comb begin
   GrnX = 1'b0;
   RedX = 1'b0;
   GrnY = 1'b0;
```

```
    RedY = 1'b0;
    unique case(current_state)
        S0: begin //X车道绿灯、Y车道红灯
                GrnX = 1'b1;
                RedX = 1'b0;
                GrnY = 1'b0;
                RedY = 1'b1;
            end

        S1: begin //X车道黄灯闪烁、Y车道红灯
                GrnX = yellen_blink;
                RedX = yellen_blink;
                GrnY = 1'b0;
                RedY = 1'b1;
            end

        S2: begin //X车道红灯、Y车道绿灯
                GrnX = 1'b0;
                RedX = 1'b1;
                GrnY = 1'b1;
                RedY = 1'b0;
            end

        S3: begin //X车道红灯、Y车道黄灯闪烁
                GrnX = 1'b0;
                RedX = 1'b1;
                GrnY = yellen_blink;
                RedY = yellen_blink;
            end
     endcase
  end
```

在状态跳转图以及有限状态机中，出现了三个内部控制和输入信号，它们分别是：

- Tout4Grn 为绿灯时间到信号——当该信号为1时，30秒绿灯信号时间到，状态自动跳转至下一状态。
- Count4Yel 为黄灯闪烁次数计数——当该信号为1时，黄灯闪烁次数到，状态自动跳转到下一状态。
- yellen_blink 为闪烁信号——该信号为周期为2秒的有限周期信号，用于黄灯闪烁。

显然，在此设计中需要定义此三个内部控制和输入信号，同时需要有两个计数

器，它们分别是：

- grn_count——六位计数器，用于绿灯亮时的计数。
- yel_count——三位计数器，用于黄灯闪烁的计数。

计数器和控制信号的代码设计如下：

```
logic [5:0] grn_count; //count for green period
logic [2:0] yel_count; //count for yellen blink
logic       Tout4Grn;  //if grn_count == 60, set this signal to be 1
logic       Count4Yel; //if yel_count == 5, set this signal to be 1
logic       yellen_blink;

//绿灯亮持续时间的计数和计时时间满指示信号逻辑
always_ff @(posedge clk, negedge rst_)
  if(! rst_)
     begin
        grn_count <= 6'b0;
        Tout4Grn  <= 1'b0;
     end
  else if((current_state == S0) ||(current_state == S2))
     begin
        if(grn_count == 60)
           begin
              Tout4Grn <= 1'b1;
              grn_count <= grn_count;
           end
        else
           begin
              grn_count ++ ;
              Tout4Grn  <= 1'b0;
           end
     end
     else
       begin
         grn_count <= 6'b0;
         Tout4Grn  <= 1'b0;
     End

//黄灯闪烁持续时间的计数和计时时间满指示信号逻辑
always_ff @(posedge clk, negedge rst_)
  if(! rst_)
     begin
```

```
            yel_count <= 3'b0;
            Count4Yel <= 1'b0;
            yellen_blink <= 1'b0;
        end
    else  if((current_state == S1) ||(current_state == S3))
        begin
            yellen_blink <= ~yellen_blink;
            if(yel_count == 5)
                begin
                    yel_count <= yel_count;
                    Count4Yel <= 1'b1;
                end
            else
                begin
                    yel_count ++ ;
                    Count4Yel <= 1'b0;
                end
        end
        else
            begin
            yel_count <= 3'b0;
                Count4Yel <= 1'b0;
              yellen_blink <= 1'b0;
            end
```

至此，整体程序设计结束。采用 Synplify Pro 进行综合，所得逻辑电路结果如图 7－19 所示。

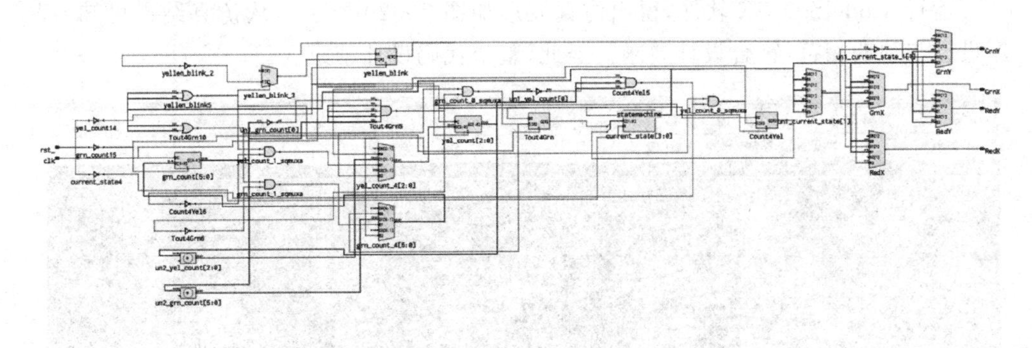

图 7－19　交通信号灯控制系统逻辑电路图

为验证此设计功能是否准确，采用 ModelSim 软件进行仿真。先进行仿真代码设计。由于此交通信号灯控制系统为自动运行系统，只要有时钟存在，就会持续工作下去，所以仿真代码的主要任务是时钟激励的产生、复位信号的产生以及模块例化。

```
module Traffic_LED_Ctl_tb;
logic clk; //period 0.5s
logic rst_; //low active
logic GrnX; //Green LED for X road
logic GrnY; //Green LED for Y road
logic RedX; //Red LED for X road
logic RedY;

Traffic_LED_Ctl tb(.*);

initial
  begin
    rst_ = 1'b0;
    #10
    rst_ = 1'b1;
    #2000
    $stop;
  end

initial
  begin
    clk = 1'b0;
    forever
      clk = #5 ~clk;
  end
endmodule
```

运行 ModelSim SE 软件，得出仿真波形如图 7－20 所示。从仿真结果可知，程序设计与预期相符，符合设计要求。至此，整个代码设计结束。

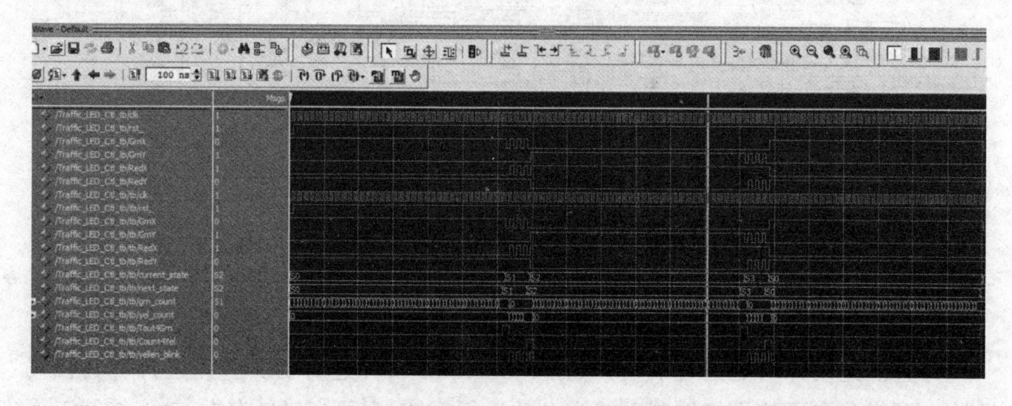

图 7－20　交通信号灯控制系统的仿真结果波形图

本章小结

状态机作为时序逻辑电路最基本、也是最重要的一个环节，是每一位 FPGA/CPLD 工程师必须掌握的知识。本章着重讲述了状态机的基本概念、算法描述、基本语言以及设计需要注意的各类事项。并通过交通信号灯控制系统的实例具体说明如何应用 SystemVerilog 语言进行有限状态机的设计。作为 CPLD/FPGA 工程师，不要拘泥于状态机的实现形式是门级电路，还是行为级描述，是一段式还是两段式，或者三段式状态机，需根据具体的设计需求进行代码设计。

思考与练习

1. 简述 Mearly 型状态机和 Moore 型状态机的区别与联系。

2. 简述有限状态机的算法描述。

3. 简述独热码的编码方法，以及优点与缺点。

4. 格雷码和二进制码如何进行相互转化？请把二进制码 2'b1010_1101_0100_1000 转化为格雷码表示。

5. 简述 Full case 和 Parallel Case 的特点、区别与联系。

6. 采用 SystemVerilog 语言修改实例 7.8，在 X、Y 车道增加左转禁止和通行信号，左转通行开始时间晚于直行通行时间 10 s，并和直行绿灯结束时一同转为下一个状态。设计代码，并仿真。

7. 为了避免早晚高峰出现拥堵，交通信号灯控制系统会根据不同时间点和路况修改绿灯通行时间，假设 X 通道早晚高峰的车流量大，试着在题 6 的基础上，增加 X 车道绿灯通行时间为 60 s，缩减 Y 通道绿灯通行时间为 20 s，同时增加人工控制输入信号 Force_GrnX 和 Force_GrnY 两个信号，当 Force_GrnX 有效时，X 车道绿灯一直有效，同时 Y 车道红灯一直常亮，当 Force_GrnY 有效时，Y 车道绿灯一直有效，同时 X 车道红灯一直常亮。请采用 SystemVerilog 进行编码，并仿真。

8. 请根据图 7-21 所示 Mearly 状态跳转图设计有限状态机的 SystemVerilog 代码设计，并仿真。

9. 请把题 8 的 Mearly 状态跳转图修改为 Moore 型状态跳转图，并采用 SystemVerilog 实现。

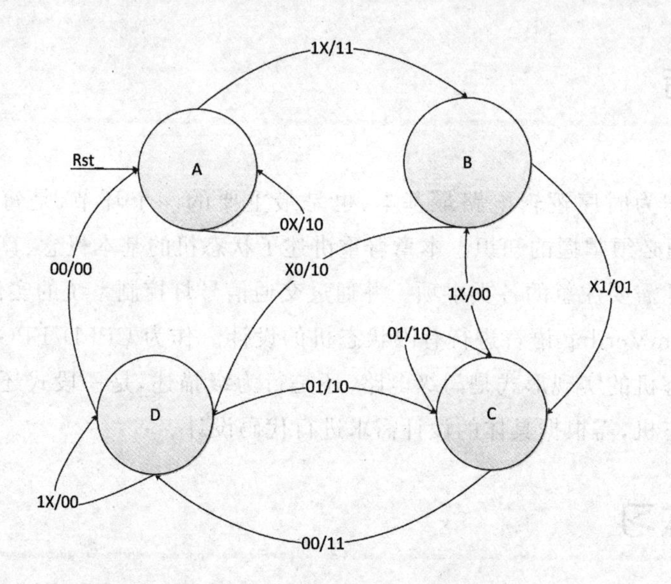

图 7－21　题 8 Mearly 型状态跳转图

第8章

同步数字电路与时序分析

现代数字电路有异步数字电路和同步数字电路之分。同步数字电路采用一个时钟信号作为同步源对整个数字系统同步,异步数字电路则没有这样的基准信号。因此本章重点讨论同步数字电路时序分析与优化。

本章的主要内容有:

- 同步数字电路的基本概念;
- D触发器的工作原理;
- 亚稳态的产生原理及同步寄存器;
- 同步数字系统的时序约束;
- 时钟的概念;
- IO时序分析;
- 时序例外;
- PLL;
- 时序优化。

8.1 同步数字电路的基本概念

8.1.1 同步数字电路

异步数字电路主要是用于产生地址译码器、FIFO或RAM的读写控制信号的组合逻辑电路,也用于时序电路的输入和输出函数,不依赖统一的时钟。图8-1为异步数字电路示例。异步数字电路的信号状态变化的时刻是不稳定的,如Mearly型状态机输入信号对输出信号的影响,容易造成输入信号之间的竞争冒险,从而产生亚稳态。因此在异步数字电路设计时需要特别防范竞争冒险的产生。

同步数字电路由时序电路和组合逻辑电路共同构成,其中时序电路主要由各种寄存器和触发器构成。同步数字电路有一个同步的信号——通常称之为时钟信号——控制所有的寄存器和触发器,在严格的时钟控制下进行工作。电路中的所有的状态变化都在时钟的上升沿或者下降沿完成。CPLD/FPGA芯片内的基本单元

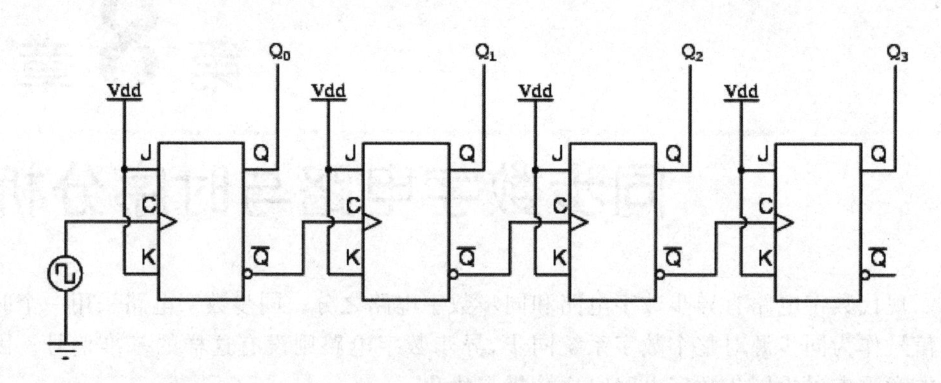

图 8-1　异步数字电路示例

是大量的 D 触发器，因此 CPLD/FPGA 中的同步数字电路一般采用 D 触发器。如图 8-2 所示为同步数字电路示意图。

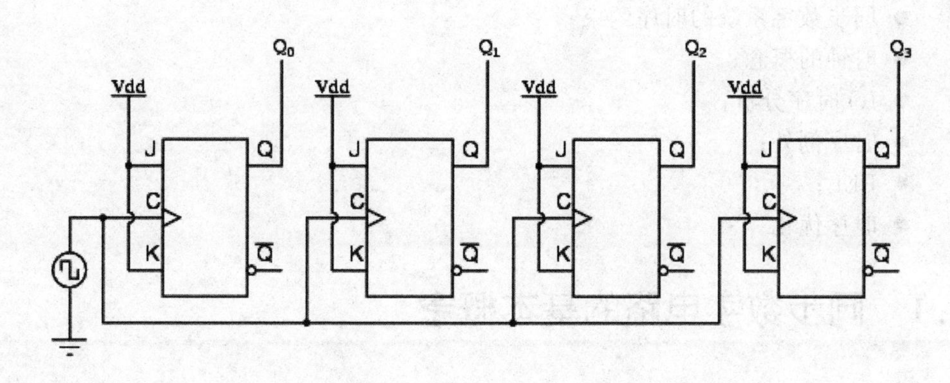

图 8-2　同步数字电路示例

利用 CPLD/FPGA 设计数字电路时，一般采用行为级抽象描述。如：当状态发生跳转时，通常是在时钟的上升沿作用下，马上把要更新的输入信号通过触发器发送给输出信号。如：

```
always_ff @(posedge clk) q <= a & b;
```

但实际上，该代码在翻译为 CPLD/FPGA 最底层的基本门单元时，中间会发生各种变化，使得即使时钟边沿敏感事件到来，而输出并没有立即发生变化。原因有很多——可能是输入信号在线网中的传播时延，也可能是时钟信号本身的传播时延，还有可能是 D 触发器本身的时延造成，甚至可能是因为外界因素，如温度、电压等造成了延时甚至功能性错误。

同步数字电路要求在特定的时钟频率下,确保信号在整个电路的传播过程中能够及时准确地发送、传递并接收——即使经过组合逻辑电路。如果不能够满足要求,则需要在整个IC或者CPLD/FPGA设计流程中进行代码或者时序优化,最终满足设计者的需求。这个过程称之为时序收敛。

如在本书1.5节中所述,从代码设计到最终的烧录文件的形成,CPLD/FPGA设计需要经历数个设计步骤。其中每一个步骤对于时序收敛都有着至关重要的作用。在代码设计阶段,一段良好风格的代码和约束文件可以有效指导综合软件按照设计者的预期进行逻辑综合。在综合编译阶段,综合软件把程序和约束文件转化为CPLD/FPGA标准库——通常是一些基本门和D触发器。通过连接这些基本库元件实现特定的功能。当综合完成后,接下来需要把这些基本库元件放置在IC或者CPLD/FPGA上合适的位置——这一步叫做布局。最后,需要把这些基本库元件通过连线连接起来——这就叫做布线。这四个步骤每一步都会影响到时序收敛——不同的库元件有不同的驱动能力和扇出能力,不同的位置摆放会导致走线的距离不同,不同长度的走线可能会造成不同的阻抗,包括容抗和感抗,等等。

8.1.2 时钟域

所有的时序电路通过时钟信号来驱动。在一个数字系统中,往往不止一个时钟信号,比如Intel的南桥芯片PCH,不仅仅有驱动PCIE、DMI的本地高速时钟信号,也有驱动USB的USB时钟信号,还有驱动SATA、LPC等协议的时钟信号、驱动RTC电路的低速32K信号等。如何实现数据信号在不同时钟下工作并满足其时序要求,是CPLD/FPGA设计追求的目标,也是必须满足的目标——这就涉及到时钟域的概念。

所谓的时钟域,就是在该系统中,所有的触发器都由同一时钟驱动。因此,时钟域的概念需要满足如下几点:

- 在同一个时钟域内,所有的触发器都由同一个时钟驱动。
- 在同一个时钟域内,所有的组合逻辑的输入都只能由这些触发器驱动。
- 在一个数字系统中,如CPLD/FPGA或者ASIC内,可能同时存在多个时钟域。

如图8-3所示,FF0和FF1为同一个时钟域,同时被时钟信号CLK1驱动,FF2为另外一个时钟域,由时钟信号CLK2驱动。当FF2驱动的信号进入组合逻辑时,需要进行特别处理,如增加同步寄存器,否则会产生亚稳态。具体将在后续章节中讲述。

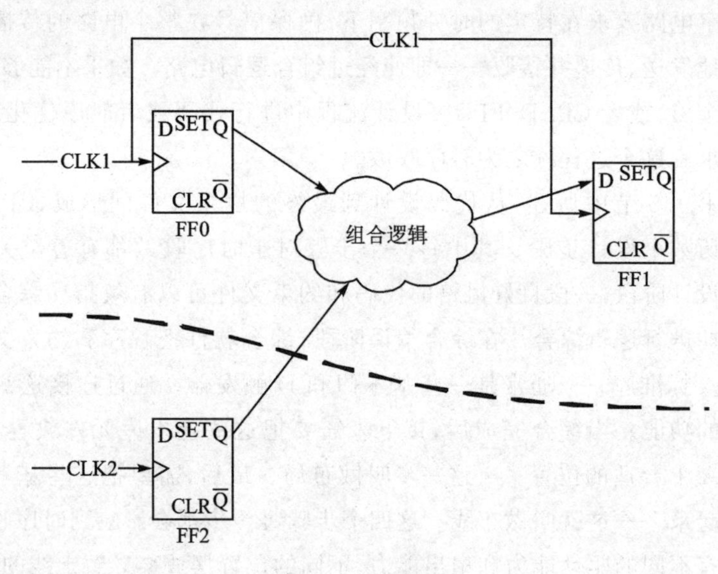

图 8-3 时钟域

8.2 D 触发器的工作原理

在同步数字电路中,基于边沿触发的 D 触发器是被广泛使用的存储元件。因此,在分析同步数字电路的时序之前,先来观察 D 触发器的工作原理。

D 触发器在时钟的上升沿或者下降沿的作用下,存储一位系统状态并更新它。同时,它也带有复位/置位信号用于上电初始化或者系统复位——该输入信号与时钟信号互相独立并且优先于时钟信号。其基本元件符号如图 8-4 所示。

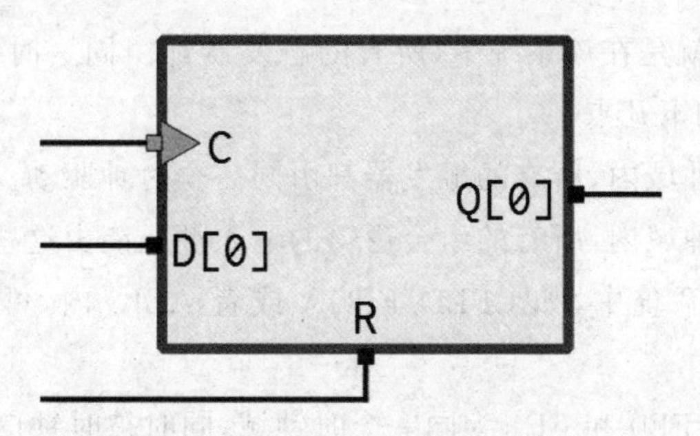

图 8-4 D 触发器元件示意图

采用 SystemVerilog 实现此 D 触发器如下:

```
module DFF #(parameter W = 1)(
 input logic clk,
 input logic rst_,
 input logic [W-1:0] d,
 output logic [W-1:0] q);

 always_ff @(posedge clk, negedge rst_)
   if(! rst_)
       q <= 0;
   else
       q <= d;
endmodule
```

有时需要使用一组 D 触发器实现一组数据的存储和更新，则仅需修改参数 W 的值即可。

D 触发器的时序和传输时延需满足 D 触发器的工作要求——也就是时钟信号、输入信号及复位信号之间有一定的时序保证。D 触发器的关键时序参数如图 8-5 所示。

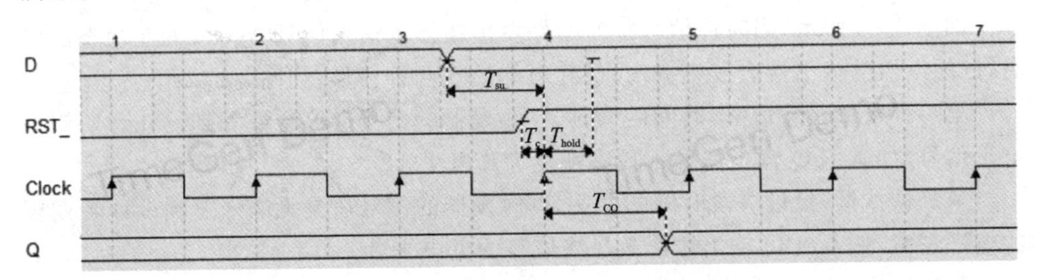

图 8-5　D 触发器关键时序参数

建立时间(T_{su})——D 触发器输入端要求输入信号在时钟信号有效沿(上升沿或者下降沿)到来之前保持稳定不变的时间。

保持时间(T_{hold})——D 触发器输入端要求输入信号在时钟信号有效沿(上升沿或者下降沿)到来之后保持稳定不变的时间。

异步恢复时间(T_r)——异步控制信号在下一个有效时钟边沿到达前必须稳定下来的最短时间。

T_{co}——从 D 触发器时钟信号输入端时钟有效沿到达到 D 触发器的输出端更新信号稳定之间的时间

以上四种关键时间参数任何一种违例，都将会导致系统无法正常工作。

8.3 亚稳态的产生原理及同步寄存器

对模拟电平采样、编码，就形成了数字信号。数字信号存在两种形态的电平：高电平和低电平。从正逻辑的角度来看，通常小于电压阈值 VL 的电平称之为低电平，也就是 0 值，大于电压阈值 VH 的电平称之为高电平，也就是 1 值。信号从 0 到 1 之间的跳变或者从 1 到 0 之间的跳变时间称为上升时间或者下降时间，在这段时间内，信号是未定的，因此如果对这段时间内的信号进行采样，则会出现亚稳态现象。如图 8-6 所示。

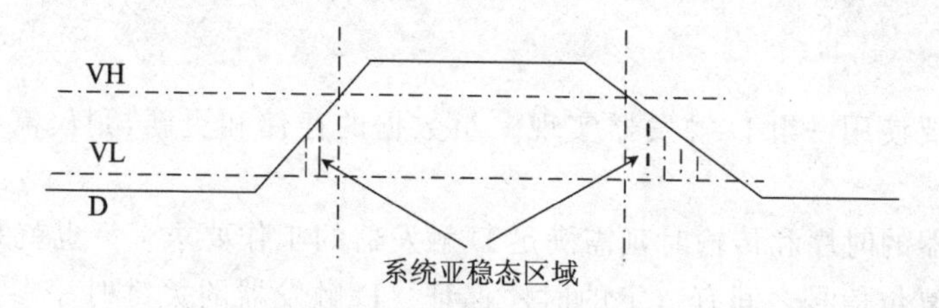

图 8-6　亚稳态区域示意图

如图 8-6 所示，当时钟信号跳变刚好发生在异步输入信号 Async 的亚稳态区域时，D 触发器的输出端会发生振荡，最终可能出现两种情形，如图 8-7 所示。

第一种情形，经过一段时间的振荡，D 触发器的信号最终会恢复到设计者期望的电平信号，如本例 Q 输出情形 1 最终恢复为高电平 1。

第二种情形，经过一段时间的振荡，D 触发器的信号还是无法恢复到设计者期望的电平逻辑，如本例 Q 输出情形 2 最终恢复为低电平 2。

两种情形中信号处于振荡过程中的时间，称之为亚稳态的恢复时间。恢复为 1 和恢复为 0 的时间会不相同。显然，亚稳态的恢复时间会比正常状态下 T_{co} 的时间长很多。在电路设计中，如果采集到亚稳态，但希望该输出信号能够恢复到设计的期望值，并且不希望亚稳态继续在下一级中继续传播，则需要满足的条件是：

$$T_{su} + T_r < T$$

其中，T_{su} 为 D 触发器的建立时间，T_r 为亚稳态恢复时间，T 为时钟周期。

图 8-7 的 Q 输出情形 1 显然满足此要求，因此 Q 输出最终能够恢复到 1 值，但 Q 输出情形 2 的恢复时间显然远远超出了一个时钟周期的要求，因此 Q 输出最终没有符合设计者的期望，生成了错误的逻辑。

有时候，即使不满足该不等式，但 D 触发器最终还是能够恢复到设计者的期望值，只是亚稳态还是会继续传播下去——原因在于恢复后保持稳定的时间会小于下一级 D 触发器的建立时间，从而造成建立时间违例。具体如图 8-8 所示。

因此，为避免亚稳态的传播导致信号出现失真，需要对信号进行处理。换句话说，当信号在不相关或者异步时钟域中传送时，需要确保该信号在进入新时钟域前被

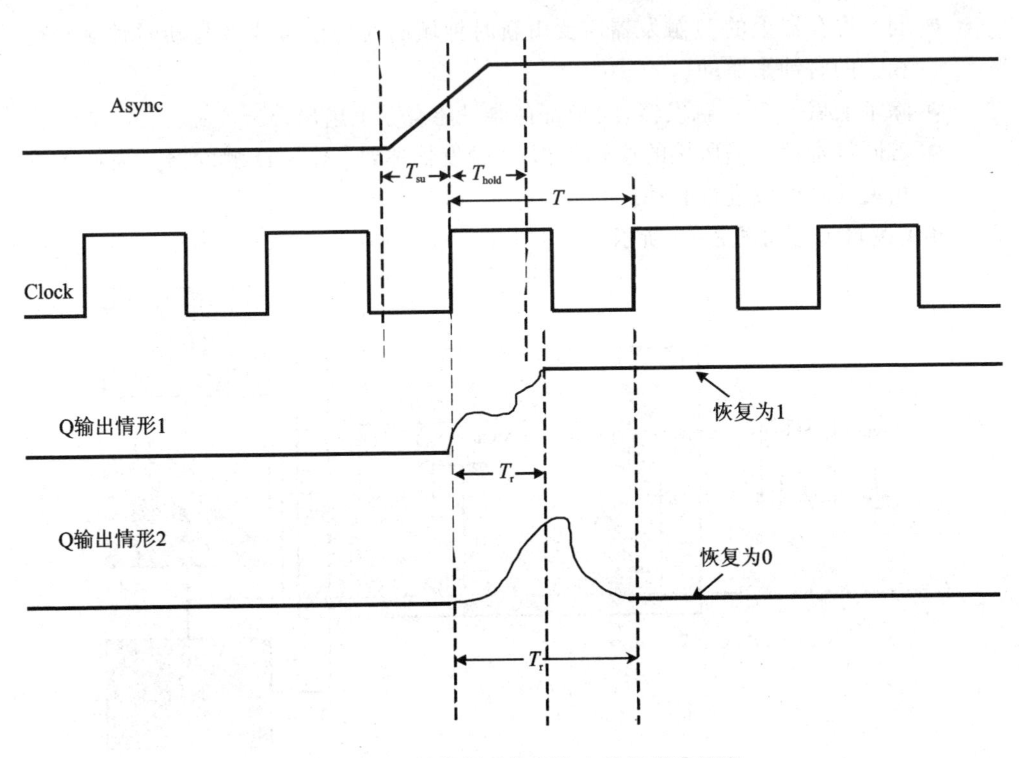

图 8－7　D 触发器采集亚稳态的逻辑波形图

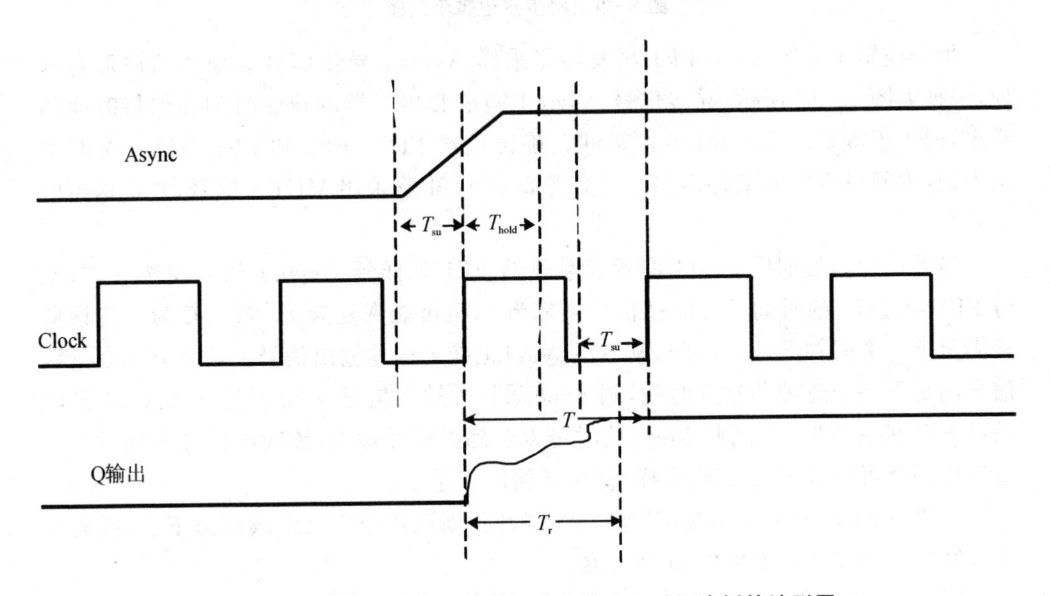

图 8－8　亚稳态恢复时间过长造成的建立时间违例的波形图

同步。所谓的同步，就是在新时钟域前加入级联的多级 D 触发器。该多级 D 触发器又称为同步寄存器链或者同步寄存器，需要满足以下要求：

- 同步寄存器上的 D 触发器需要由新时钟域的时钟信号或者与新时钟域相位相关的时钟来驱动。
- 除了最后一个 D 触发器，同步寄存器只能有一个扇出。
- 若同步寄存器前所接的逻辑是由 D 触发器驱动，则该 D 触发器是由一个不相关的时钟域进行驱动。

相关逻辑示意如图 8-9 所示。

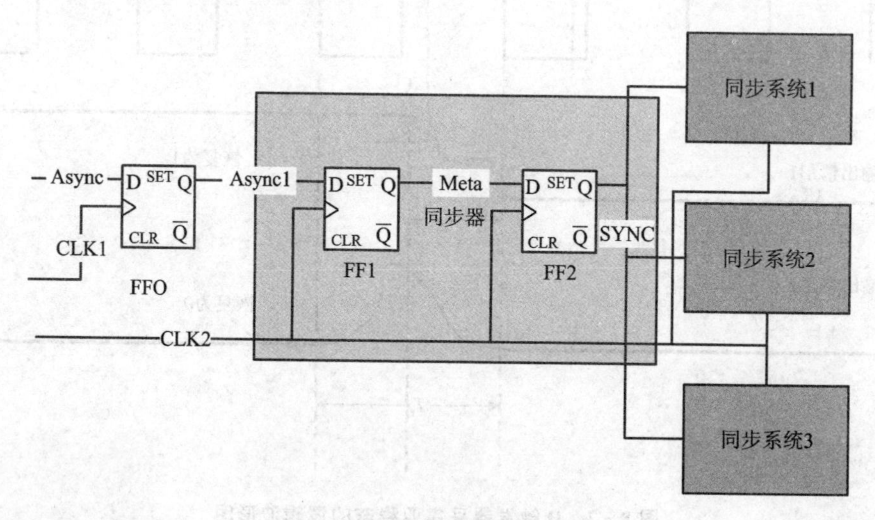

图 8-9　同步器逻辑示意图

根据逻辑示意图 8-9，FF1 触发器将采样 Async1 异步信号。采样的情形有两种，一种如图 8-10 所示，异步信号 Async1 满足 D 触发器的建立时间和保持时间的要求，FF1 正确采用 Async1 的逻辑并正确传送给 FF2。FF2 和 FF1 在同一个时钟域内，且中间没有任何额外扇出和组合逻辑，FF2 正确采用 META 信号，并传送给同步系统。

另外一种情形如图 8-11 所示。触发器 FF1 采样到 Async1 的亚稳态区域，此时 FF1 经过 T_r 的时间后可能把信号恢复为 0，也可能恢复为 1。若恢复为 1 且该信号满足下一个时钟的建立时间，则 Sync 可以正确采样并输出信号。若恢复为 0 且该信号满足下一个时钟的建立时间，则 Sync 采样并输出信号 0，由于此时 Async1 已经满足 FF1 的建立时间，因此 Meta 此时可以正确采样并输出，该输出信号再经过一个时钟周期就可以被 FF2 正确采样，并传送给同步系统。

如果，FF1 的输出不满足 FF2 的建立时间，则该亚稳态会继续传播下去，因此解决方案就是增加同步器内的 D 触发器。

【例 8-1】 采用 SystemVerilog 设计一段代码对异步信号下降沿进行采样，要求：采用两个触发器进行设计。

分析：对于异步信号的边沿采样，通常采用时钟信号连续对被检测的异步信号采

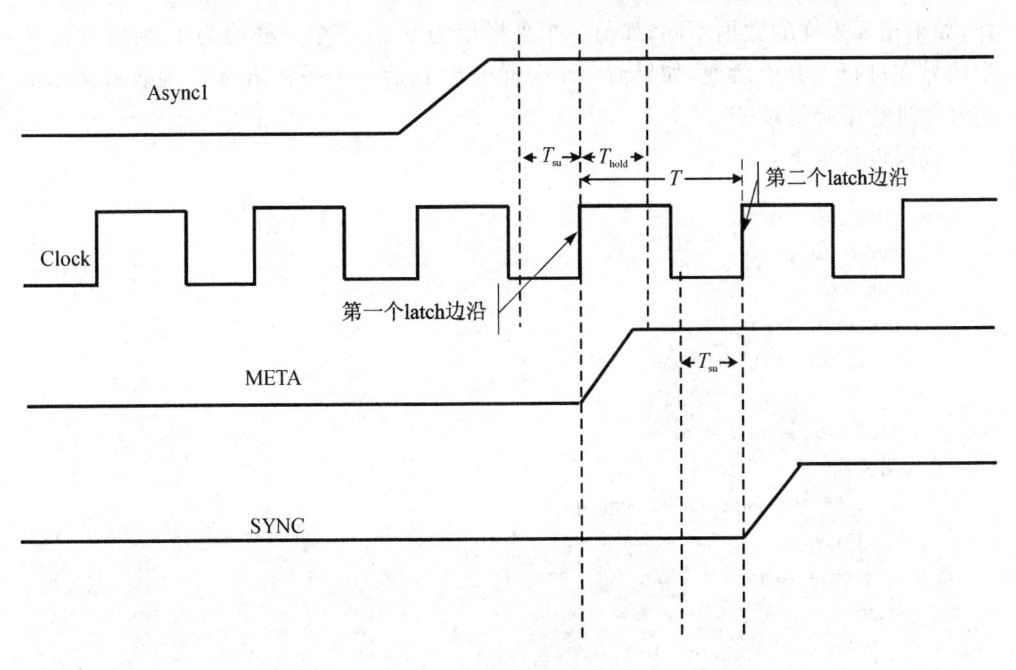

图 8－10　图 8－9 所示同步逻辑正常采用波形图

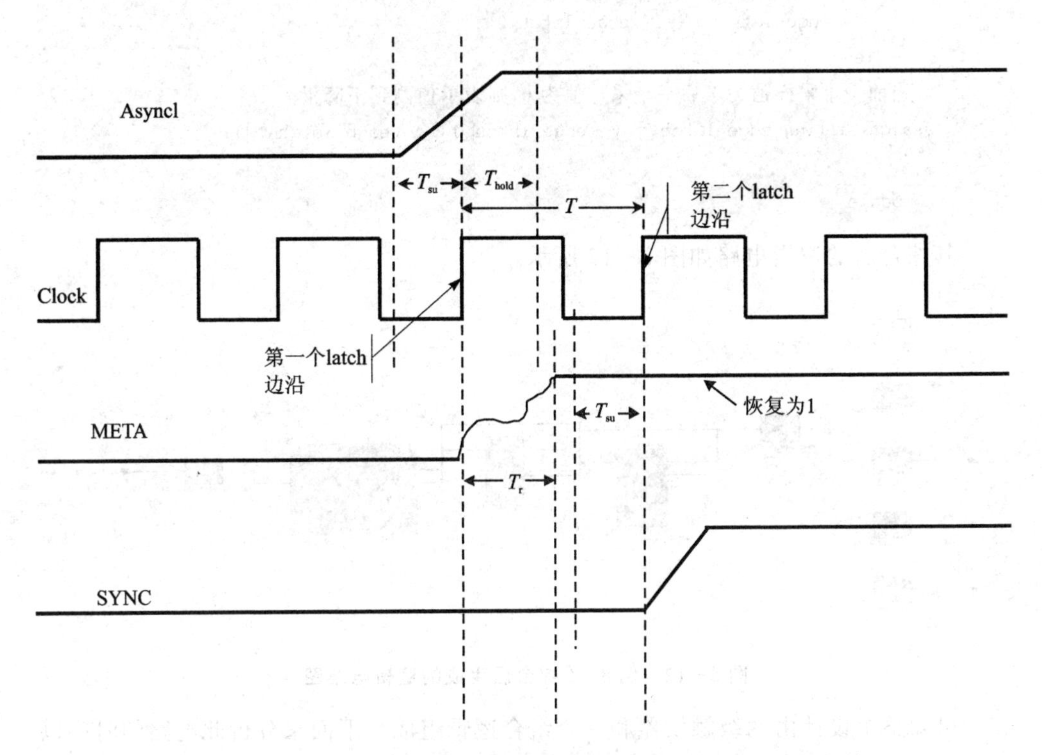

图 8－11　图 8－9 所示同步逻辑采用亚稳态波形图(假设恢复为 1 的情形)

样,如果相邻采样的数据不同,如前一个采样值为 0,后一个采样值为 1,则表示该异步信号在进行上升沿跳变,如果前一个采样值为 1,后一个采样值为 0,则表示该异步信号在进行下降沿跳变。

代码设计如下:

```
module Edge_detect(
  input logic clk,
  input logic rst_,
  input logic Async_in,
  output logic falling_edge_latch);

  logic [1:0] edge_latch;
//边沿检测
  always_ff @(posedge clk, negedge rst_)
    if(! rst_)
        edge_latch <= 2'b0;
    else
        begin
           edge_latch[0] <= Async_in;
           edge_latch[1] <= edge_latch[0];
        end
  //当前一个采样值为 1 后一个采样值为 0,则表示侦测到下降沿
  assign falling_edge_latch = (~edge_latch[0]) & (edge_latch[1]);

 endmodule
```

其综合后的逻辑电路如图 8-12 所示。

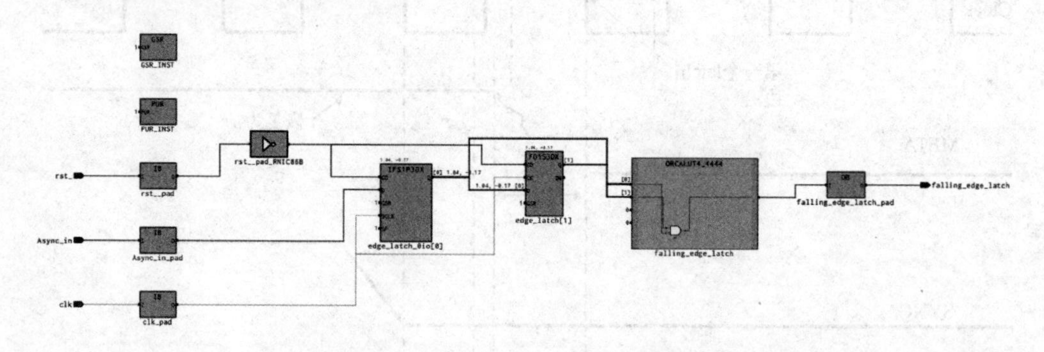

图 8-12　例 8-1 综合后生成的逻辑电路图

可知整个设计由两级触发器和一个组合逻辑组成。下面来分析此电路的时序以及亚稳态情形。

正常情况下,时钟信号 clk 上升沿到达第一级 D 触发器并开始对 Async_in 异步

信号采样，如果此时 Async_in 处于稳态（0 值或者 1 值），且其稳定时间满足 D 触发器的建立时间和保持时间，如图 8－13 所示，则第一级 D 触发器经过 T_{co} 的时间把该信号发送给 edge_latch[0]。第二级触发器对 edge_latch[0]采样，并输出给 edge_latch[1]，edge_latch[0]和 edge_latch[1]为两个稳定电平，经过“与”门逻辑，输出脉冲宽度为时钟周期的脉冲信号 falling_edge_latch。此为正确的逻辑行为！

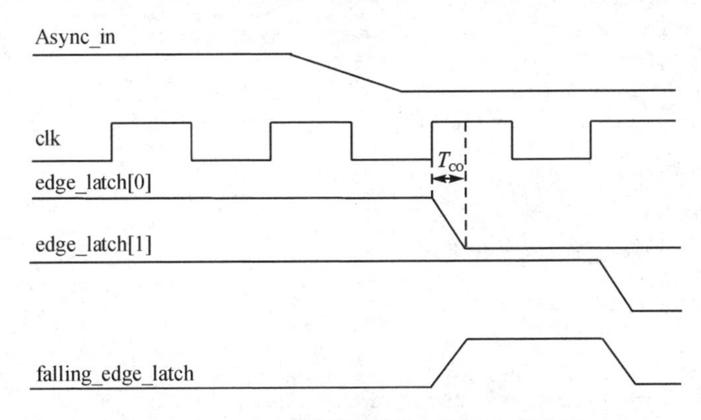

图 8－13　同步上升沿检测异步信号稳态波形图

如果此时 Async_in 处于状态转变过程中（从 1 到 0，或者从 0 到 1），也就是亚稳态，如图 8－14 所示。如前面所述，edge_latch[0]会出现振荡，并且该振荡会根据亚稳态恢复时间和 D 触发器的建立时间之和决定是否会继续传播下去。假设如图 8－13 所示在第一级 D 触发器就能恢复，edge_latch[0]在第二个时钟 clk 的上升沿之前能够恢复为 0，且满足建立时间的要求，则 edge_latch[1]能够正确采样 edge_latch[0]信号，但由于 falling_edge_latch 为 edge_latch[0]和 edge_latch[1]的“与”逻辑，该信号的最终输出会出现毛刺，而不是一个固定脉宽的正常波形，因而此时对异步信号的下降沿检测失效！

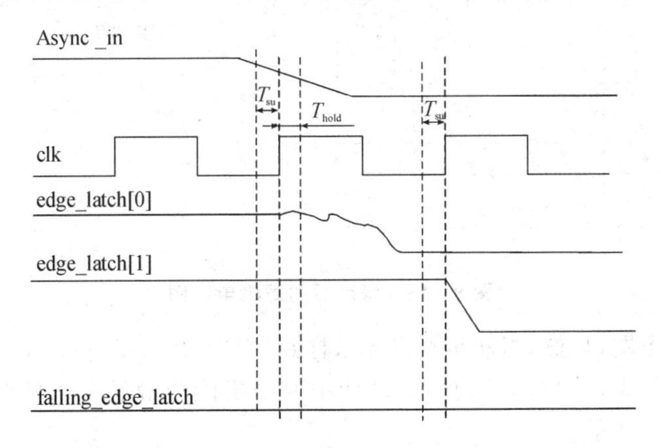

图 8－14　同步上升沿检测异步信号亚稳态波形图

因此，同步寄存器严禁在内部的D触发器的输出上实现额外的组合逻辑——也就是说，同步寄存器内部的上一级D触发器的输出只能用于做下一级D触发器的输入，不能同时用来做组合逻辑或者其他时序逻辑。本例的解决之道就是采用两级同步寄存器设计。修改代码如下：

```
module Edge_detect(
   input logic clk,
   input logic rst_,
   input logic Async_in,
   output logic falling_edge_latch);

   logic [2:0] edge_latch;
//边沿检测
   always_ff @(posedge clk, negedge rst_)
      if(! rst_)
          edge_latch <= 3'b0;
      else
          begin
              edge_latch[0] <= Async_in;
              edge_latch[1] <= edge_latch[0];
              edge_latch[2] <= edge_latch[1];
          end
   //当前一个采样值为1后一个采样值为0,则表示侦测到下降沿
   assign falling_edge_latch = (~edge_latch[1]) & (edge_latch[2]);

 endmodule
```

其基本电路逻辑如图 8-15 所示。

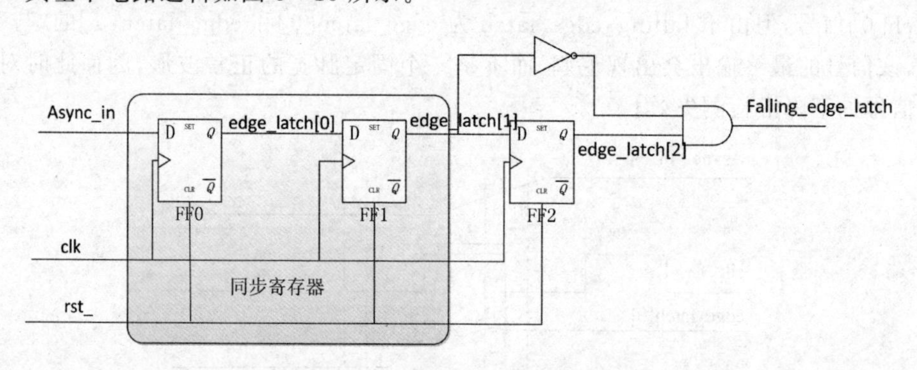

图 8-15　修改后的逻辑电路图

分析其波形图，显然，当同步触发器采样到的异步信号 Async_in 处于稳态时，整个系统逻辑满足设计要求。因此，本设计主要分析同步触发器采样亚稳态的情形。具体如图 8-16 所示。

同步寄存器由D触发器 FF0 和 FF1 组成，当 FF0 采集到异步信号 Async_in 亚稳态时，经过亚稳态的恢复时间，FF0 会把最终结果输出到 edge_latch[0]上，并输送

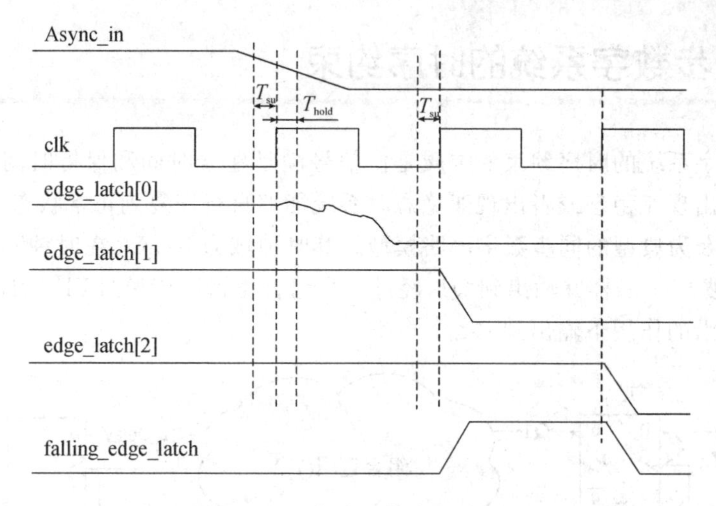

图 8-16　修改后的波形时序图

给 FF1 触发器，FF1 在下一个时钟 clk 信号的触发下，采集 edge_latch[0]上的信号，当 edge_latch[0]满足其建立时间的要求时，FF1 正确采样并输出，同理，edge_latch[2]也会被正确输出。由于输入信号都处于稳态，falling_edge_latch 能够输出脉冲宽度为一个时钟周期的脉冲波形。因此，该程序能够准确侦测异步信号的下降沿——但会推迟一个时钟周期。

同步寄存器可以有多级串联寄存器，也可以只需要两级——主要是基于设计目标、信号类型以及设计资源决定——这也是异步信号同步化最主要的手段。同时，也可以采用把主时钟信号分频(一般采用 PLL)给同步寄存器来实现，如图 8-17 所示。但考虑到时钟信号的偏斜和抖动情况下，不建议如此设计。

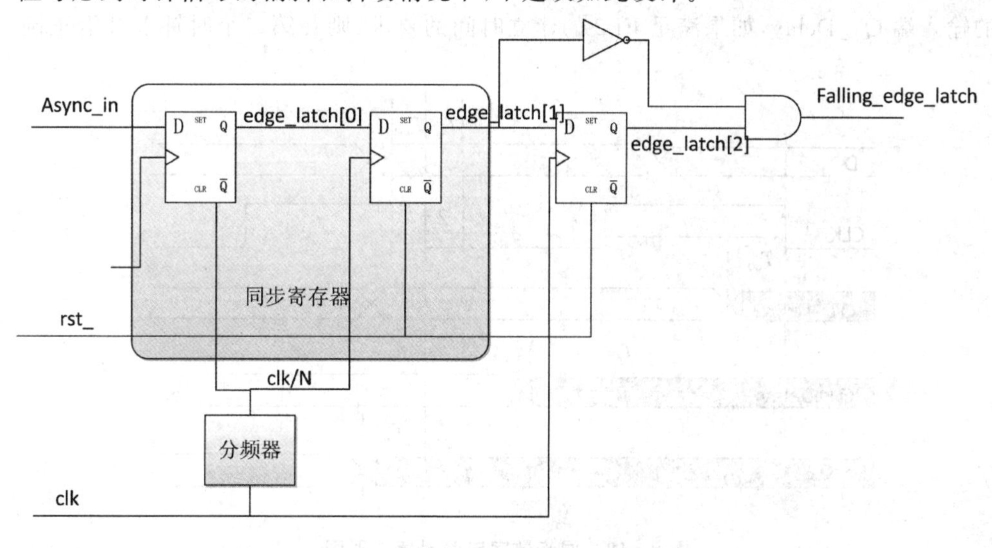

图 8-17　采用分频器实现同步电路

8.4 同步数字系统的时序约束

同步数字系统的时序约束的本质是使信号满足建立时间和保持时间的要求，确保系统不会出现亚稳态或者出现亚稳态时系统能够自行恢复到正常状态。

图 8-18 为典型的同步数字电路模型。其时钟域为 CLK。在时钟 CLK 的作用下，信号 D 被 FF1 采样并输出到 Q1，经过一个组合逻辑后传送给 FF2 的输入并在下一个时钟边沿的作用下输出到 Q2。

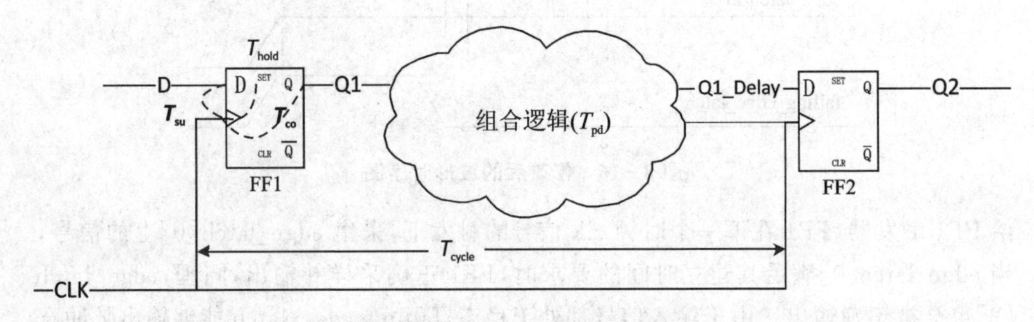

图 8-18 同步数字电路模型

其中，T_{pd} 为组合逻辑的传播时延，T_{cycle} 为时钟 CLK 的时钟周期，该时钟周期没有考虑时钟偏斜和抖动。

基于对 D 触发器的时序分析，该同步数字电路模型的时序图如图 8-19 所示。当 CLK 第一个上升沿到来之时，D 处于稳态，满足建立时间的要求，经过 T_{co} 时间，触发器 FF1 正确输出 Q1，Q1 信号进入组合逻辑，经过一段传播时延 T_{pd}，到达 FF2 的输入端 Q1_Delay，如果满足 FF2 的建立时间的要求，则在第二个时钟上升沿正确

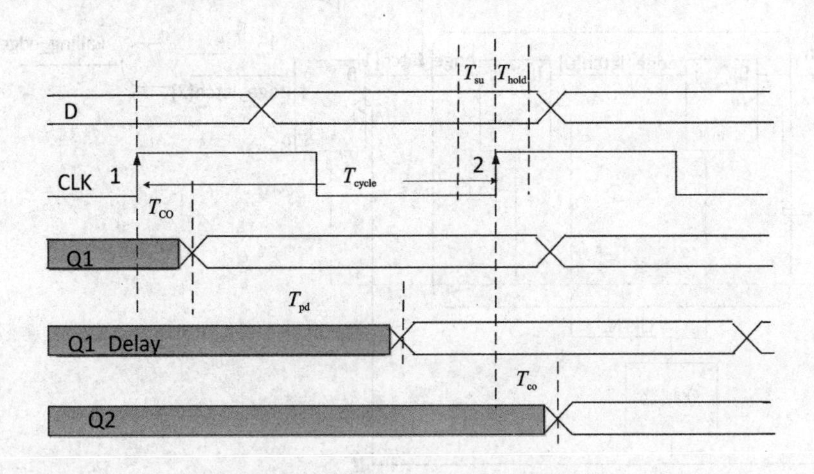

图 8-19 同步数字电路时序波形图

采样并输出给 Q2。

因此，由图可知，维持正确的同步逻辑，系统时序必须满足：

$$\begin{cases} T_{co(max)} + T_{pd(max)} + T_{su} \leqslant T_{cycle} \\ T_{co(min)} + T_{pd(min)} \geqslant T_{h} \end{cases}$$

在该不等式中，T_{co}、T_{su} 是 CPLD/FPGA 固有的，一旦选择好 CPLD/FPGA，则 T_{co} 和 T_{su} 不能更改，具体数值可通过 CPLD/FPGA 芯片的数据手册查阅。因此，在不考虑时钟偏斜和抖动的情况下，影响系统时序的主要是 T_{cycle} 时钟周期和 T_{pd} 组合逻辑传播时延。

图 8－20 显示当组合逻辑时延 T_{pd} 过长，则 Q1_Delay 信号满足了 FF1 的保持时间要求，但无法满足 FF2 的建立时间要求，因此 Q2 输出为未定态。此时，可以通过降低时钟频率解决该问题，如图 8－21 所示。

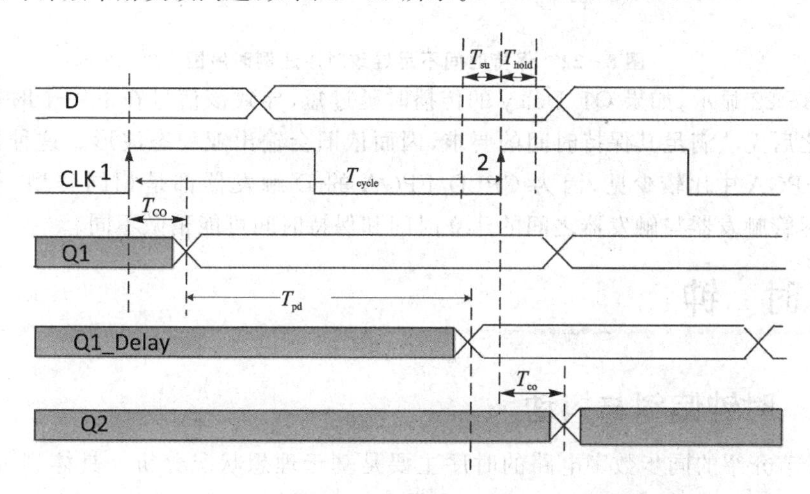

图 8－20　组合逻辑时延过长导致无法满足建立时间时序图

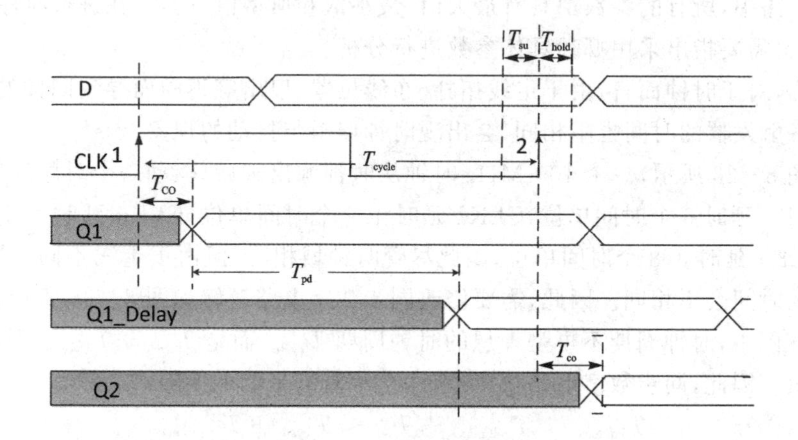

图 8－21　降低时钟频率满足时序逻辑时序要求

如果组合逻辑传播时延 T_{pd} 过短，则可能导致下一次上升沿到来时，因信号的保持时间不满足而违例。如图 8-22 所示。

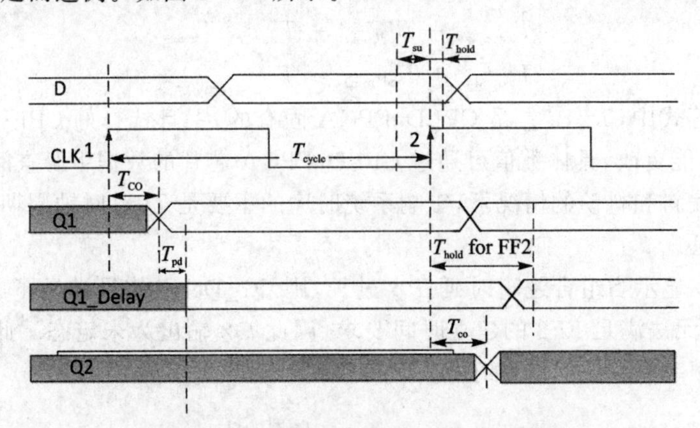

图 8-22　保持时间不足导致时序违例时序图

图 8-22 显示，如果 Q1_Delay 的传播时延过短，导致该信号在下一个时钟上升沿到来之后无法满足其保持时间的要求，因而依旧会输出亚稳态波形。这种情况在 CPLD/FPGA 中比较少见，因为 CPLD/FPGA 的 D 触发器都是相同类型、相同制程——尽管触发器与触发器之间的建立时间和保持时间可能稍微不同。

8.5　时　钟

8.5.1　时钟偏斜与抖动

8.4 节介绍的同步数字电路的时序主要是基于理想状况分析。具体到现实中，每一个参数都会根据具体的设计环境、所使用的元器件不同而不同。因此，在一个同步数字电路中，所有的参数都具有最大值、最小值和典型值三类。在进行时序分析和约束时，也需要指出采用哪种具体参数进行分析。

同样，对于时钟而言，由于走线拓扑、布线位置、扇出等不同而导致同样的时钟信号到达各触发器的时间也不相同，会出现时钟偏斜与抖动的现象。

如图 8-23 所示，一个 100 MHz 时钟从时钟源出来后，驱动一个时序逻辑系统，其中 CLK1 延时 6 个时间单位，CLK2 延时 4.9 个时间单位，CLK3 延时 4.7 个时间单位，CLK4 延时 3.8 个时间单位，因此尽管时钟域相同，但由于走线不同，最终到达触发器的时间会不相同。因此，需要修改同步数字电路逻辑如图 8-24 所示。

在该图中，时钟周期不再是理想的时钟周期 T_{cycle}，而是 $T_{cycle}+T_{skew}$。其中 T_{skew} 可正可负。因此，同步数字电路稳定运行，系统需满足如下不等式。

$$\begin{cases} T_{co(max)}+T_{pd(max)}+T_{su}\leqslant T_{cycle}+T_{skew(max)} \\ T_{co(min)}+T_{pd(min)}-|T_{skew(max)}|\geqslant T_{h} \end{cases}$$

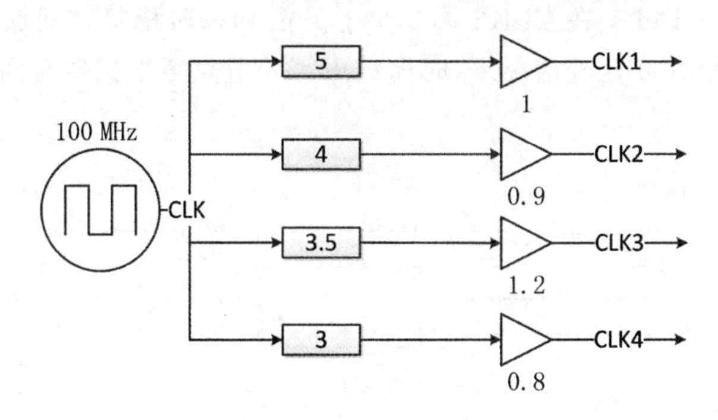

图 8-23　时钟树结构

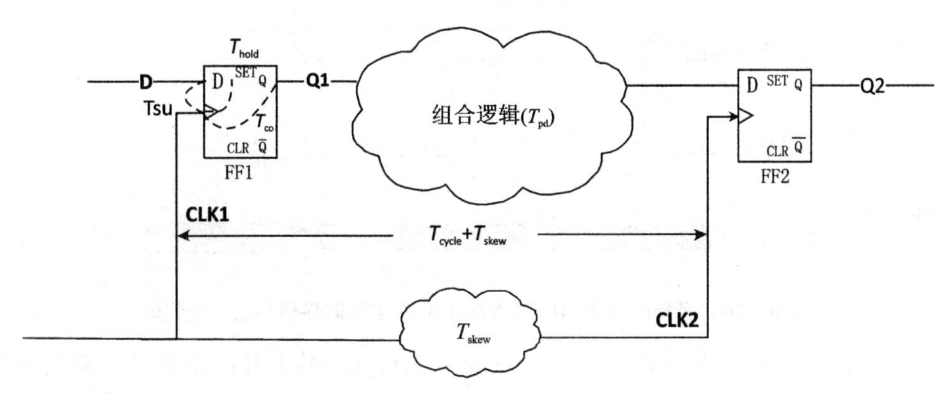

图 8-24　基于时钟偏斜的同步数字电路示意图

相应的时序波形图如图 8-25 所示。

由图可知，相对于 CLK1 的第一个上升沿，CLK2 的上升沿到达 FF2 的时间为

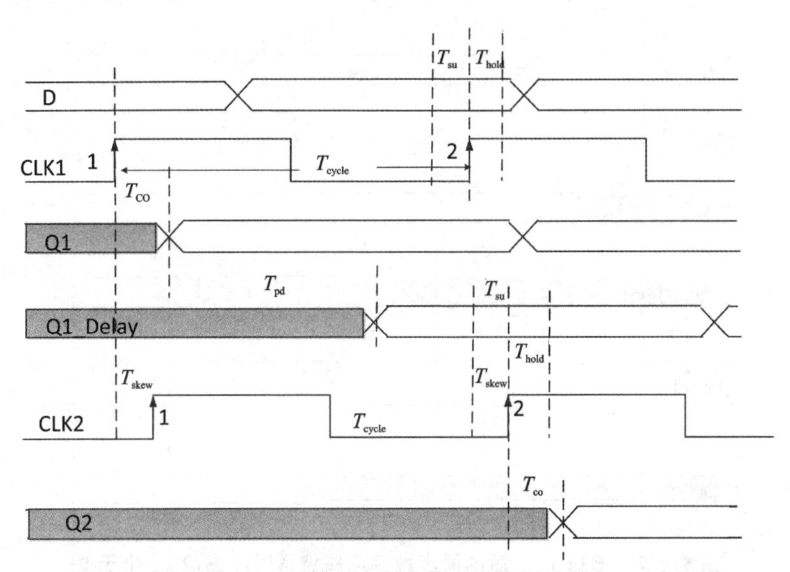

图 8-25　增加 T_{skew} 后的同步数字电路波形时序图(T_{skew} 大于 0)

$T_{cycle}+T_{skew}$。Q1_Delay 在 CLK2 第二个上升沿到来时稳定时间加长，但同时相对于保持时间会减小。在这种情况下，时序约束需要重点考虑保持时间违例的情形，如图 8-26 所示。

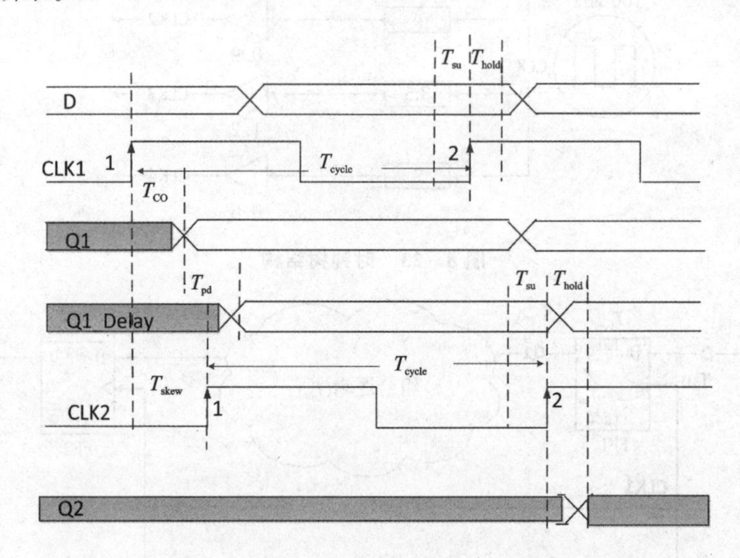

图 8-26　保持时间违例的同步数字电路波形时序图(T_{skew} 大于 0)

时钟偏斜也存在小于零的情况，如图 8-27，CLK2 的上升沿到达 FF2 的时间相对于 CLK1 的上升沿到达的时间会提前一个偏斜时间，因此从 CLK1 的第一个上升沿到达 FF1 的时间和 CLK2 的第二个上升沿到达 FF2 的时间小于一个时钟周期，具

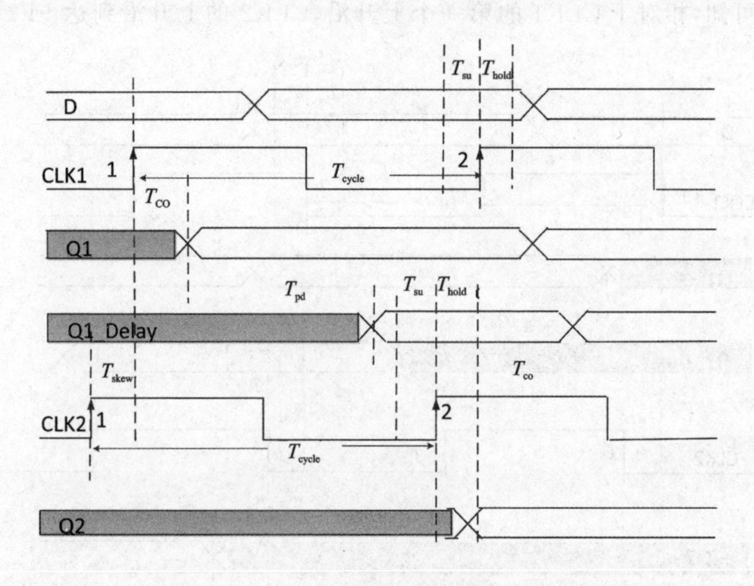

图 8-27　增加 T_{skew} 后的同步数字电路波形时序图(T_{skew} 小于 0)

体为 $T_{cycle}+T_{skew}$（其中 $T_{skew}<0$）。通过和同步数字电路时序要求的不等式进行对照，可以发现，此时需要重点考虑建立时间违例的情形。

当组合逻辑传播延时过大，导致信号不满足 FF2 的建立时间时，则会产生建立时间违例，Q2 输出亚稳态。相应的时序波形图如图 8－28 所示。

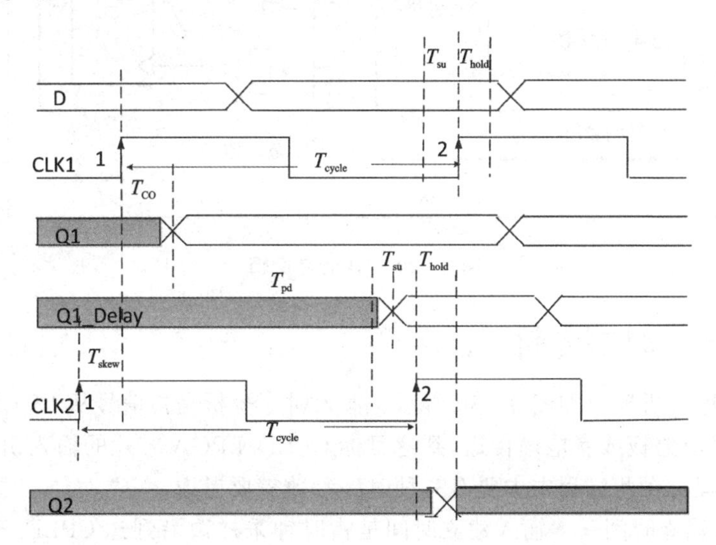

图 8－28　T_{skew} 过大导致同步数字电路建立时间违例波形时序图（T_{skew} 小于 0）

8.5.2　F_{max}

F_{max} 是芯片设计中的一个很重要的概念，用来衡量芯片所支持的最大工作频率。对于芯片内部而言，它是 D 触发器到 D 触发器之间的延时，对于整个芯片来说，还需要考虑进入芯片的建立时间、保持时间以及芯片输出的 T_{co} 等。

由图 8－24 可知，芯片内部的 F_{max} 的计算公式如下：

$$F_{max}=\frac{1}{T_{pd}+T_{co}+T_{su}-|T_{skew}|}$$

整个系统时钟频率 F_{max} 的计算公式如下：

$$F_{max}=\frac{1}{\max\{T_{cycle\_input\_clk},T_{cycle\_in\_clk},T_{cycle\_output\_clk}\}}$$

8.6　IO 时序分析

在 CPLD/FPGA 设计中，有一类特殊的时序要求：IO 时序逻辑。其特殊性在于这些信号需要和外部芯片进行联系并结合外部芯片和逻辑一同进行时序分析。IO 时序逻辑又分为输入时序逻辑和输出时序逻辑，如图 8－29 所示。

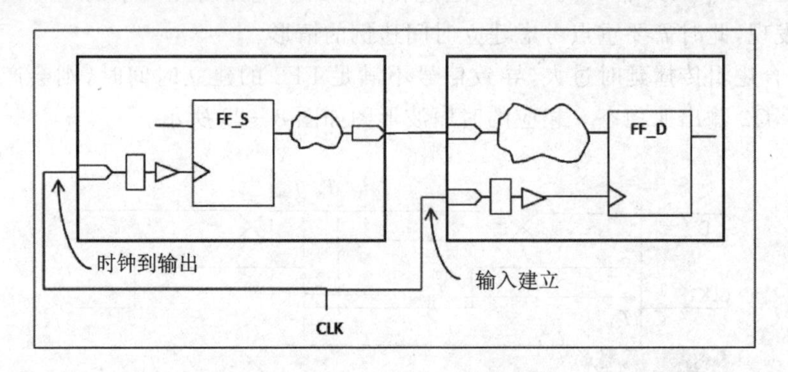

图 8-29　IO 时序逻辑

8.6.1　输入时序分析

输入时序分析模块如图 8-30 所示。输入时序分析是指信号从上一个源芯片驱动输出，经过电路板或者电缆传送，到达目标 CPLD/FPGA 芯片的输入引脚，并成功被采样的过程。在此过程中主要有三种时序参数需要考虑。

- 输入建立时间——输入建立时间是指时钟采样边沿到达 CPLD/FPGA 引脚与数据信号到达 CPLD/FPGA 输入引脚之间的时间差。如果数据先于时钟信号到达，则该输入建立时间为正。它是时钟频率、源芯片输出时序以及板级时延的函数。与 CPLD/FPGA 内部 D 触发器的建立时间是一个固定值不同，输入建立时间取决于输入时钟周期值，如果输入时钟周期发生改变，则输入建立时间也会发生改变。
- 输入延时——输入延时是指采样时钟上一个上升沿到达 CPLD/FPGA 引脚到数据到达 CPLD/FPGA 输入引脚之间的时间差。显然，这段时间与时钟周期无关，因此如果输入时钟周期发生改变不会影响输入延时。
- 保持时间——保持时间是指 FPGA 输入端的数据在采样时钟边沿到达 FPGA 引脚后保持有效的时间。

从以上定义可知，输入建立时间与输入延时之和就是时钟周期。

【例 8-2】如图 8-30 所示，假设时钟周期为 25 ns，时钟偏斜为 1 ns，板级延时 10 ns，源设备 T_{co} 时间为 8 ns，试分析目的 FPGA 的输入建立时间和输入延时。

根据图 8-30，可得输入时序波形图如图 8-31 所示。

可知，输入延时为时钟偏斜、板级延时及原设备 T_{co} 时间之和，根据计算可知输入延时为 19 ns。

输入建立时间等于时钟周期减去输入延时，因此等于 6 ns。

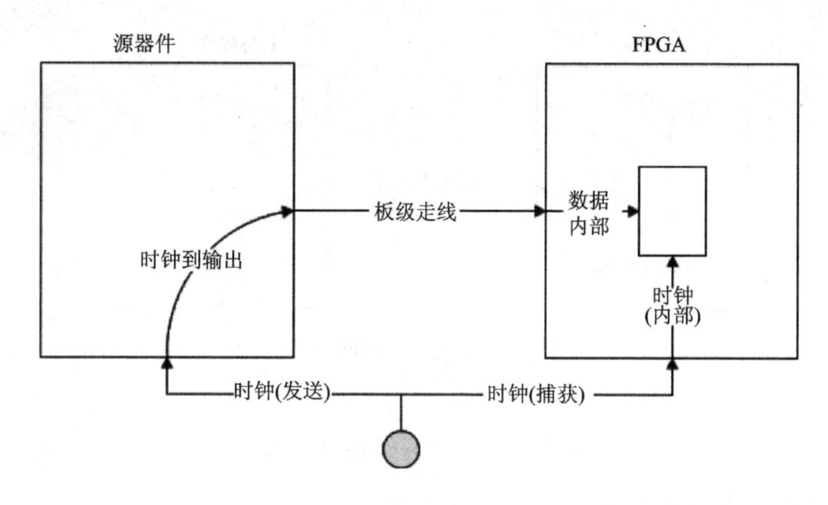

图 8-30　输入时序逻辑

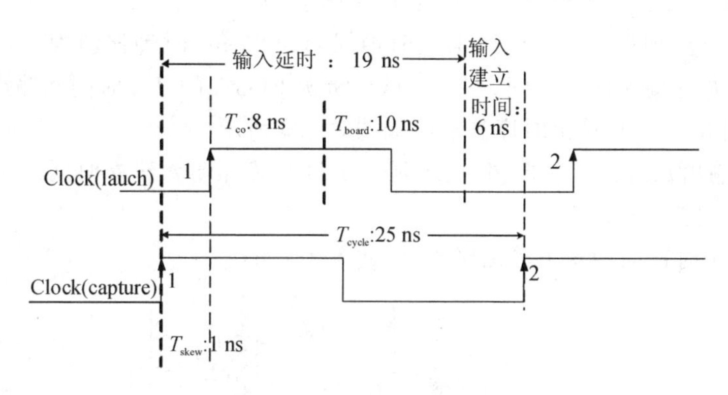

图 8-31　输入时序波形图

8.6.2　输出时序分析

输出时序逻辑实际就是分析输入时序逻辑的源设备的时序，具体时序逻辑如图 8-32 所示。输出时序分析是指数据信号被时钟信号采样并成功驱动输出到电路板或者电缆，顺利传送给目标芯片的输入引脚，在下一个采样时钟到来时成功被采样的过程。在此过程中主要有两种时序参数需要考虑。

- T_{co}——此时的 T_{co} 和之前 D 触发器的 T_{co} 有所不同。输出时序逻辑的 T_{co} 是指发布时钟的有效边沿到达 CPLD/FPGA 输出寄存器到信号被驱动离开 FPGA 引脚的时间。它不仅包含 D 触发器的 T_{co} 时间，还包括了从输出寄存器的输出端到 FPGA 引脚之间的延时。它是时钟频率、目标设备时序及板级延时的函数。因此，如果时钟周期发生变化，也会导致该参数发生变化。
- 输出延时——信号从离开 CPLD/FPGA 引脚到信号被目标芯片成功采样之间的时间差。它包括板级延时、输入建立时间以及因为板级信号完整性等问

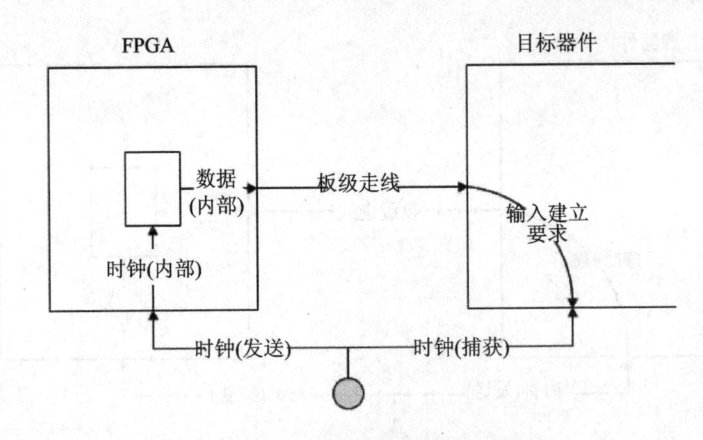

图 8-32 输出时序逻辑示意图

题导致的时钟偏斜等。它与时钟周期无关。

由此可知，T_{co} 与输出延时之和等于一个时钟周期。

【例 8-3】如图 8-32 所示，假设时钟周期为 25 ns，时钟偏斜为 1 ns，板级延时 10 ns，目标芯片输入建立时间为 8 ns，试分析源 FPGA 的 T_{co} 时间和输出延时。

根据图 8-32，其输出时序波形图如图 8-33 所示。

可知，输出延时为时钟偏斜、板级延时及目标芯片输入建立时间之和，根据计算可知输出延时为 19 ns。

T_{co} 等于时钟周期减去输出延时，因此等于 6 ns。

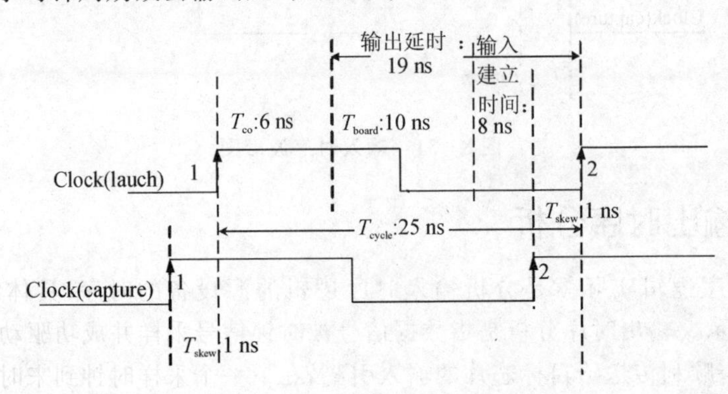

图 8-33 输出时序波形图

8.7 时序例外

在进行 CPLD/FPGA 设计时，通常会出现一些特殊的路径，如测试电路等。如果没有采用时序例外的设计，由布局布线等工具执行的静态时序分析报告可能会默认在最坏情况下的时序情形并报告较低的设计性能，导致布局布线软件需要花过多的时间对这些路径进行优化。因此，通常会采用时序例外的方式对这些特殊路径进行约束，从而放松时序约束，提升设计效率。

通常有两类可以采用时序例外的特殊路径：False Path 和 MultiCycle Path。

8.7.1 False Path

在设计中，把不需要进行时序检查的路径称之为 False Path。在 CPLD/FPGA 设计中，FalsePath 一般会出现在如下几种情形。

- 逻辑上不可能出现的路径：设计者需要指出哪些路径在逻辑功能上不会存在，因为工具不可能获得足够的信息来分辨，如图 8-34 所示，不论 And1“与”门为何值，And2“与”门用于输出为 0。
- CDC 路径：对于跨时钟域的信号，采用握手协议或者 FIFO 来通信。
- 测试功能逻辑路径：在 CPLD/FPGA 设计中，往往会加入很多测试电路，如 BIST 测试、JTAG 测试等。设计者对这些测试电路无需进行时序检查。
- 其他设计者特别指明的路径。

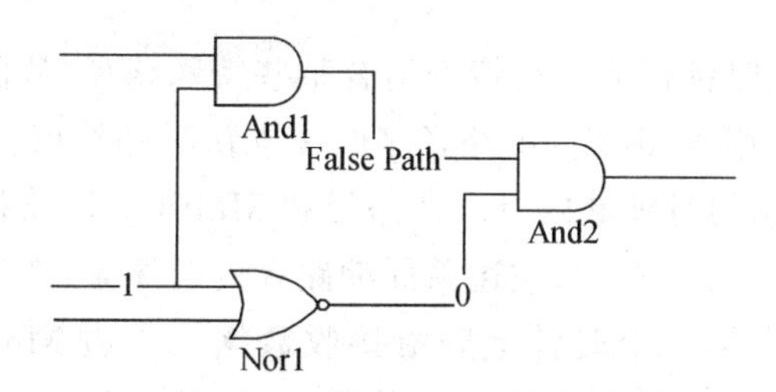

图 8-34 Fath Path 示例：逻辑上不可能出现的路径

8.7.2 MultiCycle Path

通常在同步逻辑设计中，接收寄存器采样数据所用的时钟信号和发送寄存器发送数据所用的时钟信号相同，且敏感边沿也相同，同时相隔一个时钟周期。这种单周期的时序逻辑行为在综合以及布局布线时被假定为默认行为。MultiCycle 路径允许设计者指定一个与默认情况下的要求不同的时间要求，从而放松对时钟周期的约束。具体如图 8-35 所示。

MultiCycle 路径中的发送寄存器和接收寄存器可以由相同的时钟驱动，也可以采用不同的时钟驱动——但必须相关。

8.7.2.1 相同时钟域的 MultiCycle 路径

如图 8-35 所示，当发送寄存器和接收寄存器采用相同时钟的相同时钟沿（注意：是相同的时钟边沿）进行触发时，这就是相同的时钟域。由于采用的是相同的时钟，因此默认的时序约束是单周期时钟行为——也就是从发送寄存器到接收寄存器之间的路径上的行为需要在一个时钟周期内完成。

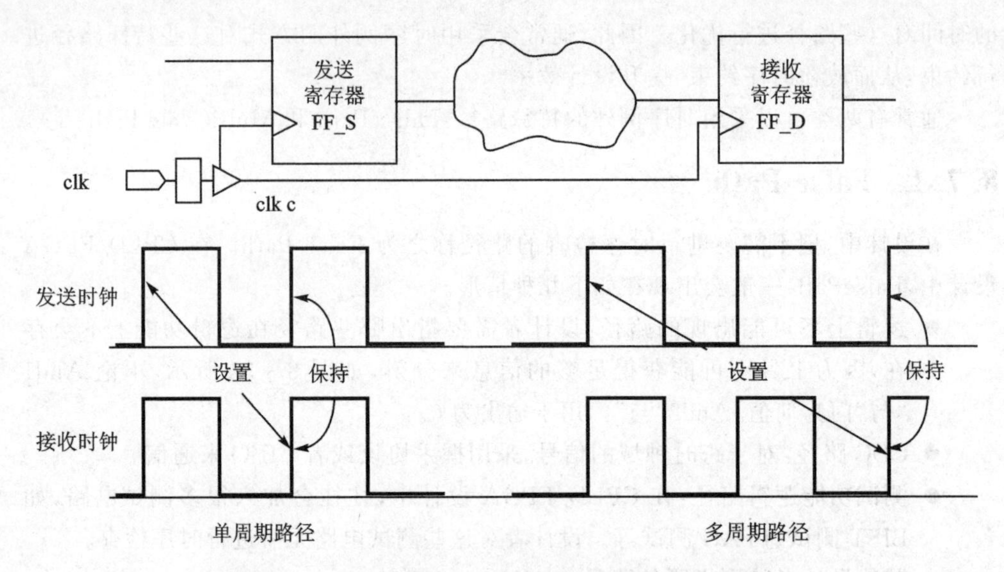

图 8-35 单周期路径和 MultiCycle 路径的波形示意图

但是,往往单周期时钟行为不是特别适合某些特殊路径,从而导致布局布线花费时间过多,因此需要采用 MultiCycle 路径来改变默认时序约束。

图 8-35 对比了相同时钟域内单周期路径和 MultiCycle 路径的发送寄存器和接收寄存器的波形时序。可以看到,左边单周期路径的时序是:发送寄存器在第一个时钟上升沿发送数据,在第二个时钟上升沿接收数据。右边 MultiCycle 路径的时序是:发送寄存器在第一个时钟上升沿发送数据,但接收数据发生在第三个时钟上升沿,而不是紧接着的第二个时钟上升沿。

当然,并不是所有 MultiCycle 路径都是在第三个时钟上升沿接收数据,而是取决于在进行时钟约束时所设定的数值。在约束文件中可以采用乘积因子(Multiplier Factor)来设定。如针对图 8-35,设定如下:

FREQUENCY PORT“clk” 200MHZ;

MULTICYCLE FROM CELL“FF_S” TO “FF_D” 2 X;

“2 X”为乘积因子,提醒布局布线软件数据从 FF_S 到 FF_D 需要增加一个时钟周期。默认情况下,乘积因子应用于目的端的接收时钟周期,当然也可以显式声明其应用于目的端还是源端。其语法如下:

MULTICYCLE FROM CELL“FF_S” TO “FF_D” 2 X_DEST; //目的端

MULTICYCLE FROM CELL“FF_S” TO “FF_D” 2 X_SOURCE; //源端

应用了 Multicycle 设定的路径,其接收寄存器的时序要求以如下的公式进行计算:

<default_delay_calculated> + (n − 1) * <multiplier factor applied clock period>

其中，n 为乘积因子，default_delay_calculated 是寄存器与寄存器之间的时序要求，对于相同时钟域来说，就是一个时钟周期。如：时钟周期为 5 ns，乘积因子为 2，则从 FF_S 到 FF_D 的时序要求是：5 ns ＋（2 － 1） * 5 ns ＝ 10 ns，即两个时钟周期。

8.7.2.2　跨时钟域的 MultiCycle 路径

所谓跨时钟域，即发送寄存器和接收寄存器的驱动时钟不同，或者敏感驱动边沿不同。如图 8－36 所示，CLK_1 用于驱动发送寄存器，CLK_2 用于驱动接收寄存器。CLK1 和 CLK2 为两个不同的时钟信号，但可能是同频异相或者同相异频，本例假设 CLK1 和 CLK2 的第一个敏感边沿都发生在时刻 0，也就是在起始时刻，两个时钟信号的相位差为 0。如图 8－37 所示。

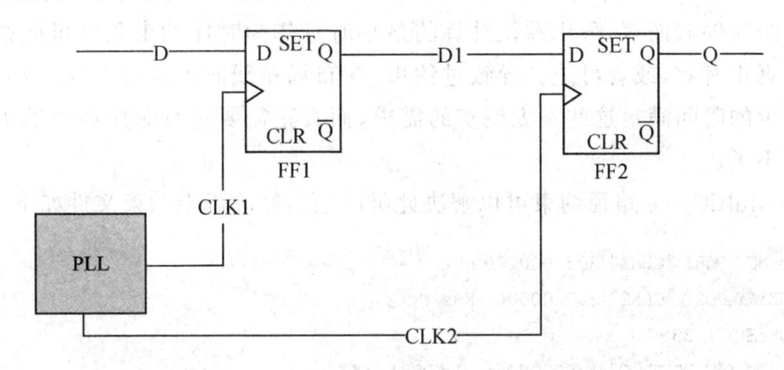

图 8－36　跨时钟域 MultiCycle 路径示意图

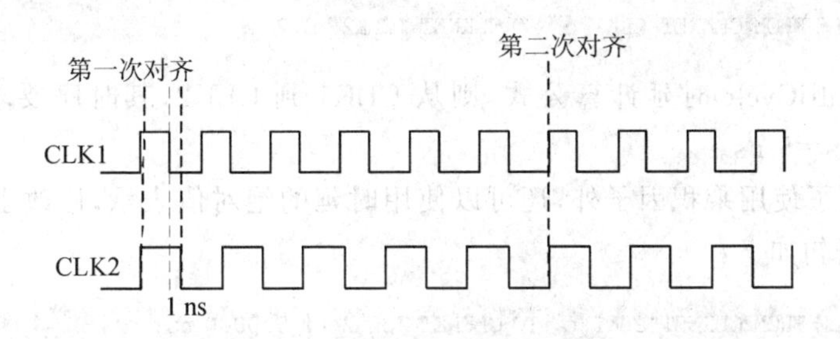

图 8－37　图 8－36 时钟时序波形图

由于 CLK1 和 CLK2 第一次上升沿相位差为 0，则可知，第 N 次相位差为零的时刻是

$$tp_{\mathrm{N}} = N \times \mathrm{LCM}(P_{\mathrm{CLK1}}, P_{\mathrm{CLK2}})$$

其中，N 为正整数，P_{CLK1}，P_{CLK2} 表示时钟周期，LCM()表示最小公倍数。例如 CLK1 的时钟周期为 3 ns，CLK2 的时钟周期为 4 ns，则 LCM(P_{CLK1}，P_{CLK2})为 12 ns，第 3 次时钟对齐发生的时刻是 36 ns 处。

在第一次时钟对齐和第二次时钟对齐之间，找到两个正整数 m 和 n 满足如下不等式：

$$t_{p_0} \leqslant m \times P_{CLK1} < n \times P_{CLK2} \leqslant t_{p_1}$$

设参数 t_{min}，使得该参数为 $t = n \times P_{CLK2} - m \times P_{CLK1}$ 的最小值。该值就是从发送寄存器到接收寄存器的最小时序要求。如 P_{CLK1} 为 3 ns，P_{CLK2} 为 4 ns，则 t_{min} 为 $\min(n \times P_{CLK2} - m \times P_{CLK1}) = 1 \times 4 - 1 \times 3 = 1$ ns，如图 8－37 所示。因此，可以设置约束文件如下：

```
FREQUENCY PORT "CLK1" 333.000000 MHz ;
FREQUENCY PORT "CLK2" 250.000000 MHz ;
CLK_OFFSET 1.330000 X ;
CLOCK_TO_OUT PORT "Q" 1.000000 ns CLKPORT "CLK2" ;
CLKSKEWDIFF CLKPORT "CLK2" CLKPORT "CLK1" 0.500000 ns ;
```

对于跨时钟域而言，采用默认计算的最小时延作为时序约束条件可能在现实电路中不会真正有效，或者可能会导致过约束，在布局布线时产生很多时序约束错误，需要花大量的时间满足这些不太现实的需求，而真正需要进行时序约束的关键路径往往满足不了。

采用 MultiCylce 路径约束可以解决此类问题。修改以上约束文件如下：

```
FREQUENCY PORT "CLK1" 333.000000 MHz ;
FREQUENCY PORT "CLK2" 250.000000 MHz ;
CLK_OFFSET 1.330000 X ;
CLOCK_TO_OUT PORT "Q" 1.000000 ns CLKPORT "CLK2" ;
CLKSKEWDIFF CLKPORT "CLK2" CLKPORT "CLK1" 0.500000 ns ;
MULTICYCLE FROM CLKNET“CLK1_c” TO CLKNET “CLK2_c” 2 X;
```

采用 MultiCycle 时延计算公式，则从 CLK1 到 CLK2，其时序要求为：1 ns ＋(2－1)×4 ns＝5 ns。

因此，除了使用乘积因子外，还可以使用时延的绝对值表示，修改上述的 MultiCycle 约束语句如下：

```
MULTICYCLE FROM CLKNET“CLK1_c” TO CLKNET “CLK2_c” 5.0000 ns;
```

或者如果只是需要指定某个特殊路径，而不是整个时钟，也可以对某个具体路径进行时序约束：

```
MULTICYCLE FROM CELL“FF1” TO CELL “FF2” 5.0000 ns;
```

8.8 PLL

PLL(Phase Locked Loop，锁相环)是一种反馈控制电路，工作原理示意图如图 8－38 所示，通常由鉴相器(PD, Phase Detector)、环路滤波器(LPF, Loop Filter)

和压控振荡器(VCO，Voltage Controlled Oscillator)三部分组成。

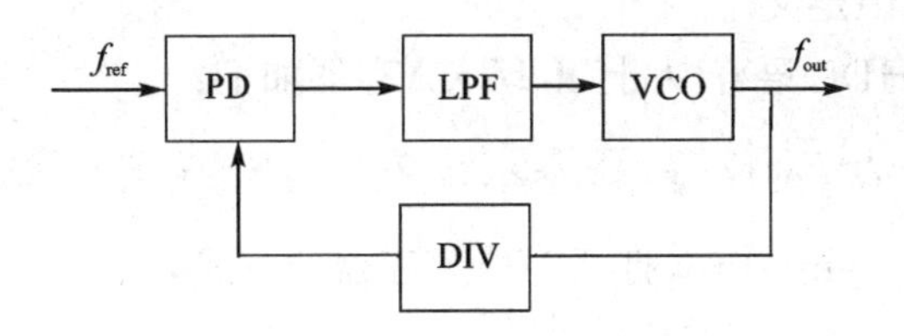

图 8-38　PLL 工作原理图

PLL 在工作过程中，检测输入信号和输出信号的相位差，并将该相位差信号转化为电压信号输出，经过环路滤波器滤波后形成压控振荡器的控制电压对振荡器输出信号的频率实施控制，当输出信号的频率与输入信号的频率相等时，输出电压与输入电压保持固定的相位差，也就是输出电压和输入电压的相位被锁住，这就是锁相环名称的由来。

在 CPLD/FPGA 设计中，广泛使用其内嵌的 PLL，如采用 Lattice CPLD/FPGA 例化其中的一个 PLL 如下：

```
my_pll i_my_pll (.CLK(clk1), .RESET(rst), .CLKOP(clkop),
.CLKOS(), .CLKOK(clkok), .LOCK(pll_lock));
```

其中，clk1 为基准输入时钟信号，clkop 和 clkok 是 PLL 输出时钟信号，pll_lock 表示 PLL 输出时钟信号稳定信号。输出信号的频率可以比输入时钟高，也可以低，还可以相等，相位可以相同，也可以不同。

采用 PLL 进行 CPLD/FPGA 设计的优势在于：

- 整个 CPLD/FPGA 的时序可控，尽管 PLL 输出的时钟信号频率和相位可能都不相同，但可以相关，可以使用 MultiCycle 进行时序约束。
- 在进行系统综合和布局布线时，各种时序报告可以自动分析 PLL 输出时钟信号的状态和相关约束，因此容易进行时序约束调整。
- 采用 PLL 对输入信号进行锁频、分频和倍频，可以尽量减小输入信号的偏斜、抖动等各种影响时序约束的因素。

8.9　时序优化

对系统进行时序约束时，特别是一些复杂的系统，往往会出现某些关键路径的时序要求满足不了的情况。这时，往往需要进行时序优化，一般采用以下方式来进行。

(1) 采用专用 GSR 资源改善 F_{max}。如果设计中涉及大量的置位/复位的扇出，推荐采用专用的硬件 GSR 资源，从而减少布线拥塞，改善布线性能。

(2) 采用 I/O 寄存器改善 I/O 时序。设计者可以通过打开 I/O 寄存器改善输入建立时间以及输出 T_{co}。通过在 Verilog HDL 语言中进行注释打开 I/O 寄存器或者在 SDC 约束文件中定义。

a) 在 Verilog HDL 语言中，打开 I/O 寄存器如下：

```
output [15:0] q; // synthesis syn_useioff = 1
```

b) 如果采用 Synplify Pro，打开 I/O 寄存器的方式如下：

```
define_attribute {z[3:0]} syn_useioff  {1} //打开端口 z[3:0]的 IO 寄存器
define_global_attribute syn_useioff {1} //打开所有端口的 IO 寄存器
```

注意：有些 CPLD/FPGA 并没有 I/O 寄存器资源，在进行 CPLD/FPGA 设计时，需要查阅目标 CPLD/FPGA 的数据手册查看。同时，当打开 I/O 寄存器时，需要确保时序依旧满足建立时间和 F_{max} 的要求——因为 I/O 寄存器可能会影响内部 F_{max} 并引起 I/O 保持时间违例。

(3) 增加对输入寄存器的时延。如果数据路径延时太短，可能会引起输入寄存器的保持时间违例。增加输入延时可以减小输入寄存器的保持时间违例风险，如图 8－39 所示。具体如何打开此输入时延，可查阅具体 CPLD/FPGA 芯片的数据手册。不同的 CPLD/FPGA 芯片有不同的设置方式。

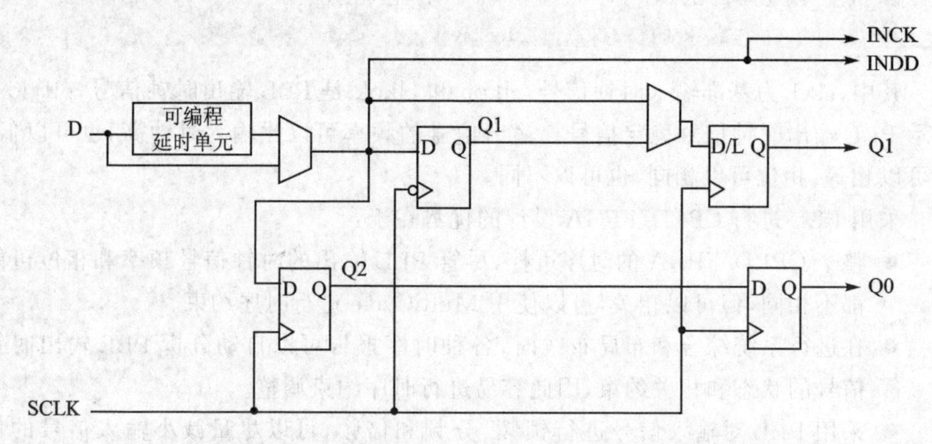

图 8－39　Lattice MachXO2 CPLD 输入逻辑图

(4) 最大化扇出数改善 F_{max} 性能。基于同一个驱动逻辑输出的信号的偏斜最小，最大化扇出数使信号更容易满足时序的要求——通常用于非时钟信号的约束。

(5) 采用资源共享的方式。资源共享会增加逻辑级别的数量，导致额外的延时。采用资源共享的方式可用于保持时间违例的情况。

(6) 采用流水线(pipeline)的方式。流水线的方式，可以使综合软件按照时序要求通过向前或者向后移动寄存器满足时序要求，使两个寄存器之间的组合逻辑传播延时变小，改善时序逻辑，如图 8－40 所示。

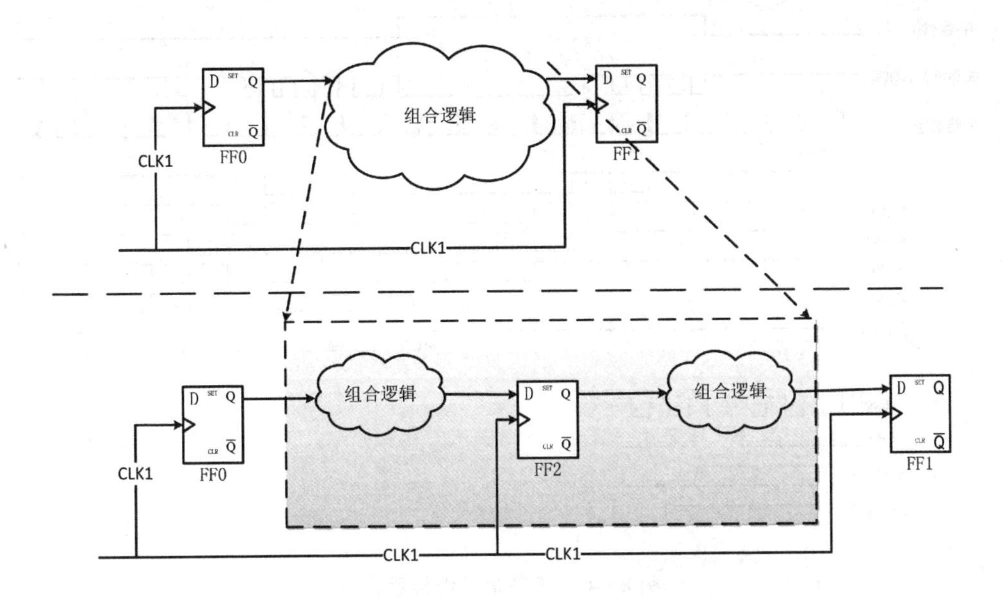

图 8-40　采用流水线的方式实现时序优化

当然，最好的方式是在程序设计的时候就依照良好的设计风格进行设计，如尽量避免设计锁存器，不要出现路径过长的组合逻辑，采用寄存器驱动信号输出等。

8.10　实例：采用 SystemVerilog 实现对开关信号的消抖设计

在电子世界中，许多信号并不是理想的高低电平状态，而是会出现各种毛刺和尖峰脉冲，特别是在信号电平转换时。因此，当这些信号接入到 CPLD/FPGA 时，需要设计消抖电路。通常采取两种方式：采用 RC 滤波电路或者直接通过 CPLD/FPGA 编程消抖，也可以两个方法一起使用。采用 RC 滤波电路消抖的缺点在于输入信号的上升时间会加长，导致亚稳态出现的概率增大。采用 CPLD/FPGA 编程消抖，可以较好地在不改变原始信号的上升时间的同时，进行消抖，输出稳定的开关信号。

如图 8-41 所示，当开关按钮按下或者松开时，开关导通和断开过程中会出现抖动，开关信号会出现各种毛刺，大约会持续 10 ms 左右。CPLD/FPGA 可以不断侦测开关信号，通过移位寄存器的操作来屏蔽抖动信号，从而输出干净的开关信号。相关代码如下：

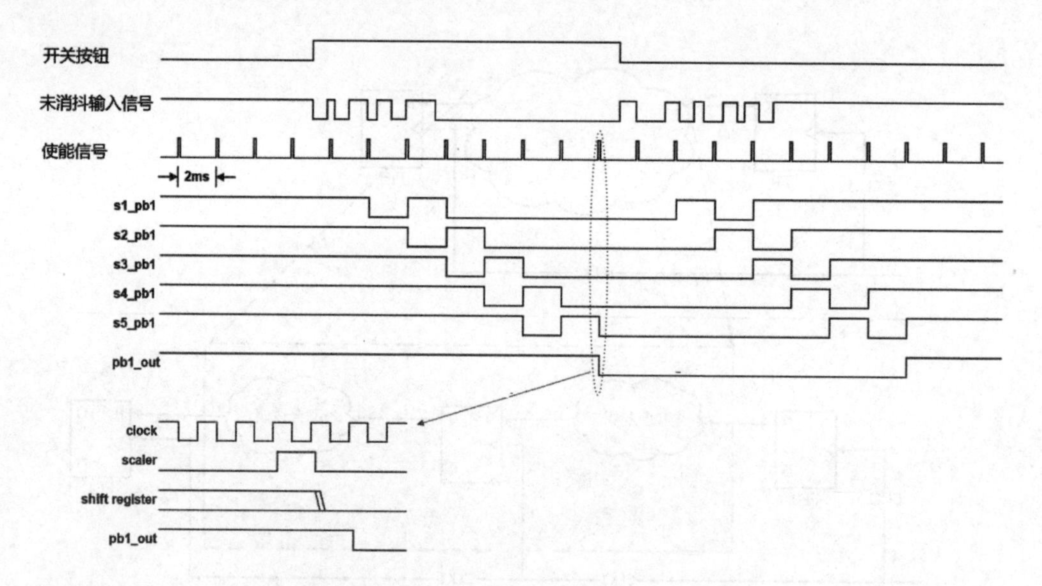

图 8-41 开关信号消抖示意图

```
module debounce(clock, rst_,PB1, pb1_out)  /* synthesis syn_useioff = 1 */;
 input logic clock; //100MHz
 input logic rst_;
 input logic PB1;
 output logic pb1_out;

 logic       scaler;
 logic [7:0] shift_register;
 logic       out0;
 logic       out1;
 logic       s1_pb1,s2_pb1;  //同步寄存器
 logic       s3_pb1,s4_pb1,s5_pb1;

 //同步寄存器逻辑,异步开关信号同步化
 always @(posedge clock, negedge rst_)
     if(! rst_)
         begin //把同步寄存器复位为高电平
           s1_pb1 <= 1'b1;
           s2_pb1 <= 1'b1;
         end
     else if(scaler)
        begin
           s1_pb1 <= PB1;
```

```
            s2_pb1 <= s1_pb1;
        end
        else
            begin
                s1_pb1 <= s1_pb1;
                s2_pb1 <= s2_pb1;
            end

//同步逻辑系统进行移位操作
always @(posedge clock, negedge rst_)
    if(! rst_)
        begin
            s3_pb1 <= 1'b1;
            s4_pb1 <= 1'b1;
            s5_pb1 <= 1'b1;
        end
    else if(scaler)
        begin
            s3_pb1 <= s2_pb1;
            s4_pb1 <= s3_pb1;
            s5_pb1 <= s4_pb1;
        end
        else
            begin
                s3_pb1 <= s3_pb1;
                s4_pb1 <= s4_pb1;
                s5_pb1 <= s5_pb1;
            end

//Scaler 使能信号的生成
always @(posedge clock, negedge rst_)
    if(! rst_)
        begin
            shift_register <= 8'b0;
            scaler         <= 1'b0;
        end
    else if(shift_register == 'd200)
        begin
            shift_register <= 8'b0;
            scaler         <= 1'b1;
        end
```

```
        else
          begin
              shift_register++;
              scaler <= 1'b0;
          end


assign out0 = s3_pb1 || s4_pb1 || s5_pb1;
assign out1 = s3_pb1 && s4_pb1 && s5_pb1;

//消抖信号输出
always @(posedge clock, negedge rst_)
    if(! rst_)
       pb1_out <= 1'b1;
    else
       pb1_out <=  pb1_out ? out0: out1;

endmodule
```

综合后的逻辑电路如图 8-42 所示。

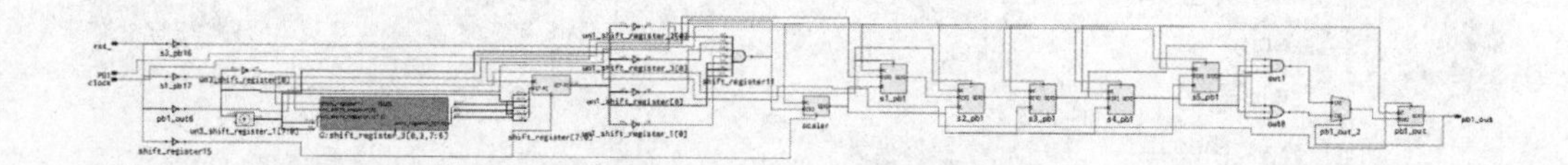

图 8-42 采用 Synplify Pro 综合后的逻辑电路图

对该程序进行仿真,仿真代码如下：

```
`timescale  1ns/100ps
module debounce_tb;
 logic clock; //100MHz
 logic rst_;
 logic PB1;
 logic pb1_out;
 int i;
 int j;
 debounce tb1(.*);

 initial
   begin
     $monitor("@%t,pb1_out = %b, PB1 = %b", $time, pb1_out,PB1);
```

```
        rst_ = 1'b0;
        #10
        rst_ = 1'b1;
      end

   initial
     begin
      clock <= 1'b1;
      i = 0;
      j = 0;
      forever
         #5 clock <= ~clock;
     end

    initial
      begin
        PB1 = 1'b1;
        #1230
        while(i < 5)
          begin
             #1000 PB1 = ~PB1;
             i++;
          end
         PB1 = 1'b0;
        #100000
        while(j < 5)
         begin
            #900 PB1 = ~PB1;
            j++;
         end
         PB1 = 1'b1;
         #50000 $stop;
      end

   endmodule
```

采用Modelsim仿真，仿真波形如图8-43所示，可知仿真结果与逻辑代码一致，符合逻辑设计的要求。

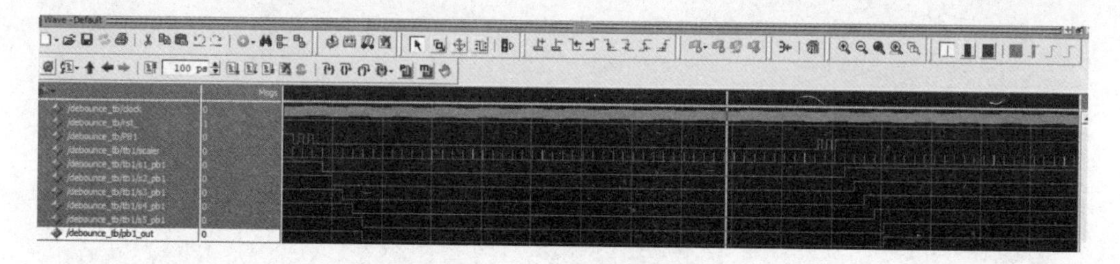

图 8-43　仿真结果波形图

采用 Lattice 公司 MachXO2 系列 CPLD LCMXO2-1200HC-5TG144C 来实现，在 Diamond 开发软件上选择综合编译策略，如图 8-44 所示。

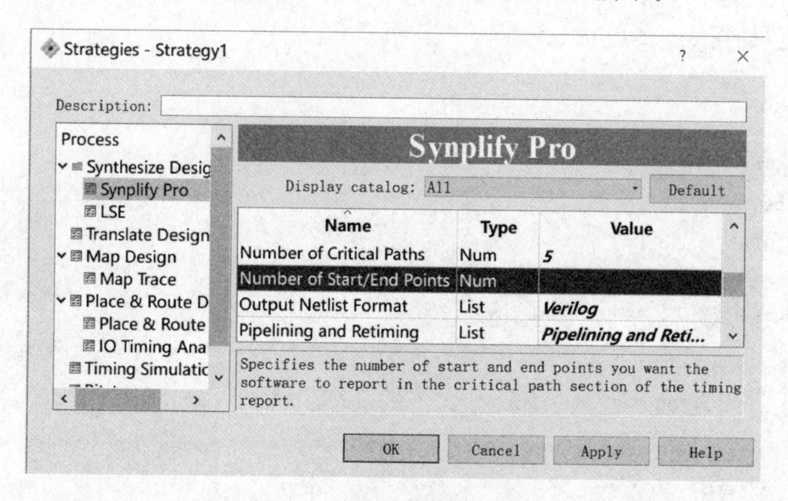

图 8-44　编译策略设置图

因本例代码设计简单，且 CPLD 容量足够大，因此只需要进行简单的约束文件设计。在 Lattice 中，采用的约束文件为.lpf。修改.lpf 文件如下：

```
BLOCK RESETPATHS;
BLOCK ASYNCPATHS;
FREQUENCY PORT "clock" 105.0000 MHz;
INPUT_SETUP PORT "PB1" 2.00000ns CLKPORT "clock";
CLOCK_TO_OUT PORT "pb1_out" 10.00000ns CLKPORT "clock";
```

因为目标时钟为 100 MHz，因此约束时钟为 105 MHz，略高于目标时钟，输入建立时间为 2 ns，输出 T_{co} 时间为 10 ns。进行布局布线，生成的 TRACE 和 PAR 报告如图 8-45 和图 8-46 所示，可知整个设计的时序满足设计要求。

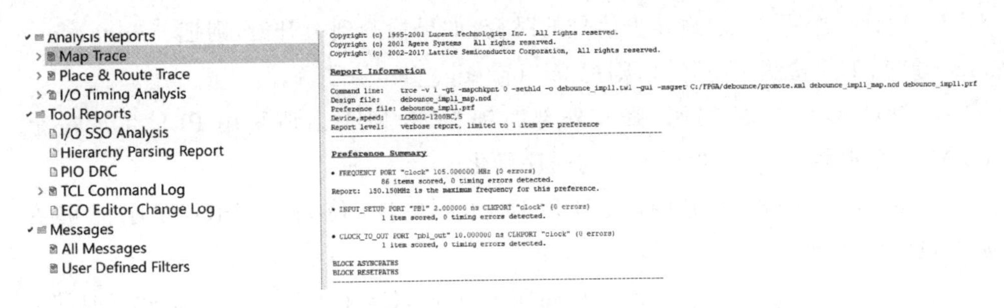

图 8-45　MAP TRACE 部分报告

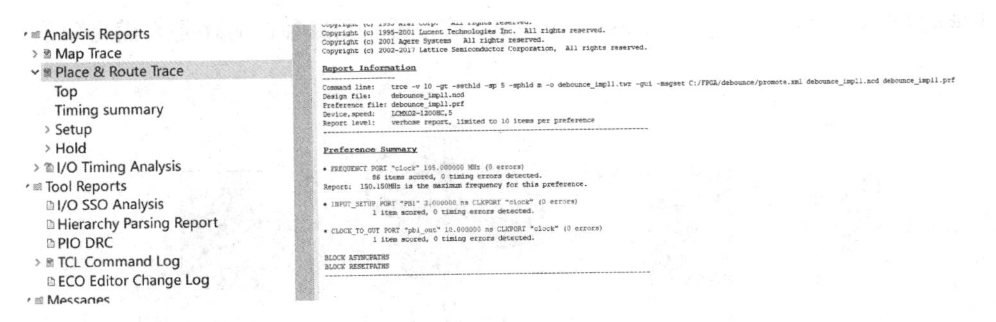

图 8-46　PAR 部分报告

本章小结

本章主要就同步数字电路的概念进行了分析，着重分析了同步数字系统的时序要求、时钟偏斜和抖动对时序的影响，以及亚稳态的产生和如何避免，并讲述了如何进行时序优化。最后通过一个对开关信号的消抖程序的设计强化了时序分析和设计理念。如果需要更深入地了解同步数字电路的时序分析和设计，可以参考各 CPLD/FPGA 公司的设计文档，或者专业第三方综合编译公司的设计指南。

思考与练习

1. 查看数字电路中定义的 CMOS 的电平标准，并指出其稳定区域和亚稳态区域。

2. 什么是同步数字电路？同步数字电路与异步数字电路的区别是什么？

3. 简述建立时间、保持时间、亚稳态恢复时间，并画图表示。

4. 简述同步寄存器消除亚稳态的原理，试着采用三级同步寄存器设计一段程序检测跨时钟域中断信号。中断信号脉冲宽度为 10 ns。

5. 设计一个程序，检测异步信号的跳变，如果检测到上升沿，则把 rising_edge_detect 置 1；如果检测到下降沿，则把 falling_edge_detect 置 1。

6. 针对 8.10 节的实例，修改外部时钟为 33 MHz。请采用 PLL 生成一个 100 MHz 的时钟，并进行代码设计与时序优化。

7. 试针对 4.6 节实例，设计时序约束文件，使得 SGPIO 程序能够在 MACHXO2 系列 CPLD 上运行。

8. 如图 8-47 所示，设 CLK 信号周期为 10 ns，U1、U2、U3 和 U4 的建立时间为 2 ns，保持时间为 1 ns，T_{co} 为 1 ns，t_1、t_2、t_3 分别为信号 Q1 到 X、Y、Z 的组合逻辑传播延时，其中 t_1 为 1 ns，t_2 为 6 ns，t_3 为 9 ns，试分析三条路径的时序是否满足要求。

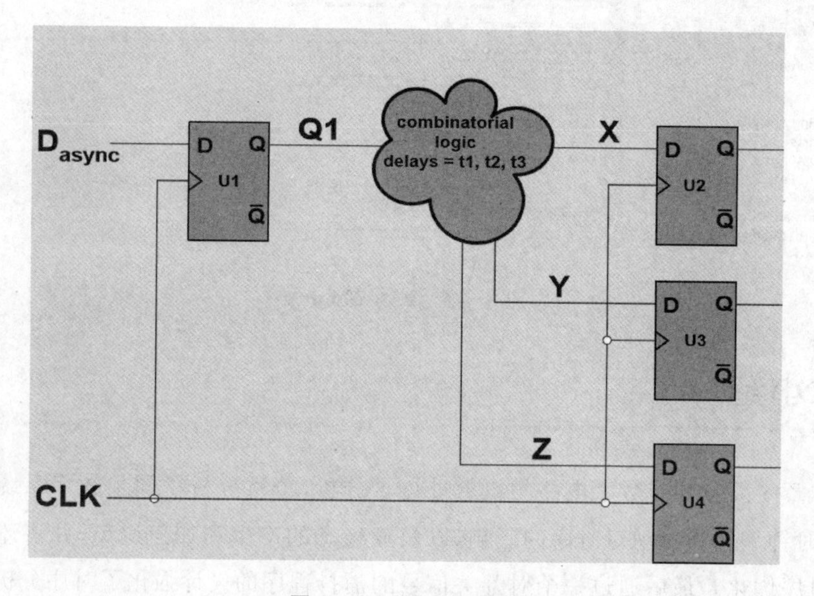

图 8-47　题 8 示意图

第9章

硬件线程与接口

有限状态机可单独使用，但更多的时候是和用于进行信息处理的数据路径一同使用。数据路径负责计算，有限状态机负责数据变量的存储与更新。当二者结合在一起，就形成了一个硬件线程，也称之为FSM—D。本章主要讲述在基于时钟的硬件设计世界里，如何通过硬件线程以及线程与线程之间的接口进行SystemVeirilog设计。同时将重点介绍SystemVerilog的新类型interface及新结构体modport。

本章的主要内容有：

- 硬件线程的基本概念；
- 硬件线程的连接；
- 硬件线程的同步；
- 异步硬件线程的连接；
- 接口。

9.1 硬件线程的基本概念

和高级语言一样，SystemVerilog是一类硬件设计与验证语言，也有线程的概念，而且其线程分为硬件线程和软件线程。在硬件线程中，变量一般都存储在寄存器和内存中，数据路径只负责数据计算。当数据路径的组合逻辑进行计算时，如移位操作、算术操作等，寄存器和存储器内的变量值被取出、更新，然后重新存储，该过程称为寄存器传输。寄存器传输的顺序由有限状态机控制，因此硬件线程也被称之为具有数据路径的有限状态机。

和软件线程不同，SystemVerilog语言作为一种硬件设计语言，它的每一个always语句块和assign语句都对应一个具体的硬件线路或者门电路；换句话说，硬件线程在整个系统中一直处于活动状态。对于软件线程来说，只有数据已经准备好并且操作系统寻址到一个空闲的处理器可以进行线程处理时，软件线程才会被激活。在SystemVerilog语言，硬件线程是一类可用于综合的线程，软件线程只能用于仿真与验证。

9.1.1 数据路径

在第 7 章已经非常详细地介绍了有限状态机的设计，本章主要介绍硬件线程中的另外一个具体的元素——数据路径。

先观察一个实例。如图 9-1 所示，要实现一个 64 位并行数据在时钟信号的作用下转为串行信号进行传输。系统首先复位，串行信号输出高阻态，一旦侦测到一个时钟周期的 ld_l 低脉冲，系统开启数据传输，当传送完毕后，系统返回 IDLE 状态，并继续等待下一次 ld_l 有效信号的到来。

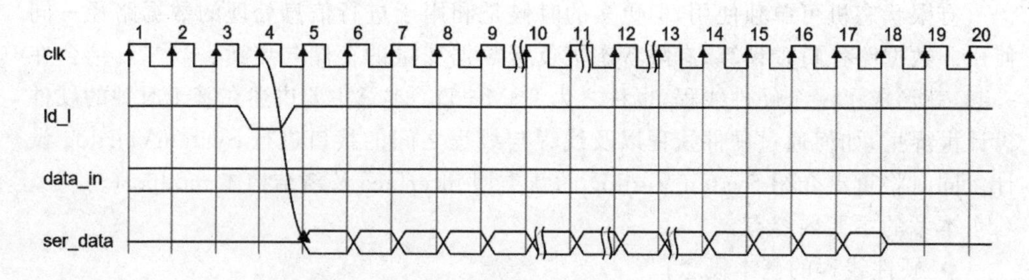

图 9-1　并行数据转为串行数据输出波形图

分析该波形图，可以看出，整个波形可以分为两个状态：等待状态和数据传输状态。状态切换由侦测 ld_l 的低脉冲时钟和数据传输数量两个事件决定。整体状态跳转如图 9-2 所示。

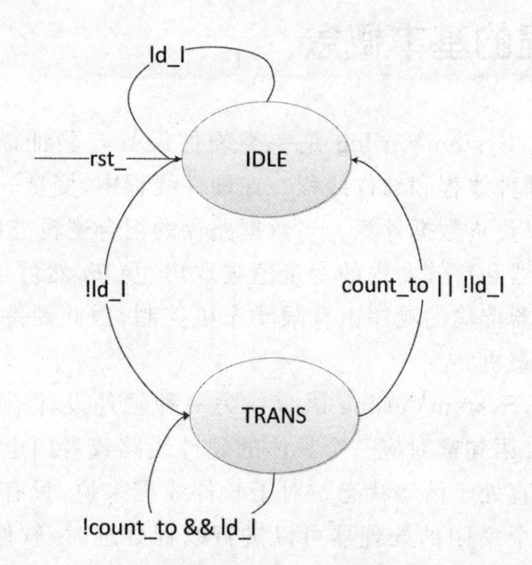

图 9-2　状态跳转图

根据第 7 章有限状态机的设计法则，采用两段式状态机进行设计。其状态跳转代码如下：

```
enum logic {IDLE = 1'b0, TRANS = 1'b1} cs, ns;

always_ff @(posedge clk, negedge rst_)
  if(! rst_)
    cs <= IDLE;
  else
    cs <= ns;

always_comb
  begin
    unique case(cs)
      IDLE:  ns = ! ld_l ? TRANS : IDLE;
    TRANS: ns = (count_to || ! ld_l) ? IDLE: TRANS;
      endcase
  end
```

一旦上电复位,系统进入 IDLE 状态,并时刻侦测 ld_l 低脉冲的到来。一旦侦测到该信号有效,则跳转至 TRANS 状态,并根据 count_to 和 ld_l 两个信号来判断是否该跳出该状态。在 TRANS 状态中,系统将并行信号转为串行信号,并对传输数据进行计数,如图 9-3 所示。

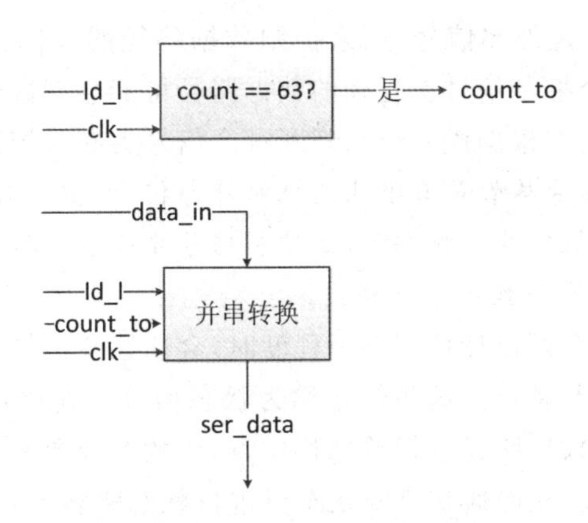

图 9-3 数据路径工作流程图

由图 9-3 可知,本例中的数据路径是串并转换的移位逻辑,在时钟有效边沿下,把 data_reg 的最高位输出,同时把 data_reg 向右移动一位,最低位补 1'bz。具体的 SystemVerilog 代码如下:

```
ser_data <= data_reg[63];
data_reg <= {data_reg[62:0],1'bz};
```

为实现此移位,需要确定何时、何地进行数据路径的移位计算。观察工作流程图,在有限状态机和外部信号的控制之下,系统会在 TRANS 状态下,进行计数和数据传输，并会输出响应的状态反馈给有限状态机，从而使得有限状态机能够根据内部状态而采取相应的动作——这就是相应的数据路径的功能。相应的 SystemVerilog 代码如下：

```
assign shift_en = (cs == TRANS) & ld_l;
always_ff @(posedge clk, negedge rst_)
  if(! rst_)
   begin
    ser_data <= 1'bz;
    data_reg <= data_in;
   end
  else if(shift_en)
    begin
      ser_data <= data_reg[63];
      data_reg <= {data_reg[62:0],1'bz};
    end
  else if(count_to || ! ld_l) begin
     ser_data <= 1'bz;
     data_reg <= data_in;
     end
```

在该代码中，ld_l 是外部信号，用来控制数据路径的工作，称为控制信号。在该数据路径中，只有一个控制信号。复杂的数据路径可能会有数个控制信号，当多个控制信号同时有效时，需要根据优先级来判断哪个信号为有效控制信号。

注意：这些控制信号尽管是有限状态机的外部信号，但它必须和有限状态机协同工作——只有在状态机的某个状态下，该控制信号才能有效控制相应的寄存器工作。如 ld_l 在 TRANS 状态下控制串并转换。

当数据路径的组合逻辑计算到某个程度时，会使某些信号有效，从而通知有效状态机判断是否进行状态跳转。这些信号称为状态信号。在该示例中，count_to 就是这样的状态信号。当数据路径进行数据移位时，计数器计数，当计数到 63 时，整个传输完毕，count_to 有效，从而通知有限状态机进行状态跳转至 IDLE 状态。因此状态信号是数据路径中的组合逻辑信号运算后得出的结果。

```
always_ff @(posedge clk, negedge rst_)
   if(! rst_)
     begin
       count <= 6'b0;
     end
   else if(shift_en) count++;

 assign count_to = (count == 63);
```

数据路径既可以是时序逻辑，如上述示例的移位操作，也可以是组合逻辑，如对数据进行加减乘除等组合运算，或者对收集到的数据进行CRC运算。如：

```
always_comb
  unique case(op)
    AND: result = a & b;
    OR:  result = a | b;
    BAND: result = &a;
    BOR: result = |b;
  endcase
```

数据路径可以实现编码、解码、总线及存储等操作。如采用数据路径实现存储操作的代码如下：

```
module mem
  #(DWIDTH = 8,
    DEPTH = 256,
    AWIDTH = $clog2(DEPTH))
    (
    input logic [AWIDTH-1:0] addr,
    input logic re,we, clk,
    inout tri [DWIDTH-1:0] data);

    logic [AWIDTH-1:0] m[DEPTH];
    assign data = re ? m[addr] : 'bz;

    always @(posedge clk)
       if(we)
         m[addr] <= data;

    endmodule
```

$clog2(DEPTH)是SystemVerilog的一个系统函数，表示以2为底的DEPTH的对数。当DEPTH不是2的指数时，求出的结果N满足$2^N > \text{DEPTH} > 2^{N-1}$。

9.1.2 硬件线程的算法描述

和有限状态机相似，硬件线程的算法描述不仅包含有限状态机的各种变量，还包含数据路径的变量集合。因此，整个算法描述如下：

$$\text{FSM}-\text{D}=f(X,Z,S,\delta,\lambda,V,O,P,C,R);$$

其中，

- X表示系统的输入数据和控制变量，在上例中，$X=\{$ld_l, data_in$\}$；
- Z表示系统的输出数据和状态变量，在上例中，$Z=\{$ser_data$\}$；

- S 表示有限状态机的状态，在上例中，S = {IDLE, TRANS}，其中初始状态为 IDLE。
- δ 表示有限状态机的跳变函数：$X\ x\ S \to S$。它是输入信号和现态的函数。
- λ 表示有限状态机的输出函数。它分为 Mearly 型状态机和 Moore 型状态。λ_{Mearly}：$X\ x\ S \to Z$；λ_{Moore}：$S \to Z$；
- V 表示对数据路径进行计算时所使用的数据矢量和数组的变量，如 data_reg。
- O 表示数据路径采用的操作符集合，如+，-，>>，<<等。
- P 表示采用的协议，通常采用文本描述或者波形描述。
- C 表示驱动时钟。
- R 表示全局复位信号。

9.2 硬件线程的连接

CPLD/FPGA 内存在各种不同的硬件线程。硬件线程之间可以通过某种协议连接通信，如图 9-4 所示。

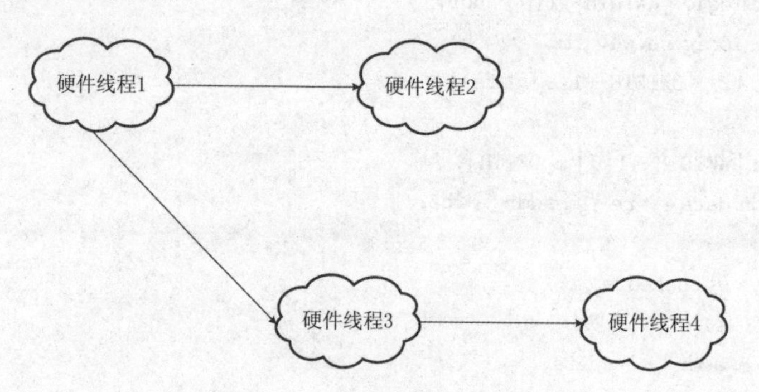

图 9-4 硬件线程连接示意图

硬件线程 1 和硬件线程 2 和 3 连接，硬件线程 3 和硬件线程 4 连接。硬件线程 1 产生各种信息，并发给硬件线程 2 和硬件线程 3，因此硬件线程 1 被称为生产者，硬件线程 2 和硬件线程 3 被称为消费者。同样，对于硬件线程 3 和 4 来说，硬件线程 3 提供信息给硬件线程 4，因此硬件线程 3 是生产者，硬件线程 4 是消费者。因此，在一个系统中，某个硬件线程既可以是生成者，也可以是消费者。

以 FIFO 为例，FIFO 是一个先进先出队列，当 FIFO 为空时，它会发出请求信号给 FIFO 控制器，FIFO 控制器确认该 FIFO 为空时，设置写入使能信号 WrEn 有效，同时驱动 data 数据线有效。FIFO 快满时，FIFO 发出快满的状态信号通知 FIFO 控制器，FIFO 控制器不再写入数据。因此，FIFO 和 FIFO 控制器为硬件线程，如图 9-5 所示。

具体分析此连接，Empty 有效时，FIFO 请求 FIFO 控制器发送数据，FIFO 控制

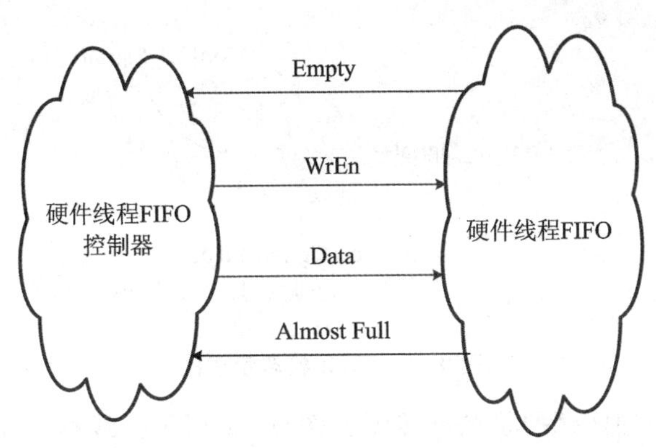

图 9-5　FIFO 写数据示意图

器输出写使能有效，同时传送数据给 FIFO，在这一过程中，FIFO 控制器产生数据，是生产者，FIFO 请求数据，并接收数据，是消费者。

同时，FIFO 控制器在传送数据的同时，一直在侦测 Almost Full 状态信号是否有效，即 FIFO 接收数据的同时，也会根据自身的容量是否饱和而发出 Almost Full 信号，此时，FIFO 控制器处于被动接收数据的状态，FIFO 处于主动发送信号状态，FIFO 是生产者，FIFO 控制器为消费者。

在 CPLD/FPGA 中，硬件线程之间通过控制信号进行握手并传递数据和状态的动作，称为协议。协议包括数据传输及各种控制信号，如本例中的 Empty 和 Almost Full 等信号。

9.3　硬件线程的同步

硬件线程的同步分为两个层级，一个是硬件信号的同步，另外一个是状态的同步。对于线程的输入而言，硬件信号分为三类，一类是同步信号，该类信号可以直接参与逻辑运算和处理；一类是已经同步了的异步信号，该类信号本身是异步信号，经过了同步化处理，也可以直接进行逻辑运算和处理；还有一类是异步信号，来自不同的时钟域，没有经过同步化处理，如异步复位信号，该类信号通常仅用于上电复位，不能用于逻辑运算和处理。

对于线程的输出而言，不管是采用 Moore 型有限状态机还是 Mearly 型有限状态机，其输出信号都是同步信号。

硬件线程通信时，需要知道对方的状态信息，并根据对方的状态接收、发送控制命令或者状态信息，传送数据等，因此进程之间需进行状态同步。通常采用 wait 状态进行同步。所谓的 wait 状态，就是当外部输入信号无效时，硬件线程会一直停留在该状态，外部输入信号有效时，则跳出该状态，进入下一个状态。在状态跳转图中，一般采用弧形箭头表示，如图 9-6 所示。

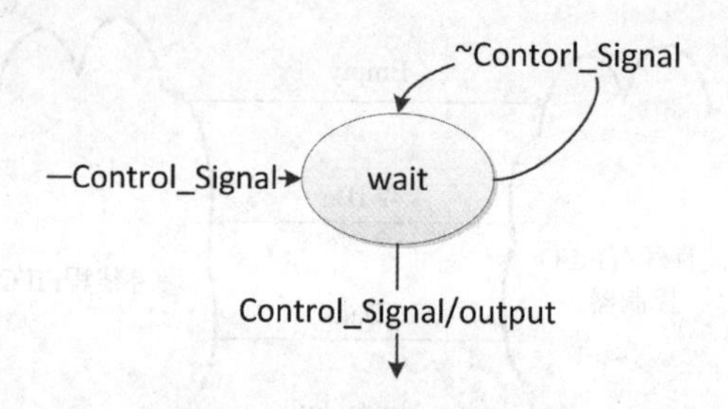

图 9-6　Wait 状态示意图

改写 9.1.1 中的实例的状态跳转图如图 9-7 所示。线程 A 在运行过程中，跳转至状态 START 时，把 ld_l 拉低，同时跳转至 REV_DATA 状态，等待接收数据。线程 B 一开始处于等待状态，如果 ld_l 没有拉低，则一直等待，当 ld_l 有效时，线程 B 跳出等待状态，进入 TRANS 状态。因此，线程 A 和 B 在 ld_l 有效的下一个时钟的有效边沿的作用下，同时跳出 START 和 IDLE 状态，并同时进入 REV_DATA 和 TRANS 状态。这样，线程 A 和 B 到达 START 状态和 IDLE 状态可能时间不同，但通过 ld_l 信号可以让线程 A 和 B 同时跳出，称为状态同步。同步后的两个线程无需外部控制信号协助，可以各自独立工作，并且知道对方的工作态度。如线程 B 在 TRANS 状态时，把并行 64 位数据转换成串行数据，在 64 个时钟的有效边沿作用下，一一传送出去。线程 A 同时处于 REV_DATA 状态，在相同时钟边沿接收来自线程 A 的数据，并进行处理。A 和 B 之间无需额外的通信。

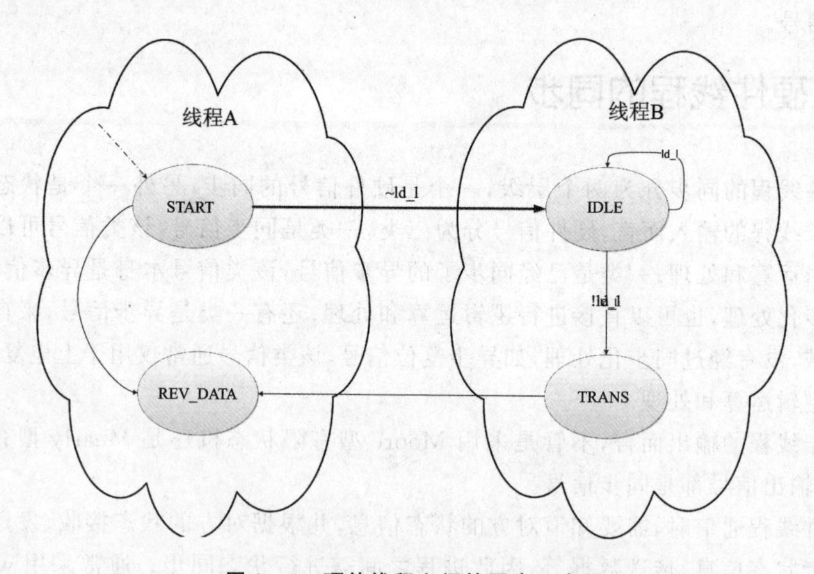

图 9-7　硬件线程之间的同步示意图

如图 9-7 两个硬件线程连接通信时，单个硬件线程中存在等待状态。多个硬件线程同时通信，如高密度服务器中节点服务器和 RCM 控制器之间的通信，节点服务器发送请求信号给 RCM 控制器并等待来自 RCM 控制器的应答信号，应答信号有效，节点服务器和 MCU 可进行通信。整个通信模型如图 9-8 所示。

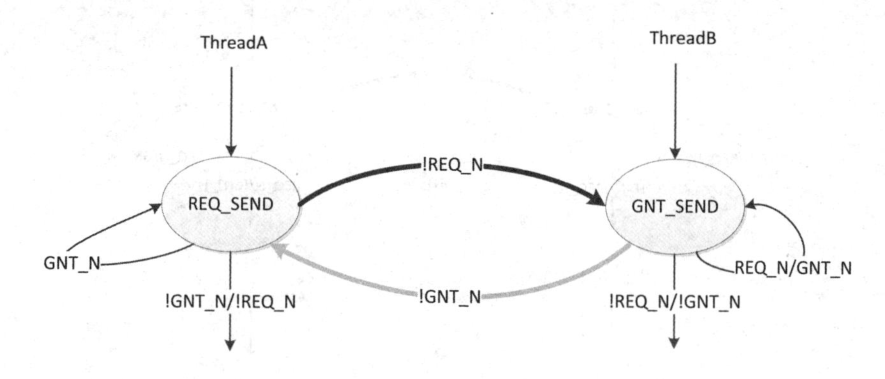

图 9-8　硬件进程双边等待状态示意图

当线程 A 运行到 REQ_SEND 状态时，发出 REQ_N 请求信号并等待 GNT_N 信号的到来，一旦 GNT_N 信号有效，则跳出该状态，同时线程 B 运行到 GNT_SEND 状态时，将等待有效的 REQ_N 信号，一旦有效，就发出 GNT_N 的有效信号，同时跳出该状态。尽管线程 A 和 B 进入 REQ_SEND 和 GNT_SEND 状态的时间不同，但通过 REQ_N 和 GNT_N 两个信号的同步，它们跳出该状态的时间相同，实现了状态同步，如图 9-9 所示。

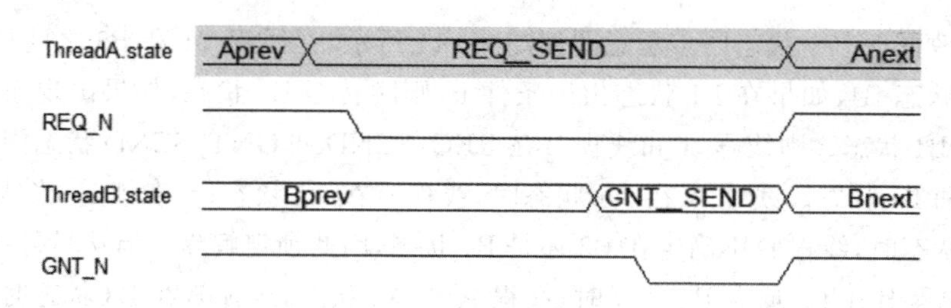

图 9-9　状态同步示意图

一旦两个状态同步，在特定的条件下，后续的状态可以持续同步，这种同步称之为 lock—step 同步。如图 9-10 所示，当线程 A 和线程 B 从 REQ_SEND 和 GNT_SEND 同时跳出时，同时进入 A1 和 B1 状态。因此，当线程 A 在状态 A1 时，线程 B 处于 B1 状态；线程 A 处于 A2 状态时，线程 B 处于 B2 状态；线程 A 处于 A3 状态时，线程 B 处于 B3 状态。线程 A 和 B 无需控制信号的交互，就知道对方的状态，直到遇到如下情形：

- 线程的某个状态为数据驱动型的循环。
- 线程的某个状态为条件分支语句。
- 或者该线程的某个状态还需要等待其他状态跳转条件。

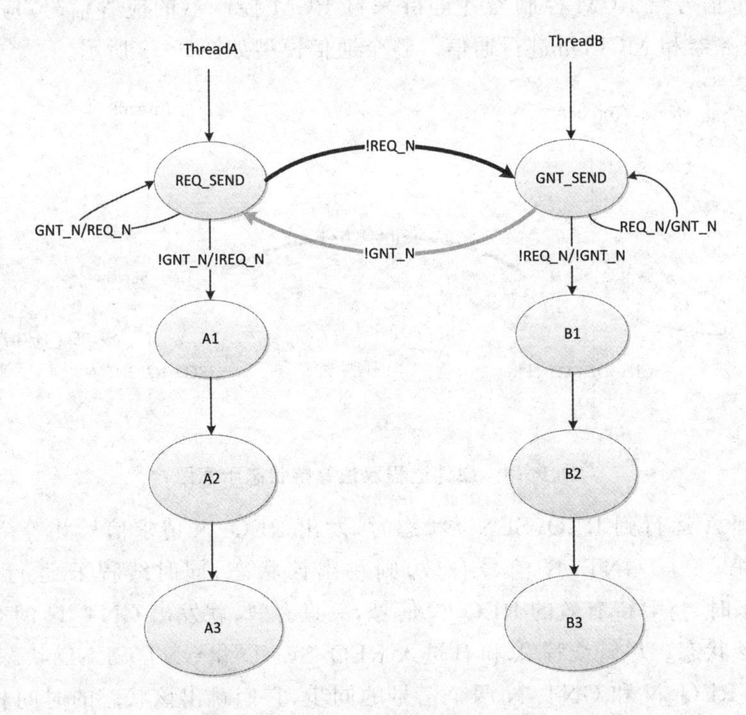

图 9-10　Lock—step 同步示意图

修改图 9-10 状态同步示意图如图 9-11 所示，在线程 B1 和 B3 之间增加了一个条件状态 B4，如果在 B1 状态出现条件 B，则跳转至 B2 状态，如果出现条件 C，则跳转至 B4 状态。则线程 A 和线程 B 在 REQ_SEND 和 GNT_SEND 状态同步后，进入 A1 和 B1 状态。线程 A 在 A1 状态时，线程 B 在 B1 状态，二者锁定，当线程 A 进入 A2 状态时，线程 B 不确定在 B2 还是 B4 状态，因此锁定解除。但从另外一方面来说，当线程 B 在 B2 或者 B4 状态时，线程 A 在 A2 状态，线程 B 在 B3 状态时，线程 A 在 A3 状态。此时也称为单方向锁定。

9.4　实例：基于串并转换的硬件线程连接实现

基于应答响应串并转换的通信时序波形如图 9-12 所示。当 Slave 端发出请求时，把 REQ_N 信号拉低，并把 slave ID 传送过去，Master 端接收到请求和 ID 号后，判断是否响应，如果响应，则把要传送的数据准备好，拉低 GNT_N 信号，同时输出数据类型(32 位还是 64 位)。在 REQ_N 和 GNT_N 同时有效的时间内 Master 把准备好的数据转为串行信号并传送给 Slave，传送完毕后，Master 把 GNT_N 拉高。Slave 端接收串行信号并转换到 64 位并行数据寄存器，接收完毕后，把 REQ_N 信号拉高。通信结束，等待下一次通信。

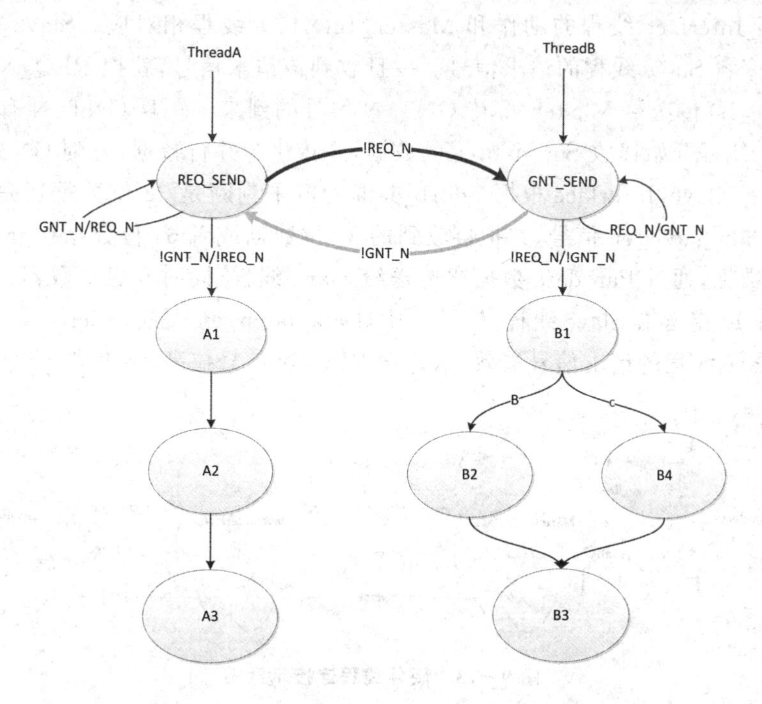

图 9-11　单方向锁定的硬件线程同步示意图

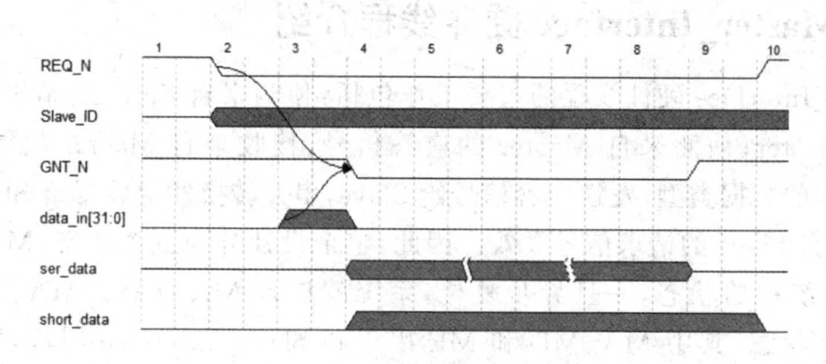

图 9-12　并串转换波形示意图

根据该波形示意图，硬件线程连接如图 9-13 所示。Master 线程和 Slave 线程通过 Master_Interface 和 Slave_Interface 互相连接。Master_Interface 接收来自 Slave 端的请求和 ID 信号，并把该请求信号转换为 1 位时钟周期宽度的脉冲信号和 ID 信号发送给 Master。Master 接收后，判断是否给予响应，如果响应，把 Grant 信号拉高的同时，通过 Data_in 数据线把数据传送给 Master_Interface。如果只传 32 位数据，则只把 Grant 拉高一个时钟周期，同时把 Short_data 拉高。如果传送 64 位数据，则把 Grant 拉高两个时钟周期，接着把 Grant 拉低，Master_Interface 侦测到 Grant 脉冲信号，并在它下降沿的同时把 GNT_N 拉低，从而开启并串数据转换过程。当数据传输完毕，Master_Interface 线程把 GNT_N 拉高，同时等待 REQ_N 失效，结束本次通信。

Slave_Interface 线程的动作和 Master_Interface 线程相对应。Slave_Interface 线程等待来自 Slave 线程的请求信号。一旦收到该请求信号，就把 REQ_N 拉低，同时把 Slave_ID 传送给 Master，等待 GNT_N 信号的到来。一旦 GNT_N 有效，Slave_Interface 线程开始接收 Ser_data 上的数据，并转化为并行数据，直到 GNT_N 拉高为止。接着 Slave_Interface 根据 Short_data 的电平判断是 32 位数据还是 64 位数据，启动 Data_latch_en 信号，并把接收到的 32 位数据或者 64 位数据切分为 8 位数据一组的数据，通过 Par_data 数据线传送给 Slave 线程，同时开启计数器，把相应的数据 Data_Id 传送给 Slave 线程，传送完毕，Data_latch_en 失效。Slave_Interface 线程等待 Slave 线程的请求信号失效，从而把 REQ_N 信号拉高，结束本次通信。

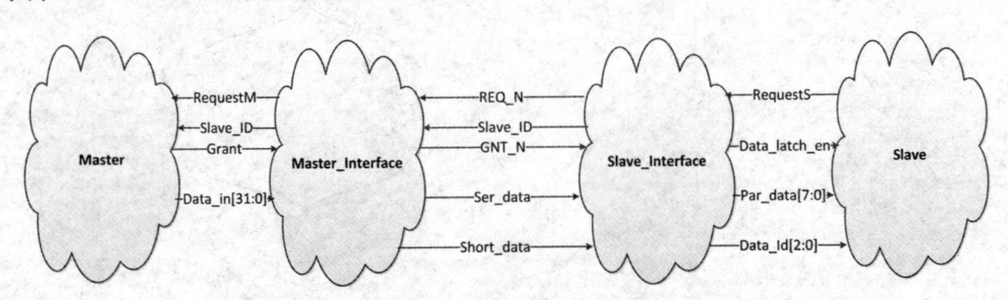

图 9-13　硬件线程连接示意图

9.4.1　Master_Interface 硬件线程介绍

Master_Interface 硬件线程的主要工作包括：侦测来自 Slave 的请求和 ID 信号并发送给 Master；侦测来自 Master 的应答信号，接收来自 Master 的数据并提示 Slave 接收到的数据类型；发送应答信号给 Slave，串并转换发送数据给 Slave，结束应答并等待来自 Slave 的请求信号失效。因此，整个设计分为五个状态：MA～ME，其中 MA 为系统初始状态，一旦异步复位，系统就进入 MA 状态。MA、MB、MD 和 ME 为 Wait 状态，其中 MA、MD 和 ME 用于和 Slave_Interface 同步，MB 用于和 Master 线程之间的状态同步，状态跳转如图 9-14 所示。

在 MB 到 MD 状态中，Master_Interface 硬件线程采集来自 Master 线程的数据，并串行输出给 Slave 端，整个数据路径设计如图 9-15 所示。

硬件线程主要通过外部的 REQ_N，Grant 信号进行控制，并输出 ld_dataUp、ld_datalo、shift_en、count_to 、RequestM 、short_data 和 GNT_N 等状态信号。具体描述如下：

- REQ_N——来自 Slave 端的请求信号，低电平有效。
- Grant——来自 Master 硬件线程的应答信号，为一到两个时钟周期的脉冲信号，高电平有效。
- ld_dataUp——当该信号有效时，把 data_in 数据线的数据存储到 data_latch 高 32 位寄存器。该信号为 1 个时钟周期的高脉冲信号。

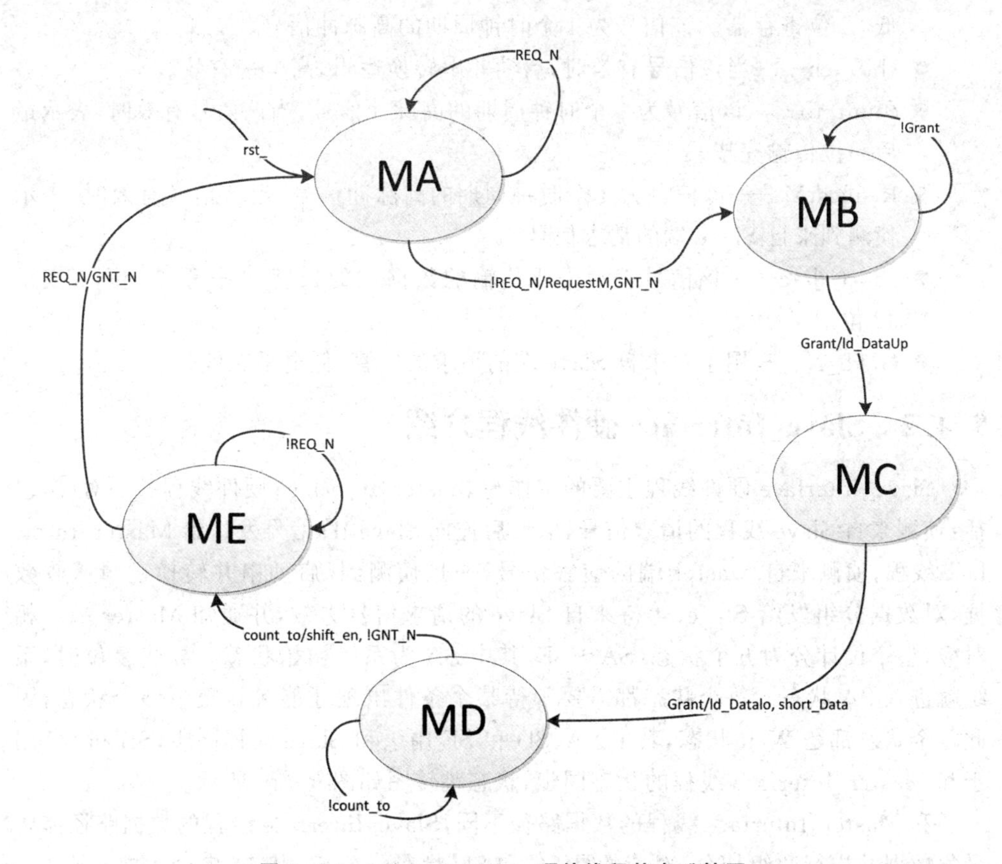

图 9－14　Master_Interface 硬件线程状态跳转图

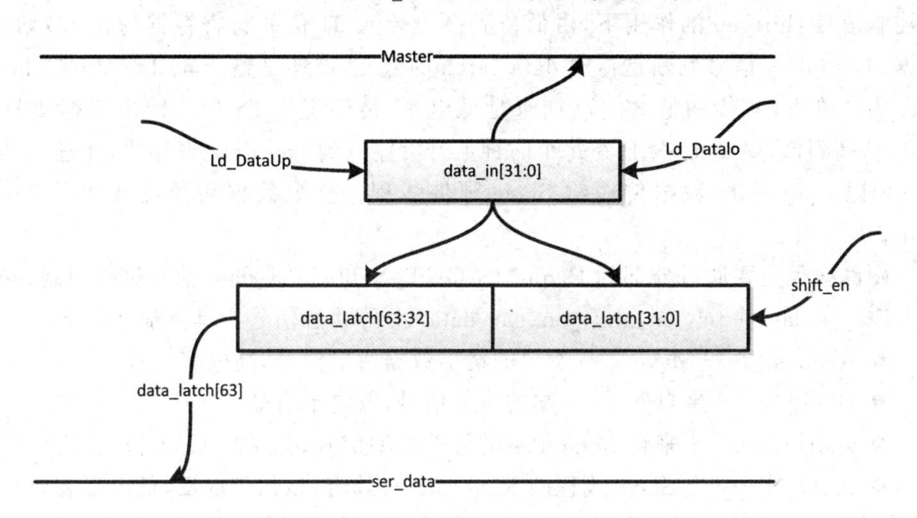

图 9－15　Master_Interface 数据路径

● ld_datalo——当该信号有效时，把 data_in 数据线的数据存储到 data_latch

低 32 位寄存器。该信号为 1 个时钟周期的高脉冲信号。

- shift_en——当该信号有效时,启动并串转换逻辑,高电平有效。
- count_to——该信号为 1 个时钟周期的高脉冲信号,当该信号有效时,表示最后一位传输完毕。
- RequestM——该信号为 1 个时钟周期的高脉冲信号,当该信号有效时,表示侦测到来自 Slave 端的请求信号。
- short_data——该信号表示需要传输的数据位的长度,0 表示 64 位,1 表示 32 位。
- GNT_N——用于对来自 Slave 端的请求的应答,低电平有效。

9.4.2 Slave_Interface 硬件线程介绍

Slave_Interface 硬件线程主要的工作与 Master_Interface 硬件线程一一对应,包括:侦测来自 Slave 线程的请求信号,取反后连同 Slave ID 信号发送给 Master_Interface 线程;侦测来自 Master 端的应答信号,一旦侦测到,启动串并转换逻辑接收数据,对数据分组发给 Slave;等待来自 Slave 的请求信号失效,并通知 Master 端。相对应,整个设计分为五个状态:SA~SE,其中 SA 为系统初始状态。异步复位时,系统就进入 SA 状态。每个状态都需要等待某个条件出现才能跳转至下一个状态,因此每个状态都是 Wait 状态,其中 SA、SD 和 SE 用于和 Slave 线程同步,SB 和 SC 用于和 Master_Interface 线程的状态同步,状态跳转图如图 9-16 所示。

和 Master_Interface 线程的数据路径不同,Slave_Interface 线程的数据路径需要采集数据并进行数组切分,对应的是 SC 和 SD 状态。在 SC 状态,串行数据 ser_data 在控制信号 shift_en 的作用下,由低位到高位传入 64 位并行寄存器。在 SD 阶段,根据 short_data 信号判断是传输 data_latch 的低 32 位还是整个 64 位。如果 short_data 为高电平,只传输低 32 位,如果是低电平,传输整个 64 位。输出数据线只有 8 位,从高到低,每 8 位一组,在每个时钟上升沿输入到 par_data 寄存器,并进行 data_ID 辨识。par_data 数据传输给 Slave 硬件线程。整个数据路径设计如图 9-17 所示。

硬件线程主要通过外部的 RequestS,GNT_N 和 short_data 信号进行控制,并输出 REQ_N、data_latch_en、shift_en、par_data_en 等状态信号。具体描述如下:

- RequestS——Slave 线程发出的请求数据通信信号,高电平有效。
- GNT_N——来自 Master 端的应答信号,低电平有效。
- short_data——来自 Master 端的数据类型信号,0 为 64 位,1 为 32 位。
- REQ_N——当 Slave 线程的 RequestS 有效时,该信号取反,低电平有效。
- data_latch_en——发送给 Slave 线程的使能信号,当该信号有效时,Slave_interface 发送数据给 Slave 线程,高电平有效。
- shift_en——当该信号有效时,接收 ser_data 并存储到 data_latch 64 位并行

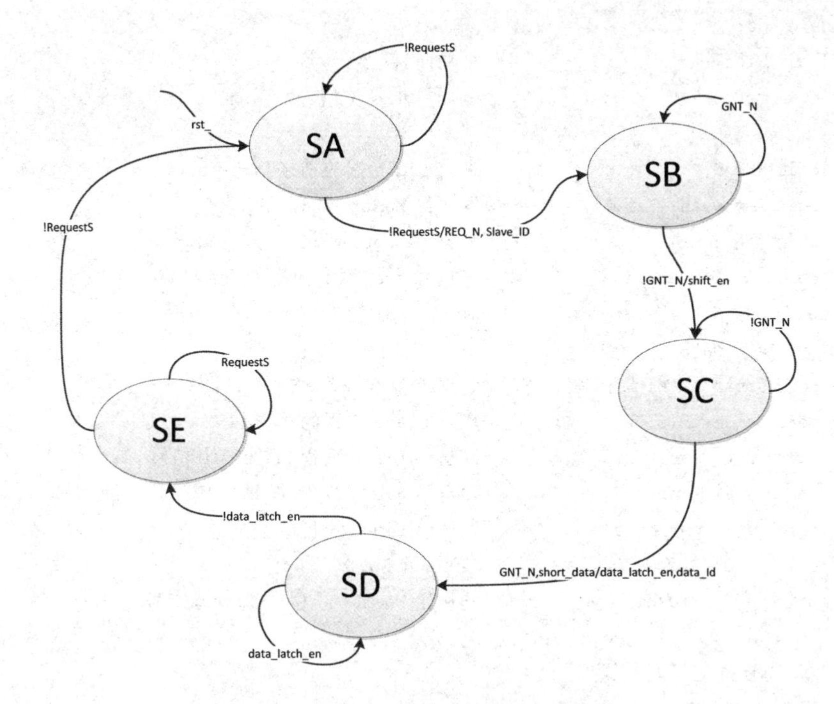

图 9-16　Slave_Interface 状态跳转示意图

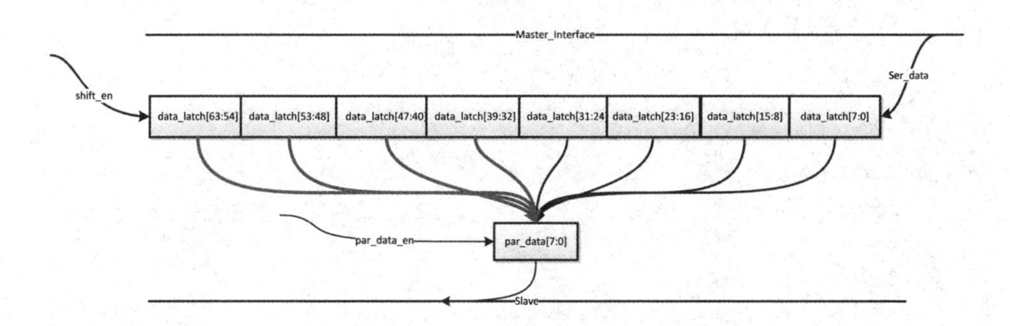

图 9-17　Slave_Interface 数据路径

寄存器,高电平有效。

● par_data_en——当该信号有效时,开启并行数据分组并传输,高电平有效。

9.4.3　代码实现

整个代码顶层设计如下。顶层模块为行为级描述,对 Master_interface 和 Slave_interface 直接例化,同时生成全局时钟和全局异步复位信号。

```
module top;
  logic Clock;                    //全局时钟
  logic rst_;                     //全局异步复位信号

  logic REQ_N;                    //来自 Slave 端的请求信号
  logic RequestM;                 //发送给 Master 线程的请求信号
  logic  Grant;                   //来自 Master 线程的响应信号
  logic [31:0] data_in;           //来自 Master 线程的数据总线
  logic GNT_N;                    //对 Slave 端的响应信号
  logic ser_data;                 //串行数据信号
  logic short_data;               //数据类型信号，0:64 位;1:32 位
  logic RequestS;                 //来自 Slave 线程的请求信号
  logic [2:0] data_Id;            //发送给 Slave 线程的数组 ID 信号
  logic data_latch_en;            //发送给 Slave 线程的,请求接收数组的信号
  logic [7:0] par_data;           //发送给 Slave 线程的数据总线
  logic [4:0] Slave_ID;           //Slave 的 ID 号
  logic [4:0] SID2M;              //发送给 Master 线程的 Slave ID 号

  //全局复位信号的生成
  initial begin
    rst_ = 1'b0;
    #10 rst_ = 1'b1;
  end

    //全局时钟信号的生成
  initial begin
    Clock = 1'b0;
    forever
    Clock = #5 ~Clock;
  end

  //硬件线程例化
  master_interface tb(.*);
  slave_interface tb1(.*);

      endmodule
```

根据 9.4.1 节对 master_interface 硬件线程的描述，采用 SystemVerilog 语言进行硬件线程的设计，整体代码如下：

```
module master_interface (
  input logic Clock,                    //全局时钟
  input logic rst_,                     //全局复位
  input logic REQ_N,                    //来自 Slave 的请求信号
  input logic [4:0] Slave_ID,           //来自 Slave 的 ID 信号
  output logic RequestM,                //发送给 Master 线程的请求信号
  input logic  Grant,                   //来自 Master 线程的应答信号
  input logic [31:0] data_in,           //来自 Master 的数据总线
  output logic [4:0] SID2M,             //Slave 的 ID 号
  output logic GNT_N,                   //对 Slave 的应答信号
  output logic ser_data,                //发送给 Slave 的串行数据信号
  output logic short_data               //i 数据类型信号
);

  enum logic [2:0] {MA, MB,MC,MD,ME} cs, ns; //状态机定义,五个状态
  logic [63:0] data_latch;              //64 位并行寄存器,用于存储来自 Master 的数据
  logic [6:0]  count;                   //计数器,用于并串转换的时钟计数
  logic        count_to;                //计数器满标志,一旦此置位,表示数据传送完毕
  logic [1:0]  req_falling_edge;        //REQ_N 请求信号下降沿同步头

//REQ_N 下降沿采集
  always_ff @(posedge Clock, negedge rst_)
    if(! rst_)
      req_falling_edge <= 2'b11;
    else
      req_falling_edge <= {req_falling_edge[0],REQ_N};

//RequestM 为一个时钟周期的脉冲信号
  assign RequestM = (req_falling_edge[1] & ~req_falling_edge[0]);

  //有限状态机状态时序跳转
  always_ff @(posedge Clock, negedge rst_)
   if(! rst_)
     cs <= MA;
   else
     cs <= ns;

  //有限状态机的状态跳转
  always_comb
    unique case(cs)
      MA: ns = ! REQ_N ? MB : MA;
```

```
    MB: ns = Grant  ? MC : MB; //32 high data
    MC: ns = MD; //if Grant = 1, data is 64, if Grant = 0, data is 32
    MD: ns = count_to ? ME : MD;
    ME: ns = REQ_N ? MA : ME;
  endcase

//各个状态下的状态信号输出的组合逻辑
logic ld_dataUp, ld_datalo,shift_en;
always_comb
  begin
    ld_dataUp   = 1'b0;
    ld_datalo   = 1'b0;
    GNT_N       = 1'b1;
    //short_data = 1'b0;
    shift_en    = 1'b0;
    SID2M       = 5'b0;
    unique case(cs)
     MA: begin          short_data = 1'b0;
                         SID2M = Slave_ID;
         end

     MB: begin  ld_dataUp = Grant ? 1'b1 : 1'b0;
                short_data = 1'b0;
                GNT_N = 1'b1;
         end

     MC: begin  ld_datalo = Grant ? 1'b1 : 1'b0;
                short_data = Grant ? 1'b0 : 1'b1;
                shift_en = 1'b1;
         end

     MD: begin  GNT_N = 1'b0;
                shift_en = 1'b1;


         end

     ME: begin GNT_N = 1'b1;
         end
    endcase
  end

//数据路径,数据接收,并存放到 64 位的 data_latch 并行寄存器
```

```
always_ff @(posedge Clock, negedge rst_)
  if(! rst_)
    data_latch <= 64'b0;
  else if(ld_dataUp)
    data_latch[63:32] <= data_in;
    else if(ld_datalo)
      data_latch[31:0] <= data_in;
      else if(shift_en)
        data_latch <= data_latch << 1;

//数据路径,数据并串转换并输出
always_ff @(posedge Clock, negedge rst_)
 if(! rst_)
    ser_data <= 1'bz;
 else if(shift_en)
    begin
      ser_data <= data_latch[63];
    end
    else
      ser_data <= 1'bz;

//数据移位计数器
always_ff @(posedge Clock, negedge rst_)
  if(! rst_)
     count <= 6'b0;
  else if(ns == MD)
     count ++ ;

//数据移位计数器满标志,需要根据 short_data 判断何时满并置位
assign count_to = short_data ? (count == 7'b010_0000) : (count == 7'b100_0001);

endmodule
```

同样,根据 9.4.2 节对 Slave_Interface 硬件线程的介绍,采用 SystemVerilog 语言对该硬件线程进行设计,整体代码如下:

```
module slave_interface(
    input logic Clock,                        //全局时钟
    input logic rst_,                         //全局复位
    input logic GNT_N,                        //来自 Master 端的应答信号
    input logic ser_data,                     //来自 Master 端的串行数据信号
    input logic RequestS,                     //来自 Slave 线程的请求信号
    output logic REQ_N,                       //发送给 Master 端的请求信号
    output logic [4:0] Slave_ID,              //发送给 Master 端的 slave ID 信号
    input  logic short_data,                  //来自 Master 端的数据类型信号
    output logic [2:0] data_Id,               //发送给 Slave 线程的数据 ID 信号
    output logic data_latch_en,               //发送给 Slave 线程的接收使能信号
    output logic [7:0] par_data);             //发送给 Slave 线程的数据总线信号

    enum logic [2:0] {SA,SB,SC,SD,SE} cs, ns; //有限状态机的状态声明
    logic shift_en;                           //移位接收使能信号
    logic [63:0] data_latch;                  //移位数据接收寄存器

    parameter SLAVE_ID = 5'h1A;               //本 Slave 的 ID 信号

    //有限状态机的时序跳转
    always_ff @(posedge Clock, negedge rst_)
      if(! rst_)
        cs <= SA;
      else
        cs <= ns;

     //有限状态机的状态跳转
     always_comb
       unique case(cs)
         SA: ns = RequestS ? SB : SA;         //Wait for RequestS to enable
         SB: ns = ! GNT_N   ? SC : SB;        //Wait for GNT_N
         SC: ns = GNT_N ? SD : SC;            //Reveive the ser_data
         SD: ns = data_latch_en ? SD : SE;    //transfer the data to Slave
         SE: ns = RequestS ? SE : SA;         //Wait for the RequestS to disable
       endcase

     //有限状态机下各个状态的状态输出
     always_comb
       begin
         REQ_N = 1'b1;
         data_latch_en = 1'b0;
```

```
    Slave_ID = 5'b0;
  unique case(cs)
    SA: begin REQ_N = ~RequestS; Slave_ID = SLAVE_ID;
        end
    SB: begin REQ_N = 1'b0;   end
    SC: begin REQ_N = 1'b0;   end
    SD: begin REQ_N = 1'b0;
        if(short_data) begin data_latch_en = (data_Id == 5) ? 1'b0 : 1'b1; end
        else           begin data_latch_en = (data_Id == 9) ? 1'b0 : 1'b1; end
        end
    SE: begin REQ_N = ~RequestS;
        end
   endcase
 end

 //数据路径,数据串并转换,同时对接收完毕的数据进行分组传送
 assign shift_en = (ns == SC);
 logic  par_data_en;
 assign par_data_en = (ns == SD);
 logic  [2:0] count;
 always_ff @(posedge Clock, negedge rst_)
  if(! rst_)
   begin
     data_latch <= 64'b0;
     par_data   <= 8'b0;
   end
  else if(shift_en)
   begin
     data_latch <= {data_latch[62:0],ser_data };
     par_data <= 8'b0;
   end
   else if(par_data_en)
     begin
       data_latch <= (data_latch << 8);
       par_data <= short_data ? data_latch[31:24] : data_latch[63:56];
     end
    else
     begin
       data_latch <= 64'b0;
       par_data <= 8'b0;
     end
```

```
    //对数据总线上的数据进行 ID 标识，
    always_ff @(posedge Clock, negedge rst_)
     if(! rst_)
      begin
        count        <= 3'b0;
        data_Id      <= 3'b0;
      end
      else if(par_data_en)
         begin
           count ++ ;
           if(short_data) begin data_Id <= (data_Id < 5) ? count : data_Id; end
           else             begin data_Id <= (data_Id < 9) ? count : data_Id; end

         end
       else
         begin
           data_Id   <= 3'b0;
           count   <= 3'b0;
         end

endmodule
```

为验证此设计是否正确，在顶层模块中加入仿真程序，采用 task 设计，写入数据 32'haa_bb_cc_dd，验证 slave_interface 线程在 4 个时钟节拍下是否依次输出 aa，bb，cc 和 dd。

```
    initial
     begin
      shift_comm(32'hAA_BB_CC_DD);
      repeat(3) @(negedge Clock);
       $stop;
     end

    task shift_comm(
      input [31:0] data_value);
      begin
        RequestS = 1'b0;
        Grant = 1'b0;
        data_in = 32'b0;
        repeat(10) @(negedge Clock);
          RequestS = 1'b1;
        repeat(10) @(negedge Clock);
```

```
        repeat(1) begin
          @(negedge Clock) begin
             Grant = 1'b1;
             data_in = data_value;
           end
        end
        @(negedge Clock) begin Grant = 1'b0; data_in = 32'b0; end
        repeat(63) @(negedge Clock);
        repeat(10) @(negedge Clock);
         RequestS = 1'b0;

      end
    endtask
```

采用 Modelsim 进行仿真，仿真结果如图 9－18 所示，从波形中可以看出整个设计的逻辑和功能满足设计要求。

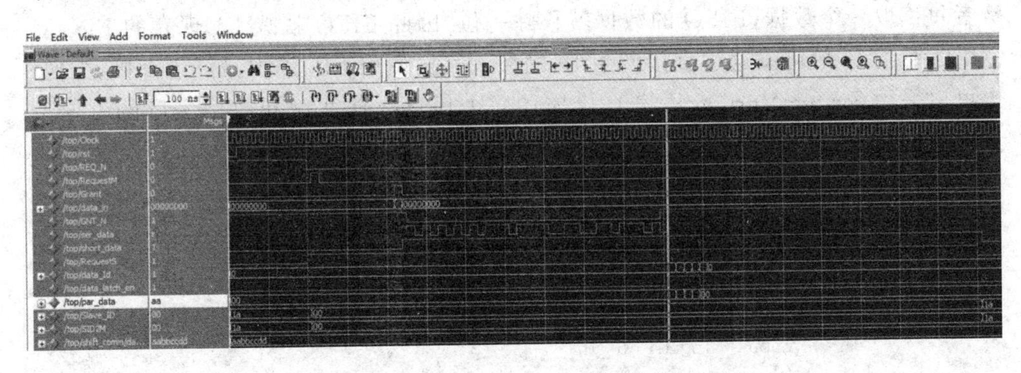

图 9－18　基于串并转换的硬件线程仿真波形图

9.5　异步硬件线程的连接

前几节主要讲述的都是在同一个时钟域的硬件线程的连接，但在一个复杂的系统中会存在不同的时钟域。不同的时钟域的硬件线程不可能做到时钟同步及状态同步，因此需要采用诸如请求—应答等各种控制信号协调，同时也需要根据不同的时钟频率控制是否导致接收方过载而产生丢失数据或者过闲而产生的效率低下事件。

异步硬件线程可以采用多种连接方式连接。一种方式是采用两个缓冲器。如图 9－19 所示。采用两个缓冲器，硬件线程生产者把数据送至 A 缓冲器的同时，消费者读取 B 缓冲器，当数据存储到 A 缓冲器后，生产者切换数据线至 B 缓冲器，同时消费者从 A 缓冲器中读取数据，如此循环反复。这样不仅可以解决异步连接问题，而且可以提高数据传输效率。也称之为“乒乓操作”。

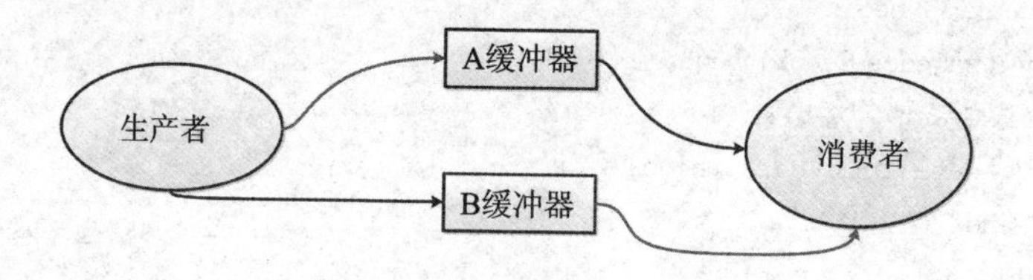

图 9-19　乒乓操作示意图

这种方式仅适合数据量比较少的情况，如果数据量比较大，特别是在某一时刻突然爆发，这种方式不太适合。可采用队列方式。

常见的队列是 FIFO。FIFO 是先进先出队列。FIFO 可以设定一定的数据宽度和存储深度保存来自生产者的数据，同时通过各种告警信号如 empty，almost empty，full，almost full 等标志通知生产者和消费者。FIFO 两端的时钟信号可以采用不同的时钟，这样 FIFO 可以很好地充当异步时钟域之间的桥梁。在空闲状态，FIFO 处于 empty 状态，生产者每产生一个数据，就会压入 FIFO，FIFO 数据加 1；消费者每读取一个数据，FIFO 的数据就移除一位，因此 FIFO 就减 1。现有的 FPGA/CPLD 平台，一般可以通过直接调用 IP 的形式直接调用 FIFO IP，简单、直接、方便。也可以采用 SystemVerilog 语言直接描述一个任意数据宽度和数据深度的 FIFO。参考代码如下：

```
module FIFO #(DATA_WIDTH = 8,
             DATA_DEPTH = 256)
             (
             input  logic  Wr_Clk,
             input  logic  Wr_En,
             input  logic  Rd_Clk,
             input  logic  Rd_En,
             input  logic [DATA_WIDTH - 1:0] Din,
             output logic [DATA_WIDTH - 1:0] Dout,
             output logic Full,
             output logic Empty
             );

  logic [DATA_WIDTH - 1:0] FIFO_RAM [DATA_DEPTH - 1:0];//FIFO的存储空间
  logic [DATA_WIDTH:0] Wr_Addr_Bin, Wr_NextAddr_Bin,Wr_NextAddr_Gray;
  logic [DATA_WIDTH:0] Sync_Wr_Addr0_Gray;
 logic [DATA_WIDTH:0] Sync_R2W_Addr1_Gray, Sync_R2W_Addr2_Gray;
  logic [DATA_WIDTH:0] Sync_Rd_Addr0_Gray;
 logic [DATA_WIDTH:0]  Sync_W2R_Addr1_Gray, Sync_W2R_Addr2_Gray;
  logic [DATA_WIDTH - 1:0] FIFO_Entry_Addr, FIFO_Exit_Addr;
  logic [DATA_WIDTH:0] Rd_Addr_Bin, Rd_NextAddr_Bin, Rd_NextAddr_Gray;
```

```
 logic Asyn_Full, Asyn_Empty;
//////////////////FIFO数据的写入与输出////////////////////////////////////////
 assign FIFO_Exit_Addr    = Rd_Addr_Bin[DATA_WIDTH - 1:0];
 assign FIFO_Entry_Addr = Wr_Addr_Bin[DATA_WIDTH - 1:0];

 assign Dout = FIFO_RAM[FIFO_Exit_Addr];
 always_ff @ (posedge Wr_Clk)
 begin
  if (Wr_En & ~Full) FIFO_RAM[FIFO_Entry_Addr] <= Din;
  else               FIFO_RAM[FIFO_Entry_Addr] <= FIFO_RAM[FIFO_Entry_Addr];
 end
//////////////////FIFO读写的地址生成////////////////////////////////////
 assign Wr_NextAddr_Bin = (Wr_En&~Full) ?
Wr_Addr_Bin[DATA_WIDTH:0] + 1:Wr_Addr_Bin[DATA_WIDTH:0];
 assign Rd_NextAddr_Bin = (Rd_En&~Empty)?
Rd_Addr_Bin[DATA_WIDTH:0] + 1:Rd_Addr_Bin[DATA_WIDTH:0];
 assign Wr_NextAddr_Gray = (Wr_NextAddr_Bin >> 1) ^ Wr_NextAddr_Bin;
 assign Rd_NextAddr_Gray = (Rd_NextAddr_Bin >> 1) ^ Rd_NextAddr_Bin;
 always_ff @ (posedge Wr_Clk)
 begin
  Wr_Addr_Bin        <= Wr_NextAddr_Bin;
  Sync_Wr_Addr0_Gray <= Wr_NextAddr_Gray;
 end
 always_ff @ (posedge Rd_Clk)
 begin
  Rd_Addr_Bin        <= Rd_NextAddr_Bin;
  Sync_Rd_Addr0_Gray <= Rd_NextAddr_Gray;
 end
//////////////////异步信号同步化////////////////////////
 always_ff @ (posedge Wr_Clk)
 begin
  Sync_R2W_Addr2_Gray <= Sync_R2W_Addr1_Gray;//读信号同步到写
  Sync_R2W_Addr1_Gray <= Sync_Rd_Addr0_Gray;
 end
 always_ff @ (posedge Rd_Clk)
 begin
  Sync_W2R_Addr2_Gray <= Sync_W2R_Addr1_Gray;//写信号同步到读
  Sync_W2R_Addr1_Gray <= Sync_Wr_Addr0_Gray;
 end
////////////////将产生的Full信号和Empty信号同步的各自的时钟域上////////////
always_ff @ (posedge Wr_Clk)
```

```
    begin
     Full <= (Wr_NextAddr_Gray ==
  {~Sync_R2W_Addr2_Gray[DATA_WIDTH:DATA_WIDTH - 1],Sync_R2W_Addr2_Gray[DATA_WIDTH -
2:0]});
    end
    always_ff @ (posedge Rd_Clk)
    begin
     Empty <=  (Rd_NextAddr_Gray == Sync_W2R_Addr2_Gray);
    end
  ///////////////////////////////////////////////////////////////////////////////
  endmodule
```

参考代码基于 RAM 来实现 FIFO,其最关键在于读写地址互相与写读时钟域进行同步,并通过格雷码的特性进行空和满的判断。

除了以上两种方式外,还可以通过 CPLD/FPGA 内嵌的 RAM 等方式实现异步硬件线程的连接。读者可以自行参考各自平台的 CPLD/FPGA 进行具体设计。

9.6 接 口

传统的 Verilog HDL 在构造系统时,模块与模块之间、硬件线程与线程之间的连接通过端口直接相连。由于端口和模块要实现的功能混在一起,无法实现模块的可重复利用,自然无法实现功能模块的进一步抽象。同时,由于通过端口连接,无法判断信号的方向,因此直连的端口在语法检查方面容易出错,特别是含有大量 IO 输入输出端口的模块。

随着 IC 设计复杂度的提高,模块间、硬件线程之间的互连变得更为复杂,SystemVerilog 新增了一个新的数据类型——接口,可确保硬件线程之间的正确连接和通信。硬件线程主要用于功能和算法的抽象实现。以 PCI - E 协议为例通过硬件线程与接口的分离,使得硬件线程可实现 PCIE 功能,PCIE 接口可实现该功能与其他硬件线程之间的通信。同时,也可以采用同样功能的硬件线程代码连接到不同的接口,实现不同的硬件线程之间的通信。

接口采用关键字 interface 表示,并以 endinterface 结束,表示硬件线程之间的连线的结构。接口不仅仅是连线组合,还可以定义通信协议,以及协议校验和其他检验程序,同时也支持 initial 和 always 等语句块,并且支持各种 task 和 function。

接口为硬件模块的端口提供了一个标准化的封装方式,和模块的定义很相似,可以包含类型声明、任务、函数、过程语句、语句块和断言等。但接口独立于模块,不可以有设计层次,接口不可以包含模块或原语的实例,接口可以用于模块端口,模块端口内不可以使用模块。接口中可以包含 modport 表示连接到接口的模块的访问接口的方向,但模块没有此关键字。

接口还为模块间连接提供了紧凑型的连接结构。在传统的 Verilog HDL 语言中,两个互连的模块都需要进行端口声明定义,特别是在端口数量众多的情况下,不仅造成代码的可读性差,同时由于人工输入,容易造成人为输入错误。接口可以把这些模块的端口声明放在统一的接口声明里。模块只需要在端口声明中调用该接口,不仅可以把接口定义标准化,同时分离了接口和模块。

9.6.1 接口声明和例化

接口可以拥有端口,并且这些端口是接口所描述的一组信号的一部分,这些端口通常是时钟、复位及测试信号等,接口可以包含 Verilog 和 SystemVerilog 中任何类型的声明。如定义一个简单的存储接口。

【例 9-1】 简单的存储接口示例。

```
interface membus(
  input logic clk);

  logic WrEn;
  logic RdEn;
  logic mrdy;
  logic [31:0] addr;
  logic [63:0] comi_data;
  logic [63:0] cimo_data;

endinterface
```

在该接口定义中,首先声明了接口名称为 membus,接着定义了专门的输入时钟端口,并且声明了存储总线通信的信号,包括写使能、读使能、数据准备好信号、地址信号及数据信号等。整个接口以 interface 开始,以 endinterface 结束。

接口可以例化,其例化的方式和模块一样。可以使用简化的端口连接.name 和.*实现。如该存储接口进行例化如下:

【例 9-2】 简单的存储接口例化示例。

```
module top;
logic clk;
logic WrEn, RdEn;
logic mrdy;
logic [31:0] addr;
logic [63:0] comi_data,cimo_data;

membus mb(.*);
endmodule
```

9.6.2 modport

模块间进行连接时,需要确认模块间信号传输的方向。在 SystemVerilog 中,采用 modport 定义接口信号的接入方式,以处理不同模块之间互连的方向问题。

接口中可以有任意数量的 modport 定义,每个 modport 都是从模块的角度来描述端口的接入方式,并描述每个模块访问接口的信号。

修改例 9-1,采用 modport,如例 9-3 所示。

【例 9-3】采用 modport 实现的接口示例。

```
interface membus(
  input logic clk);

  logic WrEn;
  logic RdEn;
  logic mrdy;
  logic [31:0] addr;
  logic [63:0] comi_data;
  logic [63:0] cimo_data;

  modport  CPU(input clk, mrdy, cimo_data,
               output WrEn,RdEn,addr,comi_data);

  modport  MEM(input clk, WrEn,RdEn,addr,comi_data,
               output mrdy,cimo_data);
endinterface
```

例 9-3 中,接口内定义了两个 modport,分别是 CPU 和 MEM,其中 CPU 作为主设备读写 MEM 数据。可以看出,同一个信号,在不同的 modport 里面,方向可能会不相同。注意:modport 定义中不包含向量位宽和向量类型。这些信息必须在接口的信号类型声明中定义。modport 声明只是使互相连接的模块将信号看成是 input、output、inout 还是 ref 等。

9.7 实例:采用接口实现 SGPIO 的数据传送

9.7.1 SGPIO 简介

SGPIO 总线是一类固布线资源紧张而采用的总线,通常由总线发起者 Master 和接收者 Slave 组成,Master 和 Slave 一一对应。整体结构如图 9-20 所示。其中黑色方框表示接口。接口的输入信号为 clk 和 rst_。

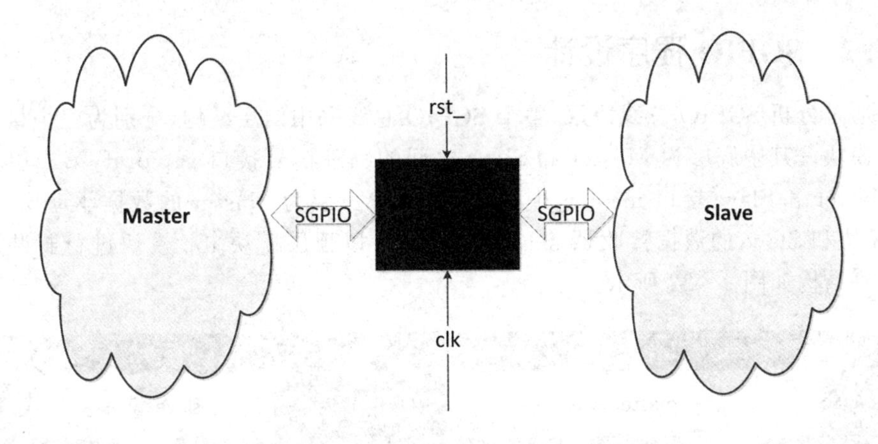

图 9－20　SGPIO 总线接口示意图

SGPIO 总线能够通过较少的走线在时钟的作用下把大量的并行数据串行传送给接收端，从而实现数据通信。其基本的接口信号如表 9－1 所列。

表 9－1　SGPIO 接口信号及功能介绍

信号名称	功能描述
clk	全局时钟信号，上升沿有效
rst_	全局复位信号，低电平有效
ld_	SGPIO 帧开始信号，低脉冲有效
data	串行传输信号，从 master 串行传输信号给 slave

在时钟上升沿的作用下，系统不断地侦测 ld_ 信号是否有效，如果有效，则启动数据传输，否则一直等待。当 ld_有效时，data 数据线的数据就开始传输，接着 ld_无效，但 Master 内部的并行数据在时钟上升沿的作用下一直传输下去，直到数据传输完毕。Slave 一旦侦测到 ld_有效，就可以接收数据，并按照和 Master 约定的数量（本例采用 32 位数据进行传输）进行时钟计数，当接收到约定数量的数据时，把接收的数据转为并行数据传输给上层。整个总线由 rst_全局复位信号复位。其基本协议时序如图 9－21 所示。

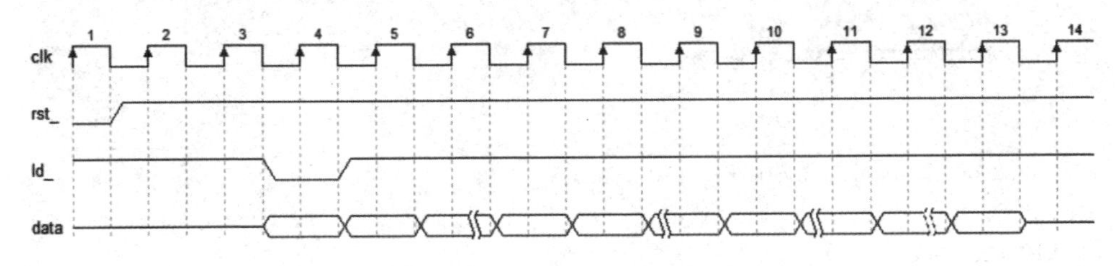

图 9－21　SGPIO 总线时序图

9.7.2 SGPIO 程序设计

通过分析 SGPIO 总线协议,整个 SGPIO 总线采用四层结构,分别为三个接口和三个模块。其中底层为 Master 和 Slave 之间的物理信号接口 sgpio_if,第二层分别为 Master 和 Slave 接口 master_if 和 slave_if,第三层为 Master 的数据驱动层 Master 模块和 Slave 的数据接收器 slave 模块,最后以顶层模块 top 模块进行封装。整体程序结构如图 9-22 所示。

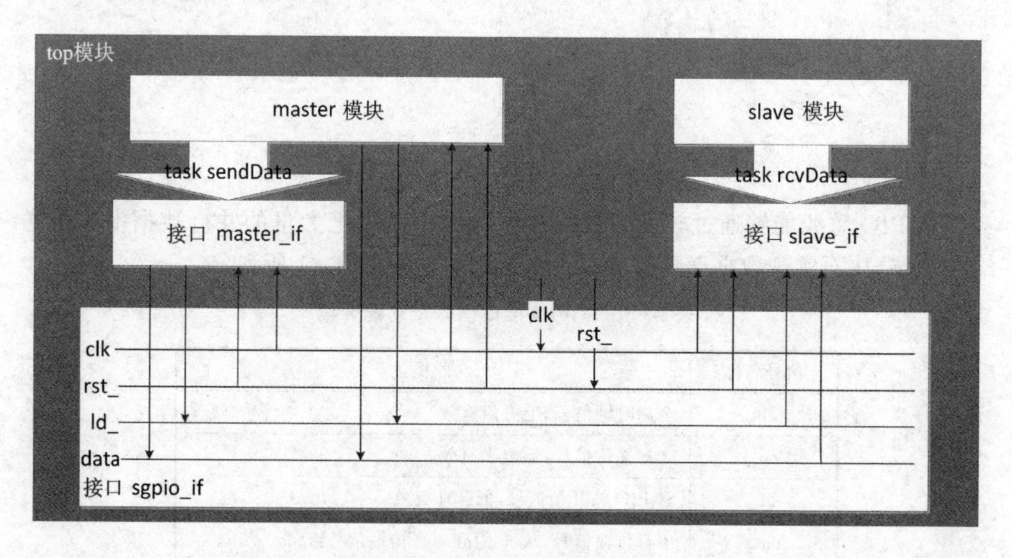

图 9-22 SGPIO 程序结构图

sgpio_if 接口代码如下。该接口主要定义了 Master 和 Slave 之间的物理连线的信号集合,同时采用 modport 结构体声明相对于 Master 和 Slave 信号的输入输出方向。在整个 SGPIO 程序代码中,它作为底层接口,独立于其他的接口和模块,并且可以被其他接口例化和调用。

```
interface sgpio_if(input logic clk, rst_);
  logic ld_, data;

  modport master(input clk, rst_,
                 output ld_, data);

  modport slave(input clk,rst_,ld_,data);

endinterface
```

基于 sgpio_if 接口,master_if 接口继承了 sgpio_if 接口的特性,并且基于 Master 的特性,在 master_if 接口内主要实现了 SGPIO 总线发送者的功能。整体代码如下:

```
interface master_if(sgpio_if.master M);
  logic [31:0] par_data;
  logic        data_ready;
  logic [5:0]  count;
  logic        count_to;

  enum logic {IDLE, TRANS} cs, ns;

  modport sendData(import sendit);

  task sendit (input logic [31:0] input_data);
   begin
     par_data <= input_data;
     data_ready <= 1'b1;
     @(posedge M.clk) data_ready <= 1'b0;
   end
  endtask

  logic trans_en, shift_en;
  always_ff @(posedge M.clk, negedge M.rst_)
   if(! M.rst_) trans_en  <= 1'b0;
   else if(data_ready) trans_en <= 1'b1;
    else trans_en <= 1'b0;

  always_ff @(posedge M.clk, negedge M.rst_)
    if(! M.rst_) cs <= IDLE;
    else cs <= ns;

  always_comb begin
    M.ld_ = 1'b1;
    shift_en = 1'b0;
    unique case (cs)
      IDLE: begin ns = trans_en ? TRANS : IDLE;
                  M.ld_ = ~trans_en;
            end
      TRANS: begin ns = count_to ? IDLE :TRANS;
                  shift_en = 1'b1;
             end
    endcase
  end
```

```
    always_ff @(negedge M.clk, negedge M.rst_)
     if(! M.rst_) begin count <= 6'b0; M.data <= 1'bz; end
     else if(trans_en || shift_en) begin count++; M.data <= par_data[31]; par_data
<= {par_data[30:0], 1'b0}; end
     else begin count <= 6'b0; M.data <= 1'bz; end

     assign count_to = (count == 'd32);
endinterface
```

在该接口中，外部信号变量采用 sgpio_if 接口声明，同时采用 modport 结构体调用 sendit 任务，使上层模块可以通过 sendit 任务传递数据给 master_if 接口。

master_if 接口采用硬件线程实现整个 SGPIO 协议中发起者的功能，在该协议中，上层模块每次都会发送 32 个数据给该接口，该接口侦测到数据到来时，便传送到 par_data，同时产生一个 data_ready 的高脉冲信号。一旦侦测到 data_ready 高脉冲信号，master_if 接口便开始拉低 ld_信号发起 SGPIO 总线数据传输。同时开启计数器，一旦计数器满 32 位，便不再进行数据传输，而是继续等待下一次的数据到来。

slave_if 接口和 master_if 接口是对应的关系，其外部信号变量同样采用 sgpio_if 接口声明，同时采用 modport 结构体调用 rcvit 任务，一旦收集完整数据，就通知上层模块读取该任务中所收集到的数据。

slave_if 接口同样采用硬件线程实现整个 SGPIO 协议中接收者的功能。该接口时刻监测 ld_信号是否有效。一旦侦测到 ld_低脉冲信号，slave_if 接口就开启数据接收动作，并开启数据计数器，一旦计数器满，就意味着数据接收完毕，接口对 got_msg 置位，通知上层模块读取数据，硬件线程恢复到 IDLE 状态，继续等待下一次数据传输。整体代码如下：

```
interface slave_if(sgpio_if.slave S);
  logic [31:0] rcv_data;
  logic        got_msg;

  logic [6:0] count;
  logic       count_to;

  enum logic {IDLE, RCV_DATA} cs, ns;

  modport rcvData(import rcvit);

  task rcvit (output logic [31:0] stuff);
    begin
      @(posedge S.clk)
        while(! got_msg)
```

```
            @(posedge S.clk);
        @(posedge S.clk);
        stuff <= rcv_data;
      end
    endtask

    always_ff @(posedge S.clk, negedge S.rst_)
      if(! S.rst_) cs <= IDLE;
      else cs <= ns;

    logic trans_en, rcv_en;
    always_comb begin
      got_msg = 1'b0;
      trans_en = 1'b0;
      rcv_en = 1'b0;
      unique case(cs)
        IDLE: begin ns = (! S.ld_) ? RCV_DATA : IDLE;
                    trans_en = ~S.ld_;
              end

        RCV_DATA: begin ns = (count_to) ? IDLE : RCV_DATA;
                        rcv_en = 1'b1;
                        got_msg = count_to;
                  end
      endcase
    end

    always_ff @(posedge S.clk, negedge S.rst_)
      if(! S.rst_) begin count <= 6'b0; rcv_data <= 32'b0; end
      else if(trans_en || rcv_en) begin count ++ ; rcv_data <= {rcv_data[30:0], S.da-
ta}; end
      else begin count <= 6'b0; rcv_data <= rcv_data; end;

    assign count_to = (count == 6'b01_1111);
  endinterface
```

数据发送和数据接收都采用 32 位移位寄存器进行。master_if 接口在时钟上升沿作用下，把 par_data32 位移位寄存器最高位发送给 data 信号，同时整个寄存器右移一位。slave_if 接口在时钟上升沿作用下，把接收到的 data 信号接收到 rcv_data 的最低位，同时整个寄存器右移一位。

master 模块是一个仿真模块，主要测试数据传送的功能性仿真测试。其端口采用 sgpio_if. master 和 master_if. sendData 进行声明。在 4 个时钟上升沿的作用下，传送 32 位数据，接着等待 41 个时钟上升沿，再发送数据，如此反复。整体代码如下：

```
module master(sgpio_if.master M,
              master_if.sendData Sd);

    initial begin
      repeat(4) @(posedge M.clk);
        Sd.sendit(32'hAA_BB_CC_DD);
        @(posedge M.clk);
      repeat(40) @(posedge M.clk);
        Sd.sendit(32'h11_22_33_44);
        @(posedge M.clk);
      repeat(40) @(posedge M.clk);
        Sd.sendit(32'hAA_BB_CC_DD);
        @(posedge M.clk);
      repeat(40) @(posedge M.clk);
        Sd.sendit(32'h11_22_33_44);
      repeat(40)    @(posedge M.clk);
        end
endmodule
```

slave 模块也是一个仿真模块，其主要功能是判断 sgpio_if 接口是否正确接收到来自 Master 端的数据并显示出来。整个模块的端口采用 slave_if. rcvData 进行声明。整体代码如下：

```
module slave(slave_if.rcvData Rd);

      logic [31:0] stuff_message;

      always  begin
            Rd.rcvit(stuff_message);
            $display("%3d, Message is %h", $time, stuff_message);
           end
endmodule
```

top 模块是对整个程序进行封装并提供全局时钟信号和复位信号对下一层的模块和接口进行激励。因此，该模块的主要功能是对各个接口和模块进行例化，同时产生 rst_复位信号及 clk 全局时钟激励信号。整体代码如下：

```
module top;
  logic clk, rst_;

  sgpio_if SI(. * );

  master_if MI(SI.master);
  slave_if SIF(SI.slave);

  master MA(SI.master, MI.sendData);
  slave SA(SIF.rcvData);

  initial begin
    rst_ = 1'b0;
    clk   = 1'b0;
    rst_ <= #1 1'b1;
    repeat(400)
     clk = #5 ~clk;
    $ stop;
  end
endmodule
```

至此，整个 SGPIO 协议实现完毕，采用 Modelsim 软件进行仿真。图 9－23 可知，整个设计功能正常，满足设计要求。

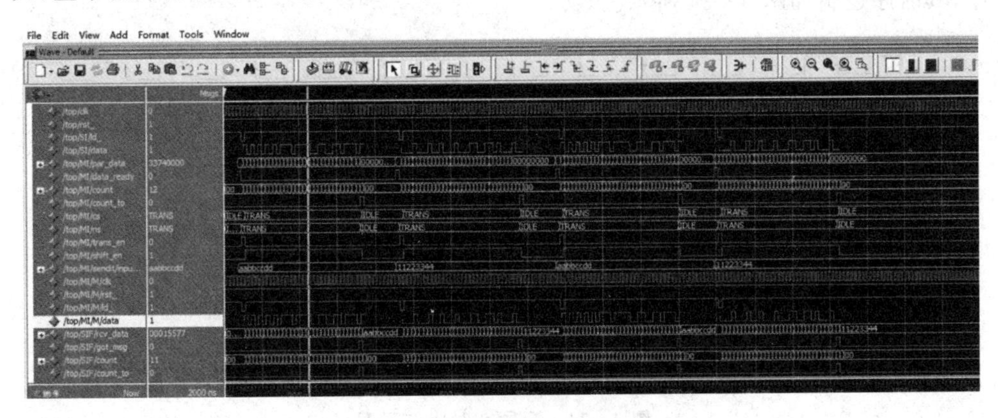

图 9－23 SGPIO 程序仿真结果波形图

本章小结

本章主要讲述了硬件线程的基本概念以及如何实现硬件线程的连接和同步。同时重点介绍了 SystemVerilog 的一个新的接口类型 interface 以及在 interface 接口内的新结构体 modport，并采用各种不同的实例分别阐述硬件线程的设计以及接口的设计。从 9.7 节中可以看出，采用接口和硬件线程的 SystemVerilog 程序设计，使整个设计将呈现严谨的结构分层，且有继承特性，因此，SystemVerilog 也继承了面向对象程序设计的优点。后续章节，将针对该特性进行重点阐述。

思考与练习

1. 如何描述一个硬件线程，其算法描述和有限状态机有何异同？
2. 试列举异步硬件线程进行连接的方法。
3. 硬件线程如何实现状态同步？
4. 试列举接口和模块之间的异同。
5. 试解释 modport 的主要作用。
6. 在 9.7 节的实例中，增加一个串行数据信号 data1，该数据信号从 Slave 传送到 Master。其基本协议如下：当 ld_有效时，Master 开启数据传送进程，把 32 位数据通过 data 信号线串行传送给 Slave；Slave 接收数据，接收完毕，Slave 把接收到的数据传送到 data1 数据信号线；Master 接收到该数据后，与之前要传送的数据进行“异或”逻辑，0 表示传输正确，1 表示传输错误。试修改 9.7 代码实现此逻辑。
7. 修改 9.7 节的代码，使得该代码满足 SFF8489 SGPIO 协议。
8. 针对例 9 - 3 membus 接口，采用 SystemVerilog 设计一个简单的内存读写程序，其时序逻辑如图 9 - 24 所示。

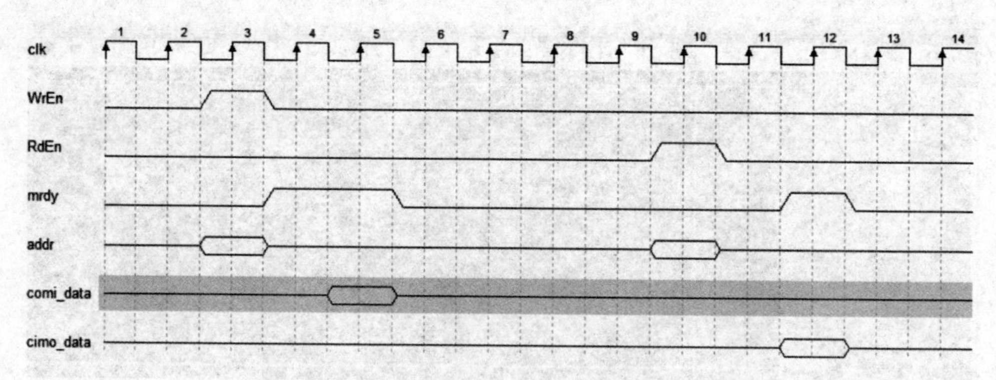

图 9 - 24　习题 8 时序波形图

第 10 章

SystemVerilog 仿真基础

以丰富的仿真验证特性而著称的 SystemVerilog，相比于传统的 Verilog HDL，拥有丰富的抽象仿真语法，更接近高级语言。本章主要详细介绍 SystemVerilog 的特有的仿真特性，重点介绍 SystemVerilog 的类、随机化及并行线程的使用。

本章的主要内容有：

- 仿真简介；
- Program 介绍；
- 面向对象编程与类介绍；
- 随机化；
- 并行线程。

10.1 仿真简介

10.1.1 仿真入门

系统进行逻辑设计完毕，需要验证逻辑代码，确保逻辑正确。SystemVerilog 可用于逻辑设计，也可对所设计的逻辑电路进行输入激励，并观察逻辑电路产生的输出，以此判断逻辑电路是否工作正常。这个建模的行为称为仿真，仿真所建立的模型为测试平台（testbench）。测试平台与被测逻辑电路关系示意图如图 10－1 所示。

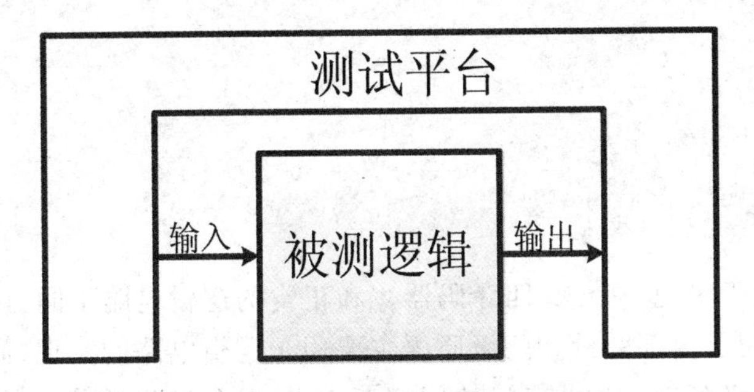

图 10－1　测试平台与被测逻辑示意图

通常,一个完整的测试平台的实现包含生成激励、对被测逻辑施加激励、捕获响应、检查响应是否正确,以及根据总体设计目标衡量进度等步骤。有些步骤可能由测试平台自动完成,有些需要根据验证策略由人工决定。

对一个被测逻辑仿真时,最直观的是采用直接测试。直接测试是验证工程师根据硬件规格写验证计划,然后根据验证计划设计测试用例,一个测试用例针对一个设计特性。人工检查仿真结果和波形,确保设计满足要求。

例 10-1 为一个简单的仿真测试平台,其被测逻辑为一个二-四译码器,采用门原语实现。其中“与”门逻辑延时 2 个时间单位。由于此设计非常简单,整个测试平台采用直接测试的方式。

【例 10-1】二-四译码器的简单仿真测试平台。

```
module decode2to4sim;

logic a,b;
logic [3:0]decode_out;

not N1(n_a, a);
not N2(n_b, b);

and #2 G1(decode_out[0], n_a, n_b);
and #2 G2(decode_out[1], a, n_b);
and #2 G3(decode_out[2], n_a,b);
and #2 G4(decode_out[3], a, b);

initial begin
  $monitor( $time,",a = %d, b = %d, n_a = %d, n_b = %d,
decode_out = %4b", a, b, n_a,n_b,decode_out);
  a = 0;
  b = 0;
  #5 b = 1;
  #5 a = 1;
  #5 b = 0;
  #10  $stop;
 end
endmodule
```

本例主要用于实现一个二-四译码器。和正常的逻辑电路不同,该测试平台没有端口声明,只声明了内部变量。门级原语主要用于逻辑电路的实现,同时在门级原语中显式定义了门级延时,如“与”门的门级延时为 2 个时间单位。整个逻辑电路如图 10-2 所示。

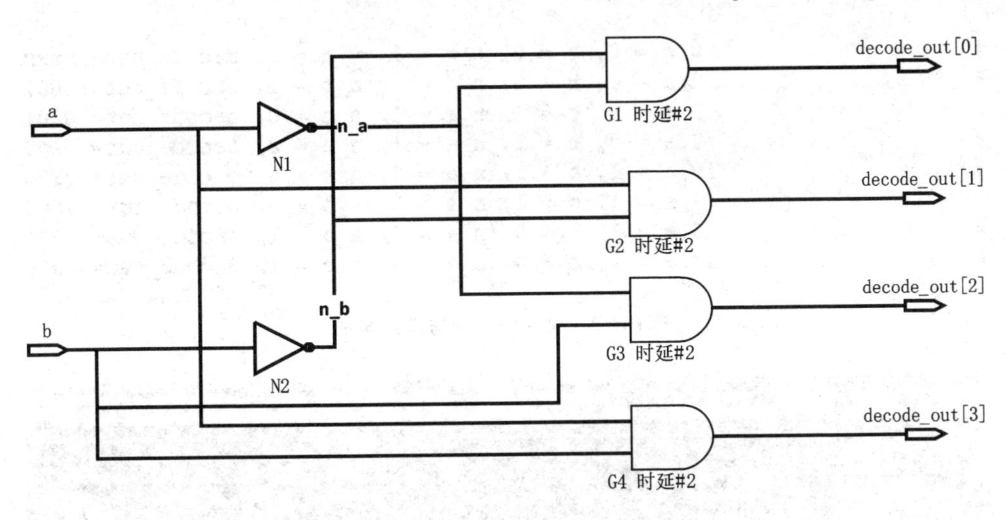

图 10-2　例 10-1 的逻辑电路图

initial 程序块主要用于产生激励。在该程序块块中，由于采用 begin…end 结构，每一条语句都是顺序执行，因此，在时刻 0 时，a 和 b 被赋值 0，在时刻 5 时，b 被赋值为 1，在时刻 10 时，a 被赋值为 1，在时刻 15 时，b 再被赋值为 0，最后经过 10 个时间单位终止仿真。因此在时间段 0～5，5～10，10～15，15～25，a 和 b 分别是 00，01，11 和 10。

具体分析此测试平台，在时刻为 0 时，a 和 b 分别赋值为 0，此时，由于 N1 和 N2 为 0 延时的非门，所以 n_a 和 n_b 分别为 1，decode[3:0]由于"与"门的时延问题，在时刻 0，均为 x 状态。在时刻 2 时，"与"门的输入信号经过两个时延单位，传送给 decode[3:0]输出，此时，decode_out[3:0]输出为 0001。在时刻 5 时，b 值为 1，a 值不变，n_b 为 0，此时 decode_out[0]升级为 1，其余三位依旧保持不变。经过两个时间单位，也就是在时刻 7，b 值的改变值传送给 decode_out，decode_out[1]此刻升级为 1，decode_out[0]复位，其余两位保持不变。继续等待到时刻 10，a 值为 1，b 值不变，n_a 为 0，此时 decode_out 依旧为 0010 状态。在时刻 12，a 值的改变量传递给 decode_out，decode_out[3]升级为 1，decode_out[1]复位，其余两位保持不变。继续等待升级事件，在时刻 15 时，b 值为 0，n_b 为 1，a 值不变，此时 decode_out 依旧保持不变。在时刻 17 时，b 值的改变量传递给 decode_out，decode_out[2]升级为 1，decode_out[3]复位，其余保持不变，由于此后 a 和 b 的输入变量保持不变，因此 decode_out 也保持不变，直到仿真结束。

在 initial 语句块中，采用了 $monitor 任务，意味着每次升级事件完成后，升级事件的结果就会打印出来，因此在时刻 0、2、5、7、10、12、15、17，均会触发此任务，并把数据显示出来，其仿真结果如图 10-3 所示。

其仿真波形图如图 10-4 所示。

从例 10-1 可以看出，整个仿真可以稳步实现测试验证的功能覆盖，并且可以快

```
#                    0,a = 0, b = 0, n_a = 1, n_b = 1, decode_out= xxxx
#                    2,a = 0, b = 0, n_a = 1, n_b = 1, decode_out= 0001
#                    5,a = 0, b = 1, n_a = 1, n_b = 0, decode_out= 0001
#                    7,a = 0, b = 1, n_a = 1, n_b = 0, decode_out= 0100
#                   10,a = 1, b = 1, n_a = 0, n_b = 0, decode_out= 0100
#                   12,a = 1, b = 1, n_a = 0, n_b = 0, decode_out= 1000
#                   15,a = 1, b = 0, n_a = 0, n_b = 1, decode_out= 1000
#                   17,a = 1, b = 0, n_a = 0, n_b = 1, decode_out= 0010
```

图 10-3　例 10-1 的仿真结果图

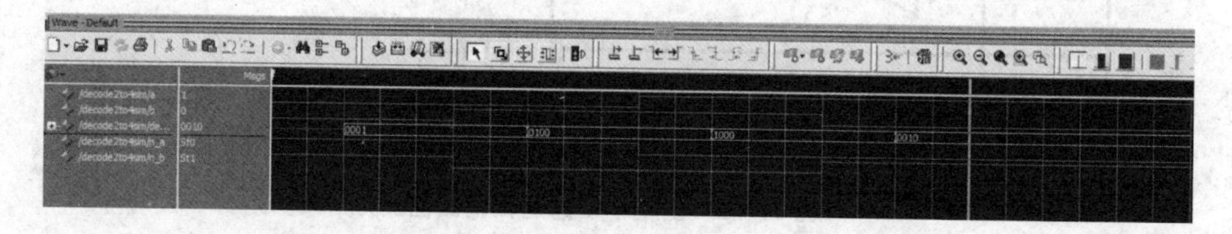

图 10-4　例 10-1 的仿真波形图

速得出仿真结果。如果有足够的时间和资源,可针对被测逻辑的每一种情形产生激励,实现各种逻辑测试。

10.1.2　仿真器原理

上述测试平台的所有升级事件都需要通过仿真器进行调度才能实现。仿真器主要是对测试平台进行编译,进行时序跟踪,并且在特定的时刻进行事件升级。图 10-5 是一个简单的仿真器内部示意图。仿真器 Kernel 根据虚拟时间(也称为仿真时间)维持整个事件的时序。任何时刻,变量的值发生变化就称之为升级事件,这些事件被存放在一个基于时序的事件列表中,所有的事件与特定的时间一一关联。

在时刻 0,仿真器把虚拟时间设置为 0,并把所有的逻辑变量设为 x。仿真器不停地从事件列表中获取当前事件,并升级仿真器内部的门输出和变量值,这些升级后的新的变量值输出给连接到当前门电路的输入列表中,并运行这些新的变量观察下一级门的输出是否有变化。如果有新的变化,这些新的变量值就被当成新事件存储到事件变量中,用于后续的调度。仿真器周而复始地进行以上动作,直到事件列表中没有任何事件。

SystemVerilog 仿真器 Kernel 与 Verilog HDL 的 Kernel 不同,SystemVerilog 将同一仿真时刻分为五个区域:Preponed、Active、Observed、Reactive 和 Postponed 区域。具体流程如图 10-6 所示。相当于在原 Verilog HDL 语言基础上为 program 增加了一个执行区间和采样区间。这样安排的好处是设计逻辑可以在测试平台改变其输入值之前确定其最终值,从而减少设计逻辑和测试平台之间潜在的竞争冒险。因此,仿真器 Kernel 必须先执行 active 区域内事件,再执行 reactive 区域内的事件。

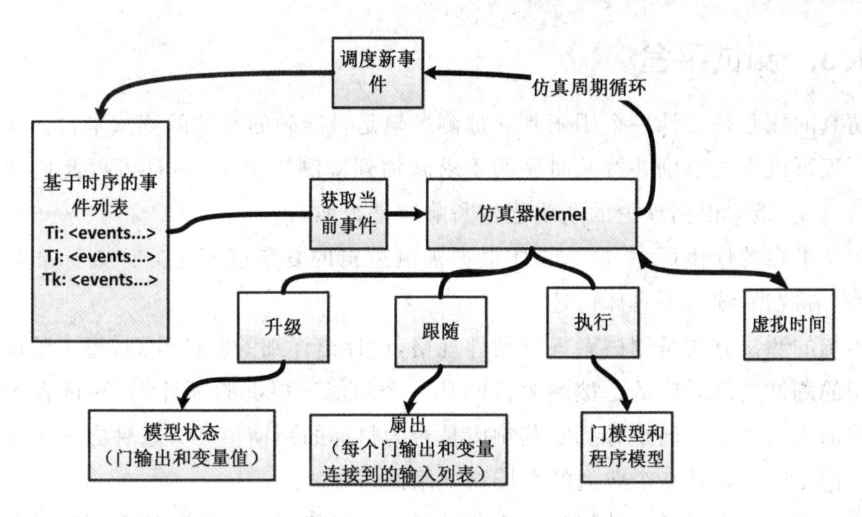

图 10-5　仿真器原理图

显然，时间信号必须是一个设计信号，必须定义在模块内。Program 在下一节将详细讲述。

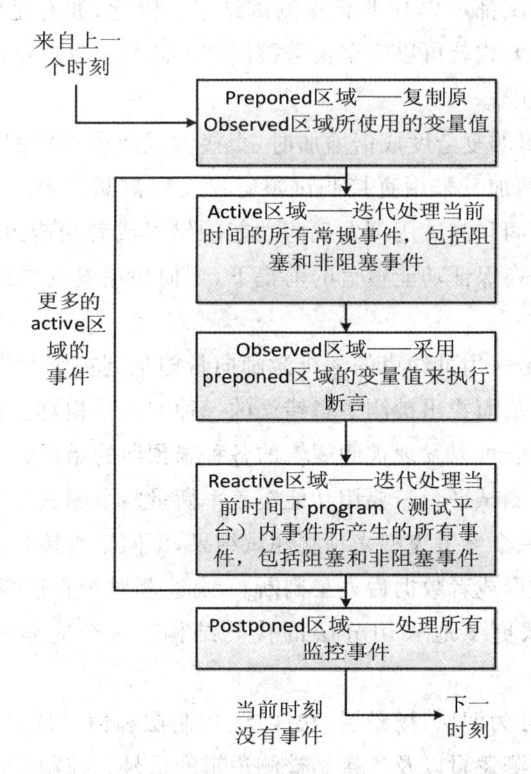

图 10-6　SystemVerilog 仿真器 Kernel 执行流程

10.1.3 测试平台

仿真的核心是设计一个用于判断被测逻辑是否准确的有效的测试平台。该测试平台不仅可以生成激励并按照时序的要求施加到被测逻辑上，而且可据此捕获被测逻辑的响应，最后根据理论的期望值判断响应是否准确。

测试平台的规模可大可小，具体根据被测逻辑的复杂度而定。评判标准是测试覆盖率。将在后续章节具体讲述。

传统的测试方式是测试者根据硬件规格，设计出详细的验证计划，每个验证计划所采用的测试用例对应的是被测逻辑的某一个功能。根据验证计划，测试者对被测逻辑施加大量的测试向量并判断其响应是否为目标的预期值——这种方式称为直接测试。例 10 - 1 就是一个典型的直接测试用例。

直接测试的方式最大的好处在于测试者和项目组能够很清晰地看到测试验证进度。一旦某个测试用例完成并满足被测逻辑的相关功能，则意味着该功能已经被覆盖，测试者就可以直接跳往下一个测试用例测试其他的功能。整个测试计划都是稳步进行，而且每个测试都可以马上获得测试结果。因此，如有足够的时间和测试用例，通过直接测试的方式就可以完全覆盖被测逻辑的各个数据路径和控制路径，理论测试覆盖率达到 100%。

但是当被测逻辑的复杂度成倍增加时，直接测试所要求的测试用例以及所需的人力资源也会成倍增加。采用直接测试很容易发现被测逻辑的某个功能的内部错误，但需要更多的时间和测试用例发现跨功能的错误或者功能边界的错误。在验证时间有限的情况下，在保证功能覆盖的前提下，如何快速发现错误，是每个测试者需要面对的课题。

随机激励测试是采用可约束的随机激励向量施加到被测逻辑上，通过观察被测逻辑的响应并比较，从而找出被测逻辑错误的一种方式。相对于直接测试，随机测试不预设立场进行测试，可以发现被测逻辑的各种未预期的错误。

采用随机激励，测试平台需要用功能覆盖率衡量整个测试进度。同时，随机激励测试需要自动生成一个参考模型来预测测试结果，不同于直接测试，测试者采用预期的激励，可在观察波形或者数据后人工判断。因此，相对于直接测试采用扁平的代码架构，随机激励测试更多地采用分层的代码结构。一个完整的测试平台结构如图 10 - 7 所示。

整个测试大致分为四层：场景层、功能层、控制层和信号层。其中最底层为信号层，信号层包含着被测逻辑以及连接到被测逻辑的信号。控制层位于信号层之上，主要用来运行驱动程序，并驱动被测逻辑执行单个命令，通过监控器监控和收集被测逻辑的输出，并做适当处理，如进行分组等。在控制层和信号层中有一类特殊的功能就是断言。断言可以查看被测逻辑的单个信号，并且可以发生改变。

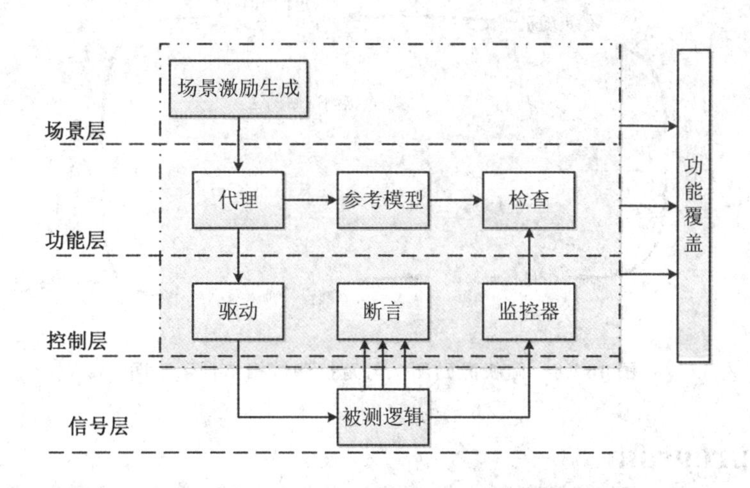

图 10－7　完整的测试平台分层结构示意图

功能层位于场景层之下，控制层之上，主要用于接收上层抽象的交易请求，如 DMA 等，转换为可被控制层驱动和接受的命令，并传送给控制层。同时，功能层可产生一个参考模型用于预测交易的结果，一旦控制层监控器监控到相应结果，功能层的检查逻辑对监控器的结果和参考模型的预测结果进行比较，并判断被测逻辑是否有错误存在。

场景层是整个测试平台的最高层，模拟各种施加到被测逻辑的行为和场景。如针对 I^2C 总线的验证，可能存在的场景包括单个主机发起读或写请求，多个主机发起读或写请求，重新开始请求，从设备忙请求总线等待等。各个场景可能单独发生，也可能同时发生。各个场景都需要进行考虑并进行排列组合仿真。

功能覆盖对于随机测试是一个必不可少的组成部分，可用于从不同的层衡量整个仿真的进度，因此独立于各层之外。

采用分层结构的随机测试激励一开始要设计大量的代码，完成第一次代码时间比直接测试要长，但一旦完成，其测试比直接测试要迅速。同时，随着被测逻辑的复杂度增加，测试平台要求增加更多的测试用例以增强功能覆盖，此时只需要功能，但不需要对各层的功能模块修改，可大大增强测试平台的通用性和健壮性。

当功能覆盖率达到 90％以上，采用随机激励测试可能会导致资源浪费，此时采用直接测试使功能覆盖的收敛更好。因此对于复杂的测试平台设计，通常采用随机激励测试与直接测试相结合的模式进行。如图 10－8 所示。

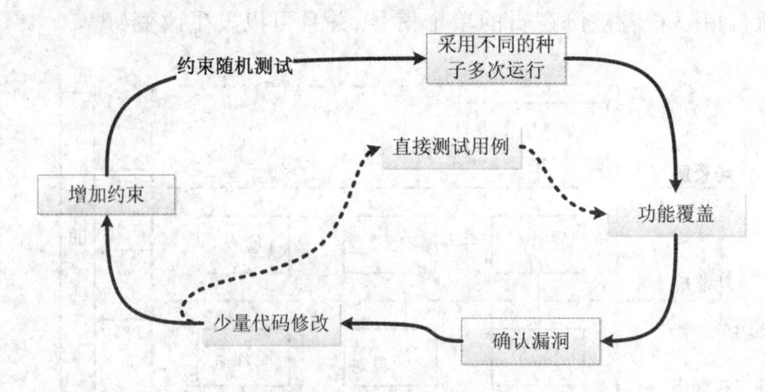

图 10－8 随机激励测试与直接测试相结合示意图

10.2 program

SystemVerilog 新增了一个新的类型：program，可解决被测逻辑与测试平台之间的竞争。该类型与 module 非常相似，以关键字 program 开始，以 endprogram 结束，可以定义 0 个或者多个输入、输出及双向端口，可以包含 0 个或者多个 initial 块、generate 块、specparam 语句、连续赋值语句、并发断言、timeunit 声明等。program 内的数据类型、数据声明、函数和任务的定义也和 module 相似，并且能够包含多个 program 块，这些 program 块既可以通过端口交互，也可以独立设计。例 10－2 为一个简单的 program 实例，当计数器次高位为 1 时，把计数器的值输给 a，当计数器最高位为 1 时，把计数器的值输给 b。

【例 10－2】简单的 program 示例。

```
program pr(output logic [3:0] a, b);
        logic [3:0] time_count;
    initial begin
      time_count <= 4'b0;
      forever
        #5 time_count ++ ;
    end
    assign a = time_count[2] ? time_count : 4'b0;
    assign b = time_count[3] ? time_count : 4'b0;
endprogram
```

program 和 module 之间也有不同。在 SystemVerilog 中，module 主要用于逻辑设计的基本单元，用于 RTL 线路设计，既可以描述电路的逻辑行为，也可以例化其他子模块，或者通过端口互连实现模块与模块之间的连接。program 纯粹为了进行仿真。每个 program 就是一个测试用例。module 和 program 的关系如图 10-9 所示。

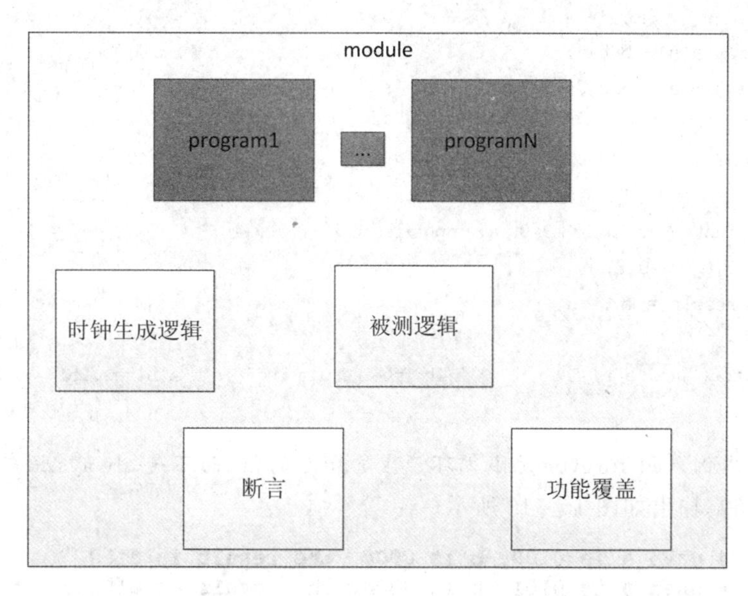

图 10-9　module 与 program 的关系示意图

很显然,module 内可以包含多个 program 块,但 program 块内不可能定义 module 块。同时,program 块可以调用其他 module 块或者 program 块中定义的函数或任务,但 module 块不能调用其他 program 块中定义的函数和任务。

在 program 程序中,可以使用 initial 语句,但不能使用 always 语句及其变体。这是因为 SystemVerilog 的 program 更类似于 C 语言的一个程序,而不是像 Verilog 那样可以并行执行多个小并行语句块。对于测试平台来说,每个测试平台都有一定的初始化步骤,产生激励,然后捕获响应,采用 always 语句块不太适合。当 program 块中的 initial 语句块中的最后一句执行完毕后,仿真自动停止,无需显式调用 $ finish 任务。而如果采用 always 语句块,就必须采用 $ exit 任务来强迫 program 停止运行,但往往不可行。因此,如果万一要使用循环语句,可以采用 forever 语句完成相同的任务。

在 10.1 节中涉及时钟信号的产生。时钟信号必须在 module 里面产生,不能在 program 内产生,从而避免被测逻辑与测试平台之间的竞争冒险,同时也使得 program 块的功能集中在测试用例方面。

【例 10-3】完整的 module 和 program 仿真示例。

本例针对例 10-2 中的 program 进行例化调用,采用 fun 模块对 pr program 所产生的值进行逻辑仿真并显示。

```
module top;
  logic [3:0] a,b;

  pr pr1(.a(a),.b(b));
  fun fun1(.a(a),.b(b));

endmodule

module fun(input logic [3:0] a, input logic [3:0] b);
logic [3:0] result;
assign result = a | b;
initial
 $monitor("when a is %4b, b is %4b, the result is %4b", a,b,result);
endmodule
```

注意:本例采用 forever 无限循环产生 a 和 b 的值,而不是 always 语句。

相关仿真输出如图 10-10 所示。

```
# when a is 0100, b is 0000, the result is 0100
# when a is 0101, b is 0000, the result is 0101
# when a is 0110, b is 0000, the result is 0110
# when a is 0111, b is 0000, the result is 0111
# when a is 0000, b is 1000, the result is 1000
# when a is 0000, b is 1001, the result is 1001
# when a is 0000, b is 1010, the result is 1010
# when a is 0000, b is 1011, the result is 1011
# when a is 1100, b is 1100, the result is 1100
# when a is 1101, b is 1101, the result is 1101
# when a is 1110, b is 1110, the result is 1110
# when a is 1111, b is 1111, the result is 1111
# Simulation stop requested.
```

图 10-10 例 10-3 仿真输出部分文本

10.3 面向对象编程与类

10.3.1 面向对象编程简介

Verilog HDL 和 C 语言一样,是过程编程语言。主要特点是程序的代码和数据结构严格分开,程序很难理解。而且,Verilog HDL 语言没有结构体结构,只能使用矢量或者数组的形式,不同的数据需不同的数组表示。Verilog HDL 只支持静态数组,不支持动态数组,如果测试平台只规划了 100 个元素的数组,但此时需要存储 101 个元素,就不得不重新编辑源代码以确保能够存储 101 个元素,或者从一开始就规划，使用最大容量的数组，但这样往往会造成资源的浪费。

SystemVerilog采用面向对象编程，可创建复杂的数据类型，可通过调用例程，而不是对底层逻辑切换来创建测试平台和建模，因此相对于Verilog HDL，SystemVerilog可以让代码设计者进行更抽象的设计，测试平台可以变得更为健壮。

与Verilog HDL语言不同，SystemVerilog作为一门面向对象编程语言，有新的专业术语描述和定义代码设计。主要的专业术语包括：

类（Class）——类是面向对象编程的基本单元，包含了例程和变量。类似于Verilog HDL的module。

对象（Object）——类的实例。类似于module的实例化。

句柄（Handle）——对象指针。句柄相当于对象的地址，与其他面向对象编程语言的句柄相似，只是它只能是某一种类型，而不能是多种类型。

属性（Property）——用于保存数据的变量。

方法（Method）——用于操作变量的程序代码，包括任务、函数以及initial与always语句块。

原型（Prototype）——用于显示名称、类型和参数列表以及返回类型的例程的头部。例程的主体包含可执行代码。

10.3.2 类简介

例10-4为一个简单的类的示例。从示例中可知，一个类将以关键字class开始，以endclass结束。和module结构相似，任何类在关键字class后会紧接着出现类名，如例10-4中的类名为Info_show。在类里面，包含属性和方法，例10-4中，类的属性为bit [31:0] a,b;，方法是一个display函数。

【例10-4】简单的数据显示类。

```
class Info_show;
  bit [31:0] a, b;

  function void display();
   $display("a is %h, b is %h, the sum of a and b is %h", a, b, a+b);
  endfunction
endclass
```

类可以在program、module及package内定义，也可以在外面定义。如果一个文件内包含多个类，可以把相关的类统一集合到一个package内，非相关的类可以集合到另外的一个package内，并采用关键字import调用，如例10-5所示。

【例10-5】module调用package内的类示例。

```
package msg_show;
class Info_show;
  bit [31:0] a, b;

  function void display();
   $display("a is %h, b is %h, the sum of a and b is %h", a, b, a+b);
  endfunction
endclass
endpackage

module top;
  import msg_show::*;             //导入 package 内的所有的类
  Info_show Is;                   //句柄声明
  Is = new();                     //分配一个 Info_show 对象

  //execute code
endmodule
```

import msg_show::*表示导入 msg_show 这个 package 内所有的类。而 Info_show Is;则声明了一个 Is 句柄,该句柄的初始化值为 null。紧接着 Is = new()语句则调用了 new()函数来构造一个 Info_show 的对象。

new()函数为 Info_show 分配内存空间,并初始化其内部属性为默认值(二态变量为 0,四态变量为 x),并返回对象存储的地址。

注意:new()函数不同于 new[]操作符,new()函数是用于构造新的对象,new[]操作符用于设立动态数组的位宽。new()函数可以带参数列表来设置对象值,而 new[]只能使用单个值设定动态数组的位宽。

【例 10-6】带参数列表的 new()函数。

```
class op;
  logic [7:0] a, b, cmd;

  function new(input logic [7:0] op1 = 3, op2 = 5);
    a = op1;
    b = op2;
  endfunction
endclass

initial begin
   op c1;
   c1 = new(.op1(10));
end
```

在例10-6中，SystemVerilog构建了一个op的对象，其句柄为c1。并在new()函数中初始化参数op1为10，此时a的值被修改为10，b的值保持为5，cmd的值被初始化为x。

句柄可以是单个指针，也可以是一个数组。如果是一个句柄数组，则数组中的每一个元素对应的是一个句柄，每个句柄对应的是一个或者多个对象。当需要使用句柄数组时，需要对句柄数组中的每一个元素构建对象，如例10-7所示。

【例10-7】句柄数组示例

```
function void check();
  Checksum csm[20];            //句柄数组声明
  foreach(csm[i]) begin
    csm[i] = new();            //构建对象
...
  end
endfunction
```

Verilog HDL的module在编译过程中其实例和名称必须静态捆绑在一起——即采用automatic变量。和Verilog HDL不同，SystemVerilog作为一门面向对象编程语言，可以声明一个句柄，并且这个句柄可以在仿真过程中指向多个对象——这就是SystemVerilog的动态属性。如例10-8所示，其类采用例10-4的Info_show类。

【例10-8】句柄声明及对象分配。

```
Info_show c1,c2;          //声明两个句柄
c1 = new();               //构建第一个Info_show对象
c2 = c1;                  //c2和c1指向同一个对象
c1 = new();               //构建第二个Info_show对象，释放第一个对象
c1 = new();               //构建第三个Info_show对象，释放第二个对象
c1 = null;                //显式释放第三个对象
```

由例10-8可知，一个句柄可以指向多个对象，且当创建第二个对象时，前一个对象会自动释放，因此仿真过程中，当最后一个句柄不再指向一个对象时，SystemVerilog自动释放内存，无须像C++等高级语言需要显式代码才能释放。当然，也可以如例10-7中最后一行代码给句柄赋值null来显式释放内存。

在C语言中，一个典型的void指针只是内存中的一个地址，可设置为任意值，也可以进行各种修改，但修改后不能确保其指针是否有效。C++的指针更安全，但没有C语言那么灵活。SystemVerilog语言的句柄只能指向一种类型的对象，不允许对句柄进行修改或者使用一种类型的句柄指向另外一种类型的对象。可以确保SystemVerilog的代码使用有效的句柄。

类的方法既可以定义在类里面，也可以定义在类外面。把类方法定义在类外面

的方式是把类的方法分成原型和执行代码，其中原型留在类的内部，执行代码留在类的外部。这样，可以把类的定义集中在某一个地方，用户可以在一页内完整阅读完整个代码所定义的类，从而提高代码的可读性，如例 10-9 所示。

【例 10-9】采用类外定义类方法的形式修改例 10-4。

```
class Info_show;
  bit [31:0] a, b;

  extern function void display();
endclass

function void Info_show::display();
   $display("a is %h, b is %h, the sum of a and b is %h", a, b, a+b);
endfunction
```

从例 10-9 中可以看出，类内部采用 function 或 task 定义一个方法，并注明方法名称和参数列表，同时以关键字“extern”引导该方法，表明该方法的具体执行代码位于类的外部。在类的外部，和平常的 function 或 task 定义不一样，需要在函数或任务名前加入类名并采用“::”来连接，如本例的类型为 Info_show，因此整个函数名为 Info_show::display()。其余的定义和普通函数或任务的定义相同。

10.3.3 静态变量与静态方法

每个对象都有各自的局部变量，这些变量不会与其他对象共享。但有时各个对象也需要共享某些变量，在 C 等高级语言中，往往用全局变量来实现，但全局变量在整个代码中可见，不利于代码的安全性。

在 SystemVerilog 语言中，可以在类里面定义静态变量。该变量就是在普通的变量类型前增加关键字“static”来引导。一旦定义为静态变量，该变量在所有基于该类所构建的对象中可见——也仅限于此类的对象可见。如：

【例 10-10】静态变量类示例。

```
class Cycle;
  static int count = 0;          //定义静态变量 count
  int id;                        //动态变量 id
  function new();
   id = count++;
  endfunction
endclass

Cycle c1,c2;
initial begin
   c1 = new();                   //构建第一个对象,id = 0, count = 1
```

```
    $display("First id is %d, count = %d", c1.id, c1.count);
    c2 = new();              //构建第二个对象,id = 1, count = 2
    $display("Second id is %d, count = %d", c2.id, c2.count);
    $display("current count is %d", Cycle::count);
                                        //显示最终构建了几个对象 count = 2
  end
```

例10-10定义了一个Cycle类,类中声明了一个静态变量count和一个动态变量id。其方法所实现的功能是每调用一次方法,count会把现值赋给动态变量id,同时count加1。因此,在仿真程序中,当构建第一个对象时,id初始化为0,count变为1,当构建第二个对象时,id获得此时count的现值,为1,count变为2。

通常静态变量在类声明时就已经初始化完毕。如果没有,则需要在第一个对象构建之前,确保对类中的静态变量初始化。

从例10-10可以看出,读取类中的静态变量值有两种方式,一种方式和module的例化相似,采用操作符"."实现。另外一种方式采用类名加操作符"::"实现。两种方式都行,第二种方式不涉及具体的对象,在统计类被例化的次数等通用信息时更加常用。

静态变量不仅可用于通用的对象共享变量的情形,当大部分的对象都需要从某一个对象中读取信息时,静态变量也适用。如定义一个配置的类,该类位于一个普通的类中,并被采用当成静态变量使用。如此,则可以共享该静态配置类,实现配置信息共享。

在类中,不仅可以声明静态变量,还可以声明静态方法,声明的方式和静态变量相同,也是在function或task前采用关键字"static"进行引导。静态方法可以读写静态变量,但不可以读写非静态变量。因此对于例10-10,count可以被静态方法读写,id不可以被读写。

10.3.4 this

类中可出现不同层级的变量,其有效范围不一样。如在for循环中的索引变量只能用于for循环,循环体外无效。因此,为明确表示所使用的变量为类级别的变量,通常采用this语句表示,如例10-11所示。

【例10-11】采用this语句表示类级变量。

```
class op;
  logic [7:0] a, b,sum;

  function new(input logic [7:0] a, input logic [7:0] b);
    this.a = a;  //把局部变量a值赋给类级别的变量a
```

```
    this.b = b;  //把局部变量 b 值赋给类级别的变量 b
  endfunction
endclass
```

在类方法中，主体代码是把输入变量 a 和 b 分别赋值给类级别的变量 a 和 b，从而很明确地表明每个变量的使用范围，使得代码清晰易懂。

10.3.5 类的内嵌

类中可以内嵌其他的类，就像 SystemVerilog 中的 module 一样。当一个类被内嵌到另外一个类中，其代码采用“类名＋句柄”的模式，如例 10－12 所示。

【例 10－12】类的内嵌示例。

```
typedef class Cycle;

class op;
  logic [7:0] a, b, sum;
  Cycle c1;
endclass

class Cycle;
  static int count = 0;
  int id;
  function new();
   id = count ++ ;
  endfunction
endclass
```

在类 op 中，内嵌一个类 Cycle。其中类 Cycle 用于统计该类被调用的次数。由于编译顺序的原因，可能会出现内嵌的子类未定义的错误，因此通常采用关键字“typedef”声明。具体如例 10－12 第一行所示。

10.3.6 对象的基本操作

对象是类的实例。和 module 例化类似，当需要调用实例或者对对象内的属性赋值时，采用操作符“.”实现，如例 10－13 所示。

【例 10－13】对象的使用简单示例。

```
class And_op;
   logic [7:0] a, b,result;

   function void display();
```

```
    $display("when a is %b, b is %b, the logic AND for a and b is %b", a, b,result);
  endfunction

  function void and_gate();
    result = a & b;
  endfunction
endclass

initial begin
  And_op op;                    //声明一个类型为 And_op 的句柄 op
  op = new();                   //构造一个类型为 And_op 的对象
  op.a = 8'hAA;                 //为对象内变量 a 赋值 8'hAA
  op.b = 8'h11;                 //为对象内变量 b 赋值 8'h11
  op.display();                 //调用对象内的例程
end
```

对象可以被复制。复制的方式有两种——浅复制和深复制。浅复制采用操作符"new"实现。这种复制只复制对象现有的变量，所有自己定义的 new 函数都不被复制，类似于原件的复印件。如果类中包含了另外一个类的句柄，只有句柄被复制，而不是下一级对象的完整副本。

【例 10－14】浅复制示例。

```
typedef class Statistics;
class Checksum;
  logic [15:0] data,addr,csm;
  static int count = 0;
  int id;
  Statistics stat;    //指向 Statistics 对象的句柄

  function new();
    stat = new();     //构建一个新的 Statistics 对象
    id = count++;
  endfunction
endclass

class Statistics;
  time  startT;
  static int ntrans = 0;
  static time period = 0;

  function void startT();
    startT = $time;
```

```
    endfunction

    function void stop();
      time trans_cycle = $time - startT;
      ntrans++;
      period += trans_cycle;
    endfunction
  endclass

  Checksum c1,c2;                   //声明两个句柄
  initial begin
    c1 = new();                     //构建一个 Checksum 对象
    c1.stat.startT = 10;            //设置 startT 值为 10
    c2 = new c1;                    //把 c1 复制给 c2

    c2.stat.startT = 20;            //设置 startT 值为 20
    $display(c1.stat.startT);
  end
```

上例中，首先声明两个 Checksum 类型的句柄，并首先创建一个 Checksum 对象，同时修改 stat 对象中的变量 startT 为 10。接着使用 new 操作符把第一个对象 c1 复制给 c2，此时 c1 和 c2 中的 startT 变量值均为 10——因为浅复制不调用类中的 new()函数。继续修改 c2 中的 startT 的变量值为 20，此时会发现 c2 的改变直接影响 c1——c1 中的 startT 变量值此时也为 20。

浅复制产生的对象不是相互独立的，因此，可能存在对象的属性被篡改的可能。如果需要产生的对象相互独立，需要设计专用的 copy 函数进行深度复制。对于复杂的类，最好创建专属的 copy 函数。这样可以通过调用所有内嵌对象的 copy 函数形成一个深度复制，可确保所有的用户字段保持一致。唯一的缺点是一旦要新增新的变量，需要确保该函数保持最新状态，否则可能会花大量时间进行调试。例 10 - 15 为例 10 - 14 修改后的深度复制的示例。

【例 10 - 15】深度复制的示例。

```
typedef class Statistics;
class Checksum;
  logic [15:0] data,addr,csm;
  static int count = 0;
  int id;
  Statistics stat;    //指向 Statistics 对象的句柄

  function new();
```

```
    stat = new();    //构建一个新的 Statistics 对象
    id = count++;
  endfunction

  function Checksum copy();  //构建一个 copy 函数
    copy = new();
    copy.data = data;
    copy.addr = addr;
    copy.csm = csm;
    copy.stat = stat.copy();
  endfunction
endclass

class Statistics;
  time  startT;
  static int ntrans = 0;
  static time period = 0;

  function void startT();
    startT = $time;
  endfunction

  function void stop();
    time trans_cycle = $time - startT;
    ntrans++;
    period += trans_cycle;
  endfunction

  function Statistics copy();                          //构建一个 copy 函数
    copy = new();
    copy.startT = startT;
  endfunction
endclass

Checksum c1,c2;                                        //声明两个句柄
initial begin
  c1 = new();                                          //构建一个 Checksum 对象
  c1.stat.startT = 10;                                 //设置 startT 值为 10
  c2 = c1.copy;                                        //把 c1 复制给 c2
  c2.stat.startT = 20;                                 //设置 startT 值为 20
  $display(c1.stat.startT);
end
```

例 10 - 15 同样声明了两个句柄，构建了一个 Checksum 对象，把对象的 startT 值设置为 10，把该对象用 copy 函数复制给 c2。在 copy 函数中调用 new()构造函数，因此并没有把 startT 的值一并复制给 c2。此后，c2 对象中 startT 值设置为 20。此时，c1 和 c2 对象中的 startT 值分别为 10 和 20，完全独立。

和 module 例化不同，module 的每一次例化都有唯一的例化名称。在 SystemVerilog 中，有很多对象，只有少数句柄。句柄可能存储在数据或者队列中，也可能存储在其他对象中。

当方法读取对象中的数据或者修改对象时，需要把对象传递给方法。**注意**：传递的是对象的句柄而不是对象本身。当调用一个方法时，如果传递标量变量给 ref 参数，SystemVerilog 传递该变量的地址，使方法可以修改变量。如果不使用 ref，Systemverilog 把标量值复制给参数变量，此时方法中参数的改变不会影响到原值。因此，如果方法只修改对象的属性，则方法应把句柄声明为一个输入参数，如果修改句柄，方法必须把句柄声明为一个 ref 参数。

【例 10 - 16】 缺 ref 修饰符的方法调用。

```
function void bad_example(Checksum cs);    //应修改为 ref Checksum cs
  cs = new();
  cs.data = 10;
  ...
 endfunction

 Checksum c1;
  initial begin
    bad_example(c1);
    $display(c1.data);          //null
  end
```

该例中，尽管在 bad_example 中修改了参数 data，但是由于没有 ref 修饰符，初始化语句中调用显示失败，显示为 null。

10.3.7 类的继承与多态

在验证过程中，往往会出现新增测试用例的情况，这种情况大多数是通过改进原来的测试——包括修改原有代码或新增变量属性等——快速实现验证，这时，可能会导致原有测试平台出现意外的错误。面向对象编程引入类的概念后，可以通过对已有基类的引申或扩展，完善整个测试平台。现有的基类被称为父类，引申或扩展得出来的类被称为子类。从父类扩展生成子类的过程称为类的派生。子类会继承父类的数据成员、属性和方法，这就是类的继承。

子类继承了父类的方法并可以修改，同时也可以添加新的方法；子类继承了父类的所有数据成员并可以重写父类中的数据成员，同时也可以添加新的数据成员；如果一个方法被重写，需要保持与父类中原有定义一致的参数。其语法定义如下：

```
class child_class_name extends parent_class_name
...
endclass
```

【例 10-17】简单的类继承示例。

```
class Trans;                                          //父类声明
  logic [15:0] data, addr;

  function void $display();
    $display("the addr is %h, data is %h", data, addr);
  endfunction
endclass

class Trans_with_Checksum extends Trans;              //子类声明
  logic [15:0] csm;                                   //新增数据成员
  logic data = 42;                                    //重新属性值

  function void calc_csm();                           //添加新的方法
    csm = data^addr;
  endfunction
endclass
```

子类对象可以赋值给父类对象，但父类对象要赋值给子类对象时，则需要先通过 $cast 方法判断赋值是否合法。通过子类对象可以直接访问子类重写的方法和属性，也可以通过 super 操作符访问父类中的属性和方法，以区分于本身重写的属性和方法。子类中新增的方法和属性对父类是不可见的，因此通过父类对象引用子类中重写的方法和属性，只会调用父类的属性和方法，如例 10-18 所示。

【例 10-18】简单的子类对象和父类对象的赋值示例。

```
module Top;
  logic [31:0] j;
  class Trans;
    logic [15:0] data = 16'hAA_BB;
    logic [15:0] addr = 16'h00_11;

    function void display();
      $display("the data is %h, addr is %h", data,addr);
    endfunction
  endclass
```

```
    class Trans_with_Checksum extends Trans;
      logic [15:0] csm;
      logic [15:0] data = 16'hCC_DD;
      logic [15:0] addr = 16'hFF_EE;

      function void display();
        $display("the data is %h, addr is %h, checksum is %h", data, addr, csm);
      endfunction

      function void calc_csm();
        csm = data ^ addr;
      endfunction
    endclass

  initial begin
    Trans_with_Checksum TC1,TC2 = new;//子类的实例化对象创建
    Trans p = TC2;//父类的实例化对象创建,并将子类对象赋值给父类对象
    j = {p.data,p.addr};
    $monitor("the data is %h",j);//j = aa_bb_00_11,而不是 cc_dd_ff_ee,通过父类的
                                  对象
                                  //引用子类中的属性,结果还是调用父类的属性
    p.display();  //结果一样
    $cast(TC1,p);//将 p 赋值给 TC1,并做合法检查
  end

  endmodule
```

由例 10－18 可知,通过父类的对象引用子类中的属性,结果还是调用父类的属性,而不是子类改写的属性。其仿真结果如图 10－11 所示。

```
VSIM 13> run -all
# the data is aabb, addr is 0011
# the data is aabb0011
```

图 10－11　例 10－18 仿真结果图

如果父类需要监督子类的行为,可以采用虚方法。虚方法可以重写父类中的所有方法。一旦一个方法被声明为虚方法,所有后续继承都将是一个虚方法,不管重写的时候是否使用 virtual 关键字。

【例 10-19】采用虚方法的赋值示例。

```
module Top;
  class Trans;
    logic [15:0] data = 16'hAA_BB;
    logic [15:0] addr = 16'h00_11;

    virtual function void display();
      $display("the data is %h, addr is %h", data,addr);
    endfunction
  endclass

  class Trans_with_Checksum extends Trans;
    logic [15:0] csm;
    logic [15:0] data = 16'hCC_DD;
    logic [15:0] addr = 16'hFF_EE;

    virtual function void display();
      $display("the data is %h, addr is %h", data, addr);
    endfunction

    function [15:0] calc_csm();
        csm = data ^ addr;
        return csm;
    endfunction
  endclass

initial begin

   Trans_with_Checksum TC1 = new;  //子类的实例化对象创建
   Trans TC2 = new;                //父类的实例化对象创建
   TC2.display();                  //调用父类的 display 函数，显示父类的属性
   TC2 = TC1;                      //把子类赋值给父类
   TC2.display();                  //调用子类的 display 函数，显示子类的属性
   TC1.display();                  //调用子类的 display 函数，显示子类的属性
end

endmodule
```

在本例中，父类和子类的 display 函数均采用虚方法。在初始化时，分别构建父类和子类的两个对象，并首先调用父类的 display 方法，此时会打印父类中的变量属性。接着把子类对象赋值给父类，并再次分别调用父类和子类的 display 方法，可以

看出此时父类对象调用的是子类的 display 方法，打印子类中的变量属性。子类对象同样调用的是子类的 display 方法，打印子类中的变量属性。具体输出如图 10－12 所示。

```
VSIM 3> run -all
# the data is aabb, addr is 0011
# the data is ccdd, addr is ffee
# the data is ccdd, addr is ffee
```

图 10－12　例 10－19 打印输出文本截图

当一个父类派生出子类时，父类中的一些方法可能会被重写，这是个动态的过程，动态地选择方法的实现方式就叫多态。

使用虚方法有一个缺点——一旦父类定义了一个虚方法，那么所有的子类定义相同方法时必须使用相同的格式，即：参数的数量和类型要相同，返回值也要相同。设计者无法在子类虚拟方法中添加或移除参数。因此需要提前布局。这也是类的多态性的要求，可确保能够实现接口的重用——当虚方法使用时，声明父类对象的变量，既可以指向父类也可以指向子类。指向父类时调用父类的方法，指向子类时调用子类的方法。因此，当父类的对象指向不同的子类的时候，虚方法就表现出不同的实现方法，呈现多态。

10.4　随机化

随着设计复杂度增加，对设计的功能验证的困难度也越来越高。采用直接测试的方式，不仅需要大量的测试用例，而且很难覆盖到每个功能边界——特别是涉及两个功能交互的接口部分。

采用约束随机测试的方法可以较好地解决直接测试的限制，同时发现直接测试所不能发现的问题。因此，本章将集中介绍 SystemVerilog 约束随机测试的基本知识，包括随机化的基础知识，如何进行随机约束等。

10.4.1　随机化基础

SystemVerilog 兼容 Verilog HDL 的语法，可以采用 Verilog HDL 的随机数生成方法生成随机数据，如表 10－1 所列。

表 10－1　SystemVerilog 随机数据生成函数介绍(部分)

方　法	说　明
$random	平坦分布，返回有符号的 32 位随机数
$urandom	平坦分布，返回无符号的 32 位随机数

续表10-1

方 法	说 明
$urandom_range	在一个范围内平坦分布
$dist_exponential	产生的随机数呈指数衰减方式分布
$dist_normal	产生的随机数呈钟形分布
$dist_poisson	产生的随机数呈钟形分布
$dist_uniform	产生的随机数呈平坦分布

$urandom_range函数一般有两个参数,数值较大的参数必须显式出现,较小的参数可以不显示——如果不显示,默认为0。

【例10-20】 $urandom_range简单示例。

```
Len = $urandom_range(1,9);     //产生1到9内的随机数
Len = $urandom_range(9,1);     //产生1到9内的随机数
Len = $urandom_range(9);       //产生0到9内的随机数
```

SystemVerilog提供了一种更为通用的随机数生成函数,$randomize()是一个内置的类方法,用于根据预设的约束,采用rand/randc限定符产生随机数。$randomize()可以调用参数,也可以不调用参数。不调用参数时,它将基于类中的所有随机变量产生随机数。调用参数时,仅基于参数所指定的随机变量产生随机数,其他的随机变量保持不变。$randomize()经常用于约束检查,确保随机数产生并满足约束要求。

【例10-21】 简单的random类示例。

```
class Trans;
  rand bit [31:0] data;
  randc bit [15:0] addr;

  constraint c {addr[15:14] == 2'b0;}
endclass

Trans Tr;
initial begin
  Tr = new();
  if(! Tr.randomize())
    $finish;
  transmit(Tr);
end
```

在该例中,采用rand限定符实现data变量的随机数产生,采用randc实现addr变量的随机数产生。rand和randc的区别在于,randc在数值范围内所有的数值都

必须出现过一次，才会再次出现重复的数据。Constraint 语句用于约束随机数产生的条件，下一章节将对约束进行详细讲述。在仿真语句中，首先创建一个 Trans 类的对象，并采用 if(! Tr.randomize())条件语句判断随机化是否成功，如果成功，则调用 transmit 任务传输数据，否则结束仿真。

有时候只需要对类里面的某些变量进行随机化，而不需要对整个类中的所有变量进行随机化。此时，可以调用 randomize 函数并指明类中的具体变量，可实现具体变量的随机化。

【例 10－22】对类中的随机变量进行随机化示例。

```
class Failing;
  bit [15:0] high;
  rand bit [15:0] low, mid;
  constraint Fail_seq {low < mid,
                       mid < high};
endclass

initial begin
  Failing f;
  f = new();
  f.randomize();        //对 low, mid 进行随机化
  f.randomize(mid);     //仅对 mid 进行随机化，保持 low 值不变
  f.randomize(high);    //仅对 high 进行随机化，尽管 high 不是 rand 变量
end
```

该例中，当 randomize 后的参数为默认值时，对类中所有的随机变量进行随机化。如有确定的参数，则仅对该确定的参数进行随机化，其他值保持不变。

在验证系统中，有时在每次 randomize 调用之前或之后进行一些辅助代码设计，如随机化前对一些非随机化变量进行初始化，或者随机化后对所产生的数据进行错误校验。SystemVerilog 采用 pre_randomize()和 post_randomize()函数自动对随机化过程进行各种控制。

【例 10－23】pre_randomize 和 post_randomize 示例。

```
class Trans;
  rand bit [31:0] data;
  randc bit [15:0] addr;
  bit parity;

  constraint c {addr[15:14] == 2'b0;}

  function void pre_randomize();
    begin
```

```
      $write("pre_randomize: Value of data %b and parity is %h\n", data,parity);
    end
  endfunction

  function void post_randomize();
    begin
      parity = ~data;
      $write("post_randomize: Value of data %b and parity is %h\n", data,parity);
    end
  endfunction
endclass

Trans Tr;
initial begin
  Tr = new();
  if(! Tr.randomize())
    $finish;
  transmit(Tr);
end
```

例中,类中内置两个方法——pre_randomize()和 post_randomize()。pre_randomize()用于 randomize 调用前显示数据及奇偶。post_randomize()用于 randomize 调用后检查数据的奇偶,并显示。该两个方法在 randomize 调用时会自动执行。

如果希望覆盖类中的某些变量,可以采用 rand_mode 开关整个类或者类中某个变量的随机模式。rand_mode 可以带一个值为 0 或者 1 的参数。当参数为 0 时,表示关闭类或者类中某个变量的随机模式,rand 和 randc 限定符失效,随机数解析器不能改变其相应的值,但该值依旧会进行约束检查——如果有约束存在的话。如果参数为 1,则恢复类或者类中某个变量的随机模式。

【例 10－24】 rand_mode 举例。

```
class Trans;
  rand bit [31:0] data;
  randc bit [15:0] addr;
  bit parity;

  constraint c {addr[15:14] == 2'b0;}

endclass
Trans Tr;
initial begin
  Tr = new();
```

```
    Tr.rand_mode(0);            //关闭对象中所有的变量
    Tr.addr = 16'h3F_FF;        //把 addr 设为固定值
    Tr.data = 32'hAA_AA_AA_AA;  //把 data 设为固定值
    transmit(Tr);               //启动传输
    Tr.rand_mode(1);            //开启对象中所有的变量随机化
    if(! Tr.randomize())
      $finish;
    transmit(Tr);
end
```

在该例中，初始化过程设置 rand_mode 参数为 0，首先关闭随机模式，并赋值给对象中的 addr 和 data，进行传输。再设置 rand_mode 参数为 1，开启随机模式，启动随机传输。

10.4.2 randcase

randcase 用于多分支时随机选择其中的一个分支语句执行。如网络测试时，各种不同的网络封包需随机传输。采用 randcase 示例如下：

```
randcase
   1: sendPacketA;
   6: sendPacketB;
   3: sendPacketC;
endcase
```

示例中，randcase 有三个可供选择的概率选项。每个选项被选中的概率是将分支表达式除以各分支表达式之和。如，整个分支表达式的总和为 1＋6＋3＝10。在同样的情形下，randcase 有 6/10 的概率调用任务 sendPacketB，只有 1/10 的概率调用任务 sendPacketA。

Randcase 的分支表达式也可以是变量。每次执行 randcase 语句，确认变量之和，生成随机数。如果某个变量值恰好为 0，则该变量下的分支语句将不会被调用。和 case 语句一样，randcase 语句顺序并不重要。

10.4.3 randsequence

通常，对一个被测逻辑来说，需使用复杂的数据序列验证，特别是对各种不同的协议，简单如 I^2C、SPI 协议，复杂如 TCP/IP、PCI－E 协议等。各种协议遵循严格的协议传输要求，协议内的封包数量可能不一样。SystemVerilog 采用 randsequence 语句生成类似于 BNF 语法的语句，可按照具体的规则和要求生成正确的数据序列，序列可以直接应用于系统，也可以保存在队列中稍后应用。

【例 10-25】randsequence 简单示例。

```
module CalcCheck;
  initial begin
   repeat(4)
     randsequence(main)
       main: value op value equal
             { $display ("%d%s%d%s", value[1],op.value[2],equal);};
       bit [15:0] value: {return $urandom;};
       string op : AND    := 3 {return AND;}
                        | OR := 4 {return OR;}
            | XOR:= 3 {return XOR;};
       string equal: {return "=";};
       string AND: {return "&";};
       string OR : {return "|";};
       string XOR: {return "^";};
     endsequence
   end
 endmodule
```

例 10-25 采用 randsequence 生成一个序列。程序以关键字 randsequence 开始，以 endsequence 结束，所有的代码遵从从上向下顺序执行，参数为 main，也可以省略。main 的主要作用是显示整个 randsequence 语句分支执行的顺序，如本例中的顺序按照 value、op、value 和 equal 的顺序执行，如果在代码中省略掉此段代码，则整个程序按照 value、op 和 equal 的顺序执行，第二个 value 无法显示。当该段代码执行结束后，调用 main 中的打印函数 $display 把数据打印出来。每个分支的执行语句都采用"{}"实现，在"{}"里有具体的实现语句，如在 value 项中，其具体的功能语句为 return 语句，返回一个 16 位的无符号型数据。分支语句中可以采用权重值限制随机数的产生几率，如在 op 项中，可以返回三种可能的操作符，其中每种操作符的权重不一样，如 AND 和 XOR 的权重各为 3/10，OR 的权重为 4/10。

在该段代码中，也隐含着对变量的声明：

```
bit [15:0] value [1:2];
string op,equal;
```

执行完后，所生成的随机值自动存储在数组中。

整个执行的结果如下：

```
123 & 312 =
21  | 234 =
156 ^ 832 =
542 | 213 =
```

从结果中也可以看出，整个代码的执行顺序和 main 语句中的要求一致。

10.4.4 随机约束基础

当设计规模很大且很复杂时，随机测试空间变得近乎无限。如果只是简单地使用随机激励，则达到功能覆盖率所需的仿真时间会远远超出验证工程师的忍耐极限。因此需要对随机激励进行约束，使其按照约束规则生成随机化的激励，使激励结果更多地在设计要求的区域或边界内，快速实现功能覆盖率的要求。

随机约束可以显示地在类中声明，如例 10－20 所示，声明以关键字 constraint 开始，并显式声明约束名称。在约束名称之后是具体的约束条件，以“{}”来界定。该例采用 randomize 先对 data 和 addr 进行随机化，然后对 addr 的高两位进行显式约束，如果成功随机化，则调用 transmit 任务，否则就结束仿真。

当团队验证设计代码时，每个团队成员都会写很多的测试用例，每个测试用例所需要的随机约束可能都会稍有差异，如果在类中强制添加或者编辑约束，可能会导致团队其他成员的代码错误。因此，SystemVerilog 允许在代码中使用 randomize 时添加一个额外的约束对对象进行随机化，这就是所谓的内联约束。该约束采用关键字“randomize with”实现，如例 10－24 所示。

【例 10－26】简单的内联约束示例。

```
class Trans;
  rand bit [31:0] data;
  randc bit [15:0] addr;

  constraint c {addr[15:14] == 2'b0;}
endclass

Trans Tr;
initial begin
  Tr = new();
  if(! Tr.randomize() with {data <= 100; addr[13] == 0;})
    $finish;
  transmit(Tr);
end
```

该例和例 10－21 的类相似，采用了相同的类 Trans。在调用 randomize 时增加了一个内联约束，限制 data 必须在 100 以内且 addr 的高三位全为 0。这样，不仅可以保证代码的通用性，而且可以消除各种潜在的约束冲突。需要注意的是，在“with {}”语句中，所使用的是类中的变量名，而不是对象名称。

当约束的内容过长时，可以把约束内容放置到类外，提高代码的可读性。其格式与类的方法外置的格式相似。具体如例 10－27 所示。

【例10－27】约束外置示例。

```
//trans.sv
class Trans;
  typedef enum {READ, WRITE} rw_e;
  rw_e old_rw;
  rand rw_e rw;
  rand bit [15:0] addr,data;
  constraint rw_c;
endclass

//test.sv
program automatic test;
'include "trans.sv"
constraint Trans::rw_c {if(old_rw == WRITE)
                          rw ! = WRITE;}
endprogram
```

在类Trans中，只声明了约束名称，没有具体显示约束的内容。在test program中通过操作符“::”具体连接约束名称，并具体定义约束的内容，当上一次是WRITE状态时，下一个状态不能是WRITE。

设计者也可以针对某一个或多个随机变量进行多种约束。特别是在进行正常测试和错误注入测试的时候，验证工程师往往希望能够尽可能共享代码，尽量少对底层代码进行修改，因此，可以采用constraint_mode开关类中某个随机变量的某个约束，从而实现在不同的情况下，对同一随机变量进行不同的约束。

【例10－28】采用constraint_mode实现对同一变量的不同约束。

```
class Packet;
    randuint src,dst;
    constraint c_sd{src> = 2 * dst;}
endclass

packet pkt;
pkt = new();
functionuint toggle_rand(pkt);
  if(pkt.c_sd.constraint_mode() == 1 )
     pkt.c_sd.costraint_mode(0);
else
   pkt.c_sd.constraint_mode(1);
   if(! pkt.randomize())
```

```
        $finish;
        toggle_rand(pkt);
    endfunction
```

该例的类中只有一个约束。在 function 中会首先判断目前的 constraint_mode 是否已经打开,如果已经打开,则关闭该约束,否则就打开该约束。同时判断是否随机化成功,如果成功,则调用 toggle_rand 任务,否则就结束约束随机测试。

10.4.5 权重分布

对于被测逻辑来说,有些错误可能存在于某一个特殊的角落,即使采用大量的测试用例,花费大量的时间,可能也很难快速找到该错误。因此,需要针对该类错误进行特殊的随机约束——采用权重分布的方式可以很好地解决此问题。权重分布采用关键字“dist”操作符来创建,使在约束条件内,值的选择概率发生变化,某些值被选择的几率比另外一些值更大。

dist 操作符可显式声明列表中的每一个值和权重,值和权重可以是变量,也可以是常量,还可以是一个范围。值和权重之间采用操作符“:=”或者“:/”分开。两个操作符的使用方法相同,但权重分布会有差异,如例 10-29 所示。

【例 10-29】随机约束权重分布示例。

```
class Packet;
  rand bit [1:0] PacketType;
  constraint PT_dist1 {
     PacketType dist {[0:1]: = 20, [2:3]: = 60};
     //PacketType = 0, weight = 20/(20 + 20 + 60 + 60)
     //PacketType = 1, weight = 20/(20 + 20 + 60 + 60)
     //PacketType = 2, weight = 60/(20 + 20 + 60 + 60)
     //PacketType = 3, weight = 60/(20 + 20 + 60 + 60)
     }
  constraint PT_dist2 {
     PacketType dist {[0:1]:/20, [2:3]:/60};
     //PacketType = 0, weight = 10/(20 + 60)
     //PacketType = 1, weight = 10/(20 + 60)
     //PacketType = 2, weight = 30/(20 + 60)
     //PacketType = 3, weight = 30/(20 + 60)
     }
endclass
```

例中对 PacketType 随机变量进行了两种不同的权重约束,其中第一个约束采用操作符“:=”,从注释中可以看出,总体权重和不一定是 100。0 和 1 分别对应 20,2 和 3 分别对应 60,因此 0 和 1 产生的概率分别为 $\frac{20}{20+20+60+60}=\frac{1}{8}$,而 2 和 3

产生的概率分别为$\frac{60}{20+20+60+60}=\frac{3}{8}$。第二个约束采用操作符":/"。从注释中可以看出，0 和 1 的权重和为 20，因此 0 和 1 对应的各自权重分别为 10 和 10，类似的，2 和 3 的权重分别为 30 和 30，因此 0 和 1 产生的概率分别是$\frac{10}{20+60}=\frac{1}{8}$，而 2 和 3 产生的概率分别是$\frac{30}{20+60}=\frac{3}{8}$。

权重也可以是变量，因此可以在仿真时通过动态改变权重值改变随机变量分布，消除权重设置为 0 的风险——权重设置为 0，则该选项不会被选择。

10.4.6　约束操作符

(1) inside 操作符

当需要约束某个随机变量所生成的值在某个范围内时，可以采用 inside 操作符。设置了该约束，SystemVerilog 仿真器生成随机数需要满足约束要求，否则就会被报错。基本示例如下：

【例 10－30】 inside 操作符简单示例。

```
class Trans;
  rand bit [7:0] Packet;
  bit [7:0] min, max;
  constraint Packet_range {Packet inside {[min:max]};}
endclass
```

例中，Packet 是一个八位的随机数，整个随机数的值必须满足 Packet >= min 且 Packet <=max，否则就报错。因此，该约束和以下的约束等同：

```
  constraint Packet_range {Packet <= max; Packet > = min;}
```

注意，min 值必须小于或等于 max 值，否则约束错误。如果需要满足产生不在此范围的随机数，则可用操作符"!"来表示。修改例 10－30 的约束如下：

```
  constraint Packet_range {! (Packet inside {[min:max]});}
```

该约束等同于：

```
  constraint Packet_range {Packet <= min; Packet > = max;}
```

inside 操作符也可应用于数组，使随机变量只能生成数组规定的值，如例 10－31 所示。

【例 10－31】 inside 操作符用于数组示例。

```
class Trans;
  rand bit [7:0] Packet;
  bit [7:0] PacketType[] = '{5,6,7,8,9,10};
  constraint Packet_range {Packet inside PacketType;}
endclass
```

例中，PacketType 数组由 5 个数值组成，其中 Packet inside PacketType 语句约束了 Packet 所产生的随机数只能是该 5 个数值之一。

inside 操作符还可应用于枚举类型变量，确保随机变量的值满足枚举类型变量的要求，如例 10－32 所示。

【例 10－32】 inside 操作符应用枚举类型。

```
class Trans;
  typedef enum {PacketA,PacketB,PacketC,PacketD,PacketCtl,PacketEnd} pkt_type;
  pkt_type pkt1[ $ ];
  rand pkt_type pkt;
  constraint Packet_Type {pkt inside pkt1;}
endclass
```

该例采用 typedef 定义了一个枚举类型 pkt_type，并声明了一个枚举类型数组，同时也声明了一个枚举类型随机变量。该约束确保了枚举类型随机变量的值必须满足枚举类型数组的范围。

（2）蕴涵约束操作符

在随机约束中，存在一类特殊的约束操作符——蕴涵约束操作符“–>”。该操作符采用双操作数的方式，约束的基本格式是“A–>B”。具体含义是“! A || B”。其真值表如表 10－2 所列。

表 10－2　蕴涵约束操作符真值表

B = / A→B / A =	假	真
假	真	真
真	假	真

当 A 为假时，不论 B 是真还是假，整个表达式为真，如果 A 为真时，则该表达式取决于 B 值。具体示例如下：

【例 10－33】 蕴涵约束操作符示例。

```
class i2c_read;
  rand bit [7:0] addr;
  rand bit read_cycle;
  constraint rc {
    read_cycle ->addr[0] == 1'b1;}
endclass
```

例 10-33 采用了蕴涵约束操作符，意义为 read_cycle 有效时，addr[0]必须为 1。当 addr[0]等于 1 时，read_cycle 不一定要有效——此时，read_cycle 可能为 0，也可能为 1。

（3）等价约束操作符

蕴涵约束操作符是单向操作符，等价约束操作符为双向操作符，采用“<—>”符号表示。其基本格式是“A <—>B”，真值表如表 10-3 所列。

表 10-3　等价约束操作符真值表

B = / A <->B / A =	假	真
假	真	假
真	假	真

由表 10-3 可知，当表达式 A 为真时，B 必须为真，当表达式 A 为假时，B 必须为假，所以等价约束操作符等同于同或操作符。具体示例如下：

【例 10-34】等价约束操作符示例。

```
class i2c_read;
  rand bit [7:0] addr;
  rand bit [7:0] data;
  constraint rc {
    addr == 8'hAA <->data == 8'hFF;}
endclass
```

从例 10-34 中可以看出，当 addr 为 8'hAA 时，data 必须为 8'hFF；如果 addr 不是 8'hAA，则 data 必然不是 8'hFF。

（4）循环操作符

对数组进行随机化操作时，需使用循环操作符 foreach，其使用方法和通用的 foreach 相同。具体示例如下：

【例 10-35】循环操作符示例

```
class RandArray;
  rand uint ra[];
  constraint c_ra {foreach(ra[i])
                    ! (ra[i] inside {[100:200]});
                    ra.size() inside {[2:5]};
                    }
endclass
```

例 10－35 声明了一个无符号型 ra 动态整型数组，并约束数组尺寸为 2～5 个元素，采用 foreach 循环操作符对 ra 数组的每一个元素进行随机化，每个元素随机化后的值不能落在 100 到 200 之间。

采用循环操作符可以结合特定的约束，实现更加明确的功能。比如，实现递增/递减随机数组序列，或者实现无重复值的随机数组，具体示例如例 10－36 和例 10－37 所示。

【例 10－36】采用 foreach 循环操作符实现递减随机数组。

```
class RandDecend;
  rand uint rd[];
  constraint c_rd {foreach(rd[i])
                    if(i > 0)
                        rd[i] < rd[i-1];
                    rd.size inside {[3:10]};}
endclass
```

例 10－36 声明了一个无符号的动态随机整型数组，同时约束该数组的大小为 3～10 个元素。在 foreach 循环语句中，新增条件操作 if 语句，确保当前生成的随机数小于前一个随机数。

【例 10－37】采用 foreach 循环操作符实现无重复值的随机数组。

```
class UniArray;
  rand uint ua[32];
  constraint c_ua {
    foreach(ua[i])
      foreach(ua[j])
        if(i ! = j)
          ua[i] ! = ua[j];
  }
endclass
```

例 10－37 声明了一个无符号的固定随机整型数组，数组大小为 32 个元素。该约束中采用两个 foreach 循环语句遍历 ua 数组，当外部的 foreach 遍历到 ua 数组中的某个元素时，内部的 foreach 语句对 ua 数组从 1 到 32 进行遍历，并判断该元素的位置是否是外部 foreach 的元素位置，如果不是，则约束该元素不能和外部 foreach 的元素相同。遍历完毕，整个整型数组随机化完毕。

(5) 条件操作符

条件操作符和通用的条件操作符相似，采用 if 语句或者 if…else 语句来实现，表示在某个特定条件下进行特定的约束。有时候也把它归于蕴涵约束操作符。如，可以采用条件操作符修改例 10－33 如下。

【例 10－38】 采用条件操作符修改例 10－32 示例。

```
class i2c_read;
  rand bit [7:0] addr;
  rand bit read_cycle;
  constraint rc {
    if(read_cycle)
  addr[0] == 1'b1;}
endclass
```

如果采用 if…else 语句，则可以在不同的条件下选择不同的表达式进行约束。具体如例 10－39 所示。

【例 10－39】 采用完整条件操作符 if…else 进行约束示例。

```
class i2c_read;
  rand bit [7:0] addr;
  rand bit read_cycle;
  constraint rc {
    if(read_cycle){
        addr inside {[8'hAA: 8'hFF]};}
    else{
        addr inside {[8'h55:8'h9F]};}
  }
endclass
```

例 10－39 判断是否为 read_cycle，如果是 read_cycle，则约束 addr 在地址 8'hAA 到 8'hFF 之间产生，否则在 8'h55 到 8'h9F 之间产生。

(6) Solve…before 操作符

在进行随机化约束时，可以采用 solve…before 操作符指导 SystemVerilog 仿真器进行约束随机化的顺序。具体如下例所示。

【例 10－40】 solve…before 操作符示例。

```
class SolveBefore;
  rand bit x;
  rand bit [1:0] y;
  constraint c_sb {
   (x== 1'b0) ->y == 2'b0;
   solve x before y;
   //solve y before x;
  }
endclass
```

在例 10－40 中，和蕴涵约束操作符的示例相似，仅仅在约束中新增了一句新的约束“solve x before y”。该操作符不会改变解的集合，但会影响到结果出现的概率。因此，该类操作符又称为概率分布操作符。分析该约束，先对随机数 x 进行解析，再对随机数 y 进行解析。x 仅有两种可能：1 和 0，因此 x 为 0 和 1 的概率相同，分别为 1/2。但当 x 为 0 时，y 必须为 2'b0，不存在 2'b01，2'b10 和 2'b11 其他情况。如果 x 为 1，y 的四种情况都存在，并且概率相等。所以，xy 会出现的八种情况的概率分布具体如表 10－4 所列。

表 10－4　采用“solve x before y”约束的概率分布

x	y	概率分布
0	2'b00	1/2
	2'b01	0
	2'b10	0
	2'b11	0
1	2'b00	1/8
	2'b01	1/8
	2'b10	1/8
	2'b11	1/8

如果采用约束“solve y before x”，则整体概率分布会完全不同。分析此约束，先对随机数 y 进行解析，然后对随机数 x 进行解析。y 有四种可能：2'b00，2'b01，2'b10 和 2'b11，因此每种情形出现的概率都是 1/4。但当 y 出现 2'b00 的情形时，x 存在 0 和 1 两种可能，并且这两种情形出现的概率相同。y 出现的其他三种情形，x 只存在 1 的可能。因此具体的概率分布如表 10－5 所列。

表 10－5　采用“solve y before x”约束的概率分布

x	y	概率分布
0	2'b00	1/8
	2'b01	0
	2'b10	0
	2'b11	0
1	2'b00	1/8
	2'b01	1/4
	2'b10	1/4
	2'b11	1/4

因此,solve…before 操作符主要用于概率分布的影响。过度使用可能会导致约束解析器的速度变慢,代码也变得难以理解,需慎重使用。

10.5　并行线程

SystemVerilog 和 Verilog HDL 一样,也有两类线程。一类是顺序线程,采用 begin…end 实现,另外一类是并行线程,采用 fork…join 实现。这两类线程的用法和功能与 Verilog 相同,与 Verilog HDL 不同的是,SystemVerilog 的 fork…join 存在两类变体:fork…join_any 和 fork…join_none。其区别如图 10－13 所示。

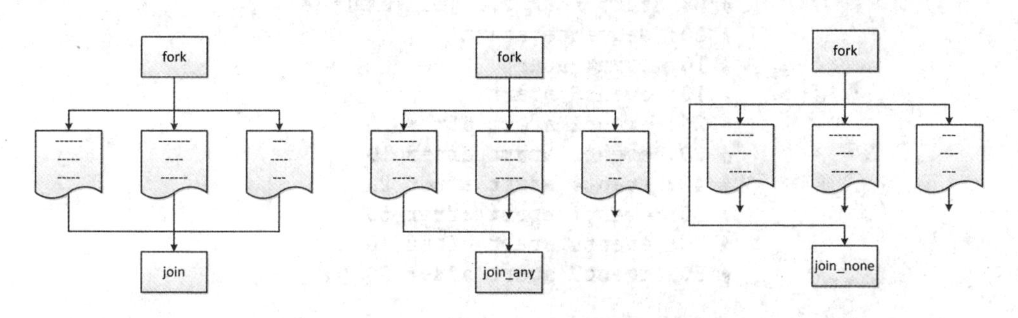

图 10－13　fork…join 及其变体的区别

由图 10－13 可知,fork…join 语句并行执行其中所有的语句,阻塞其他语句,只有 fork…join 块执行完成后才执行其他语句,整个语句执行的时间为语句块内执行时间最长的语句时间。fork…join_any 语句和 fork…join 语句一样,也会并发执行其中所有的语句,阻塞其他语句,不同的是,其中的任意一条语句完成,则跳转出来,执行后续语句,因此,整个语句被阻塞的时间为语句块内执行时间最短的语句时间。fork…join_none 语句和前两个语句不同,它不阻塞其他语句,和其他语句并行执行,哪条语句时延少，就执行哪条语句，直到该语句块内部全部执行完毕，如下例所示。

【例 10 - 41】采用 fork…join 示例。

```
module forkjoinsamp;

initial begin
   $display("%0t: start fork ... join example", $time);
 #10 $display("%0t: sequence start!", $time) ;
 fork
   $display("%0t: event start", $time);
   #50 $display("%0t: event1 start after 50", $time);
   #10 $display("%0t: event2 start after 10", $time);
   begin
      #10 $display("%0t: event3 start after 10", $time);
      #20 $display("%0t: event4 start after 20", $time);
   end
   $display("%0t: event5 start", $time);
 join
      #10 $display("%0t: event6 start after 10", $time);
      #20 $display("%0t: event7 start after 20", $time);
 end
endmodule
```

仿真结果如图 10 - 14 所示。

```
# 0: start fork ... join example
# 10: sequence start!
# 10: event start
# 10: event5 start
# 20: event2 start after 10
# 20: event3 start after 10
# 40: event4 start after 20
# 60: event1 start after 50
# 70: event6 start after 10
# 90: event7 start after 20
```

图 10 - 14 例 10 - 41 仿真结果截图

从图中可以看出，initial 语句中的 begin…end 语句块内的语句顺序执行。语句块内，存在一个 fork…join 语句，内有 4 条独立语句和一个 begin…end 语句块，这 5 个语句或语句块是同时执行的，不受语句位置的影响。比如在延时＃10 时，有两个语句会同时执行，一个是 event，另外是 event5。整个 fork…join 语句持续了 50 个时间单位，也就是该模块最长延时语句块的延时。只有完成该语句块后，才会执行后续的两条打印语句。如果稍作修改，把 join 修改为 join_any，其代码如下：

```
module forkjoin_any_samp;

initial begin
    $display("%0t: start fork ... join_any example", $time);
  #10 $display("%0t: sequence start!", $time) ;
  fork
    $display("%0t: event start", $time);
    #50 $display("%0t: event1 start after 50", $time);
    #10 $display("%0t: event2 start after 10", $time);
   begin
      #10 $display("%0t: event3 start after 10", $time);
      #20 $display("%0t: event4 start after 20", $time);
   end
    $display("%0t: event5 start", $time);
  join_any
      #10 $display("%0t: event6 start after 10", $time);
      #20 $display("%0t: event7 start after 20", $time);
 end
endmodule
```

仿真结果如图 10－15 所示。

```
VSIM 8> run -all
# 0: start fork ... join_any example
# 10: sequence start!
# 10: event start
# 10: event5 start
# 20: event6 start after 10
# 20: event2 start after 10
# 20: event3 start after 10
# 40: event7 start after 20
# 40: event4 start after 20
# 60: event1 start after 50
```

图 10－15　Fork…join_any 示例仿真结果截图

该段代码仅仅把 fork…join 修改为 fork…join_any，可以观察其与 fork…join 之间的不同。依旧是一个 begin…end 语句内包括一个 fork…join_any 语句。在 begin…end 语句内，fork 语句出现前，所有的语句都是顺序执行的，因此，在 0 和 10 时刻，分别打印前两个语句。在 fork…join_any 语句中，开始并行执行，因此在 10 时刻，会立即执行两条未延时的语句，并且等待 10 个时刻，这时，join_any 后的语句被触发，打印 event6，同时检测到并行语句块 event2 和 event3 也被触发到，因此也会立即打印出结果，同样的情形，对应 event7，event4 和 event1。如果修改为 join_none，其代码如下：

```
module forkjoin_none_samp;

  initial begin
     $display("%0t: start fork ... join_none example", $time);
   #10 $display("%0t: sequence start!", $time) ;
   fork
     #5 $display("%0t: event start", $time);
     #50 $display("%0t: event1 start after 50", $time);
     #10 $display("%0t: event2 start after 10", $time);
    begin
       #10 $display("%0t: event3 start after 10", $time);
       #20 $display("%0t: event4 start after 20", $time);
    end
     #10 $display("%0t: event5 start", $time);
   join_none
       $display("%0t: event6 start after 10", $time);
       #20 $display("%0t: event7 start after 20", $time);
   end
```

endmodule 仿真结果如图 10-16 所示。

```
VSIM 3> run -all
# 0: start fork ... join_none example
# 10: sequence start!
# 10: event6 start after 10
# 15: event start
# 20: event3 start after 10
# 20: event2 start after 10
# 20: event5 start
# 30: event7 start after 20
# 40: event4 start after 20
# 60: event1 start after 50
```

图 10-16　fork…join_none 示例仿真结果截图

为了更有效地显示 fork…join_none 的不阻塞特性，在 fork…join_none 语句内增加延时，同时把 join_none 后一句的延时去掉。相应的仿真结果如图 10-16 所示。执行到 fork 语句，仿真器会检查 fork…join_none 语句内的时延及语句外的时延，若内部时延超出了外部时延，则跳过 fork 语句块，直接执行 fork 语句块外的语句，并一直检测，直到内部和外部语句执行完毕为止。

注意，fork…join_none 语句的完全并发的特性会带来一些问题。

如下例：

```
for(int i = 0; i < 5; i++)
  fork
     #50 $display("%0t: event[%0d] starts", $time,i);
join_none
```

该程序要实现的功能是每创建一个线程，打印一个 i 值，但最终执行结果是连续输出五句：50：event[5] starts，与设计目标不相符。究其原因，由于 fork…join_none 的非阻塞特性，每个线程创建时不是立即执行，而是动态地创建线程，等待仿真时间的最后时刻再执行这些动态创建的线程。由于变量 i 是所有线程共享的全局变量，因此创建线程的过程会对 i 值产生影响。解决办法就是在线程内增加自动保存的变量保存线程的序号，使每个线程都有自己独立的自动变量。修改程序如下：

```
for(int i = 0; i < 5; i++)
fork
   automatic int j = i;
   #50 $display("%0t: event[%0d] starts", $time,j);
join_none
```

仿真结果如图 10 - 17 所示。

```
VSIM 9> run -all
# 50: event[4] starts
# 50: event[3] starts
# 50: event[2] starts
# 50: event[1] starts
# 50: event[0] starts
```

图 10 - 17　改进的 fork…join_none 程序仿真结果截图

10.5.1　wait

wait 语句用于条件阻塞语句中。若 wait 语句中的表达式为真，则无阻塞地执行后续代码。若 wait 语句中的表达式为假，则需要等待，直到该表达式为真。wait 语句不可用于综合，但经常用于仿真平台。如，在串并转换中，需要等待 load 信号，若有效，则把收到的信号全部发送到接收寄存器中。相应的代码如下：

```
wait(load_active) input_Reg = Recv_Data_Buff;
```

也有复杂 wait 表达式，如一个等式或者不等式等：

```
wait(~addr == 1) $display("It works!");
```

wait 语句和 fork 语句可结合使用。在 SystemVerilog 中，当所有的 initial 语句完成后，退出仿真。采用"wait fork;"语句将等待所有的子线程结束。如：

```
...
fork
  csm_check(addr1);
  csm_check(data1);
  csm_check(data2);
join_none
...
wait fork; //等待所有的线程结束
```

wait_order 结构用于序列事件监测，如果发生的事件满足顺序要求，表示条件为真，开始执行后续语句，否则继续等待。如以下代码：

```
event a,b,c;
...
wait_order(c,b,a) $display("The sequence is correct!");
else $display("The sequence is not right, need to check!");
```

该代码监测命名事件 a、b、c 发生的顺序，一旦侦测到正确的顺序 c—>b—>a 序列，则结果为真，并把结果打印出来。该序列事件可以多次发生，因此该代码可以多次检测序列事件。注意，类似“ccbbaa”的序列也是成功的序列。但“abc”序列肯定是错误的序列。

10.5.2 Disable

Disable 语句用于停止活动的任务或者命名块。如果活动任务或者命名块被阻止，系统则执行被阻止的任务或命名块的后续语句。disable 语句常用于停止单个线程。如 disable 语句实现看门狗程序，程序如下：

【例 10-42】 用 disable 语句实现看门狗程序

```
parameter WATCH_TIME_OUT = 100;

task BMC_Initialization;
  fork
    begin
      fork: timeout_check
        begin
          wait(bmc_done == 1'b1)
            $display("@ %0t: BMC is initialed success!", $time);
        end
        #WATCH_TIME_OUT $display("@ %0t: BMC is initialed fail", $time);
      join_any
```

```
        disable timeout_check;
      end
    join_none
  endtask
```

该例是典型的看门狗程序。把 fork…join_any 语句块命名为 timeout_check，若 wait 语句在 WAIT_TIME_OUT 之前完成，程序将跳出该语句，检查后续程序在 WAIT_TIME_OUT 时延之前有什么事件需要处理。在该程序中，会立即执行 disable 语句，阻止 timeout_check 语句块继续执行，不再执行 timeout_check 中的 WAIT_TIME_OUT 语句。如果在 WATCH_TIME_OUT 延时有效前还没有等到使 wait 语句有效的条件，则执行 WAIT_TIME_OUT 语句，接着执行 disable 语句。

disable fork 也可用于阻止一个命名语句块内所有的线程。需注意 disable fork 所使用的范围，否则可能导致阻止了某些不该阻止的线程。因此，通常会把目标代码用 fork…join 语句封装以缩小范围。如：

```
csm_check(src_addr);
fork
   begin
     csm_check(addr);
     fork:inner_thread
       csm_check(data1);
       csm_check(data2);
     join
     #10 disable fork;
   end
join
```

在该例中，存在两个 fork…join 语句，外部 fork…join 外存在 csm_check()线程，fork…join 内存在多个线程，分别是独立的任务 csm_check 及内部 fork…join 线程，内部 fork…join 线程内部又存在两个子线程 csm_check。因此，在该段代码中，disable fork 覆盖的范围是外部 fork…join 里面包含的线程，不包括最外部的 fork…join 线程。

disable 语句也可以通过 disable+命名块名称阻止整个并行语句块中某个具体线程。如上述代码，可以把#10 disable fork 修改为：

```
#10 disable inner_thread;
```

10.5.3　mailbox

mailbox 用于两个线程之间的信息传递。从硬件的角度看，mailbox 就像一个 FIFO，有源端和目的端。源端把数据传送给 mailbox，mailbox 把数据传送给目的端,目的端接收并从 mailbox 里面移除数据。mailbox 的大小可以显式设定,也可以是无限制的。如果 mailbox 是满的,源端需要等待 mailbox 为空时才能继续传送数据,如果 mailbox 为空,目的端需要等待 mailbox 里面存在数据才能继续读取数据。

SystemVerilog 里的 mailbox 是一个带有预定方法的类,使用时需提前对类进行例化,如:

```
mailbox s2d_box, src[10];
```

s2d_box 和 src[10]数据被声明为 mailbox 类型。mailbox 是无类型的,可以传输任何类型的数据,但目的端需要和源端约定传输的数据类型,因此,建议显式声明 mailbox 内要传输的数据类型。如下所示:

```
typedef struct packed{
   bit [7:0] addr;
   bit [7:0] data;
   bit   odd_even_check;
   }pkt_t;
   pkt_t p;
   mailbox #(pkt_t) s2d_box;
```

mailbox 传输的数据类型为 pkt_t 结构体数据。

mailbox 内预先定义了多个方法便于用户直接使用。具体如表 10-6 所列。

表 10-6　Mailbox 方法及其使用说明

方　法	使用描述
new()	返回一个 mailbox 句柄。默认情形下,new 中参数为 0,表示 mailbox 是无边界的,调用 put()方法不会被阻塞。new 中参数非 0,则表示 mailbox 是有边界的
num()	返回 mailbox 内元素的个数
put()	采用先进先出的方式输入数据。如果 mailbox 有边界,则当 mailbox 满时,进程会被阻塞,直到 mailbox 有空间再接收数据
try_put()	尝试采用先进先出的方式输入数据,如果 mailbox 满,则返回 0,否则,返回一个值
get()	从 mailbox 里接收并移除一个数据。如果 mailbox 为空,则被阻塞,直到另外一个进程放置数据到 mailbox 为止
try_get()	尝试从 mailbox 里接收并移除一个数据。如果 mailbox 为空,则返回 0,否则,接收并移除该数据,同时判断数据类型是否匹配,如果匹配,返回一个正值,否则返回一个负值
peek()	从 mailbox 中复制一个数据,但不从 mailbox 中把该数据移除掉。因此,可以在获取数据前先观察 mailbox 内的内容。如果 mailbox 为空,方法将被阻塞,直到有数据进来为止
try_peek()	尝试从 mailbox 中无阻塞地复制数据,但不移除数据。如果 mailbox 为空,则返回 0 值,否则复制数据,并判断数据类型是否匹配,如果匹配,返回一个正值,否则返回一个负值

【例 10-43】简单的 mailbox 示例。

```
module mbx_samp;
  program automatic sync_mbx;
  integer MAX_VALUE = 10;
  mailbox #(int) trans_mbx;

  class Receiver;
    task run(int i);
      repeat(i) begin
        trans_mbx.peek(i);
        $display ("Receiver: after peek( %0d)",i);
        trans_mbx.get(i);
       end
    endtask
  endclass

  class Sender;
    int i = 1;
    task run(int upper_limited);
      while(i < upper_limited)begin
        $display("Sender: before put( %0d)",i);
        trans_mbx.put(i);
        i++ ;
      end
    endtask
  endclass

  Sender S;
  Receiver R;

  initial begin
    trans_mbx = new(1);
    S = new();
    R = new();

    fork
    S.run(MAX_VALUE);
    R.run(MAX_VALUE);
    join
   end
endprogram
endmodule
```

在该例中，Sender 作为源端传送数据给目的端 Receiver。源端采用 while 循环依次把数据传送给 mailbox，数量由外部整型参数 MAX_VALUE 确认，接收端从 mailbox 里面接收数据。本例中，先观察 mailbox 里面的内容，打印出来，然后再读取，从而确保和源端同步。由于在顶层设置了 mailbox 的边界，因此源端比目的端提前处理一个任务。相应的仿真如结果如图 10-18 所示。

```
VSIM 32> run -all
# Sender: before put(1)
# Sender: before put(2)
# Receiver: after peek(1)
# Sender: before put(3)
# Receiver: after peek(2)
# Sender: before put(4)
# Receiver: after peek(3)
# Sender: before put(5)
# Receiver: after peek(4)
# Sender: before put(6)
# Receiver: after peek(5)
# Sender: before put(7)
# Receiver: after peek(6)
# Sender: before put(8)
# Receiver: after peek(7)
# Sender: before put(9)
# Receiver: after peek(8)
# Receiver: after peek(9)
```

图 10-18　例 10-43 仿真结果截图

10.5.4　命名事件

命名事件是用于进程同步的一种数据类型。Verilog HDL 语言也有此类型，但 SystemVerilog 对此类型进行了强化，避免了 Verilog HDL 语言存在的命名事件竞争冒险的风险。命名事件的声明格式如下：

```
event e1, startFlag;
```

event 是命名事件的关键词，该代码声明了两个命名事件 e1 和 startFlag。这两个事件没有具体的数值。通过传递瞬间的触发，使得其他正在等待的进程继续进行。

如果需要触发一个事件，需要采用如下格式的代码：

```
->startFlag;
```

一旦执行此代码，程序中任何等待此事件的进程被触发，开始执行。

有两种方式实现在进程中等待触发。一种方式和传统的 Verilog HDL 语法相同，采用事件控制符“@”+事件名称来表示，如下所示：

```
@startFlag;
```

程序执行到此语句时，进程被阻塞并等待该事件的触发。若其他进程触发了该事件，则该进程解除阻塞，开始执行后续程序。

注意：

- 当事件被触发时，只有当前正在等待该事件的进程会被触发，其他进程不会被触发。
- 多个进程可以等待同一个命名事件。当该事件被触发时，这些进程会被同时触发。
- 命名事件没有数值。
- 命名事件的触发和等待机制和@(posedge clk)的机制相同，都是在仿真器内，等待某个事件的变化。

【例10-44】具有竞争冒险的命名事件示例。

```
module event_samp;
  event e1,e2;
  initial begin
    $display("@%0t: process1 starts", $time);
    ->e1;
    @e2;
    $display("@%0t: process2 starts",$time);
  end

  initial begin
    $display("@%0t: process3 starts", $time);
    ->e2;
    @e1;
    $display("@%0t: process4 starts",$time);
  end
endmodule
```

该例声明了两个命名事件e1和e2。在两个initial语句块中分别进行触发和等待。第一个initial语句块触发e1并等待e2，一旦e2被触发，则打印process2 starts。在第二个initial语句块中触发e2并等待e1，一旦e1被触发，则打印process4 starts。中间没有时延，因此会发生竞争冒险，e1的触发事件丢失了，因此仿真器最终的显示结果如图10-19所示。

SystemVerilog采用另外一种方式等待命名事件的触发——wait (event_name.triggered)，其中event_name是命名事件。@event_name的方式是边沿触发，wait的方式则是电平敏感触发。采用此方式的优点在于在任何一个仿真器的仿真周期内，如果某个事件被触发，则会触发此等待事件，并开始执行后续代码，如果在同一个

```
VSIM 4> run -all
# @0: process1 starts
# @0: process3 starts
# @0: process2 starts
```

图 10-19 例 10-44 仿真结果截图

周期内再次被触发，则 wait 语句不再被阻塞，而是继续执行后续程序。因此，修改例 10-44，可以消除触发事件因竞争冒险而丢失的情况。

【例 10-45】采用 wait 语句实现触发等待示例。

```
module event_samp;
  event e1,e2;
  initial begin
    $display("@%0t: process1 starts", $time);
    ->e1;
   wait(e2.triggered);
    $display("@%0t: process2 starts", $time);
  end

  initial begin
    $display("@%0t: process3 starts", $time);
    ->e2;
   wait(e1.triggered);
    $display("@%0t: process4 starts", $time);
  end
endmodule
```

和例 10-44 相比较，修改了事件等待的方式，得出来的仿真结果如图 10-20 所示。可知，该代码没有丢失触发事件。

```
VSIM 6> run -all
# @0: process1 starts
# @0: process3 starts
# @0: process4 starts
# @0: process2 starts
```

图 10-20 例 10-45 仿真结果截图

注意：在一个循环体内使用 wait(event_name.triggered)的方式，必须确保再次等待之前有一定的时间，否则代码将变成 0 延时死循环状态，可采用@event_name 的方式来解决此问题。

10.5.5 semaphore

semaphone 变量用于对共享资源——包括数据、函数或者功能——访问的同步。这些共享资源被称为关键区域，要求在某一时刻只有唯一的一个进程访问该区域。

可以把 semaphore 看成是一个令牌集。为了能够访问关键区域，进程需要获得令牌。可调用 semaphore 获取令牌以便能够执行后续代码。如果此时令牌被其他进程占用，则该进程只能被阻塞等待令牌的释放。如果此时令牌没有被占用，则该进程可以获取令牌并进入关键区域进行数据处理。处理完毕，该进程归还令牌，使其他正在等待中的进程可以获得令牌进入关键区域。

通过令牌集的初始令牌数以及需要多少密钥才能获得访问权可推算是否可获取和返还令牌。当 semaphore 中有正确的令牌数时，可获得访问权限，即获得 semaphore。

semaphore 的声明如下：

```
semaphore smp_vars;
```

此时声明了 smp_vars 为 semaphore 的句柄。

semaphore 是 SystemVerilog 内建的类，和 mailbox 一样，有内置的方法，具体方法和使用描述如表 10－7 所列。

表 10－7 Semaphore 方法及使用描述

方　法	使用描述
new()	返回一个 semaphore 类的句柄。括号内可以设置 int 类型的参数，表示传送给令牌集的初始令牌数，默认为 0
get()	该方法用于从 semaphore 中获取所需的令牌数量。如果满足要求，则返回并开始执行后续程序，否则进程一直等待至达到所需的令牌数量为止。该方法的参数是所需的令牌数，默认为 1。等待恢复的被阻塞的 semaphore 队列采用先到先服务的原则
try_get()	该方法尝试无阻塞地从 semaphore 中获取所需的令牌数量。如果满足要求，则返回一个正整数，否则返回 0。该方法的参数为所需的令牌数，默认为 1
put()	用于将令牌返回给 semaphore。当该函数被调用时，如果某个进程正在等待 semaphore，且有足够的令牌数量返回时，该进程就会被执行

semaphore 通常用于多个进程之间互斥的操作。对多个进程操作出现资源竞争时，比如多个进程需要通过一个接口发送数据包，因为每次只允许一个包在该接口上发送，因此在获取该共享的接口时必须通过仲裁，每个进程需要通过仲裁后获得权限才能发送。SystemVerilog 采用 semaphore 提供仲裁的功能，如例 10－46 所示。

【例 10－46】简单的 semaphore 示例。

```
module semaphore_samp;
  semaphore s1 = new(1);              //指定 semaphore 的令牌数

   task t1();
     int i = 1;
     do
      begin
       s1.get(1);                     //s1 获取令牌
       #5;
       $display("@%0t:t1 owns semaphore",$time);
       s1.put(1);                     //s1 释放令牌
       #5;
       i++;
     end while(i<4);
   endtask

   task t2();
     int i = 1;
     do
      begin
       s1.get(1);                     //s1 获取令牌
       #5;
       $display("@%0t:t2 owns semaphore",$time);
       s1.put(1);                     //s1 释放令牌
       #5;
       i++;
     end while(i < 4);
   endtask

      task t3();
     int i = 1;
     do
      begin
       s1.get(1);                     //s1 获取令牌
       #5;
       $display("@%0t:t3 owns semaphore",$time);
       s1.put(1);                     //s1 释放令牌
       #5;
       i++;
     end while(i < 4);
   endtask
```

```
    initial begin
      fork
      t1();
      t2();
      t3();
      join
    end
endmodule
```

该例有三个进程并行执行，并通过 semaphore 进行仲裁。任何一个进程获得权限，则打印获得权限的结果，并释放令牌，如此反复 4 次。相应的结果如图 10－21 所示。从结果可知，三个进程交替互斥工作，在某一时刻有且仅有一个进程工作。

```
# @5:t1 owns semaphore
# @10:t2 owns semaphore
# @15:t3 owns semaphore
# @20:t1 owns semaphore
# @25:t2 owns semaphore
# @30:t3 owns semaphore
# @35:t1 owns semaphore
# @40:t2 owns semaphore
# @45:t3 owns semaphore
```

图 10－21　例 10－46 仿真结果截图

10.6　实例：简单的多口路由仿真程序设计

路由器主要用于对数据进行收报和封包后再传送。由于路由器的端口地位相同，因此，每个端口都可以用于数据的接收和传播。以四端口路由器为例，具体的逻辑示意图如图 10－22 所示。

TBPktSend 可以根据接口协议，在路由准备好的前提下，不断往路由器发送数据。路由器接收数据后，解析封包头，确定该数据包发送给哪个下游设备，并通过目标端口发送出去。其基本的接口示意如图 10－23 所示。

其中：Ready_ForRecv[n]信号表示路由器端口 n 准备好接收数据。In_Valid[n]信号表示 TestBench 的数据已经准备好，并把数据发送到 In_Data[n]上。In_Data[n]表示 TestBench 传送数据给路由器的总线信号，当 In_Valid[n]有效时，在时钟的作用下，Testbench 会不断把数据传送到 In_Data[n]上，以便路由器读取。Out_Valid[n]信号表示路由器上的数据准备好，并准备把数据发送给 TestBench，而 Out_Data[n]表示要传送给 TestBench 的数据。其基本的时序如图 10－24 所示。

注意，每个端口都可以接收其他端口传送来的数据，为了使来自各个端口的数据不发生冲突，需要使用队列先对数据进行收集，在本例中，采用 mailbox 来实现。

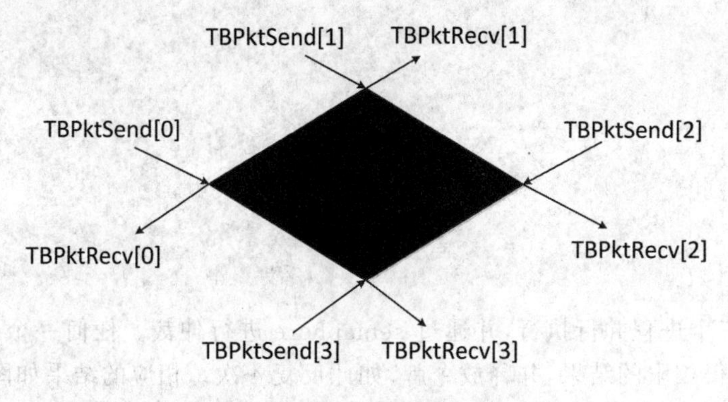

图 10－22　四端口路由示意图

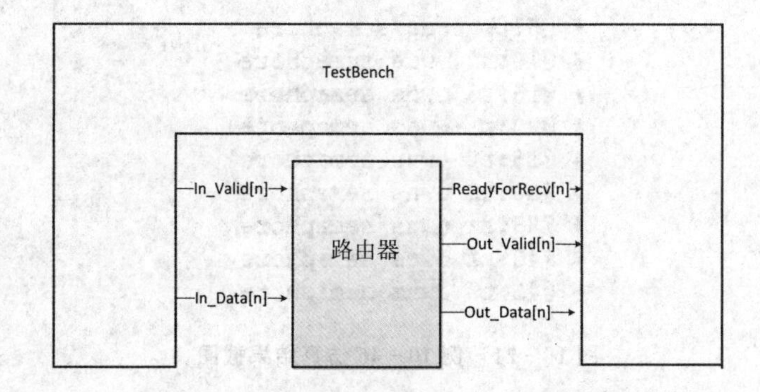

图 10－23　路由器仿真平台接口示意图

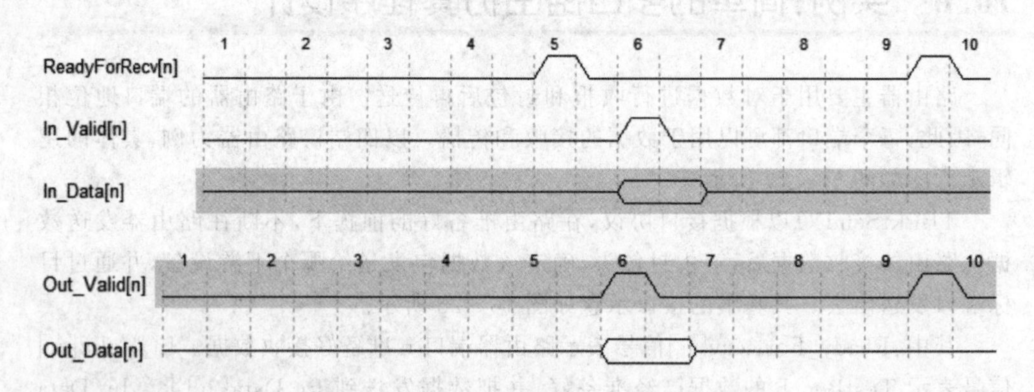

图 10－24　路由器输入输出接口时序图

因此，仿真程序主要由两部分组成：TestBench 发送数据给路由器以及路由器发送数据给 TestBench。为了简便，本例使用八端口路由，首先定义一个数据结构体如下：

```
typedef struct packed {
bit [7:0] src;
bit [7:0] dest;
bit [7:0] data;
} pkt_t;
```

在该结构体中，定义了源地址、目的地址和数据线。其中源地址和目的地址按照位的方式进行，如 src[0]表示 0 端口，dest[7]表示第 7 端口。

接着，定义路由器的接口。由于本章主要讲述如何进行仿真代码的设计，因此，路由器的设计代码本章不具体设计。接口如下：

```
module router(
input pkt_t [7:0] p,
input bit[7:0] In_Valid,
input bit      clk, reset,
outputbit [7:0] ReadyForRecv, Out_Valid,
output bit [7:0][7:0] Out_data);
```

根据图 10－23，定义测试平台的接口如下：

```
program automatic router_tb
  ( output pkt_t [7:0] p,
    output bit   [7:0] In_Valid,
    input  bit         clk, reset,
    input  bit   [7:0] ReadyForRecv, Out_Valid,
    input  bit   [7:0][7:0] Out_Data
  );
```

可以看出，和路由器的接口定义一一对应。由于路由器每个接收端需要对来自各个其他端口的数据排队，因此，每个端口都设计一个 mailbox。代码如下：

```
maibox #(pkt_t) toRouter[8];
```

首先设计数据发送给路由的程序。根据路由器的定义，路由器在端口准备好的前提下，发送 ReadyForRecv[n]信号给测试平台，因此测试平台需要时刻监测该信号，信号有效时，测试平台启动数据传输，通过随机类产生随机数，并且把产生的随机数传送给结构体变量 p，最后把 In_Valid 信号拉高后，产生一个时钟周期信号，把数据发送出去，同时把 In_Valid 信号清零，并继续监测 ReadyForRecv[n]是否有效。因此，该段代码设计如下：

```
//定义一个随机类,产生随机数,用于定义目标端口和要传输的数据
class randomData;
  rand bit [7:0] destNode;
  rand bit [7:0] data;
  constraint c {destNode inside {0,1,2,3,4,5,6,7};} //约束端口在 0～7
endclass

task automatic sendtoRouter
  (input bit[7:0] port,
   input int      count
  );
  pkt_t     pkt;
  randomData rd = new;          //类实例

  for(int i = 1; i <= count; i++)begin
    assert(rd.randomize() with {port ! = destNode};) //确保目标端口不是本身
    wait(ReadyForRecv);         //等待路由准备好信号
    @(posedge clk);
    pkt.src   = port;           //封包
    pkt.dest = rd.destNode;
    pkt.data = rd.data;
    p[port]  <= pkt;            //封包后把数据传送到数据线上
    In_Valid[port] <= 1'b1;     //数据准备好信号有效
    toRouter[pkt.dest].put[pkt]; //把封包同时传送给目标端口的 mailbox 内
    @(posedge clk);
    In_Valid[port] <= 1'b0;     //数据准备好信号失效,等待下一次路由准备好信号
  end
endtask
```

该段程序采用了断言语句 assert,该语句确保真正产生了随机数,类似于 if 语句,在第 11 章将重点讲述。

接着,设计接收路由器发出的数据的程序。路由器在 Out_Valid 信号有效的情形下,发送数据。因此测试平台需要时刻检测 Out_Valid 信号是否有效,一旦有效,则检查 mailbox 上是否有有效的数据,并判断该数据是否和数据线的数据相同,如果相同,则从 mailbox 内取出数据,同时加 1,如果不相同,则把 mailbox 内的数据挪至另外一个新建数组,并检测 mailbox 中的下一个数据。如果此时新建数据内存在着需要接收的数据,则把新建数组内的数据删除,取走 mailbox 内的数据,如此反复,直到取走所有的数据为止。相关代码设计如下:

```
int recvCount[7];

task automatic recvFromRouter
  (input bit [7:0] port);
   int   valueReceived[bit[7:0]]; //新建数组
   pkt_t pkt;

   forever begin
     wait(Out_Valid[port]);     //等待输出有效指示

     if(toRouter[port].try_peek(pkt) > 0)         //检查 mailbox 内是否有数据
        if(pkt.data == Out_Data[port]) begin     //如果数据和路由传输的数据一致,则
           toRouter[port].get(pkt);           //移除 mailbox 内的数据,同时计数器加 1
           recvCount[port]++;
           while(toRouter[port].try_peek(pkt) >0) begin //如果 mailbox 内还有数据
             if(valueReceived.exists(pkt.data)) begin    //且新建数组内存在该数据
                valueReceived[pkt.data]--;
                if(valueReceived[pkt.data] == 0)
                   valueReceived.delete(pkt.data); //删除新建数组内的数据
                toRouter[port].get(pkt);     //移除 mailbox 内的数据,同时计数器加 1
                recvCount[port]++;
              end
             else break;                          //mailbox 内若没数据,则跳出循环
            end
         else valueReceived[Out_Data[port]]++;
        @(posedge clk);
    end
endtask
```

至此,最底层的协议设计完成。验证工程师只需要在测试平台顶层进行数据封装设计即可。数据封装设计包括如何对底层进行数据驱动和接收分析,同时包含断言和功能覆盖。本章主要涉及数据驱动和接收,不涉及断言和功能覆盖。相应代码设计如下:

```
initial begin
 bit IsEmpty;             //mailbox 空指示标志
 int total = 0;
 pkt p;
 In_Valid = 0;

 for(int i = 0; i <= 7; i++)
   toRouter[i] = new;   //mailbox 例化
```

```
  @(posedge clk);
  fork                          //并行例程
    recvFromRouter(0);
    recvFromRouter(1);
    recvFromRouter(2);
    recvFromRouter(3);
    recvFromRouter(4);
    recvFromRouter(5);
    recvFromRouter(6);
    recvFromRouter(7);
  join_none

  fork                          //并行例程
   sendtoRouter(0,100);
   sendtoRouter(1,100);
   sendtoRouter(2,100);
   sendtoRouter(3,100);
   sendtoRouter(4,100);
   sendtoRouter(5,100);
   sendtoRouter(6,100);
   sendtoRouter(7,100);
  join;
  @(posedge clk);

  do begin
    IsEmpty = 1'b1;
    for(int i = 0; i <= 7; i++) begin //判断 mailbox 是否为空
      IsEmpty &= (toRouter[i].num == 0);
     end
    @(posedge clk);
    end
  while(! IsEmpty)

 for(int i = 0; i <= 7; i++)
   if(toRouter[i].num == 0)
     total += recvCount[i];

 CKResult: assert(total == 800) else $error("There are some packets are missed");
 end
```

路由器并发执行，采用了 fork…join 等并行线程进行设计。每个端口发送 100 个数据给路由器，路由器从每个端口收到 100 个数据后，把数据通过目标端口发送出来，测试平台再次检查数据及数据的数量。底层已经检查了数据的正确性，顶层主要判断接收的数据量是否正确，并采用断言的形式进行声明。至此整个仿真代码设计完毕。

本章小结

本章主要讲述了 SystemVerilog 仿真验证的基本概念以及如何通过 SystemVerilog 的仿真语言实现对被测逻辑的仿真验证。与传统的有关 Verilog HDL 语言的书籍不同，本章重点介绍了 SystemVerilog 新增的语言属性，包括 program、面向对象语言编程以及作为面向对象编程主要特性的类，同时重点介绍了如何通过约束随机测试生成随机激励，对被测逻辑进行仿真测试。针对复杂的被测逻辑以及硬件并行运行的特性，本章重点介绍了并行线程的主要特点，以及并行线程的关键属性和并行进程之间同步握手机制。同时，辅以丰富的设计示例帮助读者理解。

思考与练习

1. 试用最简练的语言描述仿真器的原理。
2. 试分析 program、模块、类之间的异同。
3. 试分析 randcase 和 randsequence 的异同，各用于何种场合？
4. 简述 wait 语句和@语句之间的异同，各用于何种场合？
5. 写一段仿真程序，对 6.7 节实例进行仿真代码设计。
6. 写一段仿真程序，对 7.8 节实例进行仿真代码设计。
7. 写一段仿真程序，对 8.10 节实例进行仿真代码设计。
8. 写一段仿真程序，对 9.7 节实例进行仿真代码设计。

第11章

断言与功能覆盖

本章主要讲述SystemVerilog语言最为重要的两个验证性能：断言与功能覆盖。对断言和功能覆盖进行详细介绍，包括断言的种类、构成及序列与属性的特点等，同时全面讲述功能覆盖的组合、特点以及如何进行覆盖率分析等。

本章的主要内容有：

- 断言；
- 序列；
- 属性；
- 覆盖率介绍；
- 功能覆盖。

11.1 断 言

在Verilog HDL语言中，如果需要判断一个语法行为是否满足设计需求，通常会设计过程性代码程序进行判断，从而实现等效性检查。程序往往比较冗长，可读性较差。SystemVerilog语言提供了一种用于间接验证设计通用属性的方法，这就是断言。

断言采用关键字“assert”表示，相当于条件表达式中的关键字“if”，更能明确表示功能检查已经完成。简单的断言示例如下：

【例11-1】简单的断言示例。

```
....
assert(result == a + b)
   $display("the summed data is right!");
else
   $display("something is wrong!");
```

示例中，检测表达式 result == a + b 是否成立，如果成立，则把“the summed data is right!”语句打印出来，否则就打印“something is wrong!”语句。

断言一般放在SystemVerilog RTL代码设计中，也可以放在仿真代码中，目的是断定“事件xx”会发生——如果发生，则记录成功，否则断言失败并报警。断言中可包含函数和任务。

断言分为立即断言和并行断言两个基本类别。

11.1.1 立即断言

立即断言是一个程序声明,通常在仿真平台的 initial 语句块中。其功能是检查给定的条件并报告是否发生错误。如果没有错误,继续执行下一个程序语句,否则仿真停止。

【例 11-2】立即断言示例。

```
module one_bit_adder(        //一位全加器示例
    input logic a, b, cIn,
    output logic s,cOut);

    assign s = a + b + cIn;
    assign cOut = (a & b) | (a & cIn) | (b & cIn);
endmodule

module adder;                       //三位全加器
    logic [2:0] a, b, s, cOut;
    logic        cIn;

    one_bit_adder a1(.s(s[0]),.a(a[0]),.b(b[0]),.cIn(cIn),.cOut(cOut[0])); //例化
    one_bit_adder a2(.s(s[1]),.a(a[1]),.b(b[1]),.cIn(cOut[0]),.cOut(cOut[1]));
    one_bit_adder a3(.s(s[2]),.a(a[2]),.b(b[1]),.cIn(cOut[1]),.cOut(cOut[2]));

    initial begin                                               //初始化
      a = 5; b = 7; cIn = 0;
      #5 $display(
        $time, "a = %0d, b = %0d, cIn = %0d, sum = %0d, cOut = %0d", a,b,cIn,
s,cOut);
        assert(s === a + b + cIn);     //断言
     end
endmodule
```

例 11-2 设计了一个一位全加器,并基于该一位全加器进行例化,实现三位数的全加器。在计数器中,新增了一段初始化仿真语句,对全加器的输入初始化并显示。紧接着采用立即断言语句“assert(s=== a + b + cIn);”对全加器的结果进行断言,如果该语句的表达式结果为真,则仿真器继续执行后续语句,如果为假,则仿真器打印报警信息,并停止仿真。本例中的仿真结果为真,因此,断言信息不会显示。如果对程序稍作改变,把 a1 的例化修改如下:

```
    one_bit_adder a1(.s(s[0]),.a(a[0]),.b(b[0]),.cIn(1'b1),.cOut(cOut[0]));  //例化
```

此时,断言中的全等号左边的结果不等于右边的结果,因此,尽管在代码中没有显式声明报警,但仿真时,依旧会报警,并注明错误发生时的具体信息,停止仿真,如图 11-1 所示。

```
VSIM 25> run -all
#                        5a = 5, b = 7, cIn = 0, sum = 5, cOut = 7
# ** Error: Assertion error.
#    Time: 5 ns  Scope: adder File: C:/FPGA/adder/adder.sv Line: 21
```

图 11-1　功能错误时的断言显示

有时,为了调试方便,设计者会在断言成功和失败时分别显示成功信号和失败警告信息,此时整个断言表达式就类似于条件表达式——只是此时的 if 表达式修改为 assert 语句,而 else 语句依旧不变。如对例 11-2,可以把断言语句修改如下:

```
    adderCheck:  assert(s === a + b + cIn)
        $display(
        "%m works! a = %0d, b = %0d, cIn = %0d, sum = %0d, cOut = %0d", a,b,
cIn,s,cOut);
        else
          $error(
            "%m fail! a = %0d, b = %0d, cIn = %0d, sum = %0d, cOut = %0d", a,b,
cIn,s,cOut);
```

在该断言语句块中,增加了一个断言块名称。该名称是可选的——仅仅为了后续调试方便。在断言语句块中,断言成功会采用 $display 语句显示断言成功信息,否则,将采用 $error 任务显示断言失败信息。如上述的全加器正确执行后的结果显示如图 11-2 所示。

```
VSIM 29> run -all
# time = 5,a = 5, b = 7, cIn = 0, sum = 4, cOut = 7
# adder.adderCheck works!a = 5, b = 7, cIn = 0, sum = 4, cOut = 7
```

图 11-2　修改后的例 11-2 的断言显示

上述断言语句块出现了两个新的语法。第一个语法是"%m",该语法分别出现在 $display 和 $error 语句中,从仿真结果可以看出,采用该语法可以清晰地打印出断言在整个程序中的位置,如本例中的位置路径是 adder. adderCheck。当没有显式声明断言语句块名称时,该路径为 adder。因此,为了调试方便,设计者往往会显式声明断言块的名称。

另外一个语法就是 $error 任务。SystemVerilog 针对错误出现的严重程度自带了几种不同的任务,并仅用于断言语句中。具体的系统任务及功能介绍如表 11-1

所列。

表 11-1　断言任务介绍

函数	具体功能描述
$ fatal	运行期间产生的致命错误，隐含着调用 $ finish 函数结束仿真。该任务带有两个参数。第一个参数默认为 1，同时传送给 $ fatal 任务及 $ finish 函数。第二个参数是要打印的字符串
$ error	运行期间产生的错误，其参数为要打印的字符串
$ warning	运行期间产生的警告，其参数为要打印的字符串
$ info	运行期间产生的信息说明，问题不严重，其参数为要打印的字符串

断言语句块往往省略成功的打印信息，使整个代码看起来更为简洁，因此，修改上述代码如下。

```
    adderCheck:  assert(s === a + b + cIn)
        else
            $ error(
              "%m fail! a = %0d, b = %0d, cIn = %0d, sum = %0d, cOut = %0d", a,b,
cIn,s,cOut);
```

11.1.2　时序操作符

立即断言是一次性的，多出现在 initial 语句中。并行断言是时刻活跃的——其目的就是时刻检测设计指定的属性是否满足。一旦开始就会不断地执行下去。因此，并行断言是基于时钟的断言，服从 RTL 时序模型。

在介绍并行断言之前，首先了解并行断言的几个重要的概念：时序操作符、序列与属性。时序操作符主要有三类：时钟周期延时操作符、交叠蕴涵操作符和非交叠蕴涵操作符。

(1) 时钟周期延时操作符

通常，采用延时操作符“#”表示两个信号之间相对延时，如表示信号 b 在信号 a 为 1 以后的五个时间单位置为 1，则语法设计如下：

```
a = 1;
#5 b = 1;
```

也可以采用 repeat(n)方式表示两个信号之间相差的时钟周期。如：

```
a = 1;
repeat(5) @(posedge clk);
b = 1;
```

则表示 b 在 a 为 1 后的五个时钟上升沿后变为 1。

上述语法相对复杂。SystmVerilog 在断言语法中专门开发了一种新的时钟周期延时操作符“##”,用于表示信号之间的时钟周期差。如 ##1,表示一个时钟延时。

【例 11-3】 时序波形如图 11-3 所示,采用时钟周期延时操作符表示信号 q。

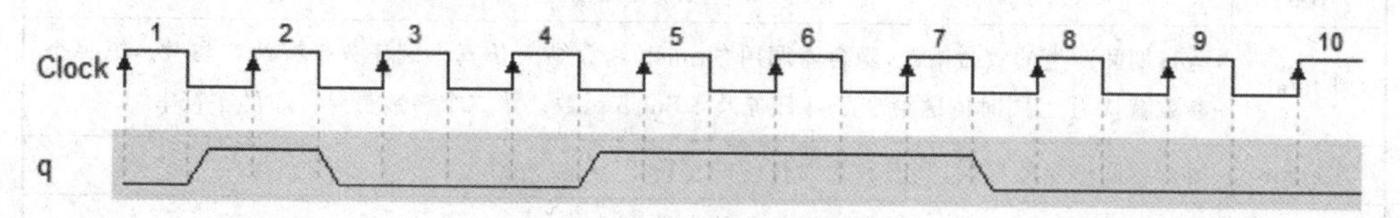

图 11-3　例 11-3 时序波形图

```
initial
    begin
    q<= 0;              //初始为 0
##1q <= 1;              //经过一个时钟周期,变为 1
    ##1  q <= 0;   //经过一个时钟周期,变为 0
    ##2  q <= 1;   //经过两个时钟周期,变为 1
    ##3  q <= 0;   //经过三个时钟周期,变为 1
    ##3 $finish;   //经过三个时钟周期,值不变,仿真结束
end
```

第一个时钟上升沿 q 为 0,在第二个时钟上升沿到来时,q 为 1,紧接着两个时钟周期内 q 为 0。在第 5 到第 7 个时钟周期内 q 为 1,最后转变为 0。

(2) 交叠蕴涵操作符

在时序信号中,有一类特殊的操作符——蕴涵操作符。该操作符又可以分为两类:交叠蕴涵操作符和非交叠蕴涵操作符。交叠蕴涵操作符的符号是“|->”。其基本格式如下:

```
A |->B;
```

表示当 A 为真时,B 在同一个时钟周期内也为真,否则不成功。该操作符在总线设计或者表示多个信号之间的关系时非常有用。如,在 SGPIO 协议中,当 ld 信号出现低脉冲,表示开始 SGPIO 协议。在 ld 低电平时,dataIn 上的数据为要传送的第一位数据。整个协议时序如图 11-4 所示。

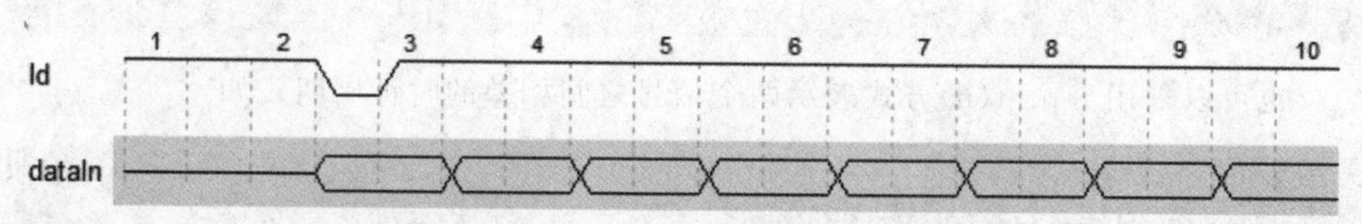

图 11-4　SGPIO 时序波形图

此时,采用交叠蕴涵操作符表示此关系如下:

```
~ld |->~isunknown(dataIn);
```

其中,任务 isunknown(n)表示若表达式 n 为未定态,如 x 或者 z,则返回为真。由于在 SGPIO 协议中,dataIn 在空闲状态时为高阻态,因此可以在 ld 为低电平时,检测 dataIn 是否为未定态来判断二者的关系。

(3) 非交叠蕴涵操作符

蕴涵操作符的另外一类就是非交叠蕴涵操作符,操作符的符号是"|=>",基本表现形式如下:

```
A |=> B;
```

表示当 A 为真时,B 在后一个时钟周期内也为真,否则不成功。其等效如以下表达式:

```
A ##1 B;
```

可以看出,非交叠蕴涵操作符与交叠蕴涵操作符之间相差一个时钟周期的关系,因此上述表达式,也可以采用交叠蕴涵操作符来等效,如下:

```
A |->##1 B;
```

该类操作符经常使用,如当 CPU 发出读取内存数据的命令时,内存在后一个周期内把数据准备好,并把数据传送到数据总线 data 上。采用非交叠蕴涵操作符表示如下:

```
read |=> ~isunknown(data);
```

11.1.3 序　列

序列,顾名思义,就是表示信号之间的时序关系。序列以关键字"sequence"开始,以关键字"endsequence"结束。其基本语法结果如下:

```
sequence sequence_name(argument_list);
...
endsequence
```

关键字 sequence 后紧跟着序列名称。序列名称后可以有序列参数,也可以省略。整个序列的主体是一个逻辑表达式,内容不能为空,用于定义一个事件,一般用来定义组合逻辑断言。时序波形如图 11-5 所示。

采用序列表示如下:

```
sequence abc (a,b,c);
  a ##3 b ##4 c;
endsequence
```

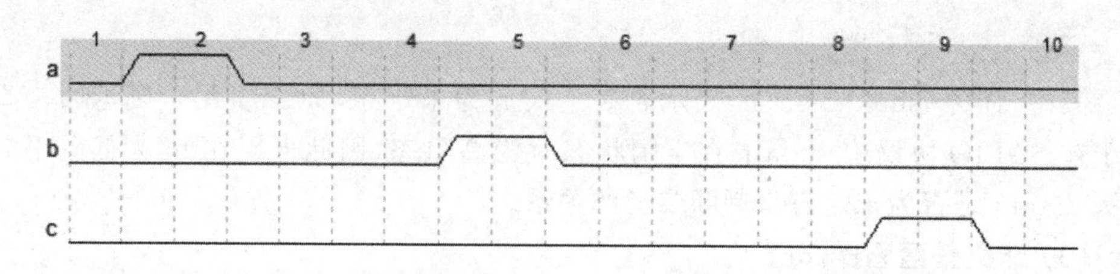

图 11-5　序列时序波形图

序列也可以包含其他序列，如：

```
sequence ABC_top;
  abc(a,b,c);
endsequence
```

ABC_top 和 abc 都是序列块。

11.1.4 属　性

属性定义了需要被检查的设计行为。可以非常复杂，也可以非常简单。基本语法结构如下：

```
property property_name(argument_list);
….
endproperty
```

每个属性块从关键字“property”开始，以关键字“endproperty”结束。每个属性在 property 后紧跟着属性的名字。属性参数是可选的。在属性块内，主要定义属性的行为。属性块用于将事件组织起来，形成一个更为复杂的过程。如果把序列比喻为砖，则属性就是盖楼。和 sequence 块不同，属性块一般用于定义一个有时间观念的断言，因此，一些时序操作，如“|->”只能用于属性。如，采用属性来描述图 11-5，其代码如下：

```
property abc (a,b,c);
  @(posedge clk) a ##3 b ##4 c;
endproperty
```

从代码中可知，该代码和序列非常相似，唯一不同在于，属性强调了时钟敏感触发信号的作用。因此，属性和序列可以结合使用，使代码更加结构化。采用属性和序列描述图 11-5，其代码可以修改如下：

```
property abc (a,b,c);
  @(posedge clk) abc (a,b,c);
endproperty
```

其中,abc(a,b,c)为序列。可以看出,组合逻辑表达式采用序列进行包装,属性用来调用序列。

在属性中,序列也可以是整个属性的一部分。如,假设在信号 c 有效之后的两个时钟周期,存在信号 d 有效,则修改上述代码,如下:

```
property abc (a,b,c);
  @(posedge clk) abc (a,b,c) ##2 d;
endproperty
```

在该代码中,abc(a,b,c)依旧是图 11-5 所表达的序列,##2 d 表示序列为真的前提下,两个时钟周期后信号 d 也为有效,否则不成功。

需要特别注意的是,在属性中使用的值是在仿真器内核中预先采样的值。也就是说,如果信号 b 在时钟的上升沿发生时变为 1,此时时钟采样到的信号依旧是 0,而不是 1。具体如图 11-6 所示。

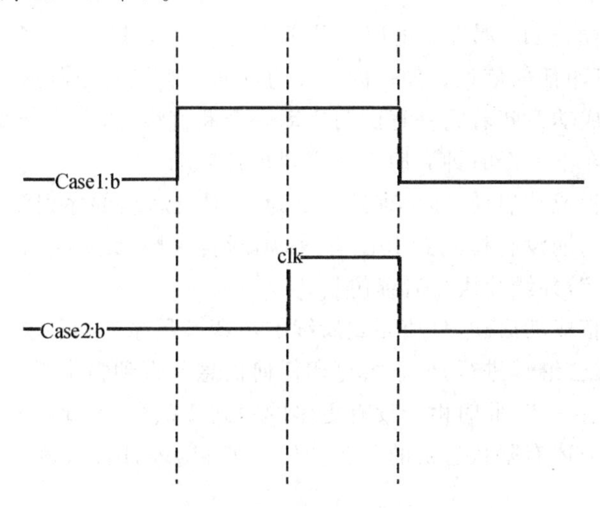

图 11-6 序列特殊采样示意图

在图 11-6 中,信号 clk 发生跳变时,Case1 信号 b 已经稳定,因此,此时采样的信号 b 为 1,而 Case2 信号 b 正好在跳变,因此时钟 clk 采样的是 b 前一个阶段的状态,也就是 0,因此 Case2 采样的信号 b 为 0。

11.1.5 并行断言

并行断言中的序列具体定义了整个设计行为的时序,属性定义了需要被检查的设计行为。并行断言的基本设计流程如图 11-7 所示。

并行断言的基本格式如下:

```
[label:] assert property (property_name) else fail_statement;
```

和立即断言类似,断言块前可以进行断言名称声明,也可以省略。并行断言采用

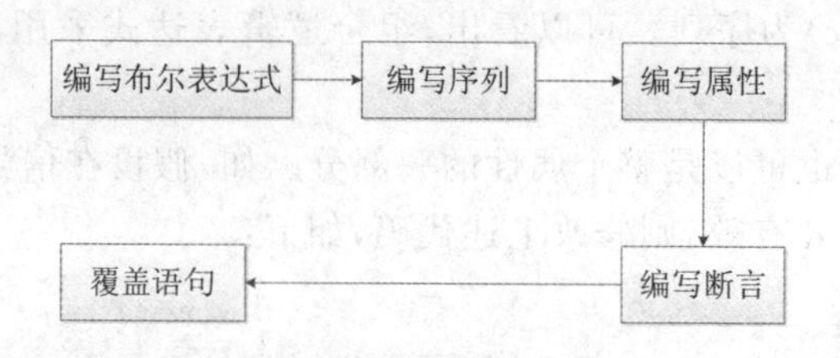

图 11-7　并行断言的基本设计流程

关键字“assert”开始，紧接着属性关键字“property”以及属性名，该属性就构成了断言表达式，属性名后可以包含信号列表，也可以省略——取决于属性的参数列表。else 语句表示断言不成功的情形，该语句也是可选的。如，针对 11.1.4 的属性进行断言，程序代码如下：

```
assert property(abc(a,b,c)) else $ error(“oops”);
```

该语句时刻检查 abc 属性中的序列是否启动。一旦侦测到 a 为 1，则开始启动断言进程，但不会打印任何信息。如果因为 a 为 0 而一直没有侦测到序列启动，则称为空成功。一个空成功意味着它一直试图启动一个断言线程，但是该线程没有启动，因此属性继续尝试在下一个时钟周期检查序列是否启动。

如果断言线程成功启动，即检查到了 a 为 1，但是后续的序列没有检测到——也就是第三个时钟周期没有检测到 b 值有效，则断言失败，线程停止，执行 else 语句，仿真器打印“oops”，并继续执行后续仿真。

如果断言线程成功启动，且侦测到后续的步骤满足序列的要求，但还没有到达最后一步，断言线程会继续进行，但不会打印任何信息。直到整个断言线程已经正确检测到了序列的最后一步，此时由于没有更多的序列要执行，因此断言停止，断言成功。

序列常用于描述有限状态机的跳转。如序列 abc(a,b,c)，表示为图 11-8 所示状态跳转图。

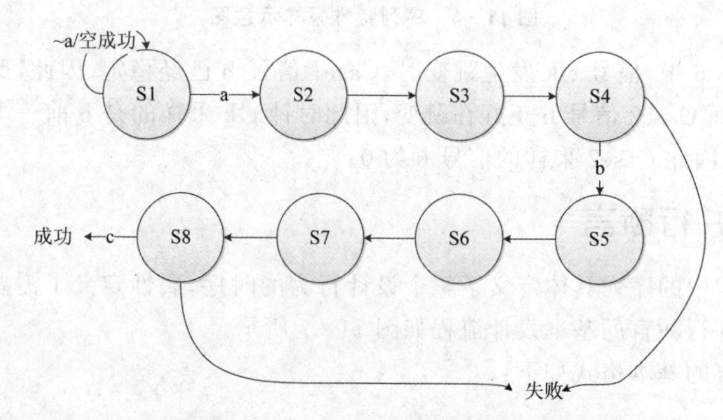

图 11-8　序列 abc 等效的状态跳转图

整个序列等效于一个八个状态的有限状态机的状态跳转图，每个状态之间相差一个时钟周期。该状态机的初始状态为S1，在S1检查信号a，如果信号a无效，则一直停在S1状态，也就是空成功，如信号a有效，则跳出S1，并在第三个时钟周期到达S4状态，在S4状态检查信号b是否有效，如果无效，则状态机结束，直接进入失败状态，打印失败信息。如果有效，则跳出S4状态，并在时钟信号的驱动下，历经4个时钟周期到达S8状态，在S8状态检查信号c是否有效。如果信号c无效，则状态机跳转失败，直接进入失败状态，并打印失败信息，如果检测到信号c有效，整个状态机成功执行完毕，显示成功。

11.1.6　重复操作符

在现实世界中，更多的信号产生的时间不是固定在某一个时刻，而是根据整个系统的负载状态或者优先状态，在某个范围内出现。如在内存总线设计中，理想状态下，CPU读取内存，先发出读取的内存地址和读取命令，内存时刻监控总线，立即匹配地址信息，读取该地址的信息，并在下一个时钟有效边沿到来之前把数据传送到数据总线上。现实世界中，由于时钟频率提高，很多时候数据并不能及时准备好。因此，在读取命发出后2～4个时钟周期内才把数据传送出来，此时，数据有效点是一个范围，而不是一个确切的时刻点。

另外，在某些串并转换总线设计中，主从收发器之间不会约束具体的传输信息的数量，仅约束起始和停止状态，换言之，可能传输1位数据就结束，也可能传输1024位数据，传输数据的数量不固定。

在图11-8中，序列abc等效的有限状态机基于时钟周期而等效为8个状态的状态机。但有限状态机往往不根据时钟周期设定状态，而根据具体的信号稳定状态设定状态，因此，一个状态机的某个状态可能是一个时钟周期，也可能是数十个时钟周期。

SystemVerilog针对此具体情况，在断言中设计了重复操作符。重复操作符有四类，分别表示四种不同的情形。

(1) 范围操作符

在断言中，范围操作符的基本表达式为##[n:m]，其中n是最小值，m是最大值，表示时钟周期数在n和m之间。n和m可以是任意不小于0的整数，m可以采用“$”符号表示有界无穷大，即在仿真结束前满足条件即可。如果不满足，断言失败。如CPU向内存发出读取命令read后，需要2～5个时钟周期获取数据有效信息dataValid，在dataValid的指引下读取总线上的数据。属性的程序代码如下：

```
property readValid;
  @(posedge clk) read |->##[2:5] dataValid;
endproperty
```

也可以采用非交叠蕴涵操作符，和交叠蕴涵操作符相比，相差一个时钟周期。其代码如下：

```
property readValid;
  @(posedge clk) read |=> ##[1:4] dataValid;
endproperty
```

(2) 连续重复操作符

观察时序图 11-9，主机在信号 data_en 的作用下启动传输，数据传输位数不定，最多传输 128 个时钟周期。主机可以随时拉低 data_en 使整个数据传输失效。从机监测到 data_en 有效时，启动数据接收。监测到 data_en 无效，则内部判断数据是否正确接收，并在下一个时钟周期内决定是否对信号 done 置位，告诉主机整个传输有效结束。

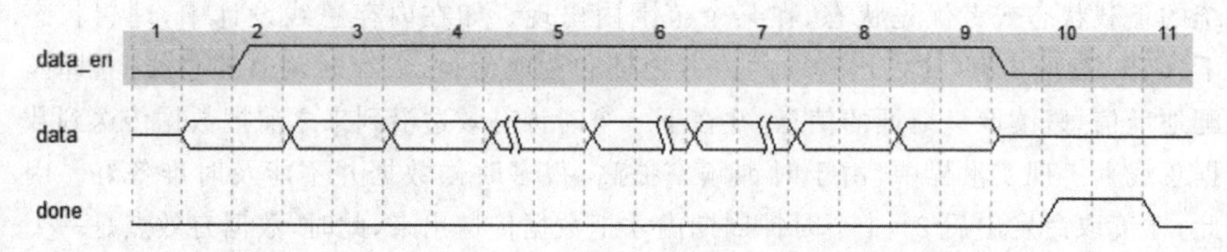

图 11-9　连续重复操作符时序示意图

可以采用范围操作符进行断言设计，如下所示。

```
property serialTransCk;
  @(posedge clk) data_en |->##[1:128] data_en ##1 done;
endproperty
```

也可采用另外一种操作符——连续重复操作符描述。操作符的基本表达式是 [*n:m]，其中 n 为最小值，m 为最大值，表达时钟周期为 n 到 m 之间。修改上述程序如下：

```
property serialTransCk;
  @(posedge clk) data_en |->data_en[*1:128] ##1 done;
endproperty
```

和范围操作符相比，连续重复操作符主要有两点不同：一是范围操作符位于信号变量的前面，连续重复操作符位于信号变量的后面；二是连续重复操作符采用符号“*”替代符号“##”。上述程序也可以采用非交叠蕴涵操作符表示，和交叠蕴涵操作符相比，相差一个时钟周期，表示如下：

```
property serialTransCk;
  @(posedge clk) data_en |=> data_en[*0:127] ##1 done;
endproperty
```

连续重复操作可能不是一个范围，而是一个有固定时钟周期的长度。此时，可以采用[* n]来实现，n 表示要重复的时钟周期数量。如修改上述程序的协议，每次传输的数据总量为 128 个时钟。修改程序如下：

```
property serialTransCk;
  @(posedge clk) data_en |->data_en[ * 128] ##1 done;
endproperty
```

(3) 严格非连续重复操作符

连续重复操作符针对目标信号为连续重复的信号，中间没有间隔。如果目标信号为非连续信号，则不能采用连续重复操作符表示。如图 11－10 所示波形图。

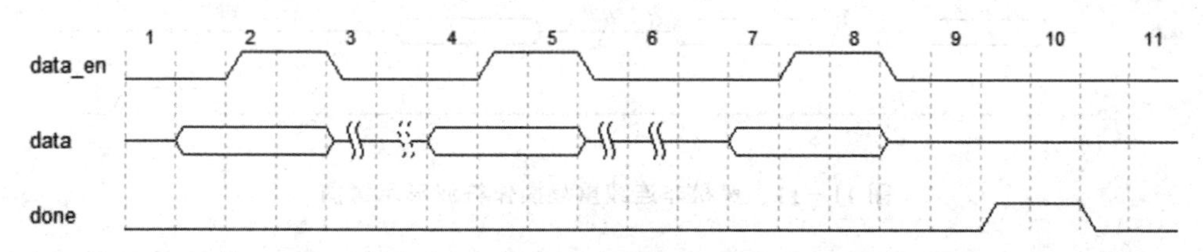

图 11－10　非连续重复操作符波形示意图

图 11－10 和图 11－9 的不同在于，信号 data_en 不是连续的，而是间隔一段时间重复出现，每次出现一个时钟周期，数据 data 在 data_en 出现时有效，在 data_en 无效时，保持高阻态。数据传输完毕后，从机检查接收的数据，在下一个时钟周期对总线完成信号 done 置位，告诉主机传输正确接收。为了和连续重复操作符进行比较，同样假设本总线传输的数据总量最多为 128 个时钟周期的数据，最少为 1 个时钟周期。

显然，这种情形不能采用连续重复操作符表示，因此 SystemVerilog 推出了另外一种操作符——非连续重复操作符。非连续重复操作符包含严格非连续重复操作符和宽松非连续重复操作符。严格非连续重复操作符的基本结构和连续重复操作符类似，只是把符号“ * ”修改为符号“->”，基本结构是“[->n：m]”。n 表示最小值，m 表示最大值。n 和 m 为不小于 0 的整数。图 11－10 所示波形采用非连续重复操作符的属性程序，表达如下：

```
property non_con_serialTransCk;
  @(posedge clk) data_en |->data_en[ ->1:128] ##1 done;
endproperty
```

和连续重复操作符的表达式非常相似，只是把符号“ * ”修改为“->”。类似地，非连续的重复操作不是一个范围，而是一个有固定时钟周期的长度，可用[->n]来实现，n 表示要重复的时钟周期数量。如修改上述的协议，每次传输的数据总量为 128 个时钟。则修改程序如下：

```
property non_con_serialTransCk;
  @(posedge clk) data_en |->data_en[->128] ##1 done;
endproperty
```

(4) 宽松非连续重复操作符

观察图 11-10,总线传输完成信号 done 在总线传输完成的下一个时钟周期有效。如果该信号在下一个时钟周期无效,则上述断言可能会失效。修改图 11-10 如图 10-11 所示。

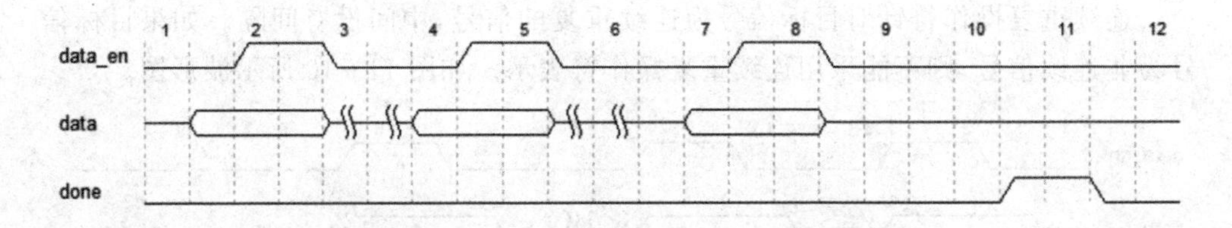

图 11-11　宽松非连续重复操作符波形示意图

图 11-11 与图 11-10 的不同在于,总线传输完成信号 done 在数据传输结束后的第二个时钟周期有效,如果用严格非连续重复操作符表示,则修改程序如下:

```
property non_con_serialTransCk;
  @(posedge clk) data_en |->data_en[->1:128] ##2 done;
endproperty
```

从机需要时间判断数据接收是否准确,对总线完成信号 done 的置位时刻不固定,适合采用宽松非连续重复操作符表示。宽松非连续重复操作符和严格非连续重复操作符相似,基本格式是:[=n:m],其中 n 为最小值,m 为最大值。宽松非连续重复操作符不在乎 done 出现的具体时刻,可以是数据传输结束后的第一个时钟周期,也可从是第二个时钟周期。因此,针对图 11-11,采用宽松非连续重复操作符设计的属性代码如下:

```
property loose_non_con_serialTransCk;
  @(posedge clk) data_en |->data_en[=1:128] ##1 done;
endproperty
```

注意,该代码也可以用来描述图 11-10。

11.1.7　逻辑操作符

时序操作符和逻辑操作符均可描述序列。具体的逻辑操作符及其功能描述如表 11-2 所列。

表 11 - 2　序列逻辑操作符及其功能描述

逻辑操作符	功能描述
or	多个序列在同一个时钟下启动，只要其有中成功序列，断言成功。如果任何一个都不成功，则断言失败
and	多个序列在同一个时钟下启动，但结束时间可能不同。所有的序列都成功，断言才成功，否则不成功
intersect	和 and 操作符相似，但约束更为严格。不仅要求序列同时产生，结束时间也要求相同
throughout	左侧表达式在右侧的整个序列过程中保持为真
within	左侧事件发生的时间段必须在右侧事件发生的时间段内，即左侧事件发生不能早于右侧事件，但必须早于右侧事件结束
first_match	如果在不同时间存在多个匹配，则该逻辑操作符只报告第一个匹配，其余匹配自动放弃

如修改 SGPIO 总线协议，增加一个总线完成信号 done，如图 11 - 12 所示。主机把第一个数据准备好，并使能 ld_n 信号，启动数据传输，在随后的时钟周期内——本例设定传输 63 个时钟周期数的数据——数据串行传输，同时 ld_n 信号保持无效状态。传输完毕，从机在接下来的一个时钟周期内置位总线完成信号 done。注意：在整个总线传输过程中，done 有效前，ld_n 不得再次有效。

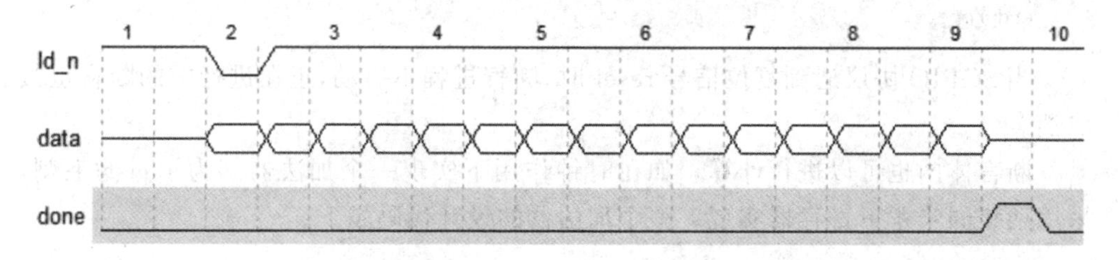

图 11 - 12　修改后的 SGPIO 时序波形图

根据总线要求，设计属性代码如下：

```
property sgpio_check;
  @(posedge clk) ~ld_n |=> ld_n[*63] ##1 done;
endproperty
```

修改总线，假设从机有两种接收模式：32 位和 64 位。ld_n 无效后，在第 32 个时钟周期或者 64 个时钟周期，从机都可能发出总线完成信号 done。此时，采用序列逻辑操作符 or 实现此功能，相关代码如下：

```
property sgpio_check;
  @(posedge clk) ~ld_n |=> ((ld_n[*63] ##1 done) or
                            (ld_n[*31] ##1 done));
endproperty
```

由于 ld_n 需要在 done 信号有效前保持无效，因此，可以采用序列逻辑操作符 throughout 实现此功能，修改上述代码如下：

```
property sgpio_check;
  @(posedge clk) ~ld_n |=> ld_n thoughout
                           (( ##64 done) or
                           (##32 done));
endproperty
```

11.1.8 条件操作符

前述的断言描述，只考虑了时钟的作用。在 FPGA/CPLD 内，真实的逻辑单元是带异步复位的 D 触发器。一旦异步复位，断言将失效，从而导致错误的断言。因此，需要屏蔽此复位状态。

SystemVerilog 采用语句 disable iff(reset)实现。修改 SGPIO 属性代码如下：

```
property sgpio_check;
  @(posedge clk) disable iff(reset)
                ~ld_n |=> ((ld_n[*63] ##1 done) or
                           (ld_n[*31] ##1 done);
endproperty
```

当 SGPIO 协议遇到复位信号 reset 时，断言进程不启动，正在进行中的断言也被取消。

断言体内也可以进行计算。如在时钟作用下实现一个加法器。为了过滤毛刺，采用两级同步逻辑寄存器实现。整个加法器的设计代码如下。

```
module pipeadder(
  input logic clk, reset,
  input logic [15:0] A,B,
  output logic [15:0] sum);

  logic [15:0] sum_buff1, sum_buff2;

  always_ff @(posedge clk, posedge reset)
    begin
      if(reset)
        begin
          sum <= 16'b0;
          sum_buff1 <= 16'b0;
          sum_buff2 <= 16'b0;
        end
```

```
        else
          begin
            sum <= sum_buff2;
            sum_buff1 <= A + B;
            sum_buff2 <= sum_buff1;
          end
      end
endmodule
```

注意,采用断言设计时,A 和 B 的和在三个时钟周期后才在 sum 里面出现,因此,在上述代码中插入属性代码如下:

```
property pipeadderck(A,B);
    logic [15:0] a, b;
    @(posedge clk) disable iff(reset);
     (1, a = A, b = B) ##3(sum == a + b);
endproperty
```

在此程序中,每个时钟周期,输入信号 A 和 B 都发生变化,因此设计了两个局部变量 a 和 b 用于保存三个时钟周期前的信号 A 和 B,在属性中,如果 sum 等于这两个局部变量之和,则断言成功,否则失败。

程序中的(1,a=A, b = B)语句是一个条件计算语句,第一个逗号前的表达式是条件表达式,而第一个逗号后的表达式是赋值表达式,也就是说,1 是条件表达式,该条件永远为真,a=A, b = B 为赋值表达式,把 A 和 B 的值分别赋给 a 和 b。

11.1.9 断言系统函数

SystemVerilog 自带了多个断言系统函数,用于简化代码设计,提高代码的可读性和结构性。具体的断言系统函数和功能描述如表 11-3 所列。

表 11-3 断言系统函数及功能描述表

系统函数	功能描述
$sample(expression)	采用仿真器采样边沿前稳定值作为表达式的值
$rose(expression,ce)	在采样时钟的作用下,两个相邻时钟周期内如果表达式的最低有效位采样值由 0 变为 1,则该表达式为真,其他情形为假
$fell(expression,ce)	在采样时钟的作用下,两个相邻时钟周期内如果表达式的最低有效位采样值由 1 变为 0,则该表达式为真,其他情形为假
$stable(expression,ce)	在采样时钟的作用下,两个相邻时钟周期内如果表达式的最低有效位采样值保持不变,则该表达式为真,其他情形为假

续表 11-3

系统函数	功能描述
$ change(expression,ce)	在采样时钟的作用下,两个相邻时钟周期内如果表达式的最低有效位采样值不同,则该表达式为真,其他情形为假
$ past(expression,numTicks,ce)	表达式采用过去 numTicks 个时刻的采样数值作为表达式的值,而不采用当前时钟时刻的采样值
$ onehot(Bus)	Bus 总线中有且仅有 1 位为 1,其他为 0
$ onehot0(Bus)	Bus 总线有不超过 1 位为 1,也允许全 0
$ isunknown(Bus)	Bus 总线存在高阻态或未定态
countones(Bus) == n	Bus 总线有且仅有 n 位为高电平,其他为低

如图 11-13 所示,可以较为直观地看出断言系统函数的具体行为。

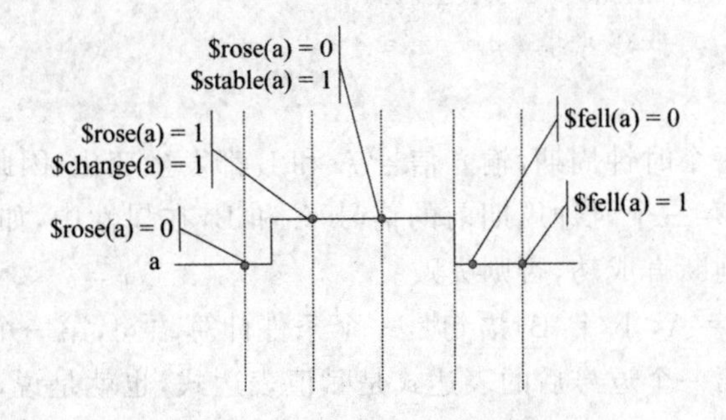

图 11-13　断言系统函数示意图

$ rose, $ fell 及 $ change 函数采用边沿触发的方式,可检测边沿跳变。如对 SGPIO 的 ld_n 信号进行检测,可以修改属性语言如下:

```
property ck_load_n_effective;
   @(posedge clk) disable iff(reset)
       $ fell(ld_n) |=> $ rose(ld_n);
endproperty
```

采用边沿检测函数,可使断言线程在边沿有效时启动,而不是电平有效时启动,可以有效避免断言意外报错。如有如下属性:

```
property ck_load_n;
   @(posedge clk) disable iff(reset)
       $ rose(ld_n) |=> ld_n [ * 63] ##1 done;
endproperty
```

该属性检测到 ld_n 的上升沿,就启动断言进程,并判断 ld_n 高电平是否持续 63 个时钟周期,如果是,在下一个时钟周期检测 done 信号是否为高。

如果只检测 ld_n 的电平，对上述代码修改如下：

```
property ck_load_n;
   @(posedge clk) disable iff(reset)
       ld_n |=> ld_n [*63] ##1 done;
endproperty
```

检测到 ld_n 为高，则开启断言线程。接下来 ld_n 依旧为高，产生连续的序列。整个断言只有第一个序列成功，后续的序列都发出失败警告——尽管设计本身没有错误。

表 11-3 中 $sample 函数用于采样被采样信号。利用时钟边沿实现采样。$sample 函数采样得到的值是时钟有效沿前被测信号的稳定值。观察如下代码：

```
initial
  begin
A = 0;
    @(posedge clk);
    A = 1;
    $display("%b%b",A, $sample(A));
end
```

这是一段初始化代码，A 先复位，再置位，在复位和置位之间，有一个时钟上升沿的跳变。结束后，系统显示函数分别打印 A 的值和 $sample(A)，最终结果打印出 1 和 0。究其原因，由于系统显示函数 $display 位于整个程序的结尾，A 此时已经由 0 转为 1，因此 A 为 1，而 $sample(A)的采样时钟出现在 A 转为 1 之前，因此采样到的 A 的稳定值为 0，因此 $sample(A)为 0。

$past 函数可以溯及以往，对于处理不在同一个时刻发生的相关事件特别有效。如针对 11.1.8 中关于全加器的属性，可以修改如下：

```
property pipeadderck(A,B);
@(posedge clk) disable iff(reset);
        sum == ($past(A,3) + $past(B,3));
endproperty
```

这个程序省略了局部变量 a 和 b，整个代码更为简洁。

11.2 覆盖率介绍

对于一个复杂的设计来说，采用直接测试实现对设计的全面验证已经变得不可能。一般采用带约束的随机测试方法。这种测试方法不再针对被测逻辑的每个特征编写具体的定向的测试集，而是从设计规范着手，编写具体的验证计划，详细列出具体的测试项目和测试步骤，采用随机测试方法进行。因此如何衡量哪些测试特征已经被测试程序测试过变得尤为重要,功能覆盖率就是用来衡量此性能的一个重要指标。

100%的覆盖率是每一个验证工程师的追求。每个验证工程师根据验证计划,设计随机测试程序,改变随机种子,反复运行同一个随机测试平台产生随机激励。这样,每次仿真都会产生一个覆盖率,把这些覆盖率信息合并在一起就可以得到功能覆盖率,衡量整体验证的进展程度。

设计和验证是并行过程,相互独立,相互影响,整个设计和验证的关系如图11-14所示。

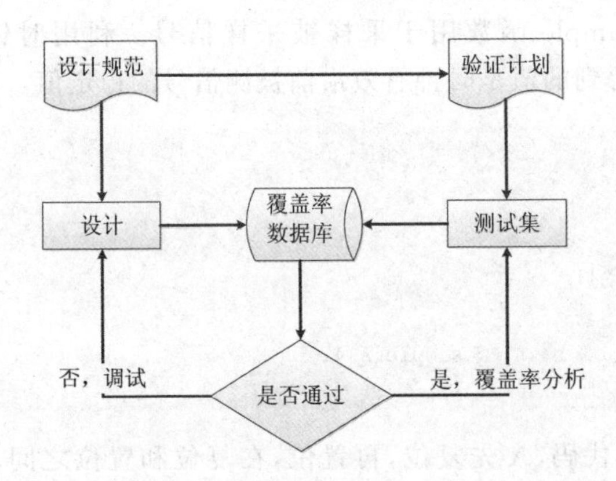

图11-14　功能覆盖率与设计验证之关系图

验证工程师要随时对功能覆盖率进行结果分析,并决定是否需要调整测试集和随机测试种子。如果覆盖率稳步上升,则只需添加新的随机种子继续运行已有的测试,或者加长运行时间。如果覆盖率放缓,则需要补充新的约束激励,必要时采用直接测试方式。如果覆盖率稳定,但还有部分功能没有测试到,则说明现有的测试集有缺陷,需要补充新的测试集。如果覆盖率接近100%但依旧有新的错误出现,则说明测试集还没真正覆盖到设计的所有区域,需要检查验证计划,确保测试集全部覆盖设计规范。因此,一个良好的验证计划对于功能覆盖率非常重要。

覆盖率可以从多方面、多角度考虑。从代码的角度看,可以对代码进行覆盖率分析,从断言的角度来看,可以对断言进行覆盖率分析,从功能的角度来看,可以对设计功能进行覆盖率分析。每一种覆盖率,仿真工具都会在仿真过程中收集信息,进行计算后得出覆盖率报告。验证工程师可以根据覆盖率报告找出盲区,并修改现有的测试集或者随机测试种子,创建新的测试消除盲区。

11.2.1　代码覆盖率

代码覆盖率,是衡量整个设计的源代码被执行情况,包括行覆盖率、路径覆盖率、翻转覆盖率以及有限状态机覆盖率。行覆盖率指有多少行代码被执行过,路径覆盖率指有多少代码和表达式的路径被执行过,翻转覆盖率指变量的比特位的跳变覆盖,有限状态机覆盖率则主要针对有限状态机，包括有限状态机的状态访问及状态转换的执行等。

代码覆盖率是最容易实现的一种验证方式，几乎所有的仿真器都带有代码覆盖率工具。代码覆盖率主要验证的是设计源代码对设计规范的实现程度，换句话说，代码覆盖率严重依赖源代码的设计，而不是验证计划。因此，即使代码覆盖率达到了100%，也无法说明整个验证工作结束。如初学者在设计D触发器时经常忘记对数据进行异步复位，其代码如下：

```
always_ff @(posedge clk, negege rst_l)
  q <= d;
```

代码覆盖率检测工具报告此代码每一行都测试过，但由于此代码中异步复位被遗漏，因此实现不了复位的逻辑。

11.2.2 断言覆盖率

断言用于一次性或者在一段时间内对两个设计信号之间的关系进行声明。可以使用断言覆盖率测量所设计的断言被触发的频繁程度。断言覆盖率采用关键字cover property描述，用于观测信号序列。

【例11-4】服务器系统上电通常采用CPLD进行设计。系统准备好后，CPLD收到开机信号btn_n，发送电源使能信号en给VR控制器，VR控制器输出相应电流，在50～100个时钟周期内对pg信号置位，CPLD接收到相应的pg信号，开始使能下一个电源信号，直到所有的电源都正常工作。

```
property pwrup;
  @(posedge clk) $rose(en) |->[50～100] $rose(pg);
endproperty
Ck_pwrup: assert property(pwrup);  //并行断言
CV_pwrup: cover property(pwrup);  //断言覆盖
```

11.2.3 功能覆盖率

在动手写测试代码之前，需要预先弄懂设计规范所要求的关键特性、边界情形及可能存在的故障模式。功能覆盖率的目的是确保设计在实际环境中的行为满足设计规范的要求。因此，功能覆盖率与设计意图紧密相连，它详细地表明了相应的功能该如何激励、验证与测量。

与代码覆盖率不同，功能覆盖率主要收集信息，而不是具体的数据，因此，功能覆盖率主要关注的是整个设计特性的信息，包括各种边界情形及各种故障可能。比如，针对一个32位的存储器，功能覆盖不对32位进行逐一测试验证，仅关注存储器功能的正常实现，最大地址与最小地址的存储是否正常，全空全满情形下的读写控制等。

功能覆盖率只关注对设计有用的内容,对于设计没用的内容,可以忽略。注意,功能覆盖率需要完全覆盖设计规范。

总之,一个优秀的验证方案的代码覆盖率和功能覆盖率都高。如果代码覆盖率高,功能覆盖率不高,则说明验证计划不完善,测试代码没有执行设计的所有代码。如果功能覆盖率高,代码覆盖率低,则说明测试代码可能没有包括各种边界案例,还需要增加更多的功能覆盖点。

11.3 功能覆盖

功能覆盖的实现需特定的功能覆盖策略。SystemVerilog提供了完整的功能覆盖语句实现对设计验证的覆盖率统计和分析。因此,对于验证工程师来说,如何有效地设计高效完备的验证计划,通过功能覆盖语句实现对设计的特性完整覆盖,降低漏洞率,提高验证效率,至关重要。

11.3.1 覆盖点与覆盖组

覆盖点和覆盖组往往同时出现在功能覆盖过程中。覆盖点是SystemVerilog中的基本的验证对象,用来对需要覆盖的对象进行测试覆盖统计。覆盖点采用关键字"coverpoint"描述,coverpoint后紧随所要覆盖的对象表达式名称,表示对该对象表达式进行功能覆盖统计。

覆盖组也是SystemVerilog中的基本的验证对象。和类相似,每个覆盖组都有独一无二的覆盖组名称,并且定义后可进行多次实例化。一个覆盖组包含一组覆盖点以及用于何时通过何种方式对这些元素进行采样的规范。覆盖组采用关键字"covergroup"描述,其基本格式如下:

```
covergroup covergroup_name;
   coverpoint_name: coverpoint var_expression;
endgroup;
```

在covergroup_name后可以增加覆盖组的触发方式,如"@(posedge clk);"表示采用时钟上升沿触发,每个周期都会采样,"@(trans_ready);"则表示等待某个信号触发,如总线完成信号,协议开始信号等,或者也可以采用"@(event_ok);",该触发事件需要先定义一个命名事件,并等待该命名事件触发。如:

```
enum {red,yellen,blue} colorOption;


covergroup cg_color @(posedge clk);
  Color: coverpoint colorOption;
endgroup
```

该代码对枚举变量colorOption进行覆盖,采用时钟clk的上升沿进行周期采样。该覆盖组的名称为 cg_color，覆盖点名称为 Color。覆盖点变量采用本地变量 colorOption，该变量有三个选项，因此覆盖点自动建立三个仓，每个仓用来统计在采样时钟作用下所对应的选项被覆盖选中的次数。关于仓的描述，后续章节会详细描述。

var_expression 可以是本地变量，也可以使用层次结构变量，或者变量的一部分，还可以采用表达式或者 ref 变量。如：

```
class cg_example;
  ...
  covergroup  cg(ref int array, int lo, int hi) @(posedge clk);
    coverpoint
       {
       bins s = {[lo:hi]};
       }
    endgroup

     function new(ref int array, int lo, int hi);
     cg = new(array,lo,hi);
   endfunction

   ...
endclass
```

该覆盖组采用 ref 变量，在时钟上升沿的作用下对 ref 变量进行采样覆盖。ref 变量可以放置在覆盖组名称之前，也可以放置在覆盖组名称之后，通常放置在覆盖组名称之后，触发事件之前。

覆盖组可以放置在 program 中，也可以放在模块中，还可以放置在类中。上述代码是把覆盖组放置在类中，通过实例化调用此覆盖组。

覆盖组可以采用关键字“iff”给覆盖点增加条件，用于在某些特定情况下关闭覆盖以忽略某些无效的覆盖，通常用于复位情形。其基本语法如下：

```
covergroup cg;
coverpoint cg_point iff(reset);
endgroup
```

同时也可以采用系统函数 start 和 stop 控制覆盖组里各个独立的实例。如，继续使用以上覆盖组代码进行仿真程序设计如下：

```
initial begin
cg cg1 = new();
repeat(2) @(posedge clk);
cg.stop();
   #20 reset = 1;
   #100 reset = 0;
cg.start();
...
end
```

该代码首先对覆盖组 cg 进行实例化，经过时钟周期后，停止覆盖率统计，并在接下来的 20 个时间单位后启动复位，复位时长 100 个时间单位，再启动覆盖率统计。

11.3.2 交叉覆盖

覆盖点记录的是单个变量或者表达式的观察值。更多情况验证工程师希望能够验证多个变量或者表达式之间的联动关系，比如验证总线时，同时需要源端和目的端数据之间的关系。因此，需要采用交叉覆盖实现此功能。一个简单的交叉覆盖代码示例如下：

```
enum {red, blue, yellen} colorOption;
enum {bktball, football, pingpong} ballOption;
covergroup cg_cross @(posedge clk);
   Color: coverpoint colorOption;
   Ball:  coverpoint ballOption;
   Color_Ball: cross Color, Ball;
endgroup
```

在该代码中，有两个枚举变量 colorOption 和 ballOption，每个变量各有三个选项，因此 Color 和 Ball 两个覆盖点各自建三个仓，在每个时钟上升沿的作用下对 colorOption 和 ballOption 下的各个选项进行覆盖率统计和分析。Color_Ball 是交叉覆盖的名称，该覆盖采用关键字“cross”表示，cross 后声明需要交叉覆盖的覆盖点的名称。在本例中需要覆盖的覆盖点分别是 Color 和 Ball。因此，该交叉覆盖自动建 3×3 个仓。具体仓的信息如下：

```
<red, bktball>,  <red, football>,  <red, pingpong>,
<blue, bktball>,  <blue, football>,  <blue, pingpong>,
<yellen, bktball>,  <yellen, football>,  <yellen, pingpong>
```

在每个时钟上升沿的作用下，仿真器针对以上九种情况分别统计每一种情况的覆盖率，并进行分析。

11.3.3 仓

在 11.3.1 覆盖点与覆盖组小节中提到，当覆盖点进行覆盖率信息收集与统计时，SystemVerilog 自动创建很多仓来记录每一个数值被覆盖的次数。仿真结束后，所有仓的信息被汇聚到覆盖率数据库中，通过分析工具读取数据库生成覆盖率报告，因此仓是衡量功能覆盖率的基本单位。

仓采用关键字“bins”表示。一个变量，最多有 2^N 个仓被创建，其中 N 表示变量位宽。如一个三位宽的变量，最多可以创建 8 个仓。当覆盖组被触发后，覆盖点内的一个仓或者多个仓被覆盖。如果仿真结束后，三位宽的变量只有七个仓被覆盖到，则该覆盖点的覆盖率为 7/8，即 87.5%。每个覆盖点都有各自的覆盖率，所有的覆盖点组合在一起便形成了覆盖组的覆盖率。当所有覆盖组的覆盖率组合在一起，就形成了整个功能仿真的覆盖率。

仓可以被显式定义，也可以自动生成。目前所涉及的都是自动生成的仓。枚举类型变量内的选项个数是仓的个数。普通变量的仓最多为 2^N 个。显然，位宽小的变量，自动生成仓的方式比较方便，位宽大的变量，如 32/64 位位宽的存储，自动建仓会导致整个覆盖低效，且浪费资源。

SystemVerilog 提供了多种方式限制仓的数量。其中最常见的就是用户自定义仓。最简单的自定义仓的方式如下：

【例 11－5】建仓示例。

```
covergroup adder @(posedge clk);
coverpoint sum
    {
        bins len[] = {[0:15]};
    }
endgroup
```

该代码用于对一个加法器的和进行功能覆盖，其和为 16 位宽，加法器的结果为 0～65535。该代码在覆盖点变量后面跟随一个以“{}”封装的语句块，该语句块就是对覆盖点变量建仓，仓以关键字“bins”开始，仓名为 len[]，其中“[]”表示可扩展性，等号右侧为建仓的数量，本例为 0～15 共 16 个仓。运行结果是系统将自动创建了 16 个仓，名称分别为 len_00，…，len_0F。整个 65536 个加法值将平均分布到这 16 个仓内。仿真验证时，在时钟上升沿的作用下，被覆盖到的仓会被标记，直到仿真结束，仿真器统计仓被标记的结果，形成该点的覆盖率。可以看出，此时建仓的数量远远低于毫无约束的自动建仓的数量。

在系统验证中，用户往往希望更有意义地对覆盖点进行建仓指导，如对每个仓取有意义的名字，或者对每个仓所覆盖的范围做特定的处理等，SystemVerilog 允许验证工程师对每个仓进行命名指导，设定仓的具体范围。具体如例 11－6 所示。

【例 11-6】对于一个 16 位加法器的结果进行覆盖率设计。

```
covergroup adder @(posedge clk);
coverpoint sum
    {
      bins s0 = {[0: 16000]};
      bins s1 = {[16001: 32000]};
      bins s2 = {[32001: 49000]};
      bins s3 = {[49001:65535]};
      }
   endgroup
```

本例加法器产生 16 位的和,范围为 0～65 535。和例 11-5 不同,该代码把这 65 536 个值具体分为四个区间:0～16 000、16 001～32 000、32 001～49 000 和 49 001～65 535,每个区间定义为一个仓,整个数据集合分为四个仓。每个仓以关键字“bins”开始,分别命名为 s0、s1、s2 和 s3。每个仓的范围用“{}”封装,如果范围是连续的段落,则采用“[n:m]”的形式表达,其中 n 为范围的最小值,m 为范围的最大值,通过等号赋值给左侧的仓名。每个仓赋值完毕都以“;”结束。该程序表明,在每个时钟上升沿的作用下,只要加法器的和落在某个区域,满足该区域的仓就被覆盖到并被标记,直到仿真结束后统一进行覆盖率分析。

如果覆盖点变量的范围不连续,需用列举的方式一一在仓里声明。如:修改例 11-6 的代码,显式声明五个仓,其中第一个仓只对 sum 采样值为 0 计数,第二个仓对 1～8 000 的数据计数,第三个仓对 32 000～65 535 的数据计数,第四个仓对 8 001～16 000、20 000～30 000 和 31 999 以内的数据计数,其余的属于第五个仓。其代码如例 11-7。

【例 11-7】对例 11-5 进行修改后的覆盖率统计。

```
covergroup adder @(posedge clk);
coverpoint sum
    {
      bins s0 = {0};
      bins s1 = {[1: 8000]};
      bins s2 = {[32000: $ ]};
      bins s3 = {[8001:16000],[20000:30000],31999};
      bins misc = default;
      }
   endgroup
```

显然,例 11-7 的五个仓所覆盖的范围各不相同,其中仓 s0 只有一个数,因此只需采用“{}”+具体数据的方式声明,仓 s2 表示不小于 32 000 的数据,可以采用具体的数值,如 65 535 来表示,也可以采用符号“$”表示最大值,本例就采用此符号实现最大值的表示,其位置放置在符号“:”的右侧,优势在于,即使 sum 的最大值发生改变,仓的代码无需改变。类似地,当符号“$”放置在“:”左侧时,就表示最小值。

仓 s3 覆盖了两个连续的范围值和一个具体的数值,每段连续的值均可以采用“[n:m]”的方式实现,范围值和具体数据值之间采用“,”进行分隔。仓 misc 代表的是剩余的所有值,可以采用仓 s3 的方式具体声明,本例采用关键字“default”声明。

因此,通过建仓可以把用来计算覆盖率的数值限制在验证范围内,而不是通过自动建仓的方式广撒网。在建仓过程中,有些覆盖点变量可能始终得不到全部的可能值,也有可能收到某些不符合规范的值。如在 I^2C 等协议中,为了保证未来协议的可扩展性,会设计某些特定的保留字,这些保留字在当前设计中不会用到,可以被忽略。又比如对于一个三位位宽的变量,在设计中只能出现 0～5 六个值,6 和 7 在设计规范中不允许出现,则需要针对此情形进行特殊建仓,否则覆盖点的覆盖率永远达不到 100%。

【例 11 - 8】 修改例 11 - 7,忽略仓 misc 的值。

```
covergroup adder @(posedge clk);
coverpoint sum
    {
      bins s0 = {0};
      bins s1 = {[1: 8000]};
      bins s2 = {[32000: $ ]};
      bins s3 = {[8001:16000],[20000:30000],31999};
      ignore_bins misc = default;
      }
    endgroup
```

该例中,定义仓 misc 的关键字修改为“ignore_bins”,意思是该仓在进行覆盖率统计时被忽略。

同样,如果把该关键字修改为“illegal_bins”,代码如下:

```
Illegal_bins misc = default;
```

则该仓在进行覆盖率统计时也被忽略,同时,如果该仓在进行功能覆盖测试时被覆盖到,程序将自动报警,需要验证工程师对仓的准确性进行双重检查,确保测试程序或者仓的定义准确。

对于一个覆盖点变量来说,有时候给定一个范围并不能准确地说明系统真正完整地验证过。因此,对于一个变量而言,在验证过程中检查它的每一个位是否可以设为 1 会是一个更好的方式。SystemVerilog 提供了一种通配符“wildcard”约束仓,忽略覆盖点变量的某些位。如,修改例 11 - 6,采用 wildcard 的方式对 16 位加法器进行覆盖率统计。

【例 11-9】采用 wildcard 的方式对 16 位加法器进行覆盖率统计。

```
covergroup adder @(posedge clk);
coverpoint sum
   {
   wildcard bins s0 = {????_????_????_???1};
     wildcard bins s1 = {????_????_????_??1?};
     wildcard bins s2 = {????_????_????_?1??};
     wildcard bins s3 = {????_????_????_1???};
     wildcard bins s4 = {????_????_???1_????};
     wildcard bins s5 = {????_????_??1?_????};
     wildcard bins s6 = {????_????_?1??_????};
     wildcard bins s7 = {????_????_1???_????};
     wildcard bins s8 = {????_???1_????_????};
     wildcard bins s9 = {????_??1?_????_????};
     wildcard bins sa = {????_?1??_????_????};
     wildcard bins sb = {????_1???_????_????};
     wildcard bins sc = {???1_????_????_????};
     wildcard bins sd = {??1?_????_????_????};
     wildcard bins se = {?1??_????_????_????};
     wildcard bins sf = {1???_????_????_????};
   }
endgroup
```

该例创建了 16 个仓，每个仓前都采用 wildcard 约束，同时仓中确定某一个位为 1，其余的位均忽略，也就是说，任何 X、Z 或？都被当作 0 或 1 的通配符。通过验证每一个位的状态来统计整个覆盖点的覆盖率。

11.3.4 翻转覆盖

功能覆盖着重讲述独立的个体变量如何进行功能覆盖，翻转覆盖主要用于描述序列的功能覆盖，描述具体的路径。

观察图 11-15 的状态跳转示意图。

图中，在复位信号和输入信号的作用下，在四种状态下随机跳转，具体的状态跳转如表 11-4 所列。

表 11-4 图 11-15 状态跳转关系表

S0=>S3		
S3=>S2	S3=>S1	
S2=>S1	S2=>S2	S2=>S3
S1=>S0	S1=>S2	

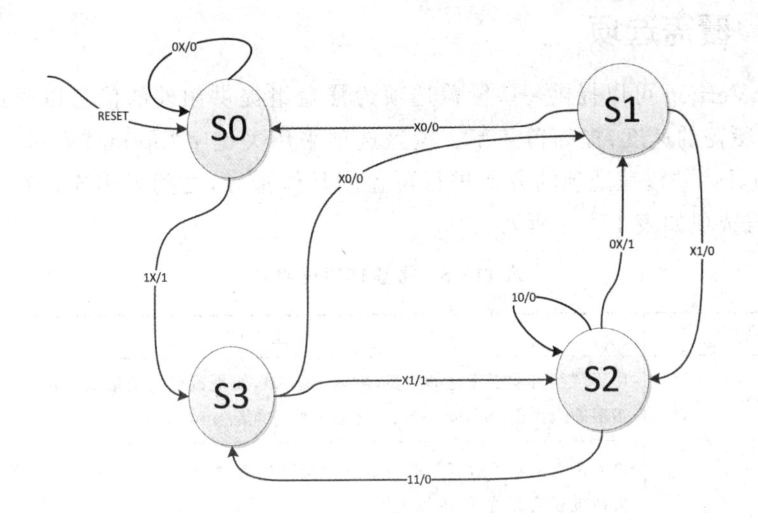

图 11－15　状态跳转示意图

SystemVerilog 对于此类状态跳转的建仓采用状态跳转描述，而不再是具体的数据描述。如要对从状态 S0 到 S3 的序列覆盖，则可以建仓如下：

```
bins S0XS3 = (S0 => S3);
```

和普通个体变量的建仓采用符号“{}”声明仓的范围不同，序列建仓采用符号“()”来声明仓的序列。而且，序列不仅可以描述两个状态之间的跳变关系，而且可以描述多个序列之间的跳变关系，如在图 11－15 中，存在一条状态跳转路径 S0=>S3=>S2=>S1=>S0，可以声明如下：

```
bins LongX = (S0 =>S3 =>S2 =>S1 =>S0);
```

有时候需要在某个状态停留多个时钟周期，如 I²C 总线在地址接收阶段需要重复八个时钟周期，因此在定义状态跳转时，也需要考虑重复的状态。如图 11－15 所示，存在一条路径 S0=>S3=>S2=>S2=>S1，也就是在 S2 时，需要停留两个时钟周期，则可以声明如下：

```
bins LongX = (S0 =>S3 =>S2 =>S2 =>S1);
```

也可以采用重复操作符“＊”描述，如针对上述代码，可以修改如下：

```
bins LongX = (S0 =>S3 =>S2 [* 2] =>S1);
```

表示 S3 跳转到 S2，并在 S2 处停留两个时钟周期。如果停留的时间不固定，是一个连续时钟周期范围，则可以采用连续重复操作符[＊n:m]实现，如果停留的时间不固定，且是一个非连续时钟周期范围，则可以采用严格的或者宽松的非连续重复操作符“[->n:m]”或者“[=n:m]”实现。具体参见第 11.1.6 小节。

11.3.5 覆盖选项

SystmVerilog 可以提供一些覆盖选项为覆盖组提供额外的信息以收敛覆盖的对象，加速覆盖的速度，提高覆盖率。覆盖选项采用关键字“option”表示，通过选项“option”加具体的覆盖选项的方式进行覆盖的具体指导，之间采用连接符“.”实现。常用的覆盖选项如表 11-5 所列。

表 11-5　覆盖选项说明表

覆盖选项	功能说明
auto_bin_max	用于限制自动创建仓的数量，默认值为 64，如果覆盖点变量或表达式的值超过了指定的最大值，SystmVerilog 把值平均分配给 auto_bin_max 个仓
weight	总体覆盖率基于所有简单覆盖点和交叉覆盖率统计，在进行覆盖率统计时，需要去掉重复的覆盖，如单体覆盖与交叉覆盖并行时，需要对单体覆盖的权重设置为 0，从而不影响整体覆盖率。Weight 表示为权重值，为非负的整数，默认为 1
per_instance	如果测试平台内对同一个覆盖组进行多次例化，则默认情况下，SystemVerilog 会把所有实例的覆盖率数据汇总在一起。采用 per_instance 可以实现查看单个单独的报告
comment	覆盖组的注释，用于代码内使得报告更容易进行分析
at_least	用于设置整个覆盖组内的覆盖点或者单个覆盖点被访问的最少次数
cross_num_print_missing	用于使仿真和报告工具给出所有的仓，尤其是没有被命中的仓的信息
goal	设置覆盖组或者覆盖点的目标，默认情况下为 100

可以采用 auto_bin_max 选项对例 11-6 进行修改。采用自动建仓的方式，最大的仓数量为 4 个。其代码修改如下：

```
covergroup adder @(posedge clk);
  option.auto_bin_max = 4; //自动创建 4 个仓
coverpoint sum;
endgroup
```

和自动创建仓的方式相似，在覆盖点声明前，用“option.auto_bin_max =4 ;”约束自动创建的仓的数量。

权重选项是一个非常有用的选项，可用于交叉覆盖中，指示哪些交叉仓不需要关注，哪些交叉仓需要重点关注。对于不用关注或者忽略的仓，设置权重选项为 0，需要关注的仓可以设置正整数，或者启用默认值。如有两个随机输入数 a 和 b，验证者只对其中的两个状态感兴趣：{a==0，b==1}和{a==1，b==0}。则采用权重选项的实例如下：

【例 11－10】采用权重选项的交叉覆盖率设计。

```
class rand_bit;                          //随机数生成的类
rand bit a, b;
endclass

covergroup Xab;
a: coverpoint rand_bit.a
       {
       bins a0 = {0};
       bins a1 = {1};
       option.weight = 0;                //不用计算该覆盖点的覆盖率
       }
b: coverpoint rand_bit.b
       {
       bins b0 = {0};
       bins b1 = {1};
       option.weight = 0;                //不用计算该覆盖点的覆盖率
       }
aXb: cross a,b
       {
       bins a0b1 = binsof(a.a0) && binsof(b,b1);
       bins a1b0 = binsof{a.a1} && binsof(b,b0);
}                                        //该点默认权重为 1
endgroup
```

例 11－10 中通过一个随机数生成的类产生随机数，并对该类产生的两个随机数进行功能覆盖。覆盖点创建了两个仓，但该覆盖点已经显式表明该点的权重为 0，则表示不用计算该点的覆盖率，同样的情形适合覆盖点 b。在交叉覆盖中，a 和 b 的结合可以产生 4 个不同的组合，设计规范只要求满足两种情形，另外的两种情形将被忽略，因此本交叉覆盖只建了两个仓，分别是 a0b1 和 a1b0。binsof 是一个新的关键字，表示选择 coverpoint 中仓的选值，如本例中 a0b1 选择覆盖点 a 的 a0 仓以及覆盖点 b 的 b1 仓，如果需要取该仓中的某一个区间的值，可以采用关键字“intersect”实现。如：bins a0b1 ＝ binsof(a.a0) intersect {[100,200]}；表示选择覆盖点 a 的 a0 仓中 100～200 的值域。

per_instance 用于覆盖组进行独立实例化，使测试者可以查看单独的报告，而不整合在一起。具体代码如下所示：

```
covergroup adder;
  coverpoint  sum;
  option.per_instance = 1;
  option.comment =  $psprintf("%m");
endgroup
```

该代码中 per_instance 放置在覆盖组内，不能用于覆盖点或者交叉点。comment 表示注释，打印出每个例化覆盖组的层次化路径。

如果覆盖组需要多次实例化，且每次实例中的测试不一样，则可以采用参数传递的方式进行注释，具体代码如下：

```
covergroup adder (int lo, int hi, string comment);
  option.per_instance = 1;
  option.comment = comment;
  coverpoint sum
    {
      bins lo = {[$ : lo]};
      bins mid = {[lo:hi]};
      bins hi = {hi: $ };
    }
endgroup
```

该覆盖组中包含注释的参数"string comment"，在每次示例该覆盖组时，只需要按照字符串的形式填写具体的注释语言即可以实现参数传递，如：

```
adder a1 = new(10, 20,"adder1 starts");
```

特殊地，如果该覆盖组值实例化一次，可以采用关键字"type_option"表示，如：

```
covergroup adder;
  coverpoint  sum;
  type_option.comment =  $psprintf("%m");
endgroup
```

默认情况下，仓的命中次数为 1 即可认为该仓对应的所有组合都被测试到，但可能还是缺乏足够的可见度，因此为了稳健度，验证工程师通常会对覆盖组或者覆盖点设置覆盖阈值，只有超过该阈值才认为该仓对应的所有组合都被测试到，从而减少随机错误。如修改例 11-8，使得每个仓都被命中 10 次才会真正进行覆盖率统计和报告。

【例 11-11】提高覆盖阈值的实例。

```
covergroup adder @(posedge clk);
  option.at_least   = 10;
  coverpoint sum
    {
        bins s0 = {0};
        bins s1 = {[1: 8000]};
        bins s2 = {[32000: $ ]};
        bins s3 = {[8001:16000],[20000:30000],31999};
        ignore_bins misc = default;
        }
    endgroup
```

该例和例 11-8 的不同在于，显式定义了语句"option.at_least = 10;"，表示该覆盖组中所有的覆盖点必须命中 10 次，才能真正进行覆盖率报告。覆盖阈值采用关键字"at_least"表示，该覆盖阈值既可用于覆盖组层级，覆盖所有的覆盖点，也可用于单个覆盖点的覆盖。

默认情况下，仿真器只会在覆盖率报告中给出带采样值的仓，没有采样值的仓不会报告。验证工程师需要检查所有的仓的覆盖情况，通过关键字"cross_num_print_missing"通知仿真工具打印所有的仓。该数据可以适度采用相对较大的数确保所有的仓都能有效打印。如：

```
covergroup adder @(posedge clk);
  option.at_least   = 10;
  coverpoint sum
    {
      bins s0 = {0};
      bins s1 = {[1: 8000]};
      bins s2 = {[32000: $ ]};
      bins s3 = {[8001:16000],[20000:30000],31999};
      ignore_bins misc = default;
      }
    option.cross_num_print_missing = 100;  //设置打印仓的数量为 100 个
    option.goal = 95;                      //设置覆盖率目标为 95 %
endgroup
```

默认情形下，覆盖组和覆盖点的目标是 100％的覆盖率，也可以显式声明覆盖率目标，采用关键字"goal"，设置的范围为 0～100。如果设置低于 100，则意味着覆盖率低于 100％，需慎重设置。

11.3.6　采样函数

功能覆盖仅涉及是否涵盖到数据范围和功能，并没有对数据的正确性进行分析确定——尽管可以采用条件语句 iff 确保何时对覆盖点进行覆盖。SystemVerilog 提供了采样函数并结合断言实现功能覆盖的同时，实现采样的正确性。换句话说，就是在确保结果正确的前提下，进行功能覆盖，如例 11-12 所示。

【例 11-12】 采用采样函数实现功能覆盖。

```
covergroup Cover_adder with function sample (logic [15:0] sum);
...
propertychecksum;
  bit [15:0] sum_buff;
  @(posedge clk) (~ld_n, sum_buff = 0| ->
          ld_n[ * 3] ##1 (done && (sum == (sum_buff = ina + inb)), sup.sample
          (sum));
endproperty

ckSumValue: assert property(checksum) else $ crror(" the value is not correct");
```

该例覆盖组声明中采用"with"关键字实现采样函数的嵌入。在断言语句中，每个时钟周期的作用下，判断 ld_n 是否为 0，为 0，则清零 sum_buf，经过三个时钟周期后，判断 sum 是否等于两个输入之和，并且 done 有效。如果成功，则触发 sample 函数，启动覆盖组，否则断言失败。

也可以把采样函数写在覆盖组里，此时需要显式声明 $ sample 函数。其代码修改如下：

```
propertychecksum;
  bit [15:0] sum_buff;
  @(posedge clk) (~ld_n, sum_buff = 0| ->
          ld_n[ * 3] ##1 (done && (sum == (sum_buff = ina + inb)), sup.sample
          (sum));
endproperty

ckSumValue: assert property(checksum) else $ error(" the value is not correct");

Cover_Correct_adder: cover property(checksum)
sup.sampe( $ sample(sum));
```

11.3.7 覆盖率数据分析

覆盖组和覆盖点设计完毕，需要对覆盖率数据进行具体总体分析，确保覆盖率满足要求。SystemVerilog 提供了多个覆盖率数据查询函数，使得测试者可以检查是否已经达到设计目标，及时对随机测试加以控制。

在全局层面，可以采用系统任务 $ get_coverage 获得全体覆盖组的总覆盖率。

该任务可以返回一个0～100的实数,代表总覆盖率为$n\%$。

也可以采用系统函数get_coverage()获得具体覆盖组的覆盖率,该函数可以带覆盖组名和实例名,用于给出一个覆盖组所有实例的覆盖率。基本用法是:覆盖组名::get_coverage()或者实例名.get_coverage()。

如果只需要对某个特定覆盖组实例的覆盖率进行统计,则可以使用系统函数get_inst_coverage()实现,基本语法是:实例名:get_inst_coverage()。

获得覆盖率后,需要分析覆盖对象与数据。如果覆盖点的某个仓没有覆盖到,则可能是约束设计过于严格,或者没有定位到预期的区域上,需要重新修正约束。如果希望覆盖点平均分布,则可以采用"solve…before"约束实现。

总体来说,采用更多的种子以及更少的约束来修正功能覆盖,提高功能覆盖率。

11.4 实例:对有限状态机进行功能覆盖设计

采用SystemVerilog对图11-15所示有限状态机进行代码设计,并进行仿真和功能覆盖检查。

首先针对图11-15进行有限状态机设计。这是一个很简单的有限状态机,其代码设计如下:

```
typedef enum bit [1:0] {S0,S1,S2,S3} state_t;   //自定义枚举类型的变量

module fsm
  (output state_t st,                              //输出为枚举类型的变量
   output bit out,
   input bit  in1,in2,clk,RESET);

   state_t ns;

   //状态跳转程序
   always_ff @(posedge clk, posedge RESET)
     if(RESET) st <= S0;
     else  st <= ns;

   //组合逻辑实现程序
   always_comb
     unique case(st)
    S0: ns = in2 ? S3 : S0;
S3: ns = in1 ? S2 : S1;
    S2: ns = in2 ? (in1 ? S3 : S2) : S1;
    S1: ns = in1 ? S2: S0;
```

```
    endcase

  assign out = ((st == S0) & in2) ||
           ((st == S3) & in1) ||
               ((st == S2) & (~in2));

endmodule
```

在代码中,把状态机的状态定义成枚举类型,并采用 typedef 自定义成 state_t 的类型,方便后续验证代码的设计。设计代码采用两段式结构,第一段为状态时序跳转,第二段为逻辑设计。本设计非常简单,因此不做重点讲述。

接着设计仿真程序。仿真程序采用顶层的模块设计加底层的 program 设计。顶层模块设计对设计的模块和底层的 program 同时例化。这也是目前典型的仿真方式,具体代码如下:

```
module top;
  state_t st;
  bit   out;
  bit   in1,in2,clk,RESET;

//时钟生成逻辑,周期为 10,最多 600 个时钟周期
  initial begin
    clk = 0;
    repeat (600) clk =  #5 ~clk;
    $stop;
    end

   fsm f(.*);  //对 fsm 设计代码进行例化
   tb t(.*);   //对测试 program 进行例化
endmodule
```

tb 为一个 program 模块,具体实现仿真逻辑以及断言和功能覆盖率的统计。具体代码如下:

```
program tb
  (input   state_t st,
  input  bit  out,clk,
  output bit  in1,in2,RESET);

  bit [1:0] invals;

  //对 fsm 的状态跳转进行覆盖
```

```
covergroup fsm @(posedge clk);
  option.at_least = 5;                  //覆盖点必须命中5次
  coverpoint st {                       //声明8个仓,仓以状态跳转的方式来创建
    bins a0 = (S0 => S3);
    bins a1 = (S3 => S2);
    bins a2 = (S3 => S1);
    bins a3 = (S2 => S1);
    bins a4 = (S2 => S2);
    bins a5 = (S2 => S3);
    bins a6 = (S1 => S0);
    bins a7 = (S1 => S2);
  }
  endgroup

  fsm  fcover = new;                    //对fsm覆盖组进行例化

//交叉覆盖代码设计
covergroup fsmCross @(posedge clk);
  option.at_least = 5;                  //覆盖阈值为5
  coverpoint st;
  cross invals, st;
endgroup

 fsmCross fc = new();                   //交叉覆盖组进行例化

  class InputRandom;                    //生成二位位宽的随机数
    rand bit [1:0] ins;
  endclass

  initial begin
    InputRandom i = new;                //对类进行例化
    RESET = 0;
    #1 RESET = 1;
    #1 RESET = 0;

//采用循环结构,判断覆盖率是否满足要求,如果不满足,就循环执行该循环体
    while (fcover.get_coverage() < 100 || fc.get_coverage() < 100)
      begin
        assert(i.randomize());          //断言,判断是否有效产生了随机数
        {in1,in2} <= i.ins;
                              //把随机数的值分别赋给in1和in2,以及内部变量invals
```

```
            invals <= i.ins;
            @(posedge clk);
          end
      end
  endprogram
```

该 program 代码主要判断状态机的跳转是否有效，状态机和状态机的输入是否满足要求。通过设计两个覆盖组对该行为进行功能覆盖，并通过循环体判断是否达到有效的功能覆盖。其仿真结果如图 11－16～图 11－18 所示。

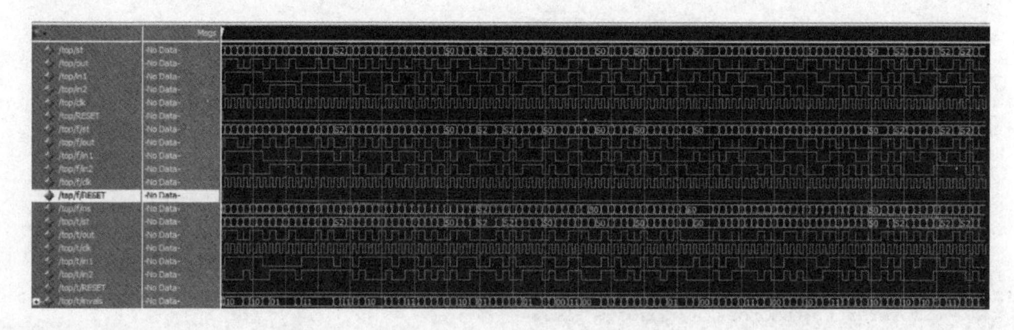

图 11－16　仿真波形结果图

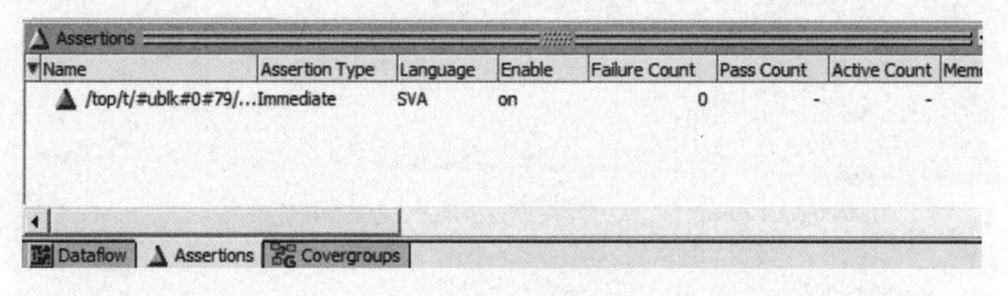

图 11－17　仿真断言结果图

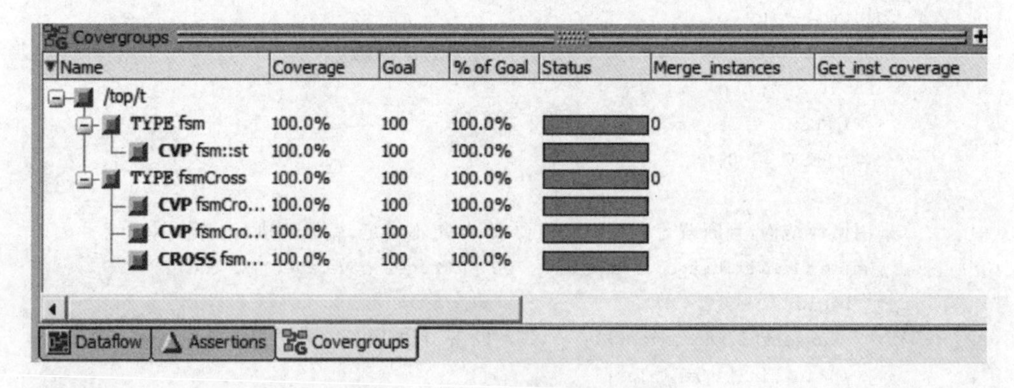

图 11－18　仿真功能覆盖结果图

从仿真结果看，整个设计和验证满足设计目标要求。当然，本验证的功能覆盖和验证逻辑还可以深化，特别是每个输入信号的异常情况仿真等，其方法与设计和验证代码类似。限于篇幅，不再赘述。

本章小结

本章主要讲述了 SystemVerilog 进行验证时最重要的两大特性：断言与功能覆盖。着重讲述了断言的类型、断言的组成以及用于断言的各种特殊操作符和系统函数。重点强调了功能覆盖的重要性，并从覆盖率的分类开始，从细节描述了功能覆盖的各种要素，包括覆盖点、覆盖组、仓、覆盖选项及覆盖率数据分析等方面。最后，通过一个实例讲述以上各种语法在具体的验证代码中的应用。

思考与练习

1. 什么是断言？断言可以分为哪两类，各有什么特点？

2. 序列和属性如何定义？有什么异同？

3. 重复操作符有哪几种方式？每种方式各有什么异同？

4. 覆盖率有哪几种代表性的类型？

5. 什么是功能覆盖点？什么是功能覆盖组？

6. 如图 11－19 所示，reset 信号高有效，当 reset 信号无效后，至少需要经过两个时钟周期，才能启动数据传输。数据传输以 ld 高脉冲起始，在高脉冲的同时，传输一个数据到数据线，并在接下来的 n 个周期内不断传送数据。n 为一个范围，最少为 3，最大为 23，数据传输完毕，发出 done 信号，同时 data 数据线传输之前传输数的补码。试进行如下设计：

a. 试写出该段时序的序列。

b. 试着写断言，当 done 有效时，data 数据线上正在传输的数据与之前的传输数据之和为零。

c. 试着在 b. 的基础上，要求不能在 reset 信号有效的情况下进行断言。

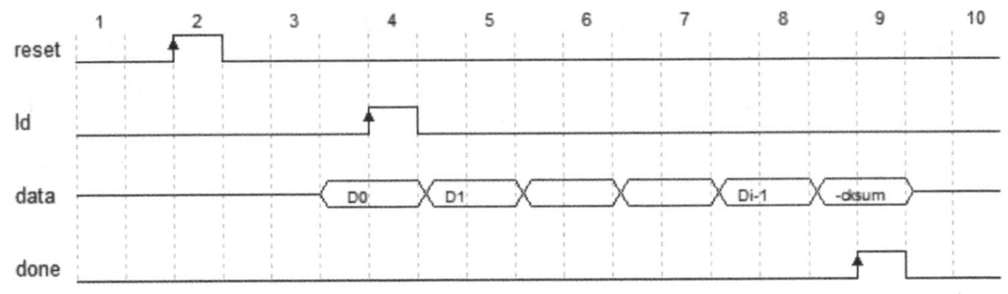

图 11－19　第 6 题时序图

7. 针对 11.4 节,试着对状态跳转的长路径进行功能覆盖,如 S0=>S3=>S2=>S1=>S0 等,并进行代码设计与仿真。

8. 针对 11.4 节,试着对状态跳转的多周期停留状态进行功能覆盖,如 S3 => S2[2:10] =>S1 等,并进行功能设计与仿真。

9. 试着设计一个 32 位全加器,并通过 wildcard 实现对全加器的功能覆盖,并仿真。

参考文献

[1] 郭利文,邓月明. CPLD/FPGA 设计与验证高级教程[M]. 北京:北京航空航天大学出版社,2011.

[2] BHASKER J. Verilog HDL 入门[M]. 夏宇闻,甘伟,等译. 北京:北京航空航天大学出版社,2017.

[3] 夏宇闻,郭彬. Verilog 数字系统设计教程[M]. 北京:北京航空航天大学出版社,2017.

[4] Donald Thomas. Logic Design and Verification Using SystemVerilog(Revised)[M]. Charleston:CreateSpace, An Amazon. com Company,2016.

[5] Chris Spear, Greg Tumbush. SystemVerilog for Verification: A Guild to Learning the Testbench Language Features[M]. New York:Springer,2014.

[6] Eric Bogatin. 信号完整性分析[M]. 李玉山,李丽平,等译. 北京:电子工业出版社,2008.

[7] Srikanth Vijayaraghavan, Meyyappan Ramanathan. SystemVerilog Assertions 应用指南[M]. 陈俊杰,等译. 北京:机械工业出版社,2006.

[8] 王欣,王江宏,蔡海宁,王诚,吴继华. Intel FPGA/CPLD 设计:基础篇[M]. 北京:人民邮电出版社,2017.

[9] 王江宏,蔡海宁,颜远,等. Intel FPGA/CPLD 设计:高级篇[M]. 北京:人民邮电出版社,2017.

[10] 王敏志. 深入理解 Altera FPGA 应用设计[M]. 北京:北京航空航天大学出版社,2014.

[11] Stuart Sutherland, Don Mills. Verilog 与 SystemVerilog 编程陷阱:如何避免 101 个常犯的编程错误[M]. 戴成然,高镇,等译. 北京:机械工业出版社,2015.

[12] Janick Bergeron. 编写测试平台——HDL 模型的功能验证[M]. 张春,陈新凯,李晓雯,等译. 2 版. 北京:电子工业出版社,2006.

[13] IEEE Standard for Verilog® Hardware Description Language(IEEE Std 1364™-2005)[S/OL]. https://ieeexplore. ieee. org/document/1620780,2006.

[14] IEEE Standard for SystemVerilog --- Unified Hardware Design, Specification,

and Verification Language(IEEE Std 1800™-2012)[S/OL]. https://ieeexplore. ieee. org/document/6469140. 21,Feb,2013.

[15] Lattice Corp. ispMACH 4000V/B/C/Z Family Data Sheet(v23. 5). [OL]. http://www. latticesemi. com/en/Products/FPGAandCPLD/ispMACH4000VZ, 2016.

[16] Synopsys Corp. Synopsys Synplify Pro For Lattice Reference Manual. [OL]. http://www. synopsys. com,2017.

[17] Lattice Corp. Lattice Synthesis Engine for Diamond User Guide. [OL]. http://www. latticesemi. com,2016.

[18] Lattice Corp. MachXO3 Family Data Sheet(V2. 1). [OL]. http://www. latticesemi. com/en/Products/FPGAandCPLD/MachXO3, 2018.

[19] Lattice Corp. MachXO3 Programming and Configuration Usage Guide(V2. 2). [OL]. http://www. latticesemi. com/en/Products/FPGAandCPLD/MachXO3, 2017.

[20] Lattice Corp. MachXO3 sysCLOCK PLL Design and Usage Guide(V1. 3). [OL]. http://www. latticesemi. com/en/Products/FPGAandCPLD/MachXO3, 2016.

[21] Xilinx Corp. UltraScale Architecture and Product Data Sheet: Overview(V3. 4). [OL]. http://www. xilinx. com,2018.

[22] Lattice Corp. HDL Coding Guidelines[OL].. http://www. latticesemi. com, 2012.

[23] Lattice Corp. Timing Closure. http://www. latticesemi. com, 2013.

[24] Synopsys Corp. Synopsys Synplify Pro for Lattice User Guide. https://www. synopsys. com,2017.

[25]田凯,何丽,田方方,等. 一种改进的汉明码译码器设计与 FPGA 验证[J]. 电视技术,2013,37(17):232-235.

[26] Cypress Corp. PSoC® 3 and PSoC 5 - SFF-8485 Serial GPIO (SGPIO) Initiator Interface(Rev. B) [OL]. http://www. cypress. com, 2011.

[27] Venkatesan Guruswami. Introduction to Coding Theory[M]. New York: Springer,2010.

[28] Ashok B. Mehta. SystemVerilog Assertions and Functional Coverage: Guide to Language, Methodology and Applications[M]. New York:Springer, 2014.

[29] SFF Committee. SFF-8489 Specification for Serial GPIO IBPI(International Blinking Pattern Interpretation)(V0. 4)[OL]. ftp://ftp. seagate. com/sff,2011.

[30]王建民. Veriilog HDL 数字系统设计及实践[M]. 哈尔滨:哈尔滨工业出版社,2011.

[31] Allan Davidson. A New FPGA Architecture and Leading-Edge FinFET Process Technology Promise to Meet Next-Generation System Requirements

[OL]. www. intel. com，https://www. altera. com/content/dam/altera-www/global/en _ US/pdfs/literature/wp/wp-01220-hyperflex-architecture-fpga-socs. pdf. 2017.

[32] Intel Corp. Intel® MAX® 10 FPGA Signal Integrity Design Guidelines [OL]. https://www. altera. com/content/dam/altera-www/global/en _ US/pdfs/literature/hb/max-10/m10_sidg. pdf，2017.

[33] Xilinx Corp. UltraScale+ FPGAs Product Tables and ProDUCT Selection Guide[OL]. https://www. xilinx. com/products/silicon-devices/fpga/virtex-ultrascale-plus. html? resultsTablePreSelect=documenttype:White Papers # documentation，2018.

[34] Intel Corp. FIFO Intel © FPGA IP User Guide[OL]. https://www. altera. com. cn/documentation/eis1414462767872. html#eis1414478506341，2018.